中文版

Photoshop CS6 完全学习教程

孟刚 著

中国青年出版社

图书在版编目（CIP）数据

中文版Photoshop CS6完全学习教程／孟刚著.
一 北京：中国青年出版社，2018. 12
ISBN 978-7-5153-5337-1
I.①中… II.①孟… III. ①图象处理软件-教材 IV. ①TP391.413
中国版本图书馆CIP数据核字（2018）第228591号

策划编辑　张　鹏
责任编辑　张　军

中文版Photoshop CS6完全学习教程
孟刚 著

出版发行：中国青年出版社
地　　址：北京市东四十二条21号
邮政编码：100708
电　　话：（010）50856188／50856199
传　　真：（010）50856111
企　　划：北京中青雄狮数码传媒科技有限公司
印　　刷：湖南天闻新华印务有限公司
开　　本：787 x 1092　1/16
印　　张：23
版　　次：2019年2月北京第1版
印　　次：2019年2月第1次印刷
书　　号：ISBN 978-7-5153-5337-1
定　　价：69.90元
（附赠独家秘料，含语音视频教学+案例素材文件+海量设计资源）

本书如有印装质量等问题，请与本社联系
电话：（010）50856188 / 50856199
读者来信：reader@cypmedia.com
投稿邮箱：author@cypmedia.com
如有其他问题请访问我们的网站：http://www.cypmedia.com

前言

首先，感谢您选择并阅读本书。

关于Photoshop

Photoshop是Adobe公司推出的一款堪称世界顶级水平的图像设计软件，因其专业的技能和强大的兼容能力，广泛应用于平面广告设计、界面设计、插画设计、网页设计等诸多领域，深受平面设计人员和图形图像处理爱好者的喜爱。在竞争日益激烈的商业社会中，Photoshop发挥着举足轻重的作用，设计师可以通过Photoshop将艺术构思和创作灵感更好地表现出来，创作出许多令人惊叹的设计作品。

内容导读

本书在编写过程中，根据读者的学习习惯，采用由浅入深的讲解方式，分为3个部分对使用Photoshop进行平面设计进行介绍，首先介绍平面设计入门与Photoshop基本操作的相关知识，然后对软件各功能模块的使用方式和具体应用进行介绍，最后以实战案例的形式展示Photoshop在各常用领域的具体应用。

部分	篇名	章节	内容
Part 01	设计入门篇	Chapter 01 ~ Chapter 02	主要介绍平面设计入门与Photoshop基本操作的相关知识，包括平面设计的理论知识、平面设计常用版式创意技法、平面设计创意表现技法、平面广告设计介绍、商标与包装设计介绍、印刷的相关知识介绍、Photoshop的应用领域介绍、软件界面介绍、辅助工具应用以及图像与文件相关操作等内容
Part 02	功能展示篇	Chapter 03 ~ Chapter 12	主要介绍选区的应用、色彩的调整与应用、图像的编辑与修饰、图层与图层样式的应用、矢量工具与路径的应用、文字的应用、通道与蒙版的应用、路径的应用、任务自动化与视频动画的应用等内容
Part 03	实战应用篇	Chapter 13 ~ Chapter 17	主要介绍文字与Logo设计、户外广告设计、插画设计、图像创意合成以及手游界面设计等平面设计应用的操作方法和设计过程

本书特点

本书详细介绍使用Photoshop进行平面设计的学习方法，在讲解软件功能用法的同时，以163个实战案例将枯燥的理论知识形象地展示出来，介绍完每个功能模块，还会以“综合实训”的案例形式对Photoshop各功能模块的具体应用进行展示，帮助读者快速达到理论知识与应用技能的同步提高。

随书附赠的超值资料中，包含了本书所有实例的素材文件和最终文件，海量的语音教学视频，对本书所有案例的实现过程进行了详细讲解，同时还附赠了平面设计过程中常用的各种设计素材、高清材质纹理图片以及海量的笔刷样式。

其他说明

本书在编写过程中力求严谨，但由于时间和精力有限，书中纰漏和考虑不周之处在所难免，敬请广大读者予以批评、指正。

编　者

CONTENTS

目录

Part 01 设计入门篇

Chapter 01 平面设计的相关知识

Chapter 02

Photoshop 基础知识

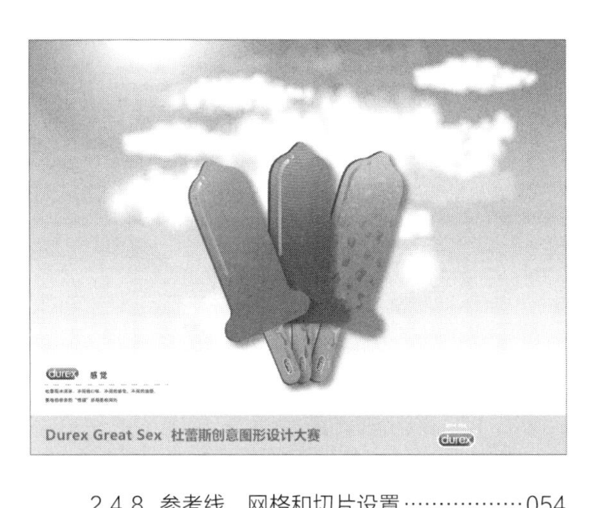

Part 02 功能展示篇

Chapter 03

选区的应用

Chapter 04

色彩的调整与应用

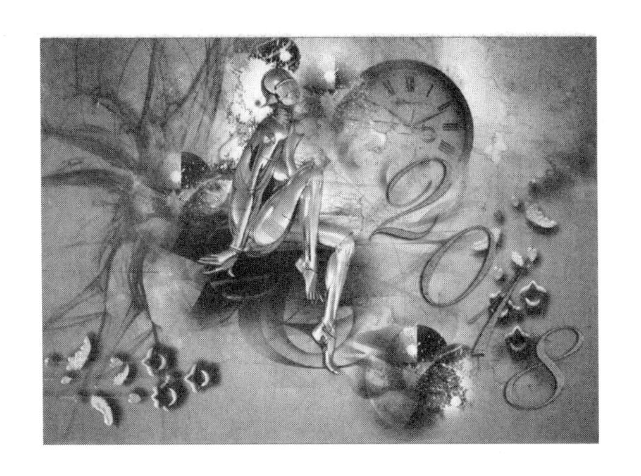

Chapter 05

图像的修饰与编辑

Chapter 06

图像的绘制和填充

Chapter 07

图层的应用

Chapter 08

矢量工具与路径的应用

Chapter 09

文字的应用

Chapter 10

蒙版与通道的应用

Chapter 11

滤镜的应用

Chapter 12

任务自动化与视频动画

Part 03 实战应用篇

Chapter 13

文字和Logo设计

Chapter 14

户外广告设计

Chapter 15

插画设计

Chapter 16

创意蜗牛合成效果

Chapter 17

万圣节手游界面设计

Part 01

设计入门篇

设计入门篇主要介绍平面设计入门与Photoshop基本操作的相关知识，包括平面设计的理论知识、平面设计常用版式创意技法、平面设计创意表现技法、平面广告设计介绍、商标与包装设计介绍、印刷的相关知识介绍、Photoshop的应用领域介绍、软件界面介绍、辅助工具应用以及图像与文件相关操作等内容。通过本篇内容的学习，使读者对使用Photoshop进行平面设计有一个全面的了解，有助于更好地开始平面设计的学习与实践。

Chapter

01 平面设计的相关知识

优秀的平面设计会给人眼前一亮的感觉，就像“世界上找不到两片相同的树叶”一样，不同设计者设计的作品，带给观众的感觉也不一样。那么，什么样的作品才算好的设计？好的设计有什么样的评判标准？由于时间、地域、受众等因素的不同，没有一个设计会被所有人认可，但作为好的设计作品是具有一些共同特征的。本章将对平面设计的有关知识进行详细介绍，以帮助读者掌握平面设计的基本原理，从而激发设计灵感。

1.1 平面设计理论知识

平面设计可以说是一种静态的艺术，是在各种形式的静止平面上展示一种自然的美，使人们受到美的熏陶，体现一种视觉文化。

平面设计的目的是调动所有与平面有关的因素，准确地传达需要表现的内容，给人们准确的信息。平面设计作为一种设计方式，是有一定的设计理念、规则以及实现方法的。这些理念、规则和方法，就构成了平面设计的全部理论知识。

1.1.1 平面设计的概念

平面设计主要研究如何用绘画、构图和色彩为各种形式的平面赋予自然美和丰富的内涵，进而把信息准确地传达给读者。

人们在生产生活中需要交流和传达各自的信息，平面设计的发展与人们的生活和社会活动息息相关。自古以来，在信息交换过程中，一些符号和图形起到了媒介的作用，当符号和图形趋于完善时，人们的交流变得准确和容易。下图为中国古代的石棺雕刻。

中国古代的石棺雕刻

从该雕刻中可以看到，那时的人们已经学会使用符号和图形记载日常生活和事件。符号和图形的统一和完善，使人们得以进行更准确地交流。这种需求构成了早期平面设计的基本内容，也是近代平面设计的前奏曲。

随着社会的进步和发展，平面设计从古典走向现代，并逐步完善起来。有了规范的内容和共同遵守的规则。通过平面设计作品，人们能够轻易地获得准确且具有美感的各种信息。下图为网页促销Banner图，表达了鲜明的主题内容。

网页促销Banner图

要具体实施平面设计，离不开各种工具。传统工具有画笔、颜料、纸张等，借助这些工具，可以把各种平面元素组合起来。

随着现代科学技术的发展，除了印刷技术的发展，平面设计工具也逐步得到更新。目前，平面设计主要采用计算机、网络及其相关设备。下图列出了一些常见的现代平面设计工具。

优盘

电脑

照相机

读卡器

下面对一些常见的现代平面设计工具的功能进行介绍。

- **获取素材类工具**：有数码照相机、读卡器、数码摄像机以及扫描仪等。
- **平面设计和加工类工具**：由多媒体计算机来完成。
- **保存设计作品的工具**：使用光盘、U盘等。
- **输出设计作品的工具**：可使用投影仪进行展示，也可使用彩色打印机打印设计样稿。

现代设计工具不仅需要设备，还需要相应的设计软件，二者缺一不可。对于现代平面设计者而言，首先要学习设计理念和设计方法，然后学习使用平面设计工具。学习使用工具的过程实际就是学习计算机软件的使用方法。

平面设计不是独立存在的，它与印刷技术有着紧密的关系，甚至被印刷技术直接影响着。平面设计在印刷技术发展的不同阶段，能表达的内容是完全不同的。其最终表现形式因印刷中的种种因素和出现的问题，会影响到平面设计的具体实施。

下图展示了近代印刷技术下的广告与现代印刷技术下的广告效果。对两种印刷技术进行对比，哪个包含的信息更丰富、更吸引人眼球，答案显而易见。

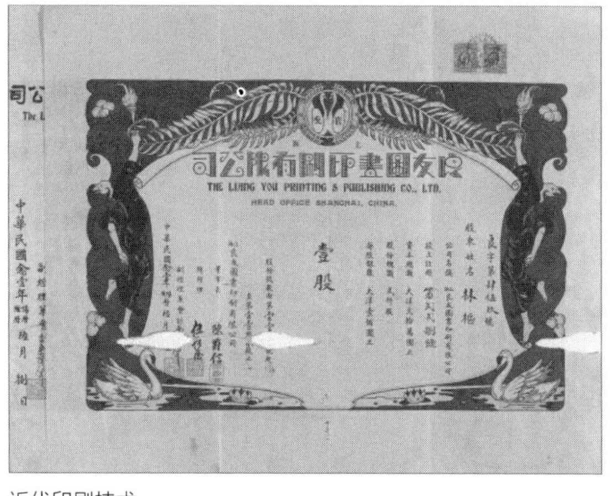

近代印刷技术

现代印刷技术

1.1.2 平面设计的构成形式

按照对现代平面设计理念的理解，平面构成已不再仅仅依据事物的自然形态来表述，而是大胆地运用抽象的视觉构成要素来表现人们对事物的理解。下图是一张运用抽象效果表达信息的图画，不难理解这是一个脸忧郁的人。

抽象画-《忧郁的人》

所谓抽象，就是不仅仅把一张图片或一段文字看作其本身，而是将这些图片、文字归纳为点、线、面、体、色、块等基本要素以及各要素在空间的相对排列关系所形成的表现力。通过将不同形状、数量、方向、大小的要素编排到预先设计好的平面结构中，能够准确地将设计主题、诉求目标借助平面作品传递给读者。

平面设计的构成包括构图的构成要素与基本结构两个方面的内容，下面分别进行介绍。

❶ 构图的构成要素

构图是设计者为了表现某些思想、意境或情感，在一定范围内，运用审美原则，对各种形象或符号进行合理安排。这种安排包括平面与立体两个层面。但立体层面上的构图由于角度可变，所以形象或符号的空间占有很难用固定的方法论述。因此，在研究构图问题时，多指平面构图。平面构图包括3个方面的构成要素，下面将详细介绍。

- **内容要素**

内容要素包括文字、插图、标志等。其在转化成画面的过程中，必须将文字、插图、标志等转化为点、线、面等，并遵循平面构成的原理。在转化过程中，应以信息传达为第一要务，不能单纯为了形式美而忽视信息内容的传达。下图是一张标准的手表广告图，但同样不失艺术美感。

手表广告图

- **形式要素**

平面设计包括了很多形式要素，对于构图有直接影响的主要有以下3种：

（1）画幅。面幅主要是从尺度和形态上影响构图。因此，在进行构图时，必须考虑画幅的尺度和形态。

（2）边框。边框主要是指画幅的边缘，在构图时必须要对其进行线性处理。这样可起到限定画幅、强化画面、增强视觉冲击力的作用。下图是一张依托边框烘托整体效果的图。

边框艺术图

（3）地子。地子是指一定面积的色域或图形形象，在画面中主要是为了衬托主体形象而存在的。

- **关系要素**

关系要素与内容要素、形式要素是密不可分的，内容要素、形式要素均呈现出独立的形态。要将这些独立的形态恰当地融合在一起，必须要处理好相互之间的关系，并且要正确突出和强化主要形态，处理好次要形态，从而使两者形成一定的视觉秩序，以便更好地完成视觉传达功能。下图是一张眼睛的创意图，通过构图，读者很容易被眼睛的突出效果吸引。

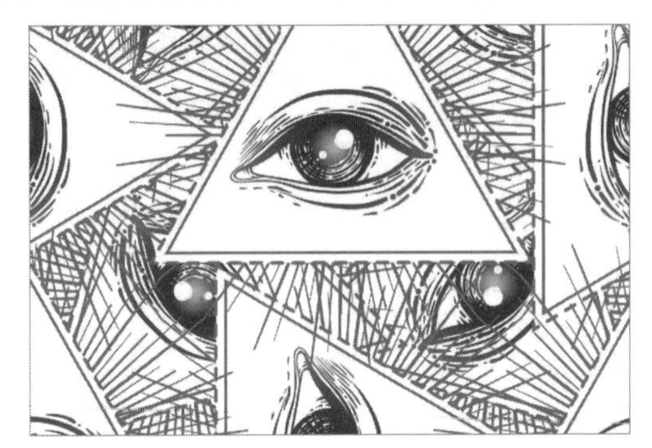

眼睛创意图

那么，在构图中设计者需要考虑的关系要素包括哪些呢？主要包括形状、位置、面积、方向、层次等。下面我们对其依次进行介绍。

（1）形状关系。主要是指设计要素的大小、长短、宽窄、方圆、曲直等形态差异。

（2）位置关系。在构图中，中心位置往往是最容易引起人们的关注点。这就要求设计者要将重要内容放在其中，同时采用位置的相离、相接、相叠等或密集或疏离的关系，引起人们的注意。下图是一张强调中间位置信息的广告图。

游戏广告图

（3）面积关系。不同的面积会引起人们的不同注意，进而形成视觉冲击。通常来说，整个画幅由正形和负形组成。正形通常是指设计要素，而负形则指地子等衬托正形的要素，它们所占的面积大小均有所不同。若是将其进行变化，也可将正、负形进行转化。

（4）方向关系。通过方向的变化与差异，也可以营造出不同的注意力。其中，对比性较强的方向注意值较高，而对比性较弱的方向则更具秩序感。各形态之间的方向有横竖、正斜、平行、成角等差异。

（5）层次关系。层次的重叠可使平面营造出三维的效果，并形成先后的变化。其中前进感较强的为第一层次，适合安排些主要形态；后退感较强的为第二和第三层次，适合安排些次要形态或地子。

❷构图的基本结构

• 几何型构图

（1）三角形构图：三角形构图富于变化，尖锐的角感和边缘的直线较圆润的弧线有更加年轻前卫、动感强烈的感觉。

①接近正三角形（金字塔形）的构图是最具安全稳定因素的形态。下图是一张运用对称正三角形构图原理拍摄的图像。

三角构图原理拍摄的图像

②斜三角则给人动感和灵活感，下方第一张图以三角造型为主要元素，使较为POP的风格中出现了男性化、年轻的感觉。第二张图是斜三角构图，在体育摄影中的运用，展示了滑雪的速度。

斜三角的运用突出流行风格

斜三角的运用突出动感效果

③以画面侧边为底边的三角形的构图形式大胆，显得比较前卫。下图的三角形构图，是对年轻、时尚最有力的诠释。

底边为三角形的设计

④成为V形的倒三角形构图给人以向上的飞腾感，其边缘形式有直线、内弧线、外弧线几种。有较大弧线的V形给人一种灵巧柔和的感觉，下图的翅膀给人的感觉轻盈飘逸。

较大弧度的V形

直线带有锐利的感觉，因此，锋利V字三角形元素有向上感，能够调动看到这幅图的观众的情绪。下图的剪刀给人以直接的锋利感。

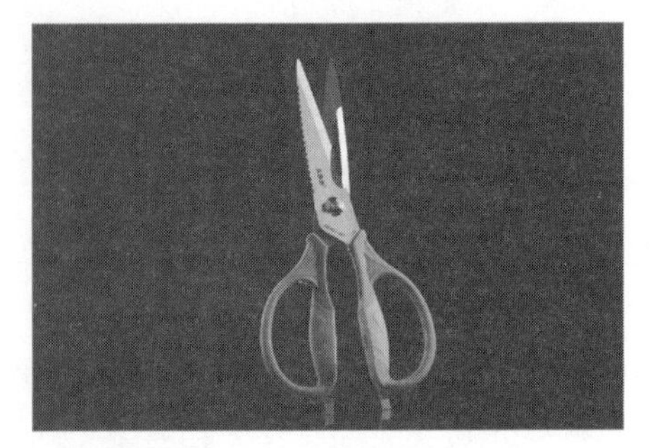

直线锋利感V形

有弧线V字三角形元素在突出向上感的基础上显得更加柔和。下图所示雄鹰飞翔时既有速度感，又有灵活、轻盈的感觉。

有弧线的V形图

（2）一角型构图：一角型构图是三角形构图的一个特殊形式，由于其特征明显，所以单独进行介绍。

一角型构图是一种大胆的构图方式，对设计创意的要求较高，具有大面积的留白，视觉上开阔放松，自然感强，又给观者留出了想象的空间。

下图的留白空间放大，想象空间也随之放大，画面形象仅仅是个引子，情节由浏览者自己去琢磨。

一角型构图给人留有大量的想象空间

（3）圆形构图：平面上的圆形构图，容易让人联想到车轮，进而形成旋转派动的感觉。而立体空间中的圆形则为球体，可营造出饱满充实、内向亲切、触觉柔和的感觉。

下图是马蒂斯的《舞蹈》图。从构图上看，它是一个圆形，并且有明显的旋转运动的感觉。需要注意的是，大的圆圈也可以留一个缺口，进而形成被称为“破月圆”的构图，它有完美、柔和、旋转向心的感觉。

马蒂斯的《舞蹈》

（4）S形构图：S形构图也称“之”字构图，容易使人联想到蜿蜒盘旋的蛇形运动，或是人体柔和的扭曲。使用这种构图形式，有一种优美、流畅的感觉，还可以形成纵深盘旋的情趣。

下图河流的风景构图迂回上升，将浏览者的视线顺S形引向上方形成一种继续向上延伸的效果，给人留有一种想象的空间。

河流风景照的S构图

合理使用S形构图能够为整体图像添加神秘感和优美质感。

（5）V形构图：V形构图是一种活泼有动感的构图形式。它形似旋转的陀螺，有微微晃动不定的感觉。

下图可见芭蕾舞演员的脚尖具有一种向上、向外扩张、爆炸的形式，给人以强烈的不稳定感觉，但从相反方向理解，又有集中的意味。

V形构图效果

（6）X形构图：X形构图能使画面产生丰满的感觉。使用丰富而深邃的X形构图与设计创意密切配合，可以用来传递富有哲理的意味。

下图为按X形布局进行设计，透视感强烈，意义深远，交叉的旗帜是代表交战停止还是开战前的准备呢？这就给了看到这幅作品的人以遐想的空间。

X形构图

- 线条型构图

（1）水平线：平直的水平线构图多用于广袤天地、海景或其他风景画，它开阔、平静、静穆、安宁、开阔。

艺术家在运用这种构图形式时，往往会保留平直的视平线，并使其不受前景物象的破坏，以凸显景致的宽广。

下图是特罗容著名的作品《去耕作的牛群》，它是足以反映画家个性的代表作。这幅作品以开阔的视野展现了一片开阔的田野，朝霞初起，在清晨温暖的阳光下，一个农夫正赶着牛群从地平线的远处徐徐迎面走来。大地好像还未苏醒，空气中充满着朝露的水气。牛群走过扬起的尘土和还没有散尽的晨雾，在阳光中融合在一起，衬托着牛群的身影。几道霞光，将牛群的阴影投射在蹄下，土地则被描绘得带有感情，它的棕褐色的调子使人感到亲切。

这就是水平线构图的魅力，你感受到了吗？

水平线构图

（2）垂直线：垂直线条让人们容易联想到参天大树和高耸的柱子等，可以营造出庄严、肃穆、威严、寂静的感觉，同时还会使画面的动感减少，增加静谧色彩。

下图是一张在仰视的垂直视角下拍摄的大树，整个图像让人顿觉在大自然面前的渺小卑微，对参天大树肃然起敬。

垂直线构图

（3）斜线：斜线型构图是将主体、文字在版面结构上做斜线的编排或利用斜线分割版面所形成的构图方式。下面将对斜线型构图细分并进行详细介绍。

①主体形象稍微倾斜将造成版面具有一定的动感，形成趣味，打破沉闷。下图图像中简洁的主体微微倾斜的构图，营造出一种随意感，视觉上非常舒适。

主体形象微倾斜

②主体形象的剧烈倾斜会造成强烈的动感和不稳定因素。下图利用剧烈的倾斜传达形成极强的视觉冲击力，引人注目，表现出年轻的动感与活力。

剧烈倾斜的斜线

③版面的斜线型分割是一种活泼的分割形式，角度不同给人的感觉也不同，倾斜度越大越活跃，加上稍微的曲度能够使斜线的亲和力变强。下图以斜线分割画面，利用动感的元素对分割线进行了突破。

版面斜线型分割

（4）曲线：曲线构图是利用曲线形状的主体或将图像、文字在版面结构上作曲线的编排所形成的构图方式。

曲线构图是较为活泼的构图方式，有比较强的动感，能够产生如音乐旋律般的韵律与节奏。曲线的形式微妙而复杂，可概括为回旋的S形、闭合的O形和弧线的C形。下面分别对其进行详细介绍。

①S形元素的运用或对画面的S形分割会使构图具有流动感，能让画面更有韵味、节奏和曲线美，往往用于比较柔和、女性化的内容。

S形元素

②O形构图可形成完美和睦的感觉，对画面的圆形分割不仅具有流动感，而且会使人的视线向圆心集中，因此有收拢、闭合的感觉。

在下图的O形构图中，别出心裁的五环造型，传达出奥运团圆、圆满的含义。

O形构图

③弧线的C形让人感觉饱满、扩张并有一定的方向感，这种形式比较中性化，应用较广，往往用来打破画面的沉闷感觉。

下面几张C形构图的图片，表现出或动感，或带有现代科技风格；或柔和，画面感非常突出。

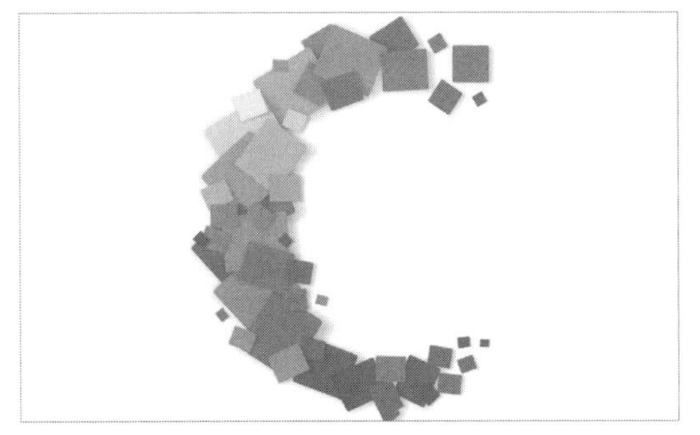

C形图动感效果

现代科技风格

弧线C形构图的柔美月光

• 位置型构图

（1）包围型构图：包围型构图往往与创意紧密结合，包围圈的中心一般是浏览者视线的中心，周围物象有向中心指向的作用。一般包围型构图有3种可能：

①认可者、崇拜者的包围。下图所示被众人包围的是明星，被众人包围代表着普通的认可，被众多异性包围表现出自身的吸引力。

认可者、崇拜者的包围

②危险的接近与包围。下图所示危险的周围环境，主体处于其中，以包围型构图诠释无路可走的主题。

危险的接近与包围

（2）满版型构图：画面以图像充满整版，主要以图像为诉求，文字的配置压置在上下、左右或中部的位置，视觉传达直观而强烈，是商品平面广告常用的形式。

①以一个主体图像为主要构成形象的满版型构图方式给人大方、舒展的感觉，非常大气和舒展。

大气舒展运动图

②冲破设计边缘的出血型满版能够给人以强烈的视觉冲击力。下图中狐狸的身体贯穿了整个版面，这个设计非常大胆，反而使人的视觉焦点集中在狐狸的眼部，突出了猛兽的凶狠。

冲击感的满版

（3）主体居中型构图：主体居中是平面设计中突出主体常用的一种方法，将主体放置在画面的中间或黄金分割处，造成视觉中心，用以吸引观者视线。通常情况下，主体较小，大面积留白，则整体设计会给人一种轻巧灵便的感觉，画面活跃，富有弹性；主体适中，真实感强，平易亲切；中等大小的主体，给人以贴近现实之感。

下图所示的图像，主体位于中心且小巧可爱，给人以俏皮、轻盈的感觉，画面活跃，富有弹性。

主体居中型构图

（4）分割型构图：分割型构图分为上下分割构图和左右分割构图，下面依次进行介绍。

①上下分割型。上下分割型即以构成元素将整个版面分成上下或上中下等不同的部分。

将整个设计分为比较明显的上下两部分，如利用地平线、海平面等进行分割，这种分割造成横向式构图，给人以舒展、安静、含蓄之感。

为了增加设计活力，通常还会在分割线上做不同的处理，或利用一些物象将分割线打破。上、中、下三层分割，留下大面积留白，使造型元素对画面产生“破”和“立”的效果，不再有僵化感。

下图是一张电影的海报，整张图被分为上、中、下三部分，版面容量明显增大，画面给人以饱满的感觉，有些文案较多的设计也会运用这种构图形式，图文分明的同时，逻辑性增强。

上下分割效果图

②左右分割型。左右分割型即以构成元素把整个版面分割为左右不同的部分。

当左右两部分对称时，形成比较稳定的视觉感觉，亦可表现对立的两方面；左右两边以黄金分割线分割时，形成视觉上较为舒适的构图，浏览者视觉倾向于较大的部分；当图像左右两边以斜线分割时，构图出现动感；左右分割版面的面积具有强弱对比时，则会产生心理的不平衡性，视觉上产生趣味性。

下图是一张《福尔摩斯》电视剧的宣传海报，整个图像被分割成左右两边，左半边有大量留白，这样就更加突出了右边的人物形象，整个设计显得理智又帅气。

左右分割构图

- **其他构图**

(1) 散点构图：散点型构图是指画面中的画面要素间呈自由分散的编排。这种散状排列强调感性、自由随机性、耦合性，强调空间和动感，追求的是新奇和刺激的心态，往往表现为一种较随意的编排形式。

面对散点的界面，浏览者的视线随界面图像、文字或上或下或左或右的自由移动阅读，这种阅读比较生动有趣，带来的感受是随意轻松与慢节奏。另外，几何分割的多块型构图形式也作为散点型构图的一种。

下图是一副散点创意图像，用自由奔放的颜料泼墨效果带动图像氛围，为图像主体——运动鞋增添了时尚感，同时令人产生穿上这双鞋子走路会更加轻便、舒适。

散点构图

(2) 对称构图：对称构图是指各视觉形象沿中轴线对称分布，从而营造出视觉平衡的状态，对称构图总是表现出静止、稳定、典雅、严峻、冷漠，风格严谨、朴素大方、简洁淡雅。下图所示主体典雅大方的同时还不失朴素简约。

对称构图

(3) 不对称构图：不对称构图是指版面的所有组成部分或大多数组成部分，均不能由中轴线对称划分为两部分。它的视觉效应与对称构图完全相反，但显得更为生动，更加别致。下图所示的不对称耳环，显得更加精致，栩栩如生。

不对称构图

1.2 位图与矢量图

计算机中的图像类型分为两种：位图和矢量图，下面将分别进行介绍。

1.2.1 位图图像

位图图像（bitmap），亦称为点阵图像或绘制图像，是由称作像素（图片元素）的单个点组成的。这些点可以进行不同的排列和染色以构成图样。当放大位图时，可以看见赖以构成整个图像的无数单个方块。扩大位图尺寸的效果是增大单个像素，从而使线条和形状显得参差不齐。然而，如果从稍远的位置观看它，位图图像的颜色和形状又显得连续。常用的位图处理软件有Photoshop和Windows系统自带的画图。

位图是由像素点组合而成的图像，一个点就是一个像素，每个点都有自己的颜色。

位图和分辨率有着直接的联系，分辨率大的位图清晰度高，其放大倍数也相应增加。但是，当位图的放大倍数超过其最佳分辨率时，就会出现细节丢失，并产生锯齿状边缘的情况。

位图局部放大出现锯齿

1.2.2 矢量图像

矢量图，也称为面向对象的图像或绘图图像，在数学上定义为一系列由线连接的点。矢量文件中的图形元素称为对象。每个对象都是一个自成一体的实体，它具有颜色、形状、轮廓、大小和屏幕位置等属性。

矢量图是根据几何特性来绘制图形，矢量可以是一个点或一条线，矢量图只能靠软件生成，文件占用内在空间较小，因为这种类型的图像文件包含独立的分离图像，可以自由无限制地重新组合。它的特点是放大后图像不会失真，和分辨率无关，适用于图形设计、文字设计和一些标志设计、版式设计等。

矢量图是以数学向量方式记录图像的，其内容以线条和色块为主。矢量图和分辨率无关，它可以任意地放大且清晰度不变，也不会出现锯齿状边缘。

这里需要注意的是矢量图无法通过扫描获得，主要依靠设计软件生成。制作矢量图的软件主要有FreeHand、Illustrator、CorelDRAW和AutoCAD等。

矢量图

1.3 像素与分辨率

在平面设计中，经常需要对图像进行修饰、合成或校色等处理，而图像的尺寸和清晰程度则是由图像的像素和分辨率来控制。

1.3.1 像素

像素是指由图像的小方格即所谓的像素（pixel）组成的，这些小方格都有一个明确的位置和被分配的色彩数值，而这些一小方格的颜色和位置就决定该图像所呈现出来的样子。

可以将像素视为整个图像中不可分割的单位或者是元素，不可分割的意思是它不能够再切割成更小单位或是元素，它是以一个单一颜色的小格存在。每一个点阵图像包含了一定量的像素，这些像素决定图像在屏幕上所呈现的大小。

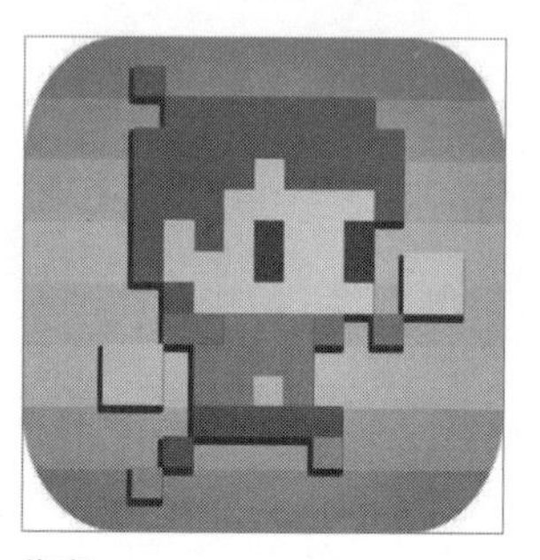

像素

1.3.2 分辨率

分辨率可以从显示分辨率与图像分辨率两个方向来分类。

显示分辨率（屏幕分辨率）是屏幕图像的精密度，是指显示器所能显示的像素有多少。由于屏幕上的点、线和面都是由像素组成的，显示器可显示的像素越多，画面就越精细，同样的屏幕区域内能显示的信息也越多，所以分辨率是个非常重要的性能指标之一。

可以把整个图像想象成是一个大型的棋盘，而分辨率的表示方式就是所有经线和纬线交叉点的数目。显示分辨率一定的情况下，显示屏越小图像越清晰，若显示屏大小固定时，显示分辨率越高图像越清晰。

图像分辨率则是单位英寸中所包含的像素点数，其定义更趋近于分辨率本身的定义。下图是模拟的显示屏分辨率。

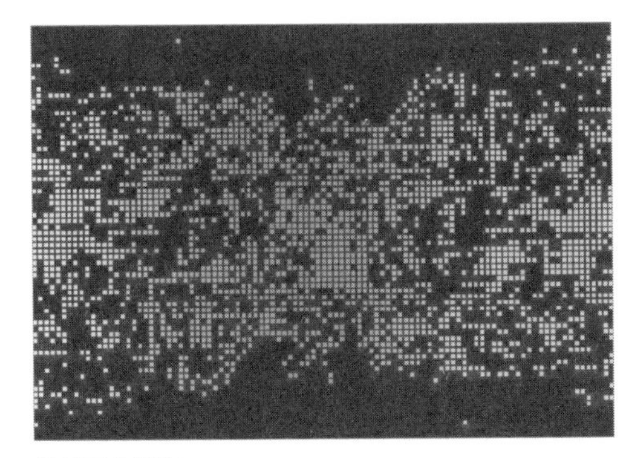

显示屏分辨率

1.4 常用版式的创意技法

版面构成在漫长的发展过程中，经过几代设计家的探索和研究，逐步形成了比较完善的构成形式。在进行版面构成设计活动时，应了解和掌握这些构成形式，以实现较好的视觉效果和传达信息的目的。下面介绍几种常用的版式结构。

1.4.1 重复构图形式

重复是一种常见的构图形式，常用于大面积版面的布局。下图是一种常见的重复构图的设计作品。

重复版式设计

（1）基本设计理念：把单一元素或少量元素在版面上有序地、规律地重复排列和摆放，形成均匀、重复的排列格局。

（2）视觉效果：重复构图具有一定的装饰性，给人以安定、平和、规整的视觉感受。

为了避免呆板和流于一般化，可对基本元素的方向、个数和排列方式进行调整，以形成变化。下图所示该设计增加了基本元素的个数，把高音谱号和光盘重复交错排列，以交错构图的形式寻求变化。

带有视觉效果的重复作品

1.4.2 韵律节奏构图形式

运用图形与排列方式的变化寻求一种动感和趋势，从而造成感官上的节奏感和韵律感，这就是体现韵律节奏的版面设计。

（1）基本设计理念：有序地、规律地按照某种变化趋势对基本元素进行排列、摆放和改变形态，形成渐变的、具有变化趋势的格局。变化趋势可是元素的方向、形状、疏密程度、尺寸大小明暗程度、位置高低等变化过程。

（2）视觉效果：韵律节奏设计能够渲染某种情调，增加版面的感染力，并使人沿着版面节奏变化的趋势展开遐想的空间。下图所示的图像是一个体现韵律节奏的设计。渐渐升起的月亮从弯月逐渐变成满月，并在天空中划出一个优美的弧线，使人感受到月亮升起时的韵律与平稳的节奏。

韵律节奏的视觉效果

提示：

韵律与节奏的设计关键是元素在版面上的变化规律，要刻意体现变化的趋势。

1.4.3 均衡构图形式

均衡是一种体现秩序和平衡的版面效果，在变化中求得平衡是均衡设计的主要内涵。

（1）基本设计理念：采用等量不等形的设计手法，对多个基本元素之间的位置和关系进行协调。并且通过动与静的相互渗透，形成矛盾体的统一。

（2）视觉效果：均衡版面在视觉上给人一种平衡感，但不失变化。版面所表达的气息是：轻快、活泼、生动，并且充满趣味性。

下图是均衡的设计作品，该作品通过等量不等形的色块和图片构成了均衡的版面，非常具有条理性，达到了均衡美的效果。

版式均衡

1.4.4 对称构图形式

对称的版面通过对若干个相同类型的元素对称排放和排列，产生强烈的平衡感。

（1）基本设计理念：把同等同量的元素在版面上对称摆放，寻求版面的平衡感。在设计中，可采用多种对称结构，如上下对称、左右对称、对角线对称。对称摆放的若干元素可以相同，也可以采用镜像元素，如水平翻转、垂直翻转等。

（2）视觉效果：对称的版面给人以非常稳定的感觉，整体效果较为庄重、整齐，版面透出安宁和沉静的气息。下图是中国特有的对称美的古代建筑。

对称建筑

1.4.5 对比构图形式

对比的版面效果体现元素之间的差异性，并予以强调。差异性越大，对比效果越强烈。

（1）基本设计理念：从选材、亮度、形态、关系等方面对版面上的元素进行处理，形成对比的视觉效果。经常使用的手法包括：

①选材对比。如动静、疏密、硬软、强弱的对比。

②亮度对比。如明暗、黑白的对比。

③形态对比。如大小、高低、粗细、曲直、锐钝的对比。

④关系对比。如远近、轻重的对比。

（2）视觉效果：对比效果非常醒目，视觉冲击力强，版面的主从关系鲜明。

下图是采用动静对比的手法设计的作品。树影斑驳动感强烈；而树影上方的月光却显得非常宁静。

月光与树影

提示：

对比的手法除了在整个版面运用以外，也常用于版面的局部，此时整个版面通常以调和的设计手法来表现。

1.4.6 调和构图形式

调和与对比正好相反，版面效果体现元素之间的近似性。平均、调和、尽可能减少差异、寻找并突出共性，是调和效果的主要设计手法。下图所示的设计作品体现了调和的视觉效果。

调和后的作品效果

（1）基本设计理念：从色彩、明暗、形态等诸多方面强调元素之间的共性与近似性，寻求相互之间的统一与调和。在构图设计时，避免元素之间的分离感和较大的反差。

（2）视觉效果：调和的版面给人带来舒缓、平静、安定、富于情感、有时甚至是忧郁的视觉效果。

1.4.7 比例构图形式

版面的比例和元素的比例也是版面设计要考虑的问题。在视觉上，人们存在着某种与生俱来的心理暗示，采用黄金分割法得到的宽高比例总是最和谐的。

但是，在版面设计中，如果合理地改变比例，能够产生非同寻常的视觉效果。

（1）基本设计理念：常见的版面比例有等差、等比以及黄金比。在设计时，应根据需要选取恰当的版面比例，这是优秀设计作品的必要条件。

版面中元素的比例可根据需要任意改变，但要符合审美要求。

（2）视觉效果：版面比例的改变，会增加新奇感。尤其是书籍比例的改变，会使读者在众多书籍中立刻有所察觉，增加视觉敏感度。

元素比例的改变，能够产生立意新颖的效果，并可增加版面的趣味性和多变性。

下图是改变版面元素比例的设计作品《三分钟的歌剧》。该画册在当时众多的画册中一目了然，非常醒目。

《三分钟的歌剧》作品

提示：

版面与元素比例的掌握要符合人们的阅读习惯，要适度。其设计应以最舒适的阅读、最佳的视觉效果为度。

1.4.8 变化构图形式

版面上元素之间在形态、位置、明暗等方面的跳跃式变化，可导致版面的整体效果富于变化。

下图是一个运用变化的设计作品。它通过元素（鱼群）的疏密变化产生动感，使读者产生鱼群为何聚拢的疑问。而恰恰在鱼群集中的地方，读者看到了该作品要展示的内容。

鱼群之中

（1）基本设计理念：在设计中，强调版面各元素之间的差异，以此产生对比，增加视觉敏感度。变化的根本在于造成视觉上的不连续性，形成跳跃式的效果。

（2）视觉效果：版面上的变化带来视觉上的突变，可改善平庸、呆板、司空见惯的版面设计模式，给人以新奇、激发想象力的视觉感受。

变化的视觉效果

> **提示：**
>
> 版面的变化是建立在元素的形态、位置、明暗等方面的跳跃式变化基础上的，但不论怎样变化，版面的整体效果应保持协调性和均衡性。

1.4.9 留白构图形式

留白是突出单一主题的一种设计手法，版面上的留白部分没有任何元素。大面积的空白可造成视觉上的高反差，突出主题元素的醒目程度，并增加版面的层次感。

（1）基本设计理念：在版面上利用大面积空白造成“虚”的意境，被烘托的主题则采用“实”的手法设计。宜虚大实小，形成强烈的对比，悬殊的虚实比例能够获得较为醒目的视觉效果。

（2）视觉效果：通过虚实对比，人们提高了对版面的关注程度，视线自然集中于主题焦点。版面的视觉感受是：宁静、轻松、不喧闹、具有空间感。

下图所示作品为《北京的雪》，其虚实比为2:1，大面积留白既突出了北京的古建筑风格，又扩展了雪后白茫茫的广阔空间，整个版面造成的雪白而宁静的气氛令人难忘。

留白作品-《北京的雪》

1.4.10 网格构图形式

在版面上运用网格，就如同为版面添加框架，使版面规整，具有强烈的格式感和条理性。网格的采用可增加版面的信息量，增强元素之间的秩序感。

在设计中除了采用可见网格以外，还可以采用虚拟网格。虚拟网格通过元素有序规整地排列暗示网格的存在。

（1）基本设计理念：运用可见或不可见的线段对版面进行分割，形成若干个相对独立的块，每个块构成一个视觉单元。利用这些视觉单元合理地使版面有序地摆放图片、文字等元素，信息量增加，并具有一定的装饰性和清晰的条理性。

（2）视觉效果：采用可见网格的版面具

有鲜明的规则感，条理清晰，给人以一种装饰美感。

下图所示的作品是采用可见网格的设计作品。该作品运用互补色的线条对版面进行分割，形成装饰性很强的版面效果。

网格视觉效果

运用虚拟网格构成的版面具有新奇感，使版面生动、活泼，可在很大程度上改善可见网格版面可能造成的呆板和一般化效果。

1.5 平面设计创意表现技法

广告创意是在设计活动中全面运用创造性思维的、最具挑战性的创造形式。下面介绍的一些创意思考方法体现了创造性思维的原理在设计中的重要引导作用。

1.5.1 水平思考法

水平思考法是由英国剑桥大学生态生理学家德·波诺博士在其著作《水平思考的世界》中首次提出的，其后成为在广泛领域普遍应用的科学思维方法。

人们在思考问题时，一般采用两种思考方法：一种是垂直思考法；一种是水平思考法。前者是纵向的，后者是横向的。德·波诺认为，当人们考虑一个新的设想时，极有必要抛开一直被认为是正确的固有概念，而应打破常规，不停地去尝试新事物。水平思维就是在解决问题时广泛涉猎不同的领域进行思考，充分利用各种外部信息以获得答案。这是新观念、新构想、新方案和新关系提出的最好的途径。

水平思考法与传统的逻辑思维方法不同的是，它所关心的不是在旧观点上的修修补补，而是怎样提出新观点。在水平思维中，不是过多考虑事物的确定性，而是如何考虑其多样的可能性，不是一味追求正确性，而是追求丰富性，不是拒绝各种机会，而是尽可能利用各种机会。

水平思考是调动思维进行联想的便捷方法，绝大多数的联想形式都可以在水平思考的线索中找到路径。水平思考方式主要有5种，下面进行介绍。

❶对地域的平行思考

下图是一个出品著名红酒的英国古老的庄园，建筑师将创意与地域建筑进行联系，互相产生联想，达到放大主题的作用。

将建筑与创意联想在一起

❷对人物的平行思考

将物品与具有同物品某种特征有关联的人物联系，能够帮助浏览者更好地理解图像想要表达的主题。

下图是香奈儿经典香水“香奈儿5号”的宣传广告，是广告界的一大经典。

众所周知，玛丽莲·梦露是所有男性心中的女神，“性感”的代名词，她有着成熟女性所有的优点：浓烈、热情，风雅等，而“香奈儿5号”香水的香味同样浓烈、性感，至此，人物和物品的有关联系便建立了。

在目前的广告传媒中，对人物的平行思考运用广泛，比如明星代言等。

玛丽莲·梦露为香奈儿的香水代言

❸对事物的平行思考

有时候，事物和实物之间也会存在联系，而这种联系通常会使实物带有拟人的色彩，更加生动、形象。下图是一组对事物与实物之间的平行思考。植物带上了耳机，并没有出现人物元素，却使植物好像有了生命和感情去欣赏音乐。

对事物的平行思考

❹对结论的平行思考

有时，我们会将事件的最终结果展现出来，用以诱导浏览者思考事件的经过，达到强调最终结果或目的的效果。

下图是一则公益广告，通过展示被破坏的锁链引发人们的思考。但同时并为标明铁链的象征意义，因此，不同的人对这则广告图有不同的看法。

提到锁链，人们下意识的会联想到它锁住的东西是重要的或贵重的，但图中的锁链已经被破坏，说明重要的物件已经丢失或正在丢失中。那么，丢失的是什么？物品或者具有象征意义的道德？其次，如何能够避免锁链被破坏从而保护重要的事物？防患于未然？还是加强监管？

所以，对结论进行平行思考而设计出的作品能够引发人们更深一步的思考。

结论平行思考–断掉的锁链

❺对事件的平行思考

对事件的平行思考是将事件经过的某个片段放大给浏览者，然后引发其思考的创意设计方式。

下图是一则反映踩到口香糖时的公益广告，图中人物的夸张动作表现了行人踩到口香糖的惊讶、恶心，是不是反映了大多数的人在马路上踩到口香糖的心态？

对事件的平行

1.5.2 类比思考法

类比联想是指在性质上或形式上相似的事物之间形成的联想。

事物与事物间在很多方面都存在联系，如时间、空间、形态、性状、性质、逻辑、顺序等。事物在这些方面越接近，思考时就越容易联想。

类比思考又可称为接近思考，是指由对一件事物的感受引发的和对该事物在性质上或形态上相似的事物的联想。

这是从对某一对象的感觉开始，通过比较

它与另一类对象的某些相似处而生发新认识的过程。接近思考的这种转移，在思维中可以产生极大的创造效应。类比思考的途径很多，概括起来有如下几种：

❶直接类比

直接类比是将思考对象直接与相类似的事物进行比较，从而产生创意、进行发明创造的思维方式，如鲁班运用直接类比从有齿的草叶能把人手划破中得到启发，发明了锯子。

下图所示将类似火箭头的笔杆加工成火箭，图像的职场人员在笔杆上如坐火箭般快速上升，诠释了办公室中的永久定义：好记性不如烂笔头，严谨踏实的态度是升职的关键。

直接类比

❷间接类比

间接类比也称符号类比，是一种借助于事物形象和象征符号来比喻问题，从而间接反映事物本质的思维方法。在商标设计中运用间接类比的创意特别多，因为这样能借用简单的形象和象征符号传达商品或企业复杂的信息。

下图是一个宅急送公司的Logo，灵活的猴子和下面交通工具的轮子，是不是让人联想到宅急送人员用灵活的身影克服道路上种种障碍将商品送到你面前呢?

宅急送Logo

1.5.3 比拟思考法

比拟是把表现对象的某种要素投射到人或物身上，使其角色化或人格化的方法。它是取得受众一致认同，从而使受众进入“角色”、产生共鸣的手段。

比拟的手法平实而生活化，亲切动人，使人产生遐想，特别适合以轻松、诙诺的情调表达，又容易使创意者与受众互动沟通的情境。

下图所示的花生油广告图，再现了花生油是从花生中被压榨出来的，简单直接，又能令购买者产生信任感。

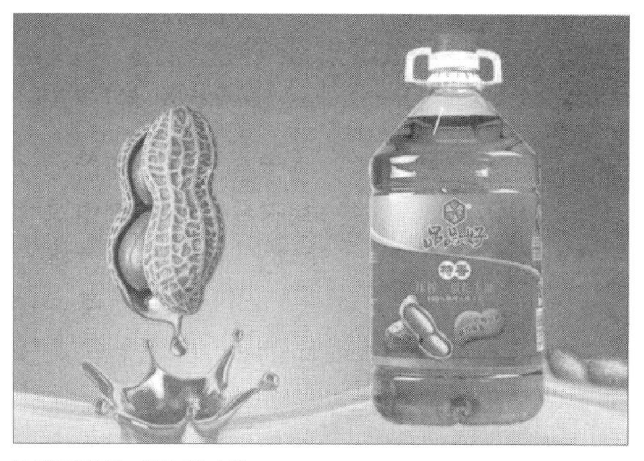

比拟思考法-花生油广告

1.5.4 对比联想法

对比是事物存在的普遍现象，对立统一的规律反映了事物在矛盾对立中相辅相成的关系。事物的对比如此普遍，以至于对立已经成为了人们思考的自然方式，很多概念就是依据这种对比关系形成的，如大小、正反、喜怒、哀乐等。

所以，对比是在思维过程中迅速抓住线索的最便捷的途径，如炎炎酷暑，人们会想到冰天雪地；干旱涸竭，人们会想到甘霖雨露；由黑会想到白，由水会想到火，由小会想到大，由真会想到假等，这都是人们自觉运用对比联想的结果。

对比联想又是产生强烈生理、心理效应的方法。对比的双方由于差异对照，个性会更加鲜明突出，在视觉传达中，图形要素的对比形式可以产生强烈的视觉冲击力和心理效应。

下图是一幅颜料公司的创意广告，通过使用过颜料和没用颜料的前后对比，来突出其产品的色彩艳丽，质量优质，同时刺激绘画者购买颜料为他们的作品增色。

颜料公司的创意广告

1.5.5 强制联想法

联想，是形象思维的一种形式，是创造性思维最常用的思考方法。所谓联想，是借助于形象，把头脑所储存的形象信息进行分解并重新组合的运动。强制联想往往把本来毫不相干的事物强行组合在一起，从看似无关联的事物中找出可以联系的因素，这是一种在限定中激活创造的方法。

在通常情况下，思考的逻辑习惯沿着相关、相近的线索进行，结果也可能是常见的、可预料的。而强制联想把对象强制性地限定在随机或特定的范围、性质或对象之上，奇妙新颖的结果往往从这种被强制的条件下产生出来，如把水和石头强制关联可以产生水晶石、太湖石、岩浆、石头水槽等联想；把树和衣服强制关联，就可以产生城市的衣装、蓑衣、衣服裹的树等联想。

时间与思考

爱因斯坦说：“知识是有限的，而想象力概括着世界的一切，推动着进步，并且是知识的源泉，严格地说，想象力是科学研究中实在因素。”在设计活动中，强制联想曾经帮助人们创造了无数新思想、新行为和新生活形态的机缘，并不断提供着再创造的无限可能，例如各种生活神器。

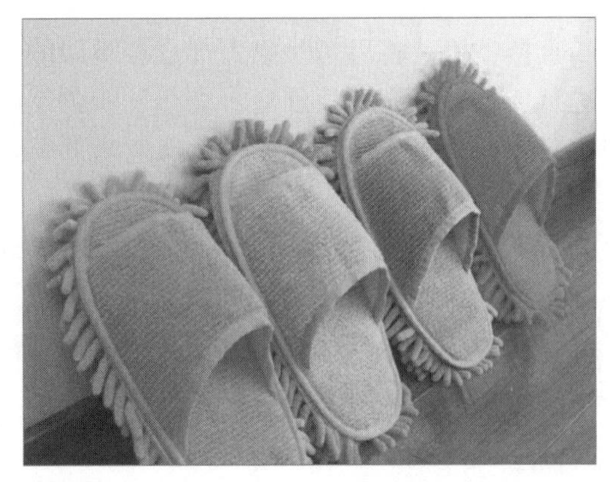

拖地拖鞋

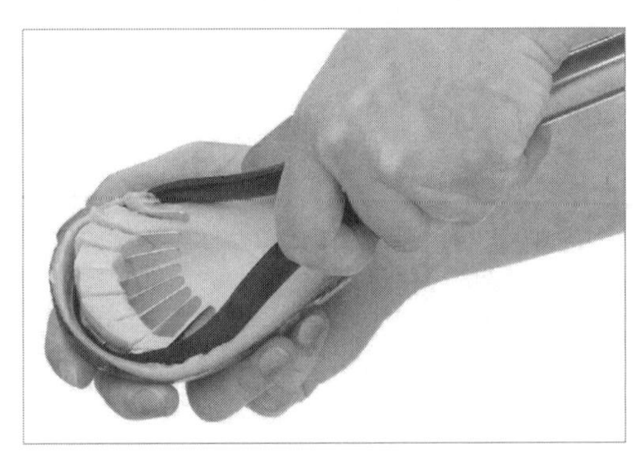

果肉剥离器

可见强制联想能够激发设计者的潜力，产生创意十足、令人眼前一亮的设计。

1.5.6 组合与置换法

爱因斯坦曾说：“组合构成思维是创造性思维的本质特征。”所谓组合构成思维是指在思维过程中，根据特定的需要，把不同事物的性质或功能联系或联结在一起，通过若干要素的组合，从而产生或创造出新事物、产生出新创意的思维活动。

发明创造大致有两条路可走：一条是全新的发现与发明；另一条就是把已知其原理的事实进行组合。招贴广告的形态创造，是充满了创造性思维的图形思考过程，经常需要把已有要素从多角度、多侧面、全方位地进行考察，然后再把它们重新组合与置换。

重组创造是一种再创造的思维方法，是在已有材料基础上的结构调整，这种思考方法的优势在于：

（1）它是最高效和便捷地创造途径。这种创造并不需要做材料生成的基础准备，一切现成的已有素材都可以为我们所用，而且利用重组的手段都可以使它们获得“原生”的品质。

（2）它是最容易唤起共鸣和最容易沟通的语言。重组使用的素材都是人们经验中的熟悉事物，只是由于太合乎常理而使人熟视无睹，当它们被赋予新的解释时，熟悉与陌生、亲切与诧异、情理之中和意料之外交织碰撞，能给人留下深刻的印象和无穷的回味。

这种设计思路在商品广告设计中使用比较频繁，下图的广告图将男性的头换成飞蛾的头，美女的头换成灯泡，有趣又富有哲理地解释了“飞蛾扑火”这个成语。

飞蛾扑火

1.5.7 发散思维法

发散思维是在创意时迅速获取事物和形态的一种途径。

一般来讲，思维通常是以推导的方法沿着一条路径线状地进行，即沿着确定的方向，寻找一个正确答案，而发散思维的思考线索却是从原点向外放射发散，呈现出多向的辐射状。

发散思维是开放性思维，它的特点是以张网布阵的方式，冲破思想的禁锢，全方位地接受信息、捕捉灵感。在放射的思维活动中多向的、随机的思想火花及时爆发，相互碰撞，常常可以迸发出鲜活的、出人意料的奇思妙想。下图所示名为《水源危机》的作品，在“环境与人类”的主题下，通常逻辑思维的途径是：环境—污染—危害—反思或警示。

发散思维-《水源危机》

1.5.8 逆向思维法

有人说：“一个伟大的创意是一场战争的感悟与一次分娩阵痛的体验。”要获得伟大的创意，就需要有流畅、敏捷的思维反映，灵活机动、触类旁通的洞察力和敢于创新、开拓进取的独创精神。因为只有这样才能成为一个真正作风开放、喜爱冒险、乐于改变、本质上流着“叛逆”血液的优秀设计师。

与求同思维相对或相反的就是求异思维，在广告中运用、发挥求异思维，才能摒弃陈旧的、普通的观念，产生新的点子和创意。我们所说的逆向思维法，就是运用求异思维于广告创意活动中，利用其思维方法和特点而激发、开启创意的思路，并摒弃、摆脱求同思维的束缚的一种创意方法。如下图所示，假如你的嘴巴变成了鞋子，能体会到鞋子每天被我们穿在脚上的“痛苦”吗？

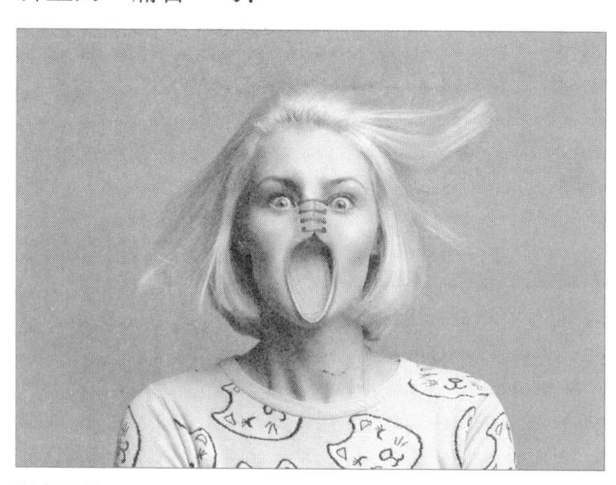

逆向思维

逆向思维与发散思维、辐射思维有相似

之处，它们一般不拘泥于一点或一条线索，不受已有的经验或规则的限制、约束，是从不同或相反的角度去寻求各种各样解决问题办法的一种思维模式。它容易获得种类繁多的答案而不受思维定势的束缚和影响，具有产生奇异设想的独创性。下图所示的作品，看到了斑马和大象都不足为奇，但是看到大象和斑马的结合体，难道不会惊讶一下？这幅作品很好地诠释了“物以稀为贵”的道理。

斑马？大象

运用反过来试试的方法，打破通常思考问题的思路，从反向的、对立的角度去思考问题，这是逆向思维的方法。它确立了在表现上标新立异的出发点，这是出奇制胜的手段。

下面这幅作品看似为两个人背对背对立，但是后方的地图板块引人深思，到底是人物的对立还是国家的对立？

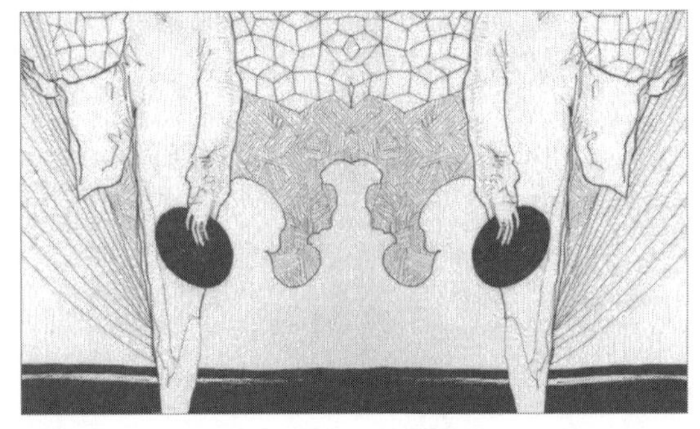

对立

运用逆向思维的设计方法，目的在于打破意识与潜意识、真实与虚幻、主观世界与客观世界之间的物理障碍和心理障碍，在激起惊奇和重新认识中，把隐藏着的事理表露出来。荒诞的组合手法也有助于展开想象的翅膀。

1.5.9 幽默创意法

幽默作为一种思维模式，是人类思维最具创造性的品质，是高度睿智的反映，是人类文化品性的特有表现。它作为一种文化，有着惊人的力量。科学是以理服人，艺术是以情动人，幽默则在动情中说理，是以理动人，它使艺术创造充满了感染力。

幽默作为广告创意的一部分，更显示出它巨大的亲和力、感染力。幽默广告能将诉求目的包容在轻松、诙谐的喜剧气氛中，使消费者在情趣盎然中产生注意，在一种愉悦的心境中不自觉地改变态度。好的商业幽默广告能打动和说服受众，激发受众乐滋滋地掏腰包。受众在张开嘴笑时，广告主趁机把自己的“食品”送到受众嘴里。当然，这并不是要我们去欺骗和敲诈消费者，而是利用幽默的力量促使购买行为的发生。下图是本田汽车的一幅幽默创意广告。

本田汽车创意广告

在我们的思维活动领域内，常常会爆发出一些诙谐或妙趣横生的想法，我们通过语言和行为将它们表现出来，传达一种有趣的思想、观念或符号，能让人在惊奇或意想不到中捧腹大笑，给人一种轻松、满足、愉悦等感觉。幽默通过双关语、俏皮话、夸张、讽刺等表现手法，产生滑稽、戏谑、荒诞等喜剧性效果，具有劝说与督促功能，有利于消费者对广告信息的接受。幽默广告是广告设计师运用幽默手法及其特殊的情境创造出来的作品。它虽然由来已久，但从来没有像今天这样走红和受到人们的喜爱与推崇，其价值在于它已成为赢得观众的最佳手段和最有效的“软销”策略。它增强了广告的感染力，已成为现代广告设计师手中的一根魔棍。

说到幽默创意广告，不得不提杜蕾斯，下图是一幅杜蕾斯夏季新款的幽默创意广告，“老司机”应该都会懂得吧！

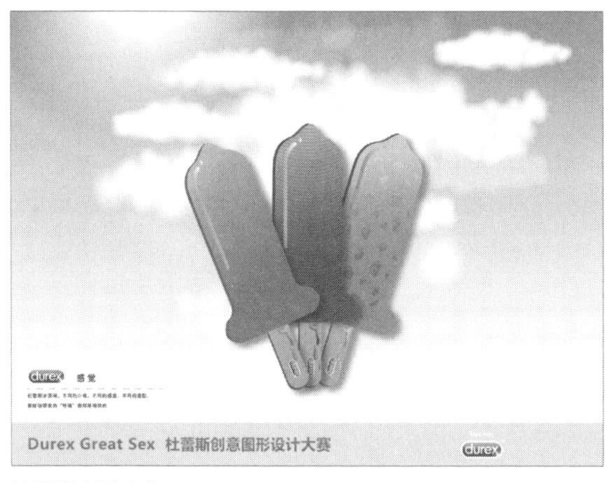

杜蕾斯幽默广告

1.6 平面广告设计

广告设计是人类现代生活的一部分，对于信息的传递起到非常重要的作用。广告设计按照媒介分类，主要有以下几种：

（1）在时间和空间上进行的影视广告设计，充分调动人们的视听感官了解设计主题。下图是20世纪最伟大的喜剧大师卓别林的影视广告。

卓别林的影视广告

（2）在平面上进行的平面广告设计，利用人们的视觉感受展现设计主题。

不论是何种广告设计，其设计概念、设计手段、运作机制以及传媒的基本作用都是一致的。在本章中，如果不特别强调，提到的“平面设计”均是指平面广告设计。

1.6.1 广告设计的概念

广告设计是一个研究人们心理、内容表达形式、版面构成原理，并进行实施的系统工程。也就是说，平面设计通过平面设计语言准确地表达广告主题，并借助各种介质进行表现。

从另一角度讲，广告设计又是一种创造媒介的手段，是在主述内容和受众之间搭建起的一座桥梁。通过广告设计，人们能够及时了解信息，从而利用这些信息。下图所示的广告设计图，突显了护肤品的植物呵护，抓住了偏爱草本护肤的消费者的心理。

草本护肤广告

1.6.2 广告的分类

在广义上，广告设计主要包括以下两大类：

（1）反映广告中心主题的广告语创意。

（2）介质广告设计主要是指报纸版面、书籍装帧、包装等设计。

在具体的表现形式上，广告有以下几种类型：

（1）实时性广告。体现广告的实时性，及时、准确地传递信息。常用动人的图像、醒目的标题、惊人的效果构成强烈的视觉冲击力，以期能够即刻产生广告效应。

下图为演唱会的海报。海报以明星本人的照片作为大幅度面积，吸引人们的注意力，文字则提醒人们抓住这一晚的难得机会。这是一则典型的实时性广告。

（2）延时性广告。通过广告语言和版面效果，使广告内容在时间轴上具有伸延性和连续性，使人们产生期盼、等待的心理，从而对广告的内容维持长久的记忆。

下图通过一组画面，逐步向人们揭示了广告的主题：运动鞋，最后展现出主题内容。这组画面在时间上具有延续性，使人们始终怀着期盼的心理等待结果。

延时性广告

（3）理智性广告。在仔细分析受众的心理因素之后，创作出一种最能符合受众心理反应的广告，使人们理智地接受和听从广告的引导。下图为智能家电的效果图。

智能家电

1.6.3 版面类型

在平面设计中，版面设计的要素和风格有规律可循，广告的版面也不例外。为了更简单明了地了解广告的版面设计，归纳了8种非常直观的版面类型。下面介绍常用的两种类型。

❶标准型

人们见到最多的是标准型广告，按照阅读习惯自上而下分别是图片、标题、说明文、商标、公司信息。

标准型以图片作为先导，以图引起人们对图片的注意，然后阅读与图片相关的标题、说明等。下图是一则标准型广告。

标准广告

❷标题型

标题型广告注重突出文字的提示作用，标题在前，随后依次是图片、说明文和其他版面信息。

分量很重的标题在设计时，需要根据整个版面的平衡进行考虑，色彩、字号、字体都要进行仔细地斟酌。下图是典型的标题广告。

标题广告

1.6.4 广告语

广告语是广告设计的灵魂，准确、鲜明、富有感召力的广告语是广告成功与否的关键。广告语的作用是：引导人们了解广告内容，产生与广告内容相关的行为，如引起注意、参与、购买等行为。下面从以下几个常用的广告专用语进行介绍。

❶准备

广告语来源于实际调查，不能夸大其词，更不能凭空杜撰。在进行广告语创意之前，应首先了解与广告主题相关的内容，然后再撰写广告语。

与广告主题相关的内容主要表现在以下几个方面：

- 商品的性能和特点。
- 商品的产地、原料以及制作工艺。
- 商品的竞争背景和销售现状。
- 商品制造商和销售商的背景、特色和实力。
- 商品使用群体的地理分布、年龄层次、知识程度、职业差异以及个性消费等。
- 商品销售的季节性因素。

上述内容是创作广告语之前必须了解的。下图所示的广告是针对女性群体的化妆品广告。

化妆品广告

❷撰写

撰写一个好的广告语，应首先具备一些起码的撰写条件，然后再根据广告的分类性质进行相应的创作。下面从两点进行介绍。

（1）撰写条件：为了撰写广告语，撰写者应具备3个起码的条件：

①富有想象力。这是广告语新、奇、文思敏锐的基本条件，要善于联想、善于思考、善于从平庸中脱颖而出。

②态度诚实。这是广告语是否可信的基本保证，要语言生动而不失诚恳，宣扬特色而不浮夸。

③知识广博。这是广告语能否合情合理的依据。只有在市场情况、风土人情、商品信息等各方面进行了广泛调查和核实后，才能撰写出感性、亲切、合理的广告语。

（2）根据广告类别撰写：广告语要根据广告的类别进行撰写，根据书写侧重面的不同，广告可分为4个类别：

①创新类。这类广告以介绍新产品、新事件、新事物为主，宜用具有启发作用、指导作用的文字展开介绍。

②比较类。通过与同类商品的比较，营造竞争的气氛，宣扬产品特色，是这类广告的特点。比较类广告语需要见缝插针、另辟蹊径，尽可能创造同类广告中没有的语言。

下图是一则比较类广告，体现剃须刀的卖点，锋利、清洁效果良好。

剃须刀广告

③提示类。这类广告利用具有提示性的形象和语言，使人们对已经熟知的商品保持长久、连续的注意力。

提示类广告语应在不断的提示中保持创新，创造新的提法、新的语言、新的侧重面等。

④宣传类。此类广告常用于公益事业、商业和企业形象宣传。通过宣传意义、形象、人性化特色、市场等，使人们建立对宣传内容的信任和信心，建立良好的企业声望。

宣传类的广告语宜使用具有感召力的语言、与人们生活息息相关的语言等。下图是一则善待大象的广告，通过将活生生的大象的象牙直接雕刻成雕塑所造成的反差，呼吁人们善待动物，尊重自然。

公益广告

1.6.5 构成要素

一则广告由若干要素构成，要素的作用是向受众准确地传递信息。广告要素包括标题、图片、说明文字等，如下图所示。

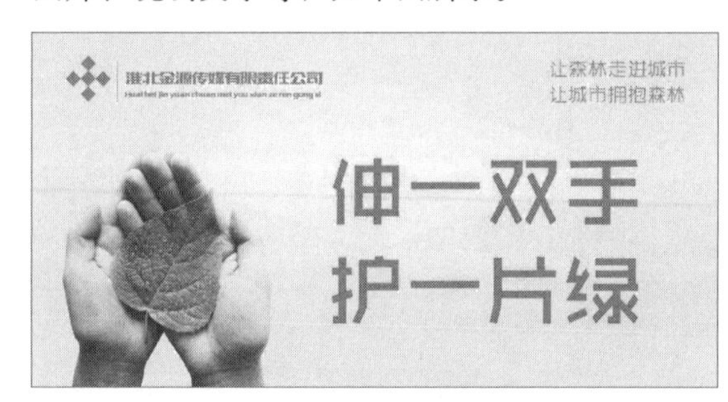

广告结构

按照功能划分，广告要素主要包括两大类：内容要素和造型要素，下面分别进行介绍。

❶内容要素

内容要素主要由文字和色彩构成，包括如下的具体要素和设计要求。

（1）标题：标题是广告文案的一部分，有主标题和副标题之分。主标题是广告的主题，意义明确，用词简练，必须置于版面最醒目的位置。

副标题具有提示性，是主标题的说明和延伸，起到强化和扩展主题的作用。

在设计时，标题应与版面其他要素相呼应，构成一个具有点、线、面设计特点的艺术整体。

（2）说明文：说明文是广告中比较细致的部分，是广告文案的叙述性文字。一般在主标题下面或附近。

说明文必须使用简捷、明了的语言，忌讳晦涩难懂的文体。内容表达则要真实、可靠、不浮夸，并要具有感召力。下图是一则科技领域的广告宣传图，其主题明确、风格简洁明了。

说明文在主标题下部

（3）公司相关信息：有关公司的信息包括：公司名、联系电话、通讯地址、网络地址、电子邮件地址等。

公司信息要求准确、简明扼要。版面布局要服从于版面的整体效果，常置于版面下面或底部。

（4）色彩：色彩是视觉表述的媒介，人们能够通过色彩对广告予以注目和加深记忆。色彩不是孤立的，它可通过版面上的其他要素表现出来，如图片、文字等。

色彩设计要遵循配色规律，并应与商品内容或广告主题相符。为了获得最佳的视觉感受，冬天采用暖色系，夏天采用冷色系，可缓解气候对人们的生理和心理影响。

一般而言，大型产品或主题多采用对比鲜明的色彩，而柔和对比的色彩则常用于小件商品、首饰、灯饰、化妆品等的广告。下图是一组服饰与饰品的广告图。可以明显感觉服饰类的广告图整体颜色较为鲜艳，而饰品类的广告则较为素雅。

服装广告图颜色鲜艳

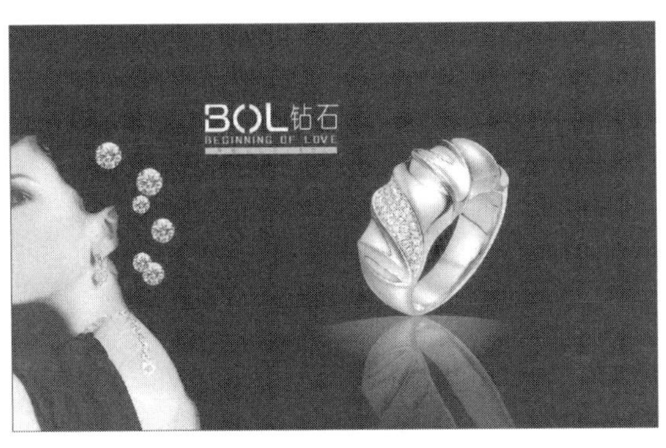

首饰广告颜色对比度较柔和

❷造型要素

造型要素包括版面构成形式、商标、标志、图形、图片、绘画、美术字、装饰性纹理等。相对于前面介绍的广告文案，造型要素属于广告图案。

（1）版面构成形式：版面的整体结构和布局是广告张显个性和捕捉视线的基础。在设计时，常采用统一的结构布局和线条轮廓，以构成具有个性化、一致性的风格。

（2）商标、标志：商标和标志在广告版面中有两个重要作用：其一，装饰版面；其二，具有点构图特性，集中视觉注意力，产生记忆与联想。后者往往是最重要的。

商标、标志的设计应与企业性质、商品特色相符合，要简单明确、易于识别和记忆，并且能够经受住时间的考验。下图为海尔的Logo。

Haier 海尔
你的生活智慧 我的智慧生活

海尔Logo

（3）图形、图片、绘画：图形、图片、绘画是最直接的造型要素，直观、自然、易于理解。图形、图片和绘画亦可用于版面的背景。

在设计中，这些要素要与主题保持密不可分的关联，并融入到主题中。图形、图片和绘画应负担起引导人们从看、读开始，直到产生印象和记忆的自然过程。

美术字和装饰性纹理也是一种图形，其设计要点与上述内容一致。下图为美术字设计图。

美术字设计图

1.6.6 广告的作用

为什么商家们不惜花费重金也要做广告呢？在现代商业模式中，广告已经成为商业竞争的常用手段，广告的作用在未来的商业发展中依然扮演着越来越重的角色。广告的作用通常情况下有如下几点。

（1）突出特点与特征：广告的一个重要作用是突出产品的特点与特征，使人们在最短的时间内清晰地了解相关信息。在表现手法上，突出最能展示产品特点的某个功能或者特色，以适当的比例展现特点和特征。

（2）引起注意和兴趣：通过对最热门话题、民俗、风土人情等的宣扬，引起人们的共鸣，产生亲切感，增加对广告的兴趣，从而提高广告的亲和力和说服力。

（3）挑起欲望：利用广告激发人们参与、从事、拥有、购买的欲望。对于广告的主题内容，例如音乐会、商品宣传等，对主题的诠释是否准确、详细、适时是能否挑起人们欲望的关键。下图所示为食品广告。

德芙广告

（4）建立信任：广告的一个重要作用就是建立和维护人们的信任感，从而获得长期、稳定的关注和投资。

通过诚实、真实、不浮夸的广告，可增加人们对事物、信息、商品等的信任感。虚假广告是一种非常愚蠢的行为，不仅丧失了信誉，而且对人们造成的伤害是永久性的，很难挽回。

1.7 商标与包装设计

商标与包装设计是平面设计的一个应用领域。商标是一个企业或商品的标志，代表着精神和内涵；包装是企业、商品、文化产品等的外观和面貌。针对于二者的设计是一种高度概括、高度精练的设计过程。

1.7.1 商标设计

商标是一种具有某种含义的标志，表现形式简练而明确。要想设计出优秀的商标，要了解有关商标的基本概念、商标的分类以及具体的设计手段。下图为奔驰商标。

奔驰商标

商标是永久性标志，简洁、耐看、内涵深刻是商标设计主要考虑的问题。商标设计应使商标和包装在内容和形式上获得高度统一与企业和商品的内涵协调一致。对于具体的商标类型，应遵循以下设计规则。

❶色彩

商标以单色居多，便于注册和使用。当然，彩色商标也有，但色彩数量较少。

单色商标并不意味着只是黑白两色，可根据商品包装和使用场合采用不同的单色，如蓝色、绿色、红色等。商标宜采用纯度较高的单色，达到醒目和容易记忆的目的。

纯度较高的商标

❷象征性图案

象征性图案的处理应遵循以下原则：

（1）图案简单、清晰。图案忌讳复杂的线条和灰度阶梯过多，不但难于记忆，而且当商标尺寸较小时，不易识别。

（2）图案的选材和加工要把握准确，以保证象征的准确性，避免不伦不类，难于理解。

下图所示的商标是一则具有象征性的商标设计，通过商标就能够感受到其浓浓的运动气息。

运动品牌商标

❸文字

商标采用文字表现比较直观，当单个文字不足以说明问题时，可采用多个文字。但是，不论是汉字、字母还是数字，文字的表现不可过于复杂，以简单易记、具有美感为主要设计思想。

下图所示的小米的文字商标，充分融合了小米的名称和科技元素，能够记住小米“米”的同时，感受到了现代手机的科技感。

小米Logo

❹几何图形

几何图形可以是三角形、圆形、方形等。图形可以是中空的、实心的，也可以采用立体图形。不同图形的形状具有不同行业的象征意义。

（1）三角形：三角形商标和标志的视觉感受强烈、基础雄厚，适用于交通、企业和工业产品等。在设计时，图案或线条应简单而饱满。

三角形Logo

（2）圆形：圆形商标极具装饰性，具有亲和力，常用于汽车、电器用品、体育用品、音像制品、食品等产品中。在设计时，应保持一种平衡感，线条柔和流畅，图案简约化。下图所示为大众Logo。

大众Logo

（3）方形：方形商标的视觉感受坚固、踏实、沉重，常用于工业产品、杂志、书籍的标志等。

方形商标用于工业产品时，要具有企业和产品的特色，空间饱满，强调厚重感。用于杂志、书籍时，内部线条和图案应纤细、简练。下图是一家印刷公司的Logo。

印刷公司Logo

（4）立体：为了追求简练、便于识别，大多数商标采用平面图形或图案，但有时具有立体感的商标也能体现鲜明的个性化，独树一帜。

下图所示的立体商标的设计，具有透视关系的商标独具特色，看后印象深刻。

立体商标

（5）混合型：实际上，商标的设计没有固定的模式。通常根据商标要表达的主题进行灵活设计，往往打破图案、文字、几何图形之间的界限，这就形成了混合型商标。

混合型商标利用各类型的优势，表达准确，但如果设计不当，容易趋于复杂化。下图为混合型Logo。

混合型Logo

1.7.2 包装版面设计

包装版面设计与包装结构设计是密不可分的。由于本书侧重讲解平面知识点，所以我们着重介绍包装的版面设计。

在版面设计中，可以把结构纳入设计范畴，综合考虑结构面上的内容和风格。在设计包装结构时，也要考虑版面对结构的影响，以及如何在每个面上表现设计内容。

除上述内容之外，包装的版面设计也有自己独特的设计内容、规范和标准。下面进行详细介绍。

❶版面内容

包装的版面由画面、文字、色彩、印刷和内涵表达构成，具体内容包括：

- **商品名称**。名称应准确，采用合适的字号与字体，并应易读、易辨、易记，如下图所示。

产品包装设计

- **简短的说明文**。主要介绍商品的特色、特点、成分、容量以及与商品有关的说明。文字的编排要集中，符合阅读习惯。忌讳过于分散的编排，这样很容易产生断续感，不利于阅读。
- **商标**。力求准确、规范。
- **产品形象**。应准确地表现商品的外观、内容和性质。
- **厂家信息**。厂家名称、地址、电话等信息。
- **形象代言人**。如果采用形象代言人，应合理地摆放图片、文字和签字，避免喧宾夺主。

❷设计重点

包装的版面设计重点在于：

- 引起注意，突出特色。
- 营造与商品一致的气氛。
- 寻求变化。

❸版面关系

立方体包装的版面有多个，各个版面要相互呼应，要考虑整体风格的一致性。

下图所示的包装设计，采用了统一的色调、布局和风格。

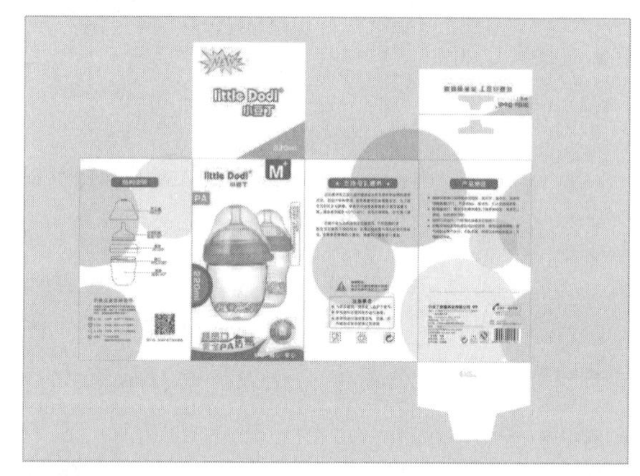

版面关系

❹色彩

版面的色彩应与商品的天然色、品质、类别以及气氛相协调。例如儿童用品的色彩可艳丽一些，吸引他们的注意和购买欲望；红茶、绿茶、水果等的色彩应与其天然色相协调。

❺其他

在设计时，要考虑货架展示和陈列功能。对于同类商品的各个系列，整齐划一的版面设计有利于摆放时产生整齐划一的效果。对于不同种类的商品，版面的差异性使得货架上的商品便于分类。

1.8 印刷常识

平面作品设计完成后，接下来需要将原稿通过制版、施墨、加压等工序，使设计构思转移到纸张、织品、塑料品或皮革等材料表面。下面将对印刷的流程、印刷色的应用、版面出血的设置以及印刷的种类进行详细介绍。

1.8.1 印刷流程

在印刷工艺流程中首先设计作品以电子文件的形式打样，以便了解设计作品的色彩、文字的字体、位置是否正确。

样品无误后送到输出中心进行分色，得到分色胶片。

然后根据分色胶片进行制版，制作好的印版装到印刷机上，进行印刷。

为了更为准确地了解设计作品的印刷效果，也有在分色后进行打样的，费用稍高。

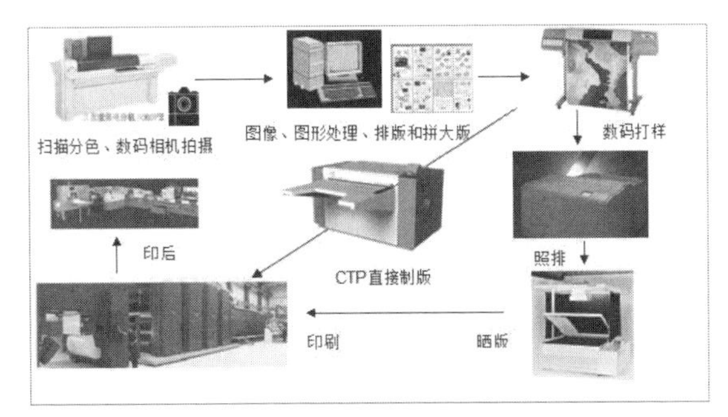

印刷流程

1.8.2 印刷色

印刷色采用的是印刷四原色。就是由不同的C、M、Y和K的百分比组成的颜色，通常称为“混合色”。

在印刷原色时，这4种颜色都有自己的色版，在色版上记录了这种颜色的网点，这些网点是由半色调网屏生成的，把四种色版合到一起就形成了所定义的原色。调整色版上网点的大小和间距就能形成其他的原色。

实际上，在纸张上面的四种印刷颜色是分开的，只是很相近，由于我们眼睛的分辨能力有一定的限制，所以分辨不出来。

我们得到的视觉印象就是各种颜色的混合效果，于是产生了各种不同的原色。

C、M、Y、K代表印刷上用的四种颜色。C代表青色，M代表品红色（也称为洋红色），Y代表黄色，K代表黑色。

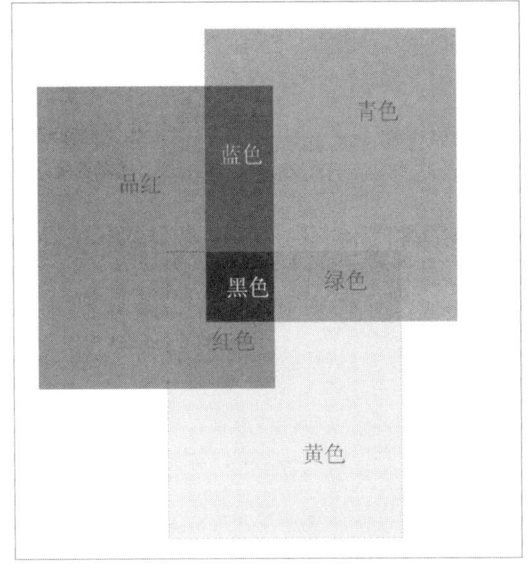

CMYK合成颜色图

Y、M、C可以合成几乎所有颜色，因为通过Y、M、C产生的黑色是不纯的，在印刷时需更纯的黑色，且若用Y、M、C来产生黑色会出现局部油墨过多问题。所以在实际引用中，引入了K——黑色。黑色的作用是强化暗调，加深暗部色彩。

以文字和黑色实地为主的印刷品，印刷色序一般采用青、品红、黄、黑。但若有黑色文字或实地套印黄色，则应该把黄色放在最后一色。

1.8.3 出血

出血又叫“出血位”（实际为“初削”）指印刷时为保留画面有效内容预留出的方便裁切的部分，是一个常用的印刷术语。

印刷中的出血是指加大产品外尺寸的图案，在裁切位加一些图案的延伸，专门给各生产工序在其工艺公差范围内使用，以避免裁切后的成品露白边或裁到内容。

在制作的时候我们就分为设计尺寸和成品

尺寸，设计尺寸总是比成品尺寸大，大出来的边是要在印刷后裁切掉的，这个要印出来并裁切掉的部分就称为出血或出血位。

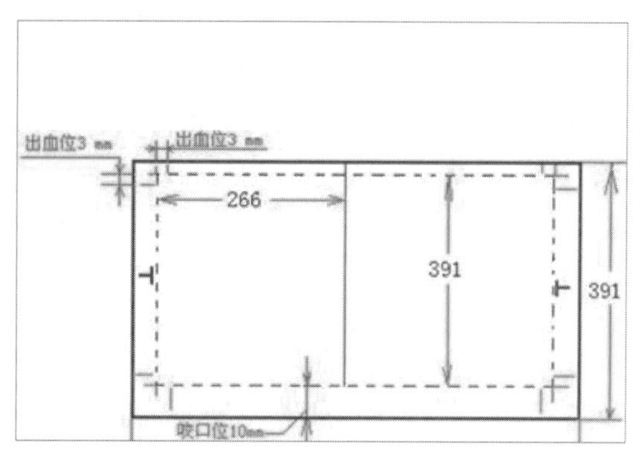

出血位示意图

1.8.4 印刷的种类

印刷的种类是依据不同形式的印版而进行划分的，主要有四大类。

❶ 凸版印刷

凸版的印文是反的，高于非印文，如下图所示。油墨附着在突起的印文上，与纸张接触时，油墨被印在纸上。

凸版印刷

凸版印刷的优点是：墨色浓厚、文字清晰。常用于印刷教材、杂志、小型广告页、包装盒、名片等。缺点是：不适合大版面印刷，彩色印刷成本高。

❷ 凹版印刷

凹版的印文是反的，其平面低于非印文，如下图所示。油墨充满在凹陷的印文里，当与纸张接触时，油墨被印在纸上。

凹版印刷

凹版印刷的优点是：墨色充实、表现力强、线条准确、流畅，颜色鲜艳，不易仿印，适用纸张范围广泛，甚至某些非纸张材料也适用。印版牢固、耐久，适于大批量印刷。常用于证券、货币、邮票、凭证等。缺点是：制版和印刷费用高，小批量印刷成本高。

❸ 平版印刷

平版的印文与非印文处于同一平面，是反的，如下图所示。油墨附着在印文位置，非印文部分有水，不粘油墨，当与纸张接触时，油墨被印在纸上。

平版印刷的优点是：墨色柔和，制版工艺简单，成本低，适于大批量印刷。常用于海报、广告、报纸、挂历、包装等。缺点是：色彩表现力稍差，不够鲜艳，只能达到最佳表现力的70%左右。

平板印刷

❹ 孔版印刷

孔版的印文是镂空的，为正文。油墨透过镂空的印文，印在下面的纸张上。

孔版印刷的优点是：墨色浓厚、色彩鲜艳，表现力强。适合于任何材料的印刷，并可在曲面介质上印刷，例如有特殊印刷要求的场合，玻璃、塑料等的瓶状物，曲面金属板，以及布料、纸张等。

缺点是：印刷速度慢，彩色表现难度较大，不适合大批量印刷。

Chapter

02 Photoshop基础知识

Photoshop是Adobe公司最为有名的图像处理软件之一，无论是户外精美的平面广告，还是网页上炫酷的图像效果，都离不开Photoshop软件的应用。该软件集图像扫描、图像制作、编辑修改、图像输入、色彩调整等多种功能于一体，深受广大平面设计人员和电脑美术专业者的热爱。本章主要介绍Photoshop的应用领域、工作界面、文件操作、辅助工具等基础知识。

2.1 Photoshop的发展

1987年秋，美国密歇根大学博士研究生托马斯·洛尔（Thomes Knoll）编写了一个叫作Display的程序，用来在位图显示器上显示灰阶图像。托马斯的哥哥约翰·洛尔（John Knoll）在一家影视特效公司做视觉特效总监，他让弟弟帮他编写一个处理数字图像的程序，于是托马斯重新修改了Display的代码，使其具备羽化、色彩调整和颜色校正功能，并可以读取各种格式的文件。这个程序被托马斯改名为Photoshop。洛尔兄弟最初把Photoshop交给了一家扫描仪公司，它的首次上市是与Barneyscan XP扫描仪捆绑发行的，版本为0.87。后来Adobe买下了Photoshop的发行权，并于1990年2月推出了Photoshop 1.0。它的推出给计算机处理行业带来了巨大的冲击，Photoshop从此成为了Adobe软件帝国的重要一员。

1991年2月，Adobe推出了Photoshop 2.0，新版本增加了路径功能，支持栅格化Illustrator文件，支持CMYK模式，最小分配内在也由原来的2MB增加到了4MB。该版本的发行引发了桌面印刷的革命。此后，Adobe公司开发了一个Windows视窗版本Photoshop 2.5。1995年3.0版本发布，增加了图层功能。1996年的4.0版本中增加了动作、调整图层、标明版权的水印图像等功能。1998年的5.0版本中增加了历史记录面板、图层样式、撤销、垂直书写文字等功能。从5.0.2版本开始，Photoshop首次为中国用户设计了中文版。1998年发布的Photoshop 5.5中，首次捆绑了ImageReady，从而填补了Photoshop在Web功能上的欠缺。2002年3月Photoshop 7.0发布，增强了数码图像的编辑功能。

2003年9月，Adobe公司将Photoshop与其他几个软件集成为Adobe Creative Suite CS套装，这一版本称为Photoshop CS，功能上增加了镜头模糊、镜头校正以及智能调节不同区域亮度的数码照片编修功能。2005年推出了Photoshop CS2，增加了消失点、Bridge、智能对象、污点修复画笔工具、红眼工具等功能。2007年推出了Photoshop CS3，增加了智能滤镜、视频编辑、3D等功能，软件界面也重新设计了。2008年9月发布Photoshop CS4，增加了旋转画布、绘制3D模型、GPU显卡加速等功能。2010年4月Photoshop CS5发布，增加了混合器画笔工具、毛刷笔尖、操控变形和镜头校正等功能。时隔2年之后，Photoshop CS6发布。

2013年6月发布Photoshop Creative Cloud版本，以后所有的Photoshop版本都会以Creative Cloud为基础，可以让Adobe在特定的基础下对Creative Cloud用户推出软件更新。从整体来说，云融合都是一个重要的发展开端，用户可以利用Adobe Photoshop到Behance收集资源，同时通过云端同步操作。

自从Photoshop CC推出后，Adobe对其进行了三次重大更新，CC 2014改进了包括智能参考线、智能对象等功能。

2.2 Photoshop应用领域

Photoshop是功能很强的图像编辑软件，不论是平面设计、插画设计、矢量绘图、网页制作、3D效果还是多媒体应用，Photoshop都发挥着不可替代的重要作用。

2.2.1 平面设计

Photoshop成为图像处理领域的行业标准，在平面设计中应用最为广泛，应用范围包括各种宣传单、书籍装帧、海报、包装等。

❶海报招贴设计

海报从内容上可分为电影海报、文艺体育比赛海报、学术报告类海报以及公益类海报等几种类型。这些海报一般都是经过Photoshop软件对图像进行处理，从而制作出呈现鲜艳的色彩等视觉效果，引起浏览者注意。

比赛海报

电影海报

❷包装设计

包装设计是指使用合适的包装材料，运用巧妙的工艺手段，为商品进行容器结构造型和美化装饰设计。

通过应用Photoshop软件，设计师们可以设计出精美的包装效果。

月饼礼盒包装

❸杂志广告设计

杂志一般有专属的阅读人群，在杂志中会有针对阅读人群的广告。杂志在设计上和海报一样，具有色彩鲜明、创意独特等特点。

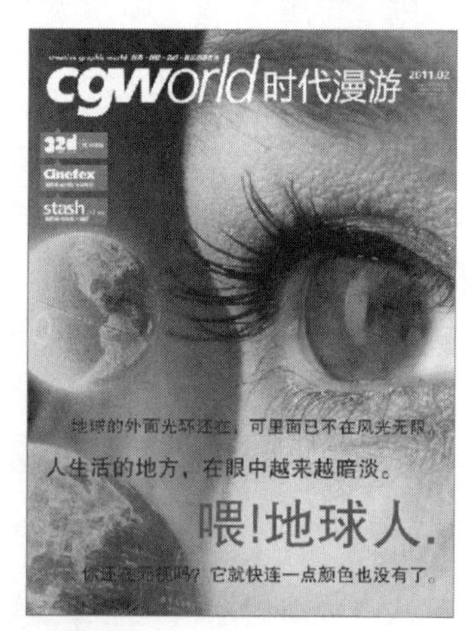

杂志封面设计

2.2.2 网页设计

随着网络的普及，网站已经成为现代人获取信息的主要途径，也是商业公司的形象标志，成为推广公司产品、收集市场信息的新渠道。

人们对网页的审美要求也在不断提高，网页的制作除了需要相关计算机语言的支持外，还需要使用Photoshop对网页中的图像和各种元素进行处理，如网站的标题、Logo、框架以及背景图等。

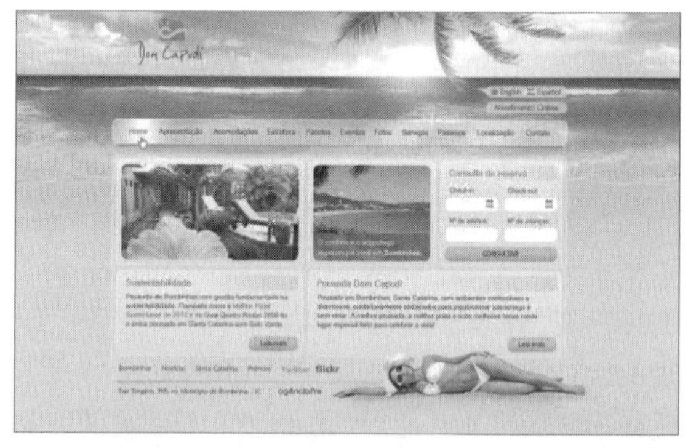
某网站的主页面

2.2.3 界面设计

界面设计是新兴行业，随着互联网时代的飞速发展界面设计也逐渐被观众所熟知，从以往的游戏界面、软件App界面到如今的手机应用界面、iPad显示界面。使用Photoshop的渐变、图层样式和滤镜等功能，可以制作出不同质感和色彩的画面效果。

2.2.4 动画与CG设计

国际上习惯将利用计算机技术进行视觉设计和生产的领域统称为CG，既包括技术应用，也包括艺术创作。

Photoshop常用来绘制不同艺术效果的CG艺术作品，模型贴图通常也是使用Photoshop来制作完成的，通过Photoshop能够快速且有效地渲染图片。下图为具有CG风的游戏人物。

CG游戏人物

2.2.5 插画设计

插画是运用图案表现的形象，本着审美与实用相统一的原则，尽量使用线条，形态清晰明快，制作方便。插画设计作为当今时代艺术视觉效果表达形式之一，受到了年轻人的喜爱。

使用Photoshop软件可以使插画呈现出逼真、梦幻的超现实效果，如下图所示。

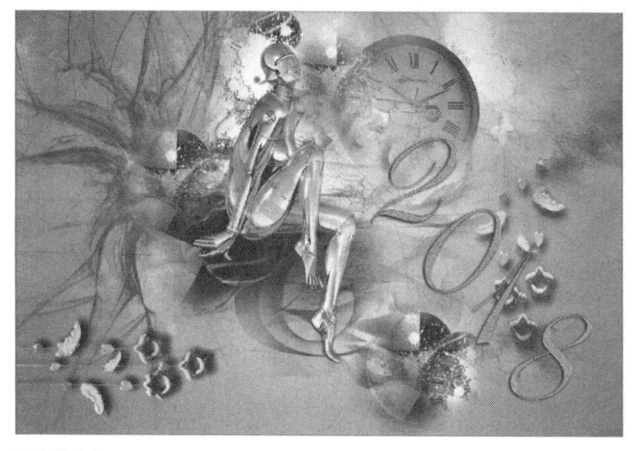

插画设计

2.2.6 摄影后期

Photoshop作为最强大的图像处理软件，为数码爱好者提供了无限的想象与创作空间，是摄影专业人士必学的软件之一。使用Photoshop可以完成从照片扫描与输入，至校色，再到分色输出等专业化的工作。照片的校正、修复或润饰，或是色彩与色调的调整，以及制作创造性的合成，都可以使用Photoshop软件轻松完成。

Photoshop还可以用于商业艺术摄影处理，使图像成为富有创造力的艺术作品。

摄影后期处理

2.2.7 效果图后期处理

虽然大部分建筑效果都需要在3ds Max等软件制作，但其后期图片的修饰调整多数是在Photoshop中完成的。如果需要添加人物、树木、车辆、建筑等一些装饰效果时，在Photoshop中能够快速方便地完成。这样可以节约渲染时间，而且通过Photoshop的调整能使画面更有质感，整体更加美观。下图为建筑效果图。

建筑效果图

2.3 Photoshop工作界面

Photoshop CS6的工作界面更加人性化，各组件分布合理，如选择工具、工作区的切换等都很方便自如。用户需要熟悉Photoshop的工作界面，才能为后续各功能模块的学习打下良好的基础。

Photoshop工作界面主要由菜单栏、工具栏、属性栏、文档窗口和面板等组成。

2.3.1 菜单栏

Photoshop菜单栏位于工作界面的顶端，其中包括11个主菜单，分别为文件、编辑、图像、图层、文字、选择、滤镜、3D、视图、窗口和帮助。

Ps 文件(F) 编辑(E) 图像(I) 图层(L) 文字(Y) 选择(S) 滤镜(T) 3D(D) 视图(V) 窗口(W) 帮助(H)

菜单栏

菜单栏中的任意一个主菜单下都包含一系列对应的操作命令。在菜单中按功能进行划分，不同功能之间使用灰色的分隔线隔开。

在菜单列表中如果某个命令右侧有黑色的三角标记，则表示该菜单命令还包括子菜单，如执行“图层”命令后，将光标定位在“新建调整图层”命令，在右侧打开的列表中选择相应的子命令即可。

子菜单

2.3.2 属性栏

属性栏用于设置选中工具的相关属性，选择不同的工具，属性栏中的参数会随之改变。例如选择横排文字工具，属性栏显示该工具的相关属性，可以设置字体、文字样式、文字的大小、对齐方式、颜色等。

横排文字工具属性栏

在属性栏的最右侧有个概要按钮，用户可以单击该按钮，在列表中选择不同的选项，快速切换工作环境。

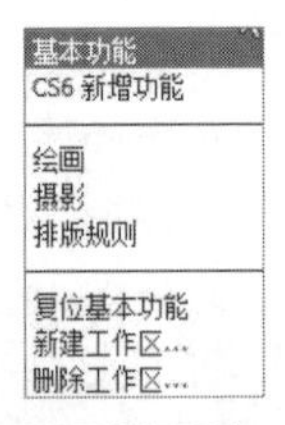

概要按钮列表

Photoshop默认为“基本功能”工作环境，用户可以设置为绘画、摄影等工作环境。

“绘画”工作环境

“摄影”工作环境

2.3.3 工具箱

工具箱位于工作区左侧，包含了Photoshop中所有的工具。使用这些工具可以创建选区或创建和编辑图像、图稿。

在工具箱工具按钮右下角有黑色三角形，

表示这是一个工具组。只需要长按该工具按钮即可打开该工具组，然后选择对应的工具即可。

下面将对工具中各工具的功能与应用进行详细介绍。

- **移动工具/画板工具：** 用于移动和控制画板的大小。
- **快速选择工具/魔棒工具：** 用于快速选择并创建选区。

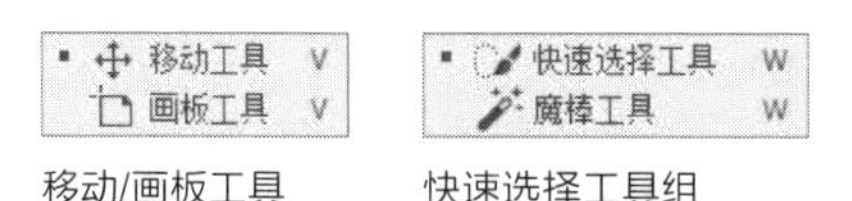

移动/画板工具　　快速选择工具组

- **仿制图章工具/图案图章工具：** 用于复制指定图像，并将其粘贴到其他位置。
- **路径选择工具/直接选择工具：** 用于选择图像和移动锚点调整形状和路径。

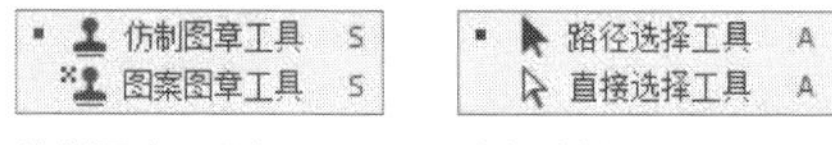

仿制图章工具组　　路径选择工具组

- **减淡工具/加深工具/海绵工具：** 用于调整图像的色调深浅以及饱和度。
- **模糊工具/锐化工具/涂抹工具：** 用于模糊处理或鲜明化处理。

减淡工具组　　模糊工具组

- **渐变工具/油漆桶工具/3D材质拖放工具：** 用指定的颜色、渐变、材质进行填充。

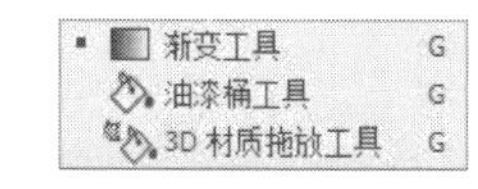

渐变工具组

- **污点修复画笔工具/修复画笔工具/修补工具/内容感知移动工具/红眼工具：** 用于修复图像以及消除图像中的红眼现象。
- **钢笔工具/自由钢笔工具/添加锚点工具/删除锚点工具/转换点工具：** 用于绘制、修改形状，或对矢量路径或形状进行变形操作。

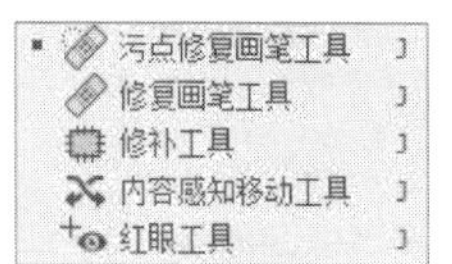

污点修复画笔工具组　　钢笔工具组

- **矩形工具/圆角矩形工具/椭圆工具/多边形工具/直线工具/自定形状工具：** 用于制作矩形、圆角矩形、多边形以及各式各样的形状图像。
- **吸管工具/3D材质吸管工具/颜色取样器工具/标尺工具/注释工具/计数工具：** 用于取出色样、度量图像的大小、插入注释和添加计数符号。

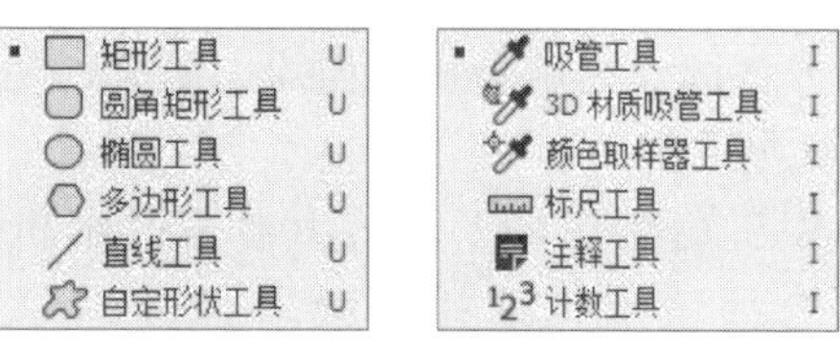

矩形工具组　　吸管工具组

- **横排文字工具/直排文字工具/直排文字蒙版工具/横排文字蒙版工具：** 用于横向或纵向输入文字或添加文字蒙版。
- **矩形选框工具/椭圆选框工具/单行选框工具/单列选框工具：** 用于绘制矩形、椭圆单行或单列的选区。

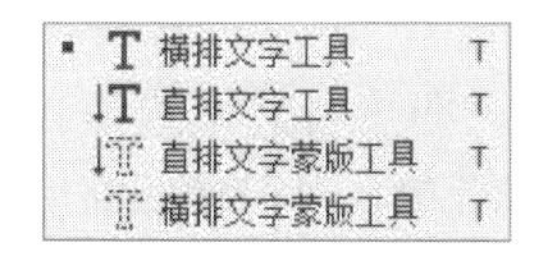

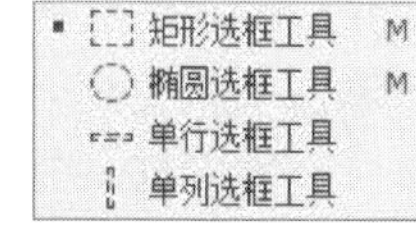

横排文字工具组　　矩形选框工具组

- **裁剪工具/透视裁剪工具/切片工具/切片选择工具：** 用于把图像裁切成需要的尺寸大小或者制作网页时切割图像。
- **画笔工具/铅笔工具/颜色替换工具/混合器画笔工具：** 用于表现不同效果的画笔效果，替换图像中的某种颜色。

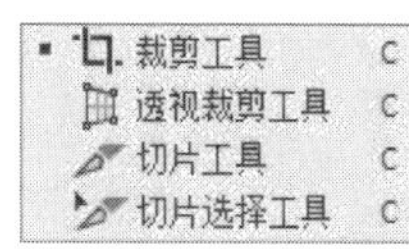

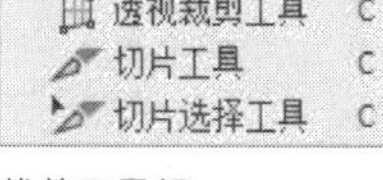

裁剪工具组　　画笔工具组

- **橡皮擦工具/背景橡皮擦工具/魔术橡皮擦工具：** 用于擦除图像或将制定颜色的图像删除。
- **套索工具/多边形套索工具/磁性套索工具：** 用于创建多边形和不规则选区。

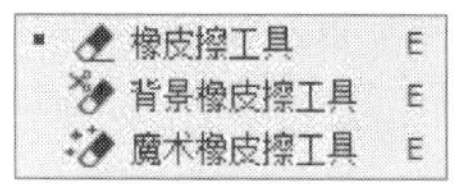

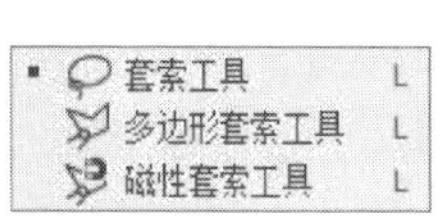

橡皮擦工具组　　套索工具组

- **抓手工具/旋转视图工具：**用于移动和旋转图像，从不同位置、不同角度观察图像效果。
- **历史记录画笔工具/历史记录艺术画笔工具：**利用画笔工具表现独特的毛笔质感或复原图像。

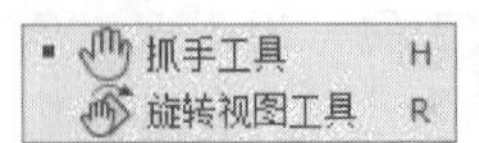

抓手工具组

历史记录画笔工具组

- **缩放工具：**用于放大和缩小图像，观察不同区域的细节效果。
- **编辑工具栏：**在工具箱中右击“编辑工具栏”按钮，选择“编辑工具栏”选项，在打开的“自定义工具栏”对话框中进行工具栏的自定义操作，如隐藏或显示附加工具、修改工具的快捷键等。

2.3.4 文档窗口

在Photoshop中打开一个图像时，会自动创建一个文档窗口。如果打开多个图像，则会按打开顺序停放在选项卡中。

单击一个文档名称，即可将其设置为当前的窗口。按下Ctrl+Tab组合键，可以按照前后顺序切换窗口；按下Ctrl+Shift+Tab组合键，可以按照相反的顺序切换窗口。

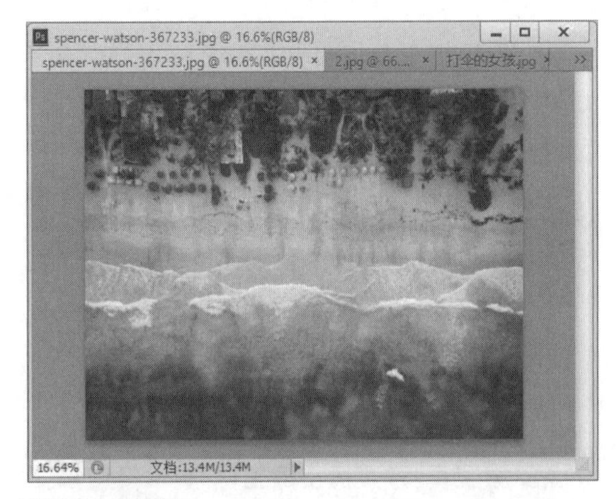

打开多个文档窗口

2.3.5 状态栏

状态栏位于文档窗口底部，显示文档窗口的缩小比例、文档大小等信息。

状态栏

如果需要调整显示信息，则单击状态栏右侧按钮，在列表中选择相应的选项即可。

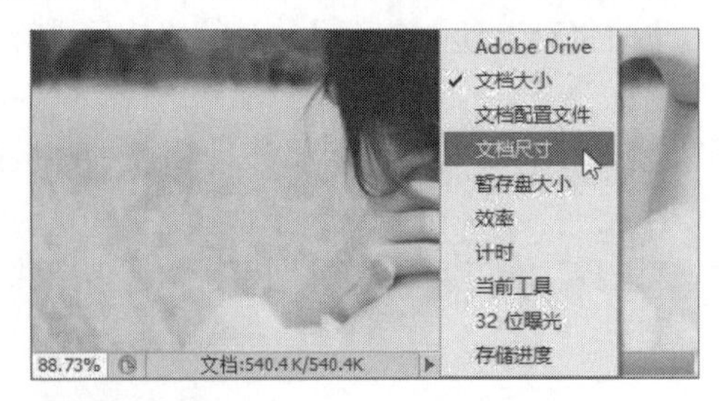

显示文档尺寸

单击状态栏，可显示图像的宽度、高度、通道、分辨率的信息。

如果按住Ctrl键单击状态栏，可显示拼贴宽度、拼贴亮度、图像宽度、图像高度等信息。

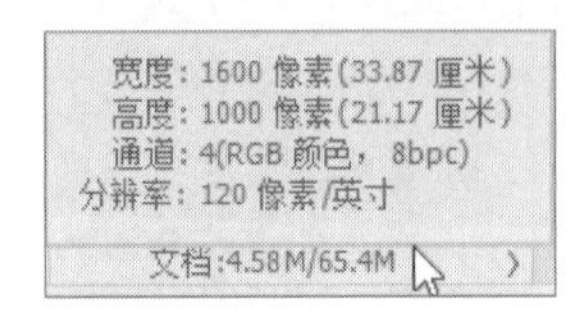

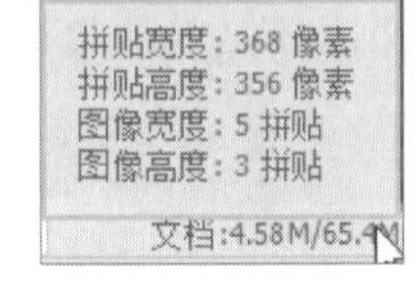

显示图像信息

显示图像拼贴信息

2.3.6 面板

在Photoshop CS6中共有20多个面板组，如“图层”面板、“通道”面板、“样式”面板等，分别用来显示和设置图像的图层、通道和样式等，所有的面板都是以浮动形式展示的。在“窗口”菜单列表中选择相应的选项，即可打开对应的面板。

默认情况下，面板以选项卡的形式在文档窗口的右侧，用户也可以根据需要将其拖曳为浮动面板。

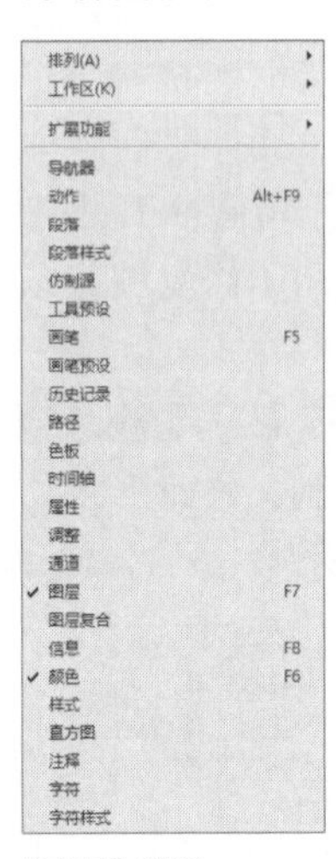

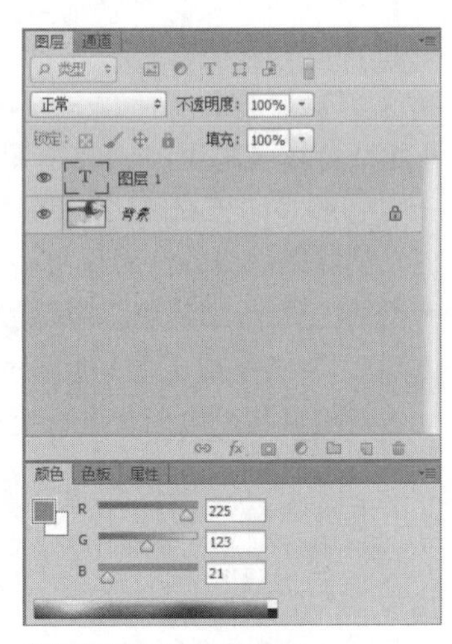

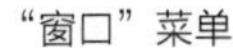

“窗口”菜单

以选项卡形式显示的面板

2.4 首选项设置

在菜单栏中执行“编辑>首选项>常规”命令或者按下Ctrl+K组合键，即可打开“首选项”对话框，用户可以对软件的常规参数、界面、文件处理和性能等进行设置。首选项参数设置完成后，每次启动Photoshop都会按照该设置来运行。

2.4.1 常规设置

在“首选项”对话框中选择“常规”选项，即可切换到“常规”选项面板，用户可以选择拾色器的类型、色彩条纹样式以及窗口的自动缩放等选项进行调整。

“常规”选项面板

2.4.2 界面设置

在“首选项”对话框的“界面”选项面板中，用户可以对软件界面的外观进行设置，同时也可以对有关界面选项的复选框进行勾选，或者是根据个人的使用习惯更改软件界面中字体的大小。

“界面”选项面板

下面对“界面”选项面板中各选项组的应用进行介绍。

- **“外观”选项组：**在“颜色方案”选项区域中单击各色块即可设置界面颜色，然后在下方各列表中分别设置各种屏幕模式下的颜色和边界。
- **“选项”选项组：**在该选项组中可以对图形文件的打开方式、图标面板的折叠情况、浮动文档的依靠情况进行设置。
- **“文本”选项组：**可以对界面语言的种类和界面文字的大小进行设置。

2.4.3 文件处理设置

在“文件处理”选项面板中进行合理地设置，可以进一步提高工作效率。

“文件处理”选项面板

下面对“文件处理”选项面板中各选项组的应用进行介绍。

- **“文件存储选项”选项组：**在该选项组中可以对保存文字时的图层预览、文件扩展名以及文件的默认存储位置进行设置。
- **“文件兼容性”选项组：**在该选项组中可设置存储文件时自动弹出询问对话框的显示情况。
- **“近期文件列表包含”选项：**在右侧数值框中输入数值，可以设置执行“文件>最近打开文件”命令时显示的文件数目。

2.4.4 性能设置

“性能”面板主要用于优化Photoshop软件在操作系统中的运行速度，也就是设置软件的暂存盘，同时也可以设置软件的历史记录的数量。

为了使Photoshop的运行速度加快，通常情况下在“暂存盘”选项组中勾选D盘复选框，使

C盘和D盘同时作为软件运行时的暂时存储盘。

Photoshop软件为用户提供的历史记录个数范围是1~1000，通常情况下设置100就已经足够了。

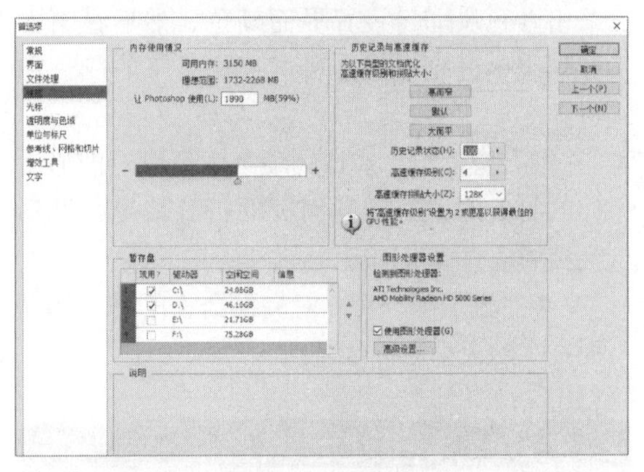

“性能”选项面板

2.4.5 光标设置

在“光标”选项面板中，用户可以对软件中的绘图光标和其他光标进行勾选以决定光标的类型，其中前者的设置较为多样，后者仅包括“标准”和“精确”两个选项。在该选项面板中还可以对画笔预设的颜色进行设置。

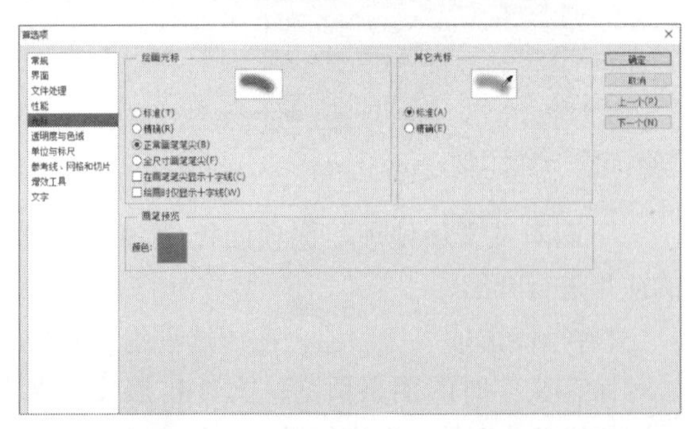

“光标”选项面板

2.4.6 透明度和色域设置

在“透明度和色域”选项面板中，用户可以对网格的大小和透明度进行设置，并在设置后进行预览，同时可以对警告色的颜色和不透明度进行设置。

下面介绍该选项面板中各选项组的含义。

- **“透明区域设置”选项组：**该选项组用于设置网格的大小和颜色，用户可以单击颜色色块，在打开的对话框中设置透明网格的颜色。
- **“色域警告”选项组：**用于设置色域警告颜色和不透明度。

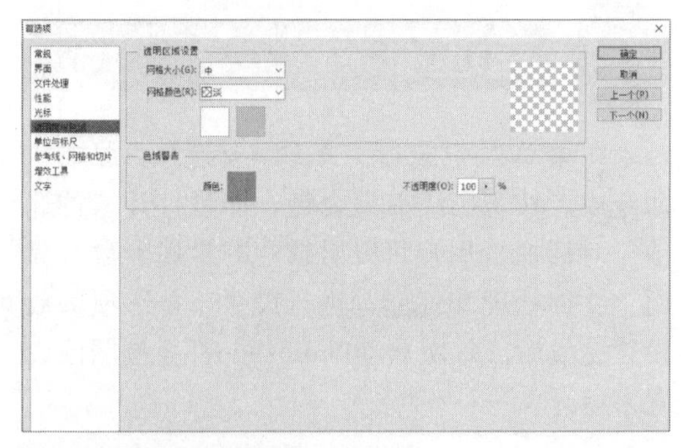

“透明度和色域”选项面板

2.4.7 单位和标尺设置

在“单位与标尺”选项面板中，用户可以对标尺的单位（包括像素、厘米、毫米、派卡等）和文字的单位（包括点、像素和毫米）进行设置，也可以对列尺寸的单位进行设置，还可以对新建文档预设的像素大小进行设置。

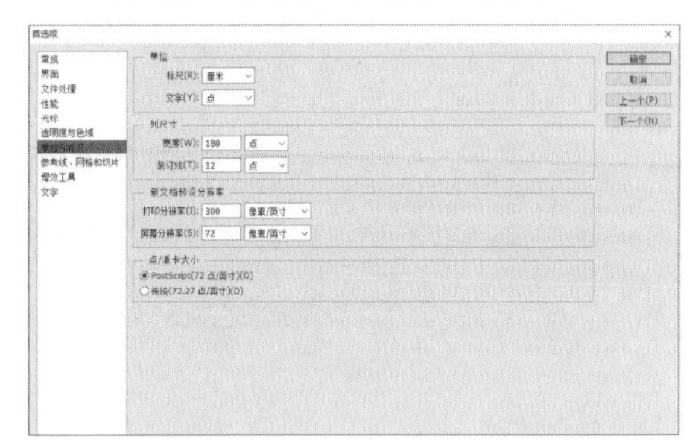

“单位与标尺”选项面板

下面介绍该选项面板中各选项组的含义。

- **“单位”选项组：**在该选项组中可以设置标尺的单位和文字的单位。
- **“列尺寸”选项组：**在该选项组中可以设置“宽度”和“装订线”的单位和大小。
- **“新文档预设分辨率”选项组：**该选项组用于设置在“新建”对话框中默认显示的文件分辨率。
- **“点/派卡大小”选项组：**该选项组用于对PostScript和传统样式进行设置。

2.4.8 参考线、网格和切片设置

在“参考线、网格和切片”选项面板中，主要可以对参考线的颜色和样式、智能参考线的颜色、网格的大小和线条颜色以及切片的颜

色进行设置。

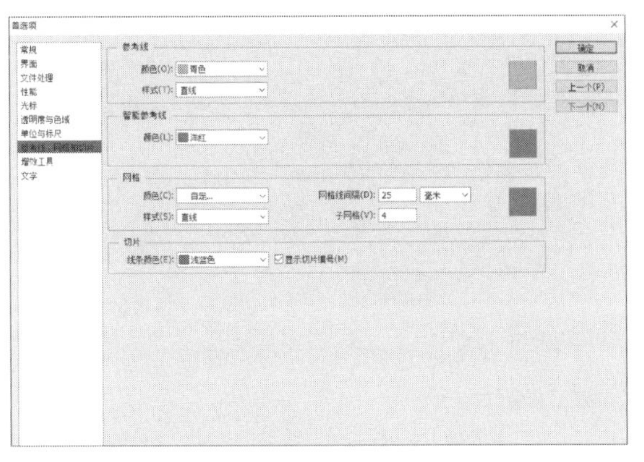

“参考线、网格和切片”选项面板

下面介绍“参考线、网格和切片”选项面板中各选项组的含义。

- **“参考线”选项组**：在该选项组中用户可以设置参考线的颜色和样式，在下拉列表中选择“自定”选项，在打开的对话框中设置参考线的颜色。
- **“网格”选项组**：用于设置网格的颜色、样式、网格线间隔以及子网格的个数。
- **“切片”选项组**：用于对切片线条的颜色和切片的编号进行设置。

2.4.9 增效工具设置

在“增效工具”选项面板中，用户主要可以对软件中的一些增效工具的显示进行设置，这里的增效工具主要是指一些外挂滤镜和插件。

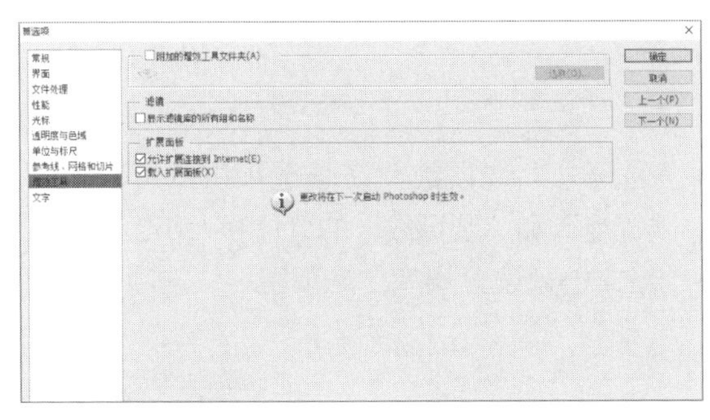

“增效工具”选项面板

2.4.10 文字设置

在“文字”选项面板中，用户可以对“使用智能引号”、“启用丢失字体保护”等复选框进行勾选，也可以通过勾选复选框选择文本的显示类型，这里最重要的是在“选取文本引擎选项”组中选择“东亚”单选按钮，以便于智能颜色。

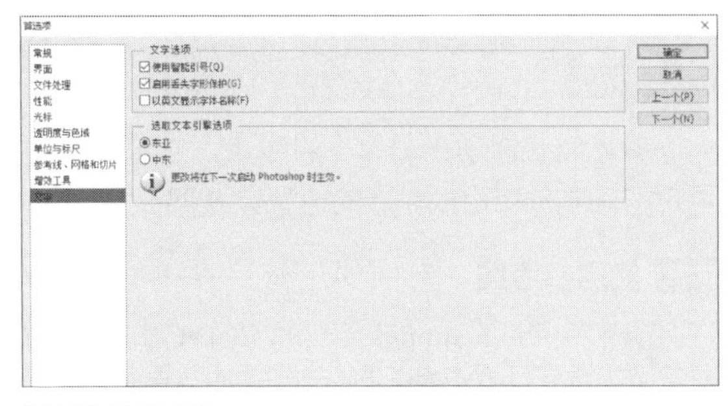

“文字”选项面板

2.5 辅助工具

在Photoshop软件中有这样一批工具，它们既不能绘制图形，也不能编辑图像，但可以帮助用户更好地完成选择或定位操作，这些工具称为辅助工具。辅助工具包括标尺、参考线、智能参考线和注释等。下面分别介绍各辅助工具的具体应用。

2.5.1 标尺

标尺位于窗口的左侧和顶端，可以在使用时进行拖动处理，不使用时将其隐藏。标尺工具的特点是可以计算工作区任意两点之间的距离，且所绘制的距离直线不会被打印出来。

执行“图像>分析>标尺工具”命令，或者在工具栏中选择标尺工具，按住Shift键的同时单击荷花径的顶端，并按住鼠标左键向下拖曳至水面，在属性栏中会显示数值。

使用标尺工具测量数据

用户也可以按下Ctrl+R组合键，显示标尺；再次按下Ctrl+R组合键，将标尺隐藏。

2.5.2 参考线

参考线是浮动在图像上的线条，它可以帮助用户精确定位图像或元素的位置以及部分区域。

实战 使用参考线

Step 01 打开Photoshop软件，按Ctrl+O组合键，在打开的对话框中选择“菠萝.jpg”图像文件并将其打开，按Ctrl+R组合键，显示标尺。将光标定位在垂直标尺上，按住鼠标左键向右拖动，此时光标变为双向箭头，拖动至合适位置后，释放鼠标左键即可，如下图所示。

绘制垂直参考线

Step 02 按照相同的方法，将水平标尺向下拖曳，然后释放鼠标即可，如下图所示。

绘制水平参考线

Step 03 锁定参考线，执行“视图>锁定参考线”命令，或按Alt+Ctrl+;组合键即可锁定参考线，则参考线不会被移动或删除，将光标移至参考线上时，光标不会变为双向箭头，效果如下图所示。

锁定参考线

Step 04 用户也可以精确定位参考线，执行“视图>新建参考线”命令，打开“新建参考线”对话框，在“取向”选项区域中选择所需方向的单选按钮，然后在“位置”数值框中输入定位的数值，单击“确定”按钮即可，如下图所示。

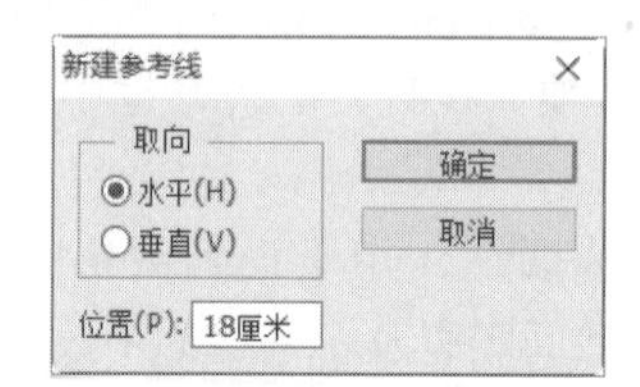

精确定位参考线

Step 05 若删除参考线，则只需要将删除的参考线移至对应的标尺上即可。如果需要删除所有参考线，可执行“视图>清除参考线”命令，如下图所示。

清除参考线

2.5.3 智能参考线

智能参考线只有在需要的时候才自动出现，可以对移动的图像进行对齐形状、选区和切片。

执行“视图>显示>智能参考线”命令，即可启用智能参考线。当拖曳图像时，文档窗口中会显示智能参考线。

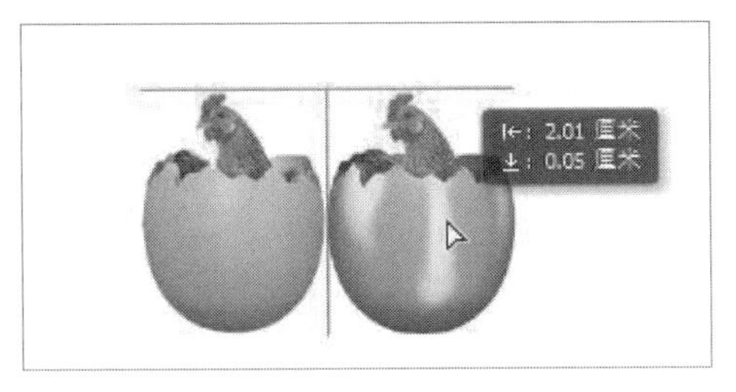

智能参考线

2.5.4 网格

网格和参考线的作用类似，都可以帮助用户定位或对齐对象。

执行“视图>显示>网格”命令，即可启用网格功能。

显示网格

默认的网格是灰色的，用户可以设置自己喜欢的颜色，执行“编辑>首选项>参考线、网格和切片”命令，打开“首选项”对话框，在右侧的“网格”选项区域设置网格的颜色为浅蓝色、间隔距离为30毫米、子网格的数量为3，单击“确定”按钮，返回文档中查看设置网格后的效果。

查看网格效果

添加网格后，可以执行“视图>对齐到>网格”命令，然后在创建选区或对齐图像时，会自动对齐到网格上。

如果需要删除网格，再次执行“视图>显示>网格”命令，或者按Ctrl+’组合键。

2.5.5 对齐功能

对齐功能有利于准确地放置选区的边缘、裁剪选框、切片、形状的路径等，使得移动物体或选取边界可以与参考线、网格、图层、切片或文档边界等进行自动对齐定位。

执行“视图>对齐”命令，使其处于选中状态，然后在“视图>对齐到”子菜单里选择一个对齐项目，即可启用该对齐功能。再次执行“视图>对齐”命令，取消其选中状态，即可关闭全部对齐功能。若只想取消某一个对齐功能，执行“视图>对齐到”命令，取消子菜单中的对应项目即可。

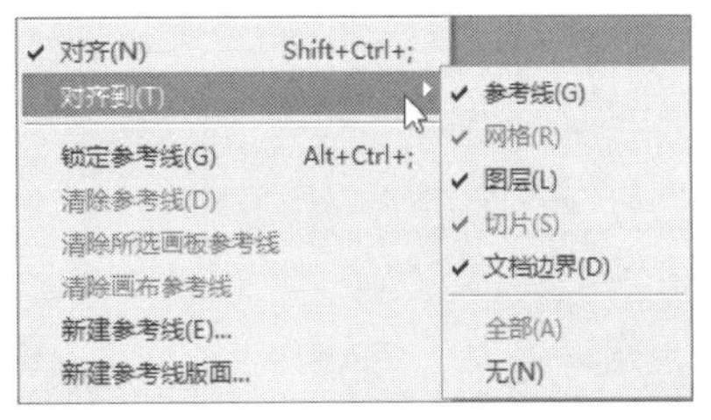

启用对齐功能

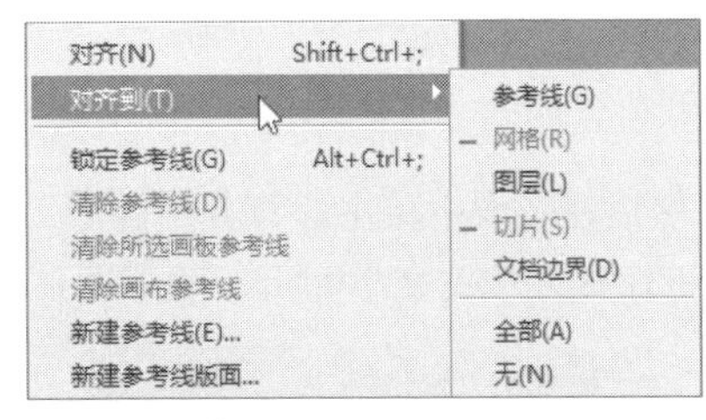

关闭对齐功能

2.5.6 显示/隐藏额外内容

Photoshop中的辅助工具都可以进行显示、隐藏控制。如果需要在文档窗口中显示参考线、网格等辅助工具，则执行“视图>显示额外内容”命令，或按Ctrl+H组合键即可。

用户也可以选择需要显示的内容，执行“视图>显示>显示额外选项”命令，打开“显示额外选项”对话框，勾选需要显示内容的复选框，然后单击“确定”按钮即可。

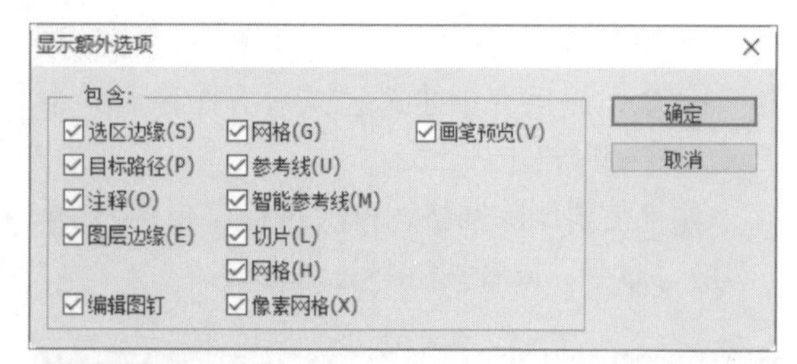

“显示额外选项”对话框

2.5.7 注释

使用注释工具可以在图像的任何位置添加文字注释，起到对图像解释说明的作用。一个文档中可以添加多个注释，标记一个画笔图标表示当前显示的注释。

实战 添加注释

Step 01 打开“握手.jpg”图像文件，在工具箱中选择注释工具，然后在属性栏“作者”文本框中输入名称，如下图所示。

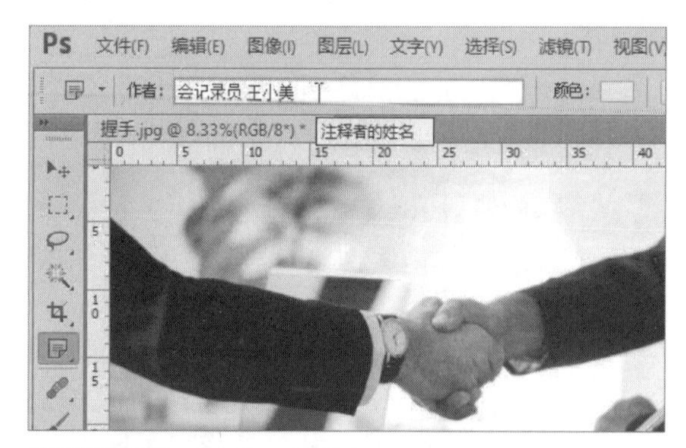

选择注释工具

Step 02 然后在图像中单击，打开“注释”面板，在文本框中输入相关文字即可，如下图所示。

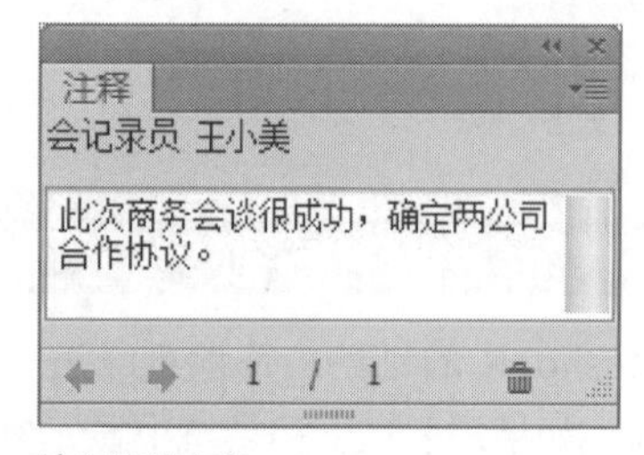

输入注释内容

Step 03 用户可以按照相同的方法添加注释，如果需要查看注释内容，可双击注释图标，即可打开“注释”面板。如果需要删除注释，则右击注释，在快捷菜单中选择“删除注释”命令，如下图所示。

删除注释

Step 04 然后在弹出的提示对话框中单击“是”按钮，如下图所示。如果需要删除所有注释，在快捷菜单中选择“删除所有注释”命令即可。

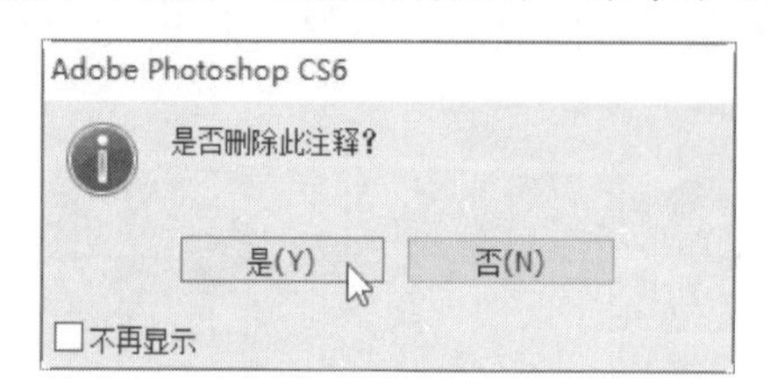

确定删除注释

> **提示：删除所有注释的其他方法**
>
> 除了上述介绍的使用快捷菜单删除所有注释的方法外，用户也可以单击注释工具属性栏中“清除全部”按钮。
>
> 作者: 会记录员 王小美 颜色: 清除全部
>
> 单击“清除全部”按钮

2.6 图像文件的基本操作

在Photosho中对图像文件的管理，也就是图像文件的基本操作。本章主要介绍文件的新建、打开、置入、导入和导出等基本操作。用户对文件基本操作的学习可以加快对图像处理的速度。

2.6.1 新建文件

打开Photoshop CS6软件，执行“文件>新建”命令或按Ctrl+N组合键，打开“新建”对话框。

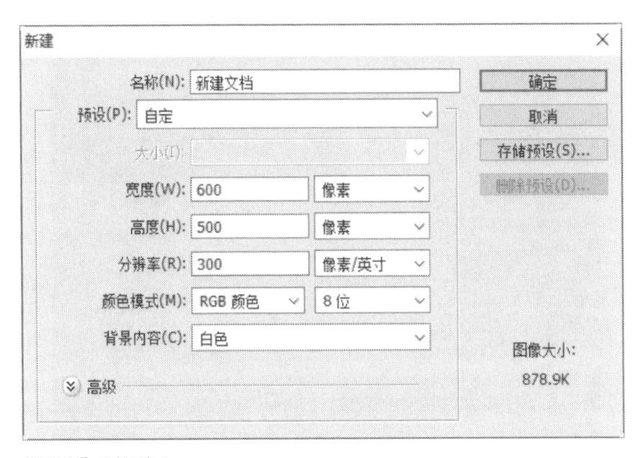

“新建”对话框

在对话框中设置文档的名称、宽度、高度、分辨率、颜色模式以及背景内容等，单击“确定”按钮，即可创建空白文档。

创建空白文档

下面介绍“新建”对话框中各参数的相关含义。

- **名称：**用于输入新建文档的名称，名称将会显示在文档窗口的标题栏中，也可以使用默认的名称。
- **宽度和高度：**在数值框中输入数值，设置新建文档的大小，单击右侧下三角按钮，在列表中可设置单位，包括“像素”、“英寸”、“厘米”、“毫米”、“点”和“派卡”。
- **分辨率：**设置文档的分辨率，在右侧下拉列表中可选择分辨率的单位，包括“像素/英寸”和“像素/厘米”。
- **颜色模式：**设置文档的颜色模式，包括5种颜色模式，如位图、灰度、RGB颜色、CMYK颜色和Lab颜色。
- **背景内容：**设置文档的背景内容，单击下三角按钮，下拉列表中包括“白色”、“透明”和“背景色”3种选项。

2.6.2 打开文件

新建文档默认为空白文档，用户可将图像等素材在文档中打开，然后进行编辑操作。

执行“文件>打开”命令，或按Ctrl+O组合键，打开“打开”对话框，选择需要打开的文件，如果需要选择多个，则按住Ctrl键依次选择文件，单击“打开”按钮即可。

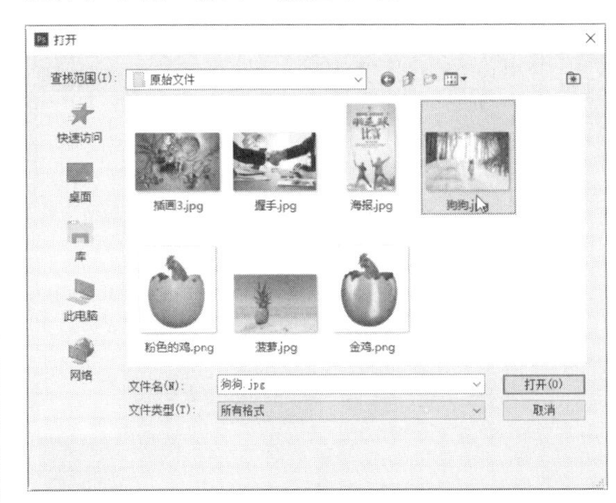

选择文件

打开文件

2.6.3 置入文件

打开或新建文档后，用户可将不同格式的文件置入文档中，如AI、EPS、PDF和PDP等。

实战 置入文件并删除图片背景

Step 01 打开Photoshop软件，执行“文件>打开”命令，打开“舞台.jpg”文件，如下图所示。

打开背景图像

Step 02 执行“文件>置入”命令，打开“置入”对话框，选择“舞者.png”素材图片，然后单击“置入”按钮，如下图所示。

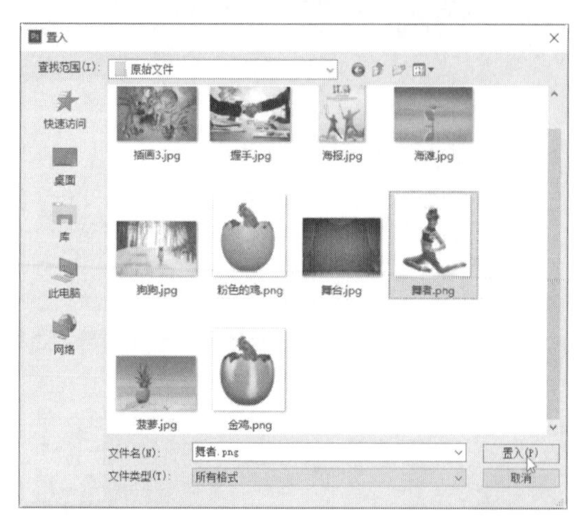

选择要置入的文件

Step 03 按住Shift键等比例调整置入的图像大小，并移至合适的位置，按Enter键确认。右击置入图片对应的图层，在快捷菜单中选择“栅格化图层”命令，效果如下图所示。

置入素材文件

Step 04 选择魔棒工具后，选中置入素材的白背景，按Delete键删除，效果如下图所示。

查看效果

2.6.4 导入和导出文件

使用Photoshop编辑图像时，有时需要使用其他软件处理文件，如视频帧、注释和WIA支持等文件，用户可将这些外部文件导入。

❶导入文件

执行“文件>导入”命令，在子菜单中选择相应的选项即可。

导入(M) | 变量数据组(V)...
文件简介(F)... Alt+Shift+Ctrl+I | 视频帧到图层(F)...
打印(P)... Ctrl+P | 注释(N)...
WIA 支持...

“导入”子菜单

❷导出文件

导出文件和导入文件正好相反，在Photoshop中对图像进行处理后，可以将文件导出为其他格式的文件。

实战 导出文件为AI格式

Step 01 在Photoshop中对图像进行编辑后，执行“文件>导出>路径至Illustrator”命令，如下图所示。

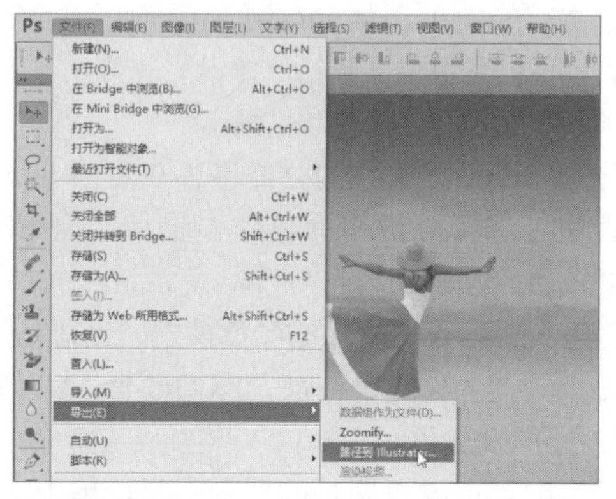

执行“路径至Illustrator”命令

Step 02 打开“导出路径到文件”对话框，保持默认设置，单击“确定”按钮，如下图所示。

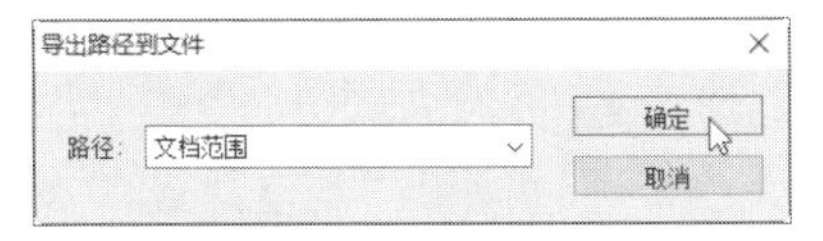

“导出路径到文件”对话框

Step 03 打开“选择存储路径的文件名”对话框，选择保存的路径，并输入名称，可见保存类型为AI格式是不可以改变的，单击“保存”按钮即可，如下图所示。

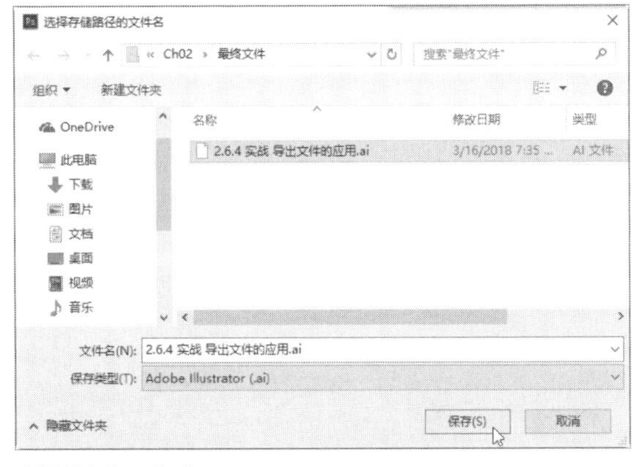

选择保存为AI格式

2.6.5 保存文件

保存文件是将编辑后的文件进行存储，在Photoshop CS6中提供两种保存文件的方法，下面分别介绍。

❶使用“存储”命令

执行“文件>存储”命令，或按Ctrl+S组合键，即可保存文件，文件会以原有的格式保存在原路径文件夹中。如果这个文件是新建的，会打开“存储为”对话框，选择保存路径并进行保存。

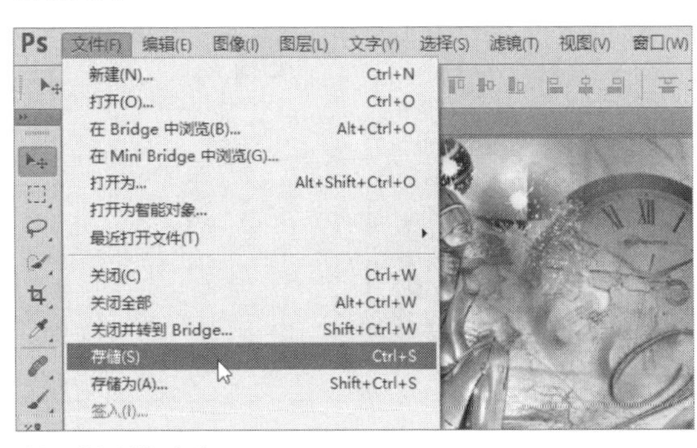

选择“存储”命令

❷使用“存储为”命令

使用“存储为”命令保存文件，可以将文件以其他格式保存在其他位置。执行“文件>存储为”命令，或按Shift+Ctrl+S组合键，打开“存储为”对话框，选择保存路径并设置名称，进行保存。

“存储为”对话框

下面对“存储为”对话框中各参数进行详细介绍。

- **文件名**：在该文本框中输入文件的名称。
- **保存类型**：单击该下三角按钮，在列表中选择图像的保存类型。
- **作为副本**：勾选该复选框，可另存为副本文件，而且该副本文件和源文件在同一位置。
- **使用校样设置**：将文件的保存格式设置为PDF或EPS时，该复选框可使用。
- **ICC配置文件**：保存嵌入在文档中的ICC配置文件。

2.7 图像和画布的基础操作

在Photoshop中，用户可以对图像的像素、大小进行修改，如调整画布的大小、窗口的大小以及窗口的排列方式。下面分别介绍具体操作方法。

2.7.1 调整图像的大小

用户可以通过“图像大小”对话框调整图像的大小和像素，在保留原图像不被裁剪的情况下，通过调整图像比例来调整图像的大小。

在Photoshop CS6软件中打开图像文件，执行“图像>图像大小”命令或按Alt+Ctrl+I组合键，打开“图像大小”对话框。

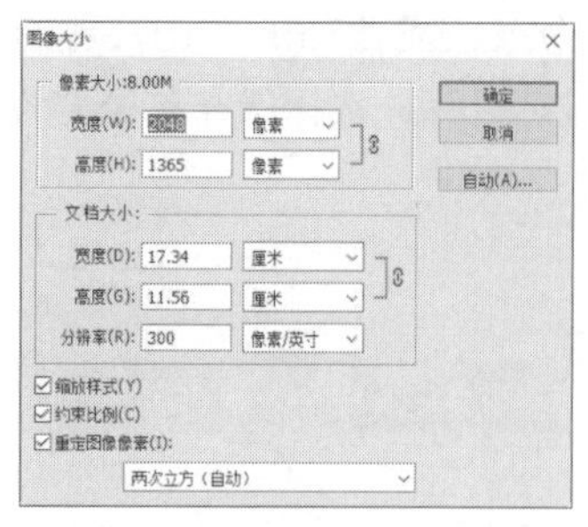

“图像大小”对话框

下面介绍“图像大小”对话框中各参数的含义。

- **“像素大小”选项组：**通过在“宽度”和“高度”数值框中设置数值，可以调整图像在屏幕上的显示尺寸。
- **“文档大小”选项组：**如果需要创建用于打开的图像，可以在该选项组中设置相关参数，如尺寸和分辨率。
- **缩放样式：**若勾选该复选框，表示按比例缩放图像中的图层样式效果。
- **约束比例：**勾选该复选框，在“宽度”和“高度”之间将出现链接图标，表示调整任意参数另一参数会按比例进行变化。
- **重定图像像素：**勾选该复选框，则激活“像素大小”选项组中参数，即可设置像素的大小；若取消勾选该复选框，则像素大小不会改变。

2.7.2 调整画布的大小

打开图像后，执行“图像>画布大小”命令，或者按Ctrl+Alt+C组合键，在打开的“画布大小”对话框中修改画布的大小。

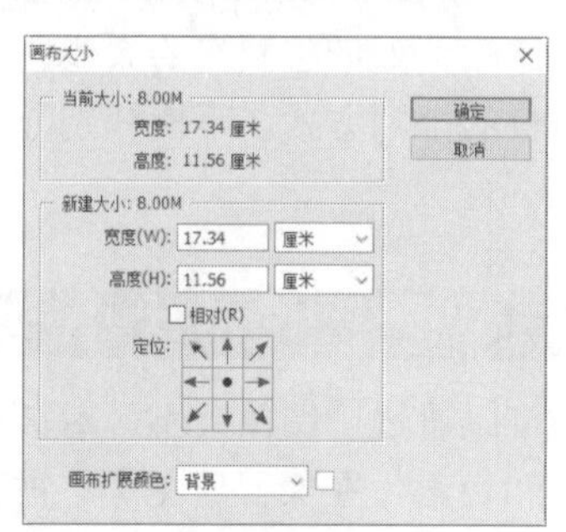

“画布大小”对话框

下面介绍“画布大小”对话框中各参数的含义。

- **当前大小：**在该选项区域中显示了图像的宽度、高度和文档的实际尺寸。
- **新建大小：**通过设置“宽度”或“高度”的数值来设置画布的尺寸，在右侧的下拉列表中可以设置画布的单位。当设置的数值大于原尺寸值时，增加画布；若小于原尺寸值，则减小画布。
- **相对：**勾选该复选框，表示设置的宽度和高度值为画布增加或减小的值。正数表示增加，负数表示减少，当为负数时，将会对图像时行裁剪。下图为宽度和高度分别增加1厘米和2厘米的效果。

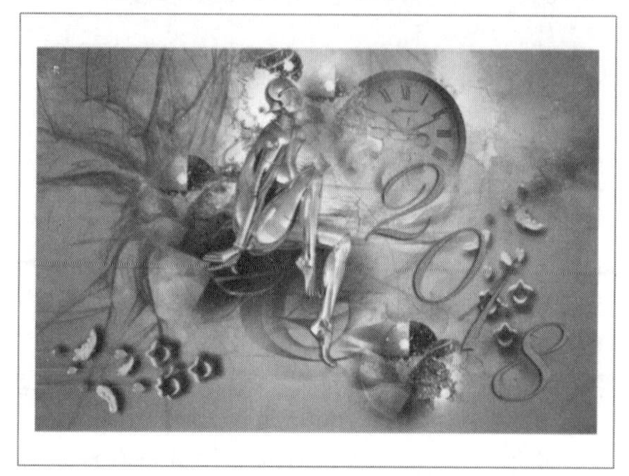

增加画布的效果

- **画布扩展颜色：**用于设置新画布的填充颜色，单击右侧下三角按钮，在列表中可以选择前景、背景、白色、黑色、灰色或其他选项。若选择“其他”选项，或单击右侧色块，在打开的“拾色器（画布扩展颜色）”对话框中设置颜色即可。

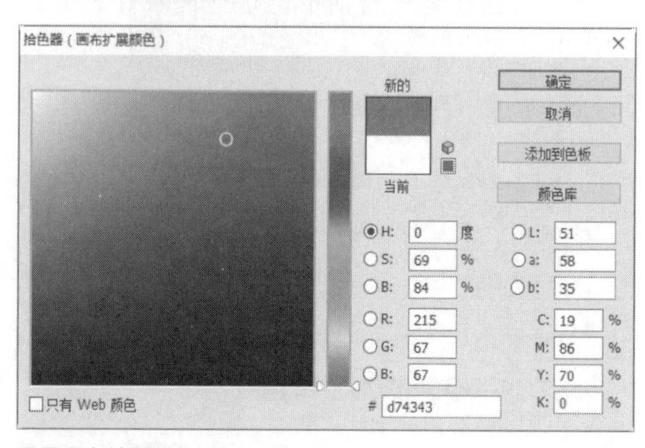

设置画布扩展颜色

- **定位：** 单击不同的方格，可指示当前图像在新画布中的位置。

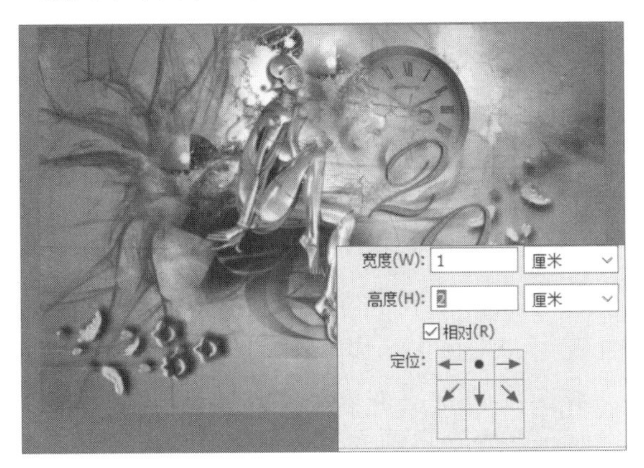

向下扩展画布

2.7.3 旋转画布

用户可以将画面进行不同角度的旋转，从而方便编辑操作。

打开图像文件，执行“图像>图像旋转>90度(逆时针)”命令。

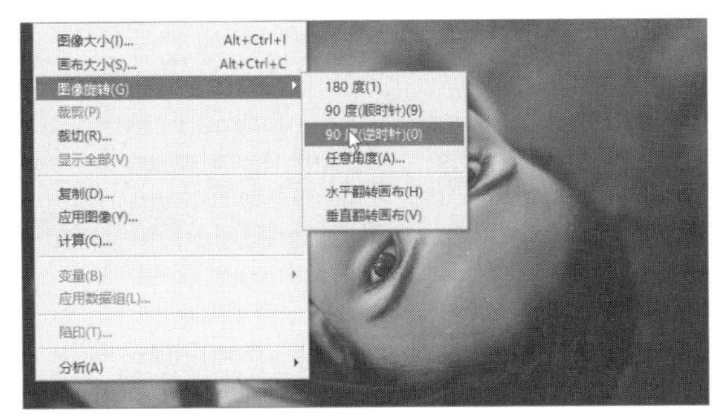

选择“90度(逆时针)”命令

操作完成后，图像即可在画布中逆时针旋转90度。

翻转后的效果

用户也可以自定义画布旋转的角度和方向，即执行“图像>图像旋转>任意角度”命令，打开“旋转画布”对话框，在“角度”数值框中输入任意角度，选择方向，单击“确定”按钮即可。

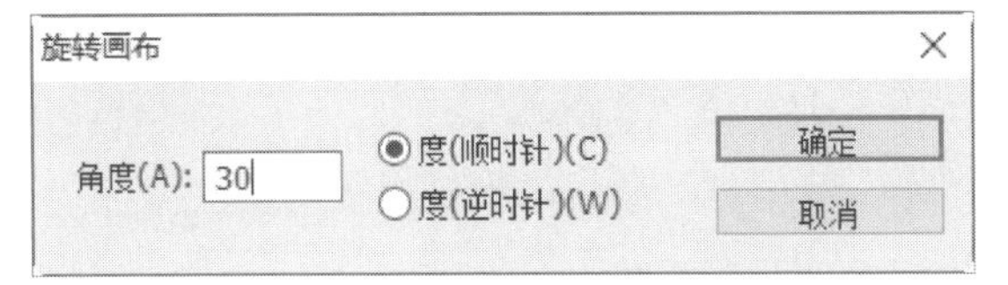

自定义旋转角度

提示：旋转图层

“图像翻转”命令用于翻转整个画布，不能翻转某个图层。如果需要翻转图层，可执行“编辑>变换”命令，在子菜单中选择相对应的命令。

2.7.4 显示全部

如果置入的图片被调整得很大，而画布不够大时，用户可以通过执行“显示全部”命令将图像显示完全。

实战 显示完整的图像

Step 01 在Photoshop中新建图层，置入“背景.jpg”素材，调整置入素材至合适大小，可见部分图像在画布之外，如下图所示。

置入素材

Step 02 选中该图层，执行“图像>显示全部”命令，将自动调整画布的尺寸，显示全部的图像，如下图所示。

显示全部图像

> **提示：设置画布大小显示图像**
>
> 用户也可以通过在“画布大小”对话框中设置新建大小的尺寸，显示图像的全部。

2.7.5 裁剪图像

在Photoshop中，处理图像或数码照片时，经常需要执行裁剪操作，删除多余的部分，使照片的构图更完美，更能突出主体。

用户可以使用裁剪工具或执行“裁剪”命令，对图像进行裁剪。

❶“裁剪”命令

使用“裁剪”命令修剪图像时，首先需要创建选区，然后执行命令。

打开图像文件，选择矩形选框工具创建矩形选区，适当调整选区的位置，确定需要保留的区域在选区内。

创建选区

执行“图像>裁剪”命令，即可将选区之外的图像裁剪掉，按Ctrl+D组合键取消选区。

查看裁剪效果

❷裁剪工具

打开图像，在工具箱中选择裁剪工具，在画面中拖曳矩形的控制边对图像进行裁剪，按Enter键即可将控制边之外的图像裁剪掉。

裁剪工具属性栏

下面介绍裁剪工具属性栏中各选项的含义。

- **裁剪比例：** 单击[不受约束]按钮，在列表中选择不同的选项然后对图像进行裁剪。“不受约束”选项表示用户可以在右侧两个数值框内输入任意比例的数值对图像进行裁剪；“原始比例”选项表示在裁剪图像时，始终保持图像的原始长宽比例。用户也可以选择预设的比例。
- **纵向与横向旋转裁剪框：** 单击按钮，可以将设置的长宽比例调换。
- **视图：** 单击右侧下三角按钮，在列表中选择需要显示的参考线，或设置参考线的显示与隐藏。“自动显示叠加”表示拖曳控制边时，显示参考线；“总是显示叠加”表示始终显示参考线；“从不显示叠加”表示始终不显示参考线。参考线显示的类型有6种，如三等分、网格、对角和三角形等。

三等分

网格

对角

三角形

黄金比例

金色螺线

- **删除裁剪的像素**：勾选该复选框，表示将裁掉图像保留在文件中，使用移动工具拖曳图像，可以显示隐藏的图像。若取消勾选该复选框，则裁剪掉的图像被删除。
- **拉直**：如果图像出现倾斜，单击按钮，在图像上单击并绘制一条直线，让它与地平线对齐，即可校正倾斜的图像。

拖曳绘制直线

查看校正的效果

实战 应用裁剪工具裁剪人像

Step 01 在Photoshop中置入“餐厅美女.jpg”素材后，选择裁剪工具，将光标移至右外角控制点上拖曳进行图像裁剪，如下图所示。

置入素材

Step 02 然后根据需要适当拖曳左边和下边线上的控制点至合适位置，然后单击属性栏中“提交当前裁剪操作”按钮，查看裁剪后的效果，如下图所示。

查看裁剪效果

提示：等比例裁剪图片

在拖曳控制点时，按住Shift键，即可等比例裁剪图片。

体检手册封面设计

本章主要介绍Photoshop基础知识，如Photoshop的发展、Photoshop的应用领域以及各种辅助工具应用、图像文件操作等。为了巩固所学的知识，下面将通过制作医院体检手册的封面，来进一步学习新建文档、置入图像等知识，下面介绍具体操作方法。

Step 01 执行“文件>新建”命令，在弹出的“新建”对话框中设置名称为“体检手册封面”，设置文档尺寸和分辨率后单击“确定”按钮，如下图所示。

新建
名称(N): 体检手册封面
预设(P): 自定
宽度(W): 210 像素
高度(H): 297 像素
分辨率(R): 300 像素/英寸
颜色模式(M): RGB 颜色 8 位
背景内容(C): 白色
高级
确定
取消
存储预设(S)...
图像大小:
182.7K

新建文档

Step 02 执行“文件>置入”命令，在打开的“置入”对话框中选择“体检.jpg”素材图片，单击“置入”按钮，调整素材的大小和位置，效果如下图所示。

置入素材

Step 03 选择矩形工具，创建长度为2480像素、高度为8像素的矩形，调整矩形的位置，设置填充颜色为#005752，如下图所示。

绘制矩形

Step 04 再次选择矩形工具，创建长度为2480像素、高度为400像素的矩形，适当调整位置并填充颜色，如下图所示。

绘制矩形

Step 05 选择横排文字工具，输入文字，调整文字样式、大小、位置，如下图所示。

输入文字

Step 06 选择椭圆工具，按住Shift键绘制正圆形，设置其填充颜色为黑色，调整大小和位置，放在顶端文字的左侧，最终效果如下图所示。

查看最终效果

功能展示篇

本篇为Photoshop功能展示篇，主要对Photoshop各主要功能模块的应用进行详细介绍，包括选区的应用、色彩的调整与应用、图像的编辑与修饰、图层与图层样式的应用、矢量工具与路径的应用、文字的应用、通道与蒙版的应用、任务自动化与视频动画的应用等内容。在讲解软件功能用法的同时，以165个实战案例将枯燥的理论知识形象地展示出来，每章还会以“综合实训”的案例形式对Photoshop各功能模块的具体应用进行展示，帮助读者快速达到理论知识与应用技能的同步提高。

Chapter

03 选区的应用

在使用Photoshop对图片进行编辑时，首先要确定想要编辑的图像范围，熟练地使用选区工具，可以精确处理图片的细节及局部效果，为整个设计增色添彩，达到事半功倍的目的。创建和编辑选区是图片处理的基础，本章将为读者详细介绍选区的创建及编辑的相关操作。

3.1 创建规则选区

在Photoshop中创建规则选区的主要工具有矩形选框工具、椭圆选框工具、单行选框工具和单列选框工具，用户可以根据平面设计中要编辑部分的形状选择合适的选框工具。

3.1.1 矩形选框工具

利用矩形选框工具可以创建规则的矩形选区。要创建矩形选区，首先选择工具箱中的矩形选框工具，然后按住鼠标左键拖动，即可完成选区的绘制。

选择矩形选框工具进行选区绘制时，若按住Shift键，可绘制正方形选区。

创建一个选区后，在对图像进行编辑之前，还可以根据需要对选区的范围进行较为细致的修改，为后面的编辑做好准备。下面对矩形选框工具属性栏中的各参数进行介绍。

矩形选框工具属性栏

- **新选区**：该按钮选择矩形选框工具时为默认状态，此时直接按住鼠标左键并进行拖动，可创建新的矩形选区。

新选区

- **添加到选区**：单击该按钮，在原选区的基础上新建其他选区，若选区有相交部分，则合并为一个大的选区；选区没有相交部分，则为两个选区。新建的其他选区可以多次重复，直到增加到满意的范围为止。

无相交部分

有相交部分

- **从选区减去**：单击此按钮，在原有选区新建选区，此功能的效果为减去该新建的选区。如果两个选区没有相交部分，则原选区不变。新建的其他选区可以多次重复，直到减少到满意的范围为止。

从选区中减去

- **与选区交叉**：单击该按钮，将保留原选区和新选区相交部分。此功能与从选区中减去功能类似。

与选区交叉

- **羽化**：在数值框中设置选区羽化范围。羽化为Photoshop中最为常用的功能，它能够使图片与图片的衔接更加自然、美观。
- **样式**：样式是选区的3种创建方法，用户可以根据需要选择合适的样式，自由或精确地创建选区。当样式为“正常”状态时，选区自由创建；当样式为“固定比例”状态时，选区按比例创建；当样式为“固定大小”状态时，选区按照右侧设置的宽度和高度数值精确创建。

实战 使用矩形选框工具更换背景

Step 01 打开“海平面.jpg”图像文件，选择工具箱中的矩形选框工具。在属性栏中设置“羽化”值为10像素，单击“新选区”按钮。然后选取图像中的大海部分，单击“添加到选区”按钮，将帆船添加到选区中，如下图所示。

创建选区并添加选区

Step 02 将“天空.jpg”图像文件拖入文档中，置于“背景”图层之上。这时可以看到，创建的选区在“天空”图层上。

选区在“天空”图层上

Step 03 选中“天空”图层，单击鼠标右键，在弹出的快捷菜单中选择“栅格化图层”命令，执行栅格化图层操作，以便对选区进行编辑操作，如下图所示。

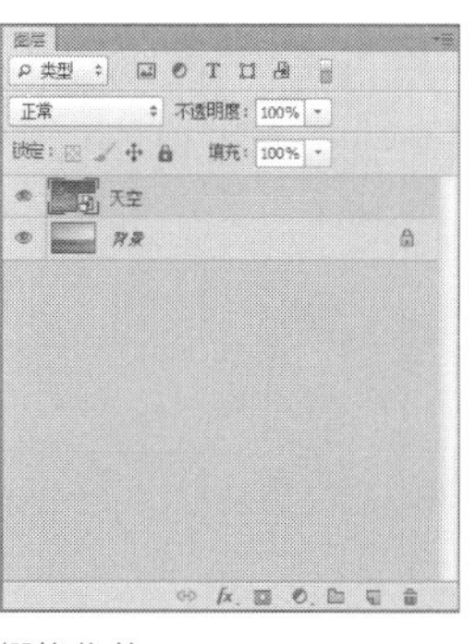

栅格化前

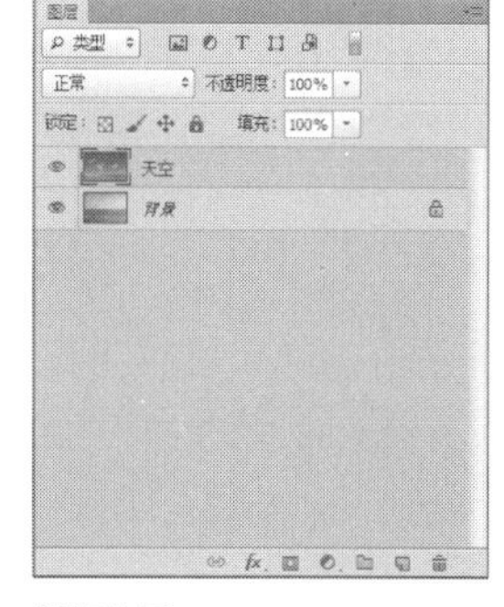

栅格化后

Step 04 按下Delete键，清除“天空”图层选区中的内容。按下Ctrl+D组合键取消选区，最终效果如下图所示。

查看最终效果

3.1.2 椭圆选框工具

椭圆选框工具可以创建规则的圆形选区。在工具栏中的选框工具组中，默认情况下显示矩形选框工具，要想选择椭圆选框工具，则右击矩形选框工具，在弹出的列表中选择椭圆选框工具即可。用户根据需要在图像上按住鼠标左键拖动，绘制椭圆选区。

椭圆选框工具属性栏中的参数和矩形选框工具基本相似，此处不再详细介绍。由于图像是由一个个方块状像素组成的，圆形的弧度容易产生锯齿，勾选“消除锯齿”复选框后，系统会在选区边缘1个像素范围内添加与周围图像相近的颜色，此时选区看上去就显得很光滑。

实战 使用椭圆形选框工具制作镜子

Step 01 打开“草地.jpg”图像文件，新建图层并命名为“镜面”，如下图所示。

新建“镜面”图层

Step 02 在工具箱中长按矩形选框工具，在弹出的列表中选择椭圆选框工具，在属性栏中设置“羽化”大小为3像素，如下图所示。

选择椭圆选框工具

Step 03 选中“镜面”图层，按住Shift+Alt组合键的同时按住鼠标左键，绘制一个正圆形选区。右击圆形选区，在弹出的快捷菜单中选择“填充”命令，如下图所示。

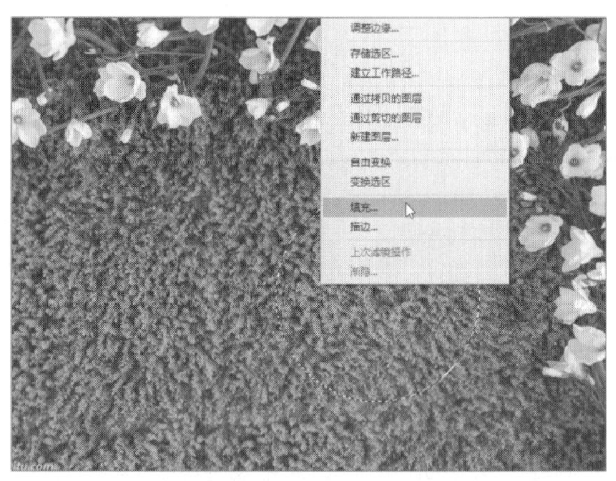

执行“填充”命令

Step 04 打开“填充”对话框，单击“使用”下三角按钮，选择“颜色”选项，如下图所示。在弹出的“拾色器（填充颜色）”对话框中，设置填充颜色为白色。

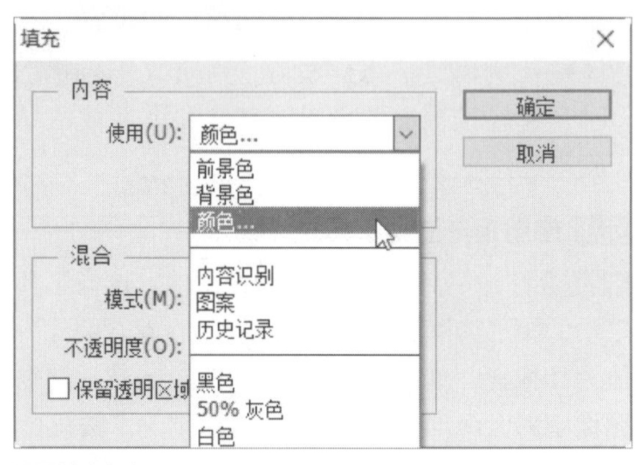

设置填充颜色

Step 05 单击“确定”按钮返回图像中，在正圆上右击，从弹出的快捷菜单中选择“描边”命令，如下图所示。

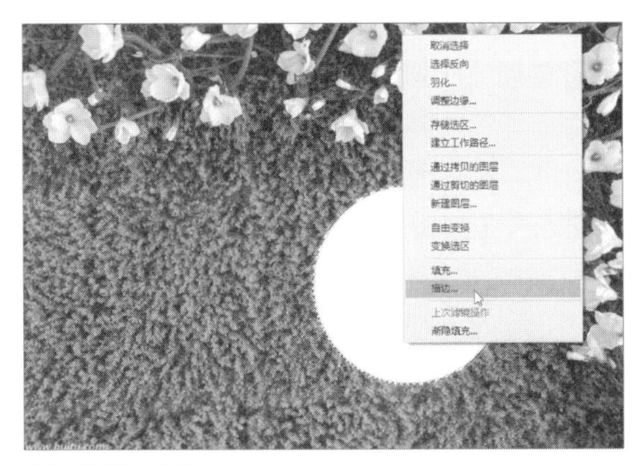

执行“描边”命令

Step 06 在弹出的“描边”对话框中，设置描边的颜色为棕色，不透明度为80%，具体参数设置如下图所示。

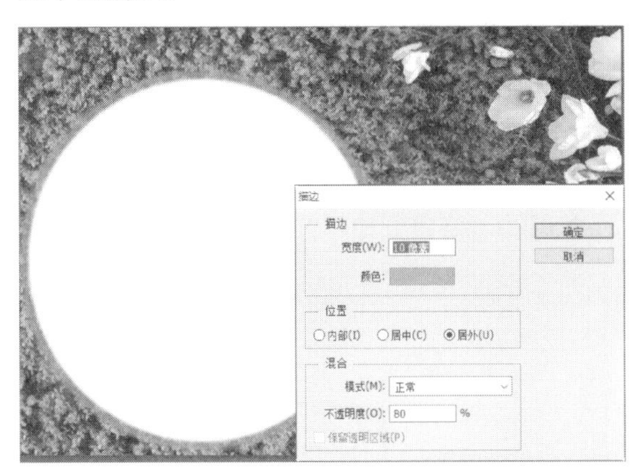

设置描边参数

Step 07 右击正圆选区，在弹出快捷菜单中选择“存储选区”命令，在弹出的“存储选区”对话框中将“名称”命名为“外圈”，如下图所示。

存储选区

Step 08 新建图层并命名为“外圈”，然后置于“镜面”图层之下。打开“通道”面板，选择刚才存储的“外圈”通道，单击“将通道转换为选区”按钮，效果如下图所示。

将通道转换为选区

Step 09 打开“图层”面板，选中“外圈”图层，在正圆上右击，执行两次“描边”命令，设置描边颜色为棕色，令颜色更清晰如下图所示。

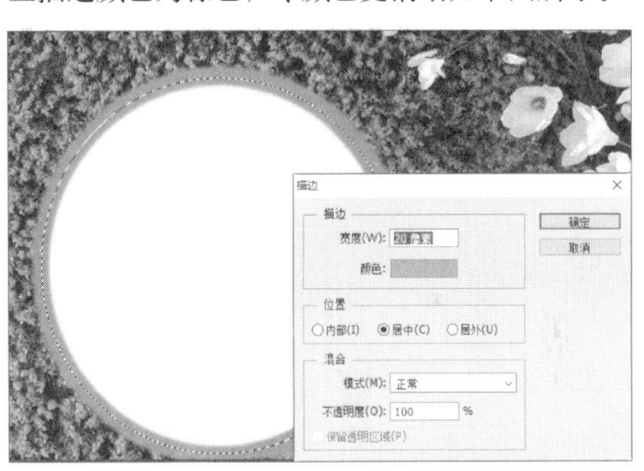

设置描边参数

Step 10 按下Delete键，清除多余像素，按下Ctrl+D组合键取消选区。双击“外圈”图层，在打开的“图层样式”对话框中设置“渐变叠加”图层样式，参数设置如下图所示。

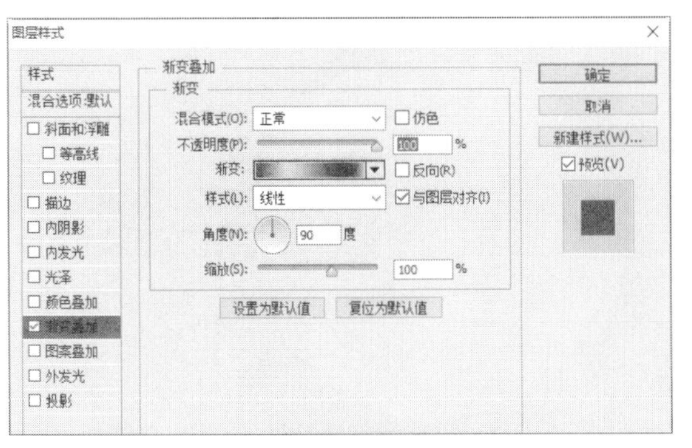

设置“渐变叠加”图层样式

Step 11 勾选“投影”复选框并设置“投影”图层样式参数，如下图所示。单击“确定”按钮，查看添加的图层样式的效果。

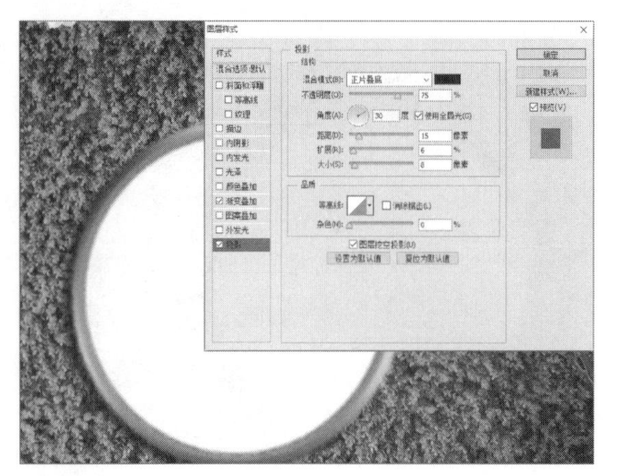

设置“投影”图层样式

Step 12 选中“镜面”图层并双击，在弹出的对话框中添加“渐变叠加”图层样式，如下图所示。

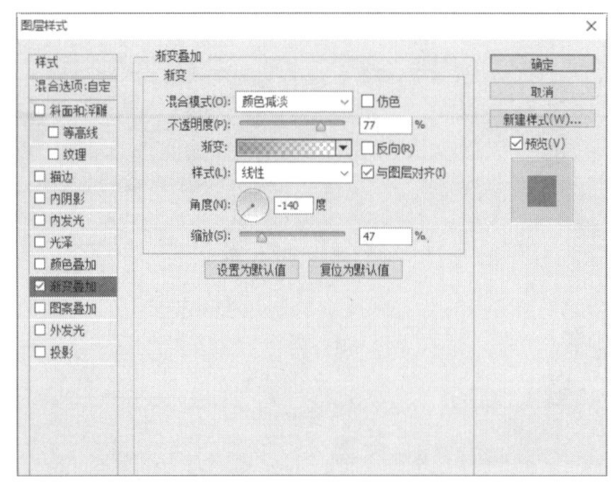

设置“渐变叠加”图层样式

Step 13 最后设置该图层的填充为95%，查看最终效果，如下图所示。

查看最终效果

3.1.3 单行选框工具

在Photoshop CS6中，使用单行选框工具可以创建一行高度为1像素的选区。

实战 使用单行选框工具制作书架

Step 01 打开“家具.jpg”图像文件，按下C键启用裁剪工具，修剪后调整图片至合适大小，效果如下图所示。

裁剪图片

Step 02 新建图层并命名为“书架”，选中该图层。设置前景色为黑色，选择工具箱中的单行选框工具，绘制一个单行选区，按下Alt+Delete组合键，填充前景色，如下图所示。

绘制并填充单行选区

Step 03 按照合适的间距间隔多次绘制和填充单行选区，效果如下图所示。

绘制多个单行选区

Step 04 选择矩形选框工具，按住Shift键同时选中两端多余线条，按下Delete键清除选区线条，如下图所示。

删除多余线条

Step 05 双击“书架”图层，在打开的“图层样式”对话框中设置“投影”图层样式，具体参数如下图所示。

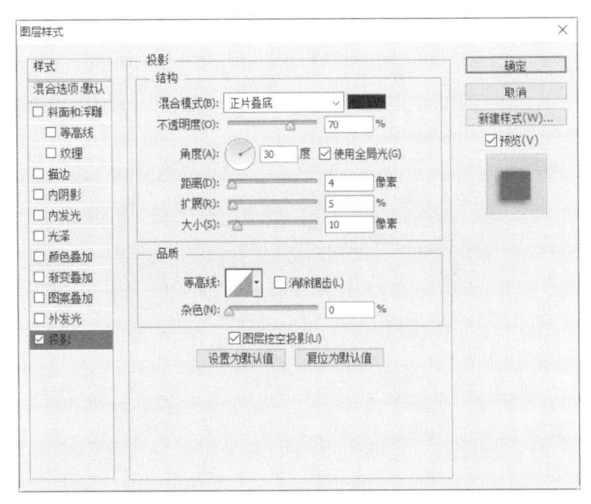

添加“投影”图层样式

Step 06 单击“确定”按钮，查看设置效果，如下图所示。

查看最终效果

3.1.4 单列选框工具

单列选框工具可以创建一列宽度为1像素的选区，下面通过具体实例介绍该工具的用法。

实战 用单列选框工具制作窗帘流苏

Step 01 打开“窗帘.jpg”图像文件，新建图层组并名为“流苏”，在该组中新建图层，如下图所示。

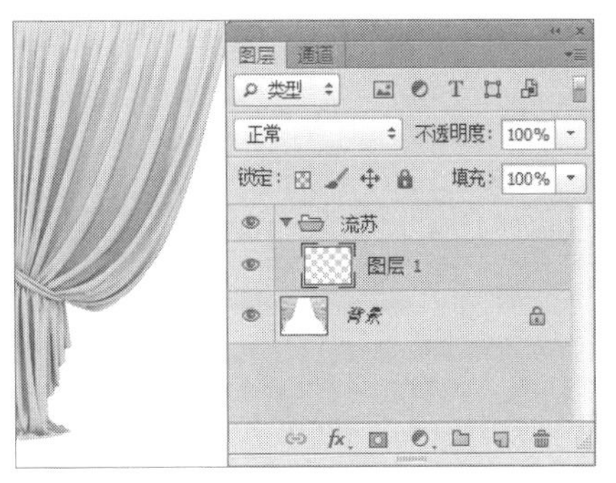

原图像文件

Step 02 设置前景色为红色，选择单列选框工具，在属性栏单击“调整边缘”按钮，设置羽化半径为0.5px。绘制一个单列选区后，按下Alt+Delete组合键填充前景色，如下图所示。

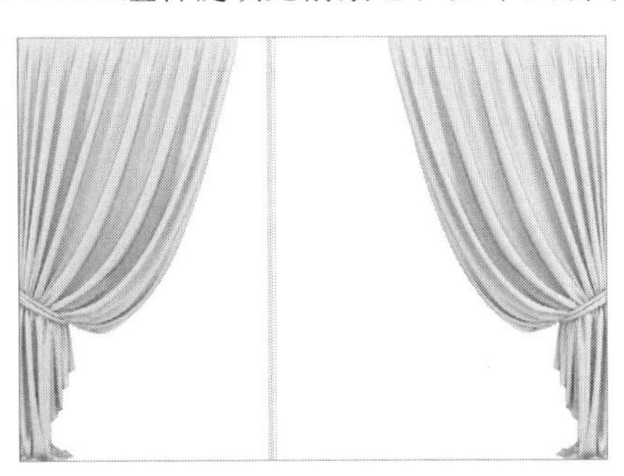

绘制流苏线条

Step 03 按下Ctrl+J组合键，复制图层，按下Ctrl+T组合键调整其位置，制作流苏效果，如下图所示。

复制并调整线条

Step 04 选中“图层”面板中的“流苏”组，单击面板下方的“添加矢量蒙版”按钮，添加蒙版。按下B键启用画笔工具，调整笔刷大小，对“窗帘”组进行调整，如下图所示。

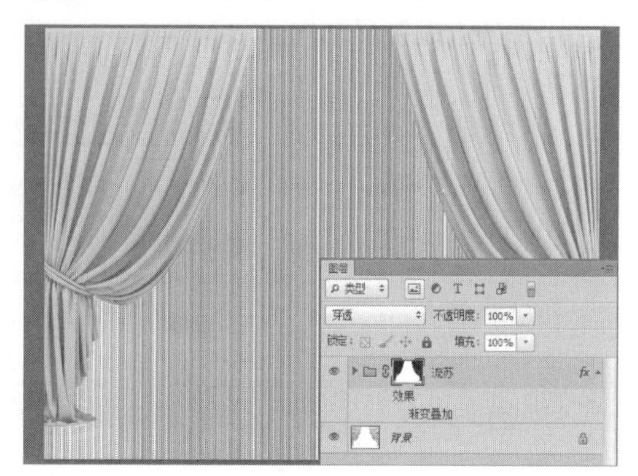

添加蒙版并调整效果

Step 05 再次选中“流苏”组并双击，在弹出的对话框中设置“渐变叠加”图层样式，具体参数设置如下图所示。

添加“渐变叠加”图层样式

Step 06 打开“芭蕾舞.jpg”图像文件，按下Ctrl+T组合键，调整图片大小后，设置图层的混合模式为“减去”，如下图所示。

查看最终效果

3.2 创建不规则形状选区

在图像编辑过程中，用户通常需要创建不规则的选区。Photoshop为用户提供的套索工具组、快速选择工具以及魔棒工具，可以自由创建不规则选区。

3.2.1 套索工具

套索工具可以绘制任意形状的选区，且使用方法简单自由。选择工具箱中的套索工具，按住鼠标左键并拖动即可绘制选区。

使用套索工具绘制选区时，最终需要再次回到起始位置，完成一个封闭的选区，此时释放鼠标左键即可完成选区的创建。如果绘制的选区是非闭合的，释放鼠标后，套索工具自动将起点和终点用直线连接为闭合的选区。

实战 使用套索工具美化照片

Step 01 打开“花.jpg”图像素材，选择工具箱中的套索工具，如下图所示。

选择套索工具

Step 02 在图像中绘制一个选区，选中图像中的花，按Ctrl+Shift+I组合键，执行反选操作，如下图所示。

创建选区并反选

Step 03 然后执行“选择>修改>羽化”命令，如下图所示。

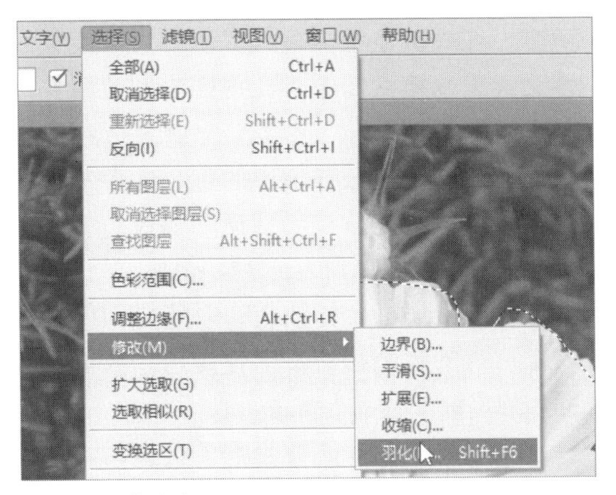

执行“羽化”命令

Step 04 在打开的“羽化选区”对话框中设置“羽化半径”值为50像素，如下图所示。

对选区进行羽化

Step 05 执行“图像>调整>色相/饱和度”命令，打开“色相/饱和度”对话框，设置相关参数，如下图所示。

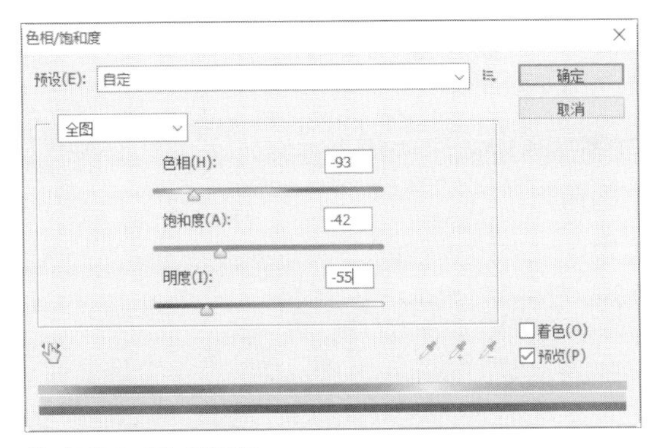

“色相/饱和度”对话框

Step 06 单击“确定”按钮，查看设置的图像效果如下图所示。

查看美化后的效果

3.2.2 多边形套索工具

多边形套索工具用于创建具有直边的选区，可以使选区具有明显的棱角。要创建多边形选区，首先选择工具箱中的多边形套索工具，单击鼠标左键创建一个起点，接着沿着直线绘制选区，到拐角时再次单击鼠标左键，便可起到固定位置的“锚点”作用，按照相同的方法可以绘制一个有棱角的多边选区。

使用多边形套索工具创建选区时，按住Shift键，可以锁定水平、垂直或以45度角为倍数进行绘制。

实战 使用多边形套索工具制作骰子饭团

Step 01 打开“骰子.jpg”图像文件，选择工具箱中的多边形套索工具，如下图所示。

选择多边形套索工具

Step 02 沿着右边的骰子边缘绘制选区，在骰子棱角处单击固定转折点，然后释放鼠标光标沿着骰子边缘继续绘制选区，如下图所示。

绘制多边形选区

Step 03 执行“滤镜>像素化>晶格化”命令，在打开的对话框中设置参数，如下图所示。

晶格化选区

Step 04 使用相同的方法创建左边骰子的选区，并添加“晶格化”滤镜，参数设置与右边的骰子相同，效果如下图所示。

查看制作饭团的效果

3.2.3 磁性套索工具

磁性套索工具是一种比较智能的选择类工具，能够自动识别对象的边缘。可用于编辑边缘比较清晰，与背景对比很明显的图像。

磁性套索工具属性栏

- **宽度：** 在该数值框中输入数值，可以设置磁性套索工具搜索图像对比度强烈的范围并以此边缘生成锚点。
- **对比度：** 通过该数值框中的百分比控制识别图像时，确定定位点所依据的图像边缘反差度。该数值越大得到的选区越精确。
- **频率：** 该数值框中的数值，对选择图像时插入定位点的数量起着决定性作用。数值越大插入的定位点越多，反之，则越少。

在工具箱中选择磁性套索工具后，在图像边缘单击并沿着边缘移动光标，光标经过处系统自动放置锚点来连接选区。

在绘制选区的过程中，若想在某处创建锚点，直接单击即可。按Delete键可删除位置不准确的锚点；连续按Delete键，可依次删除多个锚点；按Esc键，可清除绘制的选区。

实战 使用磁性套索工具美化娃娃

Step 01 打开将“娃娃.jpg”图像文件，选择工具箱中的磁性套索工具。

选择磁性套索工具

Step 02 然后在娃娃耳朵边缘处右击并绘制，如下图所示。

使用磁性套索工具绘制选区

Step 03 绘制完选区后，右击选区，在弹出的快捷菜单中选择“羽化”命令，打开“羽化选区”对话框，设置“羽化半径”为5像素，如下图所示。

对选区进行羽化

Step 04 执行“图像>调整>色相/饱和度”命令，在打开的对话框中设置相关参数，如下图所示。

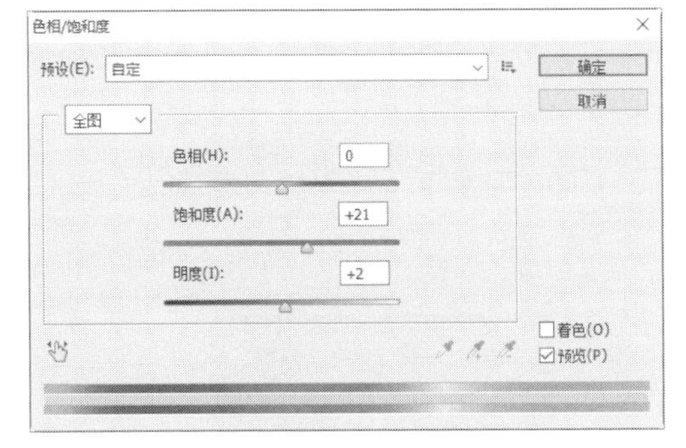

“色相/饱和度”对话框

Step 05 单击“确定”按钮查看设置的效果，如下图所示。

查看最终效果

3.2.4 魔棒工具

魔棒工具可以依据图像颜色制作选区。使用魔棒工具单击图像中的某一种颜色，即可将此颜色容差值范围内的颜色选中。

魔棒工具属性栏

- **容差**：该数值框中的数值用于定义进行选择时的颜色区域，其数值范围在0~255之间，默认值为32。数值越小，所选择的像素颜色和单击点的像素颜色越相近，得到的选区越小、越精确。

容差值为50的效果

容差值为100的效果

- **连续**：勾选该复选框，创建连续的颜色选区；若取消勾选该复选框，可选择与单击颜色相近的所有区域。

容差为100，取消勾选“连续”复选框的效果

- **对所有图层取样：** 当文档中包含多个图层时，勾选该复选框，可选择所有可见图层颜色相近的区域，否则，只选择当前图层颜色相近的区域。

勾选“对所有图层取样”复选框的效果

未勾选“对所有图层取样”复选框的效果

3.2.5 快速选择工具

使用快速选择工具可以像使用画笔工具绘图一样来创建选区，对需要选择的区域进行涂抹，Photoshop会自动查找和跟随图像中定义的边缘。选择工具箱中的快速选择工具，然后在属性栏中设置相关参数。

快速选择工具属性栏

- **选区运算模式：** 由于该工具创建选区方式的特殊性，所以只有3种选区运算模式，即新建选区，添加到选区和从选区中减去。
- **画笔选取器：** 单击右侧的下三角按钮，可打开下图所示的画笔参数设置面板，设置画笔属性参数。

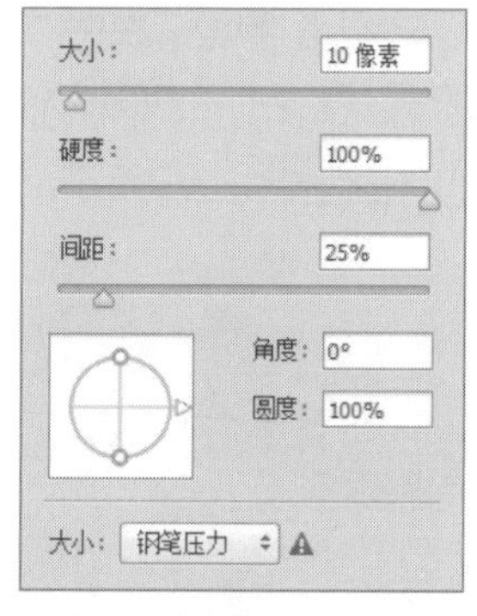

画笔参数设置面板　　“大小”下拉列表

- **对所有图层取样：** 勾选该复选框，可以对所有图层进行取样。
- **自动增强：** 可以减小选区边缘的粗糙度，勾选该复选框，Photoshop会自动柔化边缘。

实战 快速改变玩偶上衣的颜色

Step 01 打开“玩偶.jpg”图像文件，选择工具箱中的快速选择工具，并在属性面板中设置笔尖的大小，如下图所示。

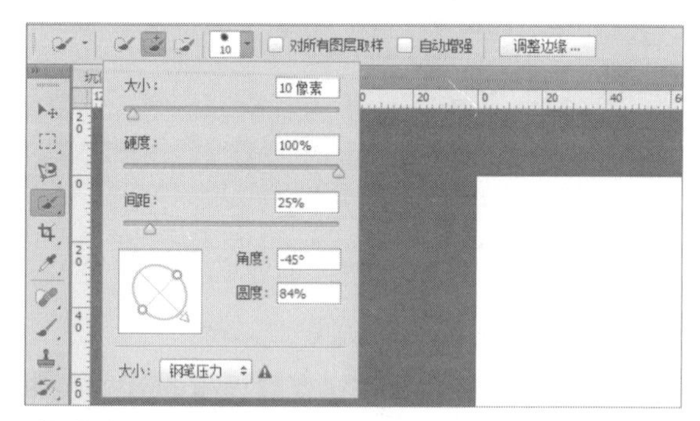

选择快速选择工具

Step 02 使用快速选择工具创建玩偶上衣区域，如下图所示。

创建选区

Step 03 执行“图像>调整>色相/饱和度”命令，在打开的“色相/饱和度”对话框设置相关参数，如下图所示。

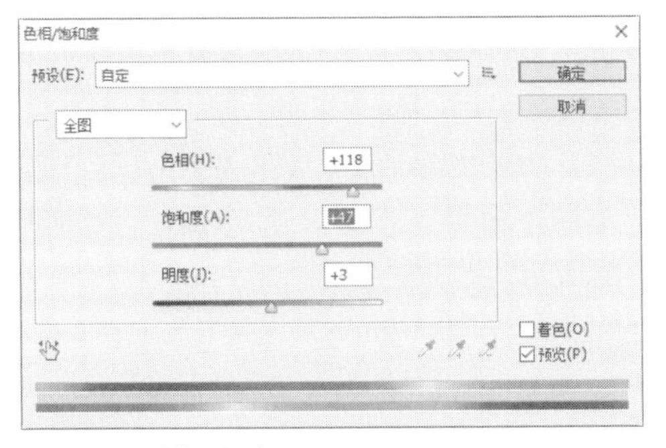

“色相/饱和度”对话框

Step 04 单击“确定”按钮，可以看到将玩偶上衣变成蓝色的效果，如下图所示。

查看最终效果

3.3 使用菜单命令创建选区

在Photoshop中，除了使用工具箱中提供的工具创建选区，在“选择”菜单中的“色彩范围”命令和快速蒙版拥有更为强大的创建选区的功能。下面将分别介绍使用这两种功能来创建选区的方法。

3.3.1 快速蒙版

快速蒙版是一种选区转换工具，就像为图层表面蒙上一层“保护膜”，使用画笔工具、钢笔工具等在这层“保护膜”上进行编辑，最后再将编辑好的部分转换为选区。

执行“选择>在快速蒙版模式下编辑”命令或单击工具箱底部“以快速蒙版模式编辑”按钮（快捷键为Q），都可进入快速蒙版编辑状态，然后用户根据需要使用画笔工具或钢笔工具在快速蒙版上进行涂抹或绘制。

如果需要退出该模式，单击工具箱底部“以标准模式编辑”按钮，或再次执行“选择>在快速蒙版模式下编辑”命令即可。

实战 使用快速蒙版改变背景颜色

Step 01 打开“地板.jpg”和“食材.jpg”图像文件，在“图层”面板中选中“食材”图层并右击，选择“栅格化图层”命令，如下图所示。

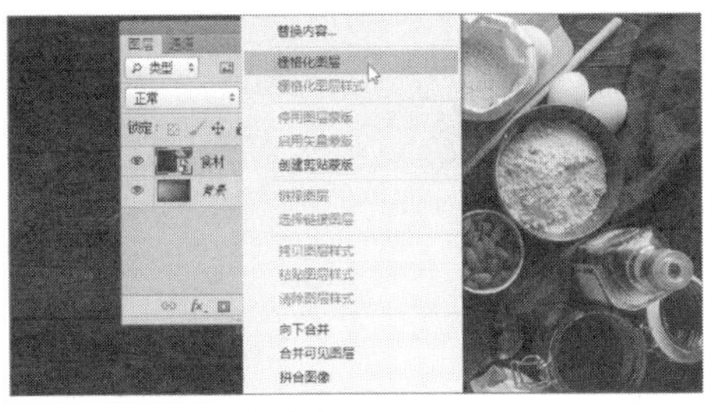

执行“栅格化图层”命令

Step 02 然后按下Q键进入快速蒙版状态。按下B键，使用画笔工具将不需要的部分进行涂抹，如下图所示。

进入快速蒙版状态

Step 03 再次按下Q键退出快速蒙版状态，右击选区，选择“羽化”命令，打开“羽化选区”对话框，设置“羽化半径”为2像素，如下图所示。

使用快速蒙版创建选区并羽化

Step 04 按下Shift+Ctrl+I组合键，执行反选操作，然后按下Delete键，清除选区内的图像，效果如下图所示。

进行反选并清除选区中的图像

Step 05 选中“食材”图层并双击，在打开的“图层样式”对话框中添加“投影”图层样式，如下图所示。

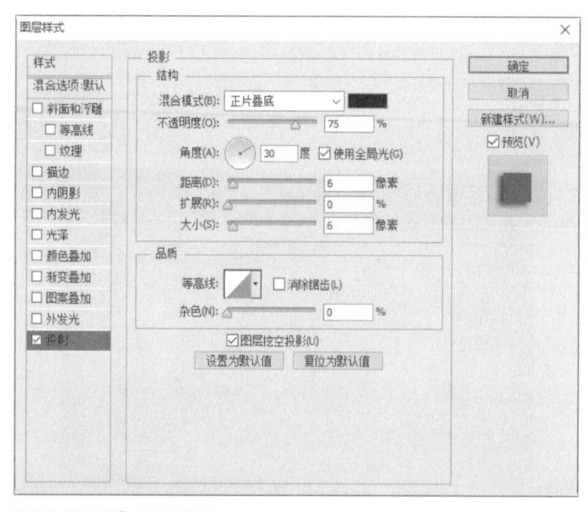

添加“投影”图层样式

Step 06 单击“确定”按钮，可以看到图像整体更自然美观，效果如下图所示。

查看最终效果

3.3.2 “色彩范围”命令

“色彩范围”命令和魔棒工具虽然操作原理相同，但功能更强大。使用“色彩范围”功能，可以从图像中一次得到一种颜色或几种颜色的选区。

打开图像文件后，在菜单栏中执行“选择>色彩范围”命令，弹出“色彩范围”对话框，如下图所示。

“色彩范围”对话框

- **检测人脸：** 选择人像或人物的皮肤时，勾选该复选框，可以更准确地选择肤色。
- **本地化颜色簇：** 如果需要精确控制选择区域的大小，则勾选“本地化颜色簇”复选框，此时“范围”滑块将被激活。
- **选择范围/图像：** 选择“选择范围”或“图像”单选按钮，指定预览窗口中图像的显示方式。
- **选区预览：** 单击该下三角按钮，在下拉列表中选择正在编辑图像选区的预览方式。默认选择“无”选项，若选择“灰度”、“黑色杂边”、“白色杂边”选项，则分别表示以灰色调、黑色或白色显示未选区域；若选择“快速蒙版”选项，则以预设的蒙版颜色显示未选区域。
- **颜色吸管：** 选择“吸管工具”按钮，单击图像中要选择的颜色区域，则该区域中所有相同的颜色将被选中；如果要同时选中两个以上不同颜色的区域，则在选择一种颜色区域后，单击“添加到取样”按钮，选择需要的其他颜色区域；如果需要在已选区域减去某种颜色的区域，则单击“从取样中减去”按钮，选择需要减去的颜色。

- **反相**：勾选该复选框，将已选区进行反选。

实战 美化人物照片

Step 01 打开“美女.jpg”图像文件，如下图所示。然后执行“选择>色彩范围”命令。

打开素材

Step 02 打开“色彩范围”对话框，勾选“本地化颜色簇”和“检测人脸”复选框。为了使读者更清楚看到选区效果，选择“选区预览”为“灰度”，如下图所示。

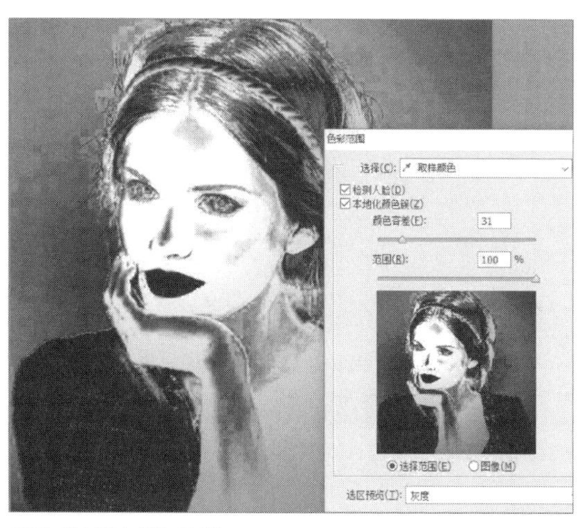

启用“检测人脸”功能

Step 03 调整颜色容差为6，范围为51%，具体参数如下图所示。

调整“颜色容差”和“范围”的值

Step 04 按下Ctrl+U组合键，打开“色相/饱和度”对话框，设置相关参数，对选区内的图像进行编辑，如下图所示。

调整色相/饱和度的参数

Step 05 按下Ctrl+D组合键取消选区，查看最终效果。

查看美化人物后的效果

3.4 选区的基本操作

在Photoshop中创建选区，是为了对选区内的图像进行编辑操作。本节主要介绍选区的基本操作，如全选、反选、移动等操作，下面将详细介绍选区的基本操作方法。

3.4.1 移动选区

在Photoshop中对已经创建好的选区进行移动，一般有3种方式，下面将分别进行介绍。

❶仅移动选区，图像不发生变化

使用选区工具创建选区后，将光标移至选区内任意位置，当光标变为 形状时，按住鼠标左键并拖曳。光标附近会显示移动距离的数据，移至合适的位置后释放鼠标左键，可见仅移动创建的选区。

仅移动选区

❷移动选区并抠取选区内图像

创建选区后，如果需要抠取选区内的图像，可选择移动工具，当光标在选区内变为 形状时，按住鼠标左键并拖曳，可移动并抠取选区内的图像，被抠取的部分自动填充背景色。

移动选区并抠取图像

❸跨文档移动选区并抠取图像

跨文档移动并抠取选区图像，常常被用于图像的编辑。下面通过案例介绍具体操作方法。

实战 利用移动选区功能编辑图像

Step 01 在Photoshop中打开“鸟.jpg”素材文件，如下图所示。

打开素材图片

Step 02 使用磁性套索工具，沿鸟的边缘创建选区并右击，在弹出的快捷菜单中选择“羽化”命令，在打开的“羽化选区”对话框中设置“羽化半径”为5像素，如下图所示。

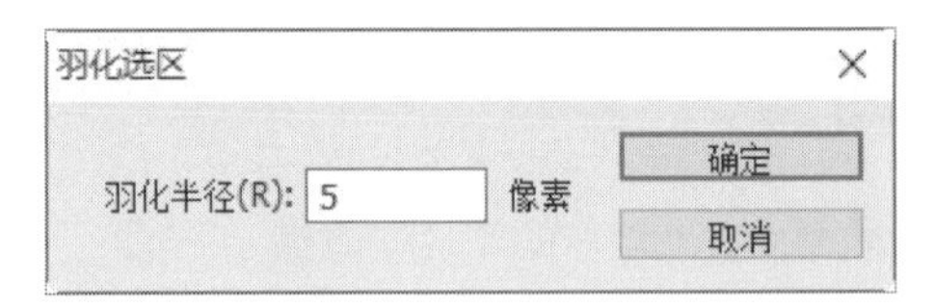

“羽化选区”对话框

Step 03 单击“确定”按钮后，查看选区的羽化效果，如下图所示。

查看选区效果

Step 04 打开“森林.jpg”素材图像，然后选择移动工具，在“鸟.jpg”文件中选择创建鸟的选区，按住鼠标左键拖动到“森林.jpg”文件中，如下图所示。

将创建的选区移动到新文档中

Step 05 按Ctrl+T组合键，调整移动后选区的大小和位置，效果如下图所示。

查看最终效果

3.4.2 反选选区

“反选”是指选择当前选区以外的区域。一般处理需要选择复杂的部分，而背景较简单的图像。

在Photoshop中有3种启用“反选”的操作：一是执行“选择>反选”命令；二是按下Shift+Ctrl+I组合键；三是右击选区，在快捷菜单中选择“选择选向”命令。

实战 利用反选功能快速抠取图像

Step 01 打开“女玩偶.jpg”素材文件，双击“背景”图层将其命名为“女玩偶”，如下图所示。

重命名背景图层

Step 02 选择工具箱中的快速选择工具，创建女玩偶选区，如下图所示。

创建选区

Step 03 按下Shift+Ctrl+I组合键进行反选选区，然后单击鼠标右键，在快捷菜单中选择“羽化”命令，在打开的“羽化选区”对话框中设置“羽化半径”为3像素，如下图所示。

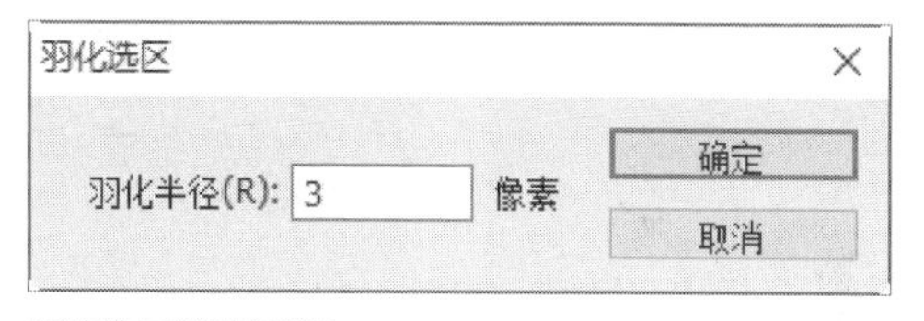

反选选区并进行羽化

Step 04 单击“确定”按钮后，查看选区的羽化效果，如下图所示。

查看反选后的效果

Step 05 按下Delete键清除选区内的图像，新建图层并命名为“背景”，填充合适的背景颜色，查看整体效果，如下图所示。

查看添加背景颜色后的效果

3.4.3 取消选区

我们对已选择的图像区域并不满意，想要取消选区，这时有3种方式可取消已选区域：

一是执行“选择>取消选择”命令；二是按下Ctrl+D组合键，启用“取消选区”操作；三是在图像任意位置单击，即可取消选区。

已创建选区

取消选区

3.4.4 修改选区

在对图像进行编辑过程中，我们有时会遇到对已创建选区范围并不满意的情况，这时就需要对选区进行修改。

本节将介绍“扩大选取”和“选取相似”两种方法。“扩大选取”和“选取相似”由选择工具设置的容差值决定选区的范围。

“扩大选取”是扩大与已有选区邻近区域内相似色彩的像素。“扩大选取”的操作方法较为简单，创建选区后执行“选择>扩大选取”命令，即可在图像中看到选区发生的变化。

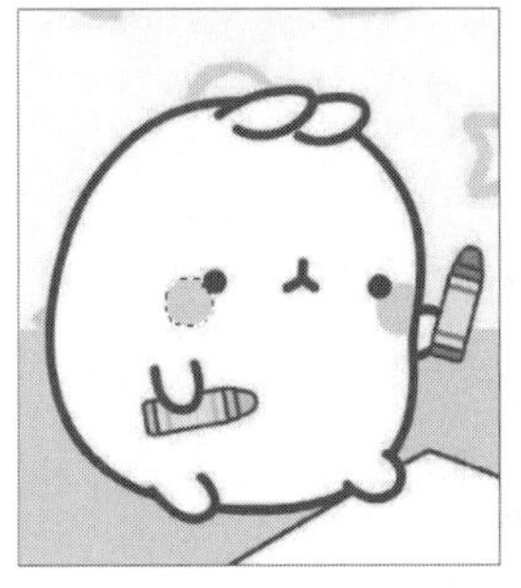

绘制选区

扩大选取的效果

“选取相似”是将所有不相邻区域内的相似像素全部创建选区。该命令在一定程度上弥补了只能选取相邻相似色彩像素的选择工具的不足。

“选取相似”的操作方法是创建选区后执行“选择>选取相似”命令，即可将图像中与选区图像相似的所有像素选中。

创建选区

选取相似的效果

提示：

如果用户连续执行多次“扩大选取”或“选取相似”命令，选区将不断扩大。

3.5 选区的编辑操作

了解选区的基本操作后，本章将着重介绍选区的编辑操作。所谓选区的编辑操作就是对已选选区进行加工，使选区更精准、更平滑、更美观。掌握选区的编辑操作可以提高整体设计工作的效率，达到事半功倍的效果。选区的编辑操作包括调整边缘、羽化选区、变换选区以及载入或存储选区等。

3.5.1 调整边缘

“调整边缘”能较为智能、准确地对选区进行扩大、缩小等调整。创建一个选区，执行“选择>调整边缘”命令，或在各个选区工具的属性栏上单击“调整边缘”按钮 调整边缘... ，即可调出其对话框。

创建选区

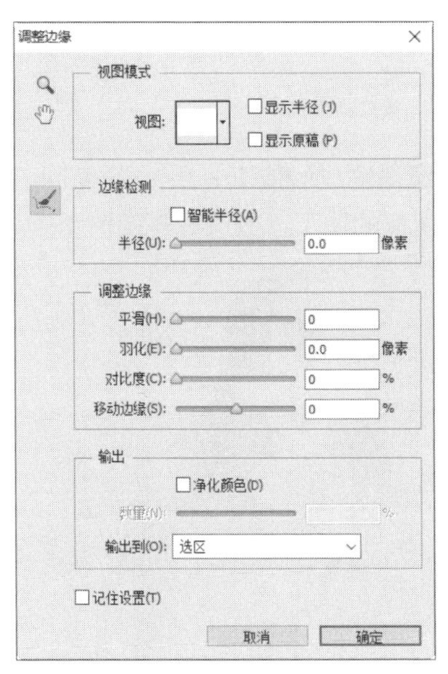

打开“调整边缘”对话框

下面对“调整边缘”对话框中各主要参数的应用进行介绍。

(1)“视图模式”选项区域

- **视图：** 在此下拉列表中，Photoshop依据当前处理的图像，生成实时的预览效果，以满足不同的预览需求。
- **显示半径：** 勾选此复选框后，将根据设置的“半径”数值显示半径范围内的图像。

未勾选“显示半径”复选框

勾选“显示半径”复选框

- **显示原稿：** 勾选此复选框，将依据原选区的状态及所设置的视图模式进行显示。

(2)“边缘检测”选项区域

- **智能半径：** 勾选此复选框后，将依据当前图像的边缘自动进行取舍，获取更精确选区。

未勾选“智能半径”复选框

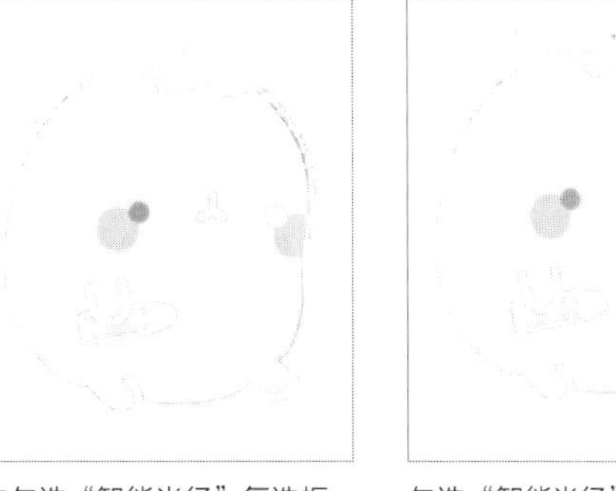

勾选“智能半径”复选框

- **半径：** 可以设置检测边缘时的范围。

(3)“调整边缘”选项区域

- **平滑：** 当创建的选区边缘非常生硬或有明显锯齿时，可以使用此选项来进行柔化处理。
- **羽化：** 此参数与“羽化”命令的功能基本相同，都是用来柔化选区边缘的。
- **对比度：** 设置此参数可以调整边缘的虚化程度，数值越大则边缘越锐化，可以用于创建较为精确的选区。

对比度为0

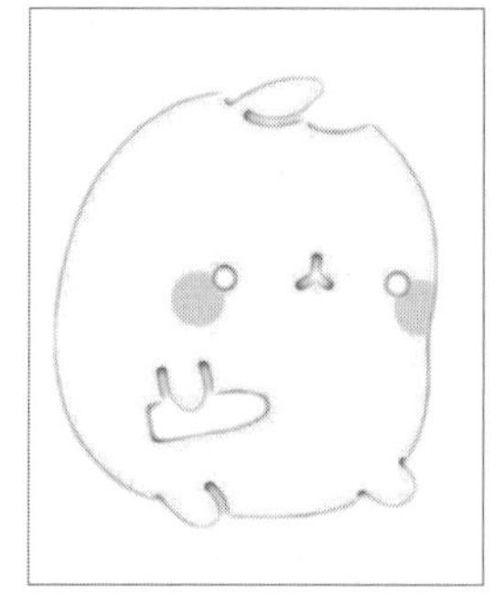
对比度为30%

- **移动边缘：**该参数与“收缩”和“扩展”命令的功能基本相同，向左拖动滑动可以收缩选区，向右拖动可以扩展选区。

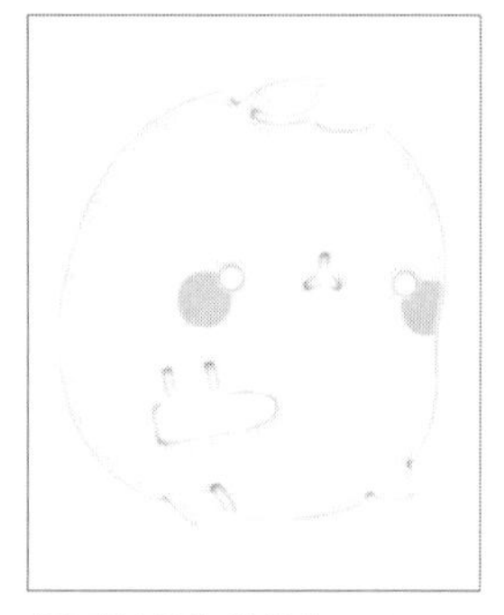
“移动边缘”数值为-20

“移动边缘”数值为+20

（4）“输出”选项区域

- **净化颜色：**勾选此复选框激活“数量”参数，拖动调整数值可以去除选择后的图像边缘杂色。
- **输出到：**选择输出的结果。

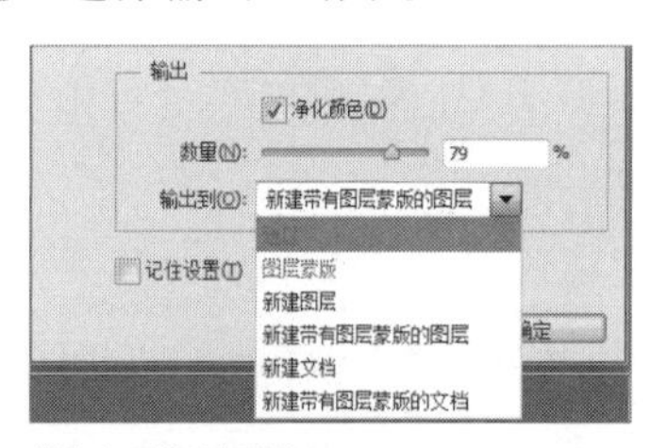

“输出到”的列表

（5）工具

- **缩放工具**：使用此工具可以缩放图像比例。
- **抓手工具**：使用此工具可以查看不同的图像区域。
- **调整半径工具**：使用此工具可以编辑检测边缘的半径，以放大或缩小选择的范围。

实战 使用“调整边缘”命令抠取人物头发

Step 01 打开“动漫美女.jpg”素材图片，选择快速选择工具绘出美女的头发部分选区，如下图所示。

绘出头发选区

Step 02 执行“选择>调整边缘”命令，在打开的“调整边缘”对话框中选择调整半径工具，在人物头发细节处进行涂抹，同时设置其他相关参数，如下图所示。

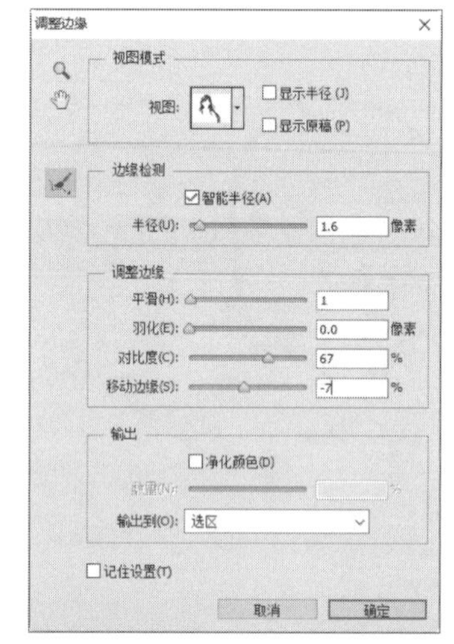

设置调整边缘参数

Step 03 调整完成后按Ctrl+J组合键复制选区内容，隐藏原图像的图层，效果如下图所示。

抠取头发的效果

3.5.2 边界选区

边界选区是指在原有的选区基础上向内和向外进行扩展，例如边界宽度为30像素，则向外和向内分别扩展15像素。如果对“边界选区”进行填充，只填充两个选区之间的部分。

实战 使用边界选区功能绘制戒指

Step 01 按下Ctrl+N组合键新建文件并命名为“戒指”，具体参数如下图所示。

新建文件

Step 02 新建图层并命名为“戒指”。选择椭圆选框工具，按住Shift键绘制正圆，如下图所示。

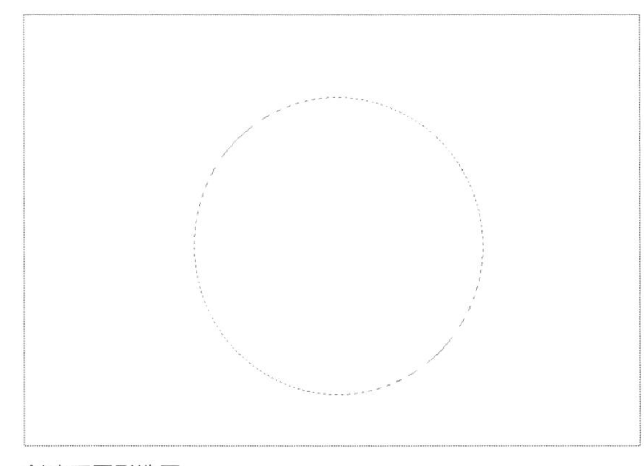

创建正圆形选区

Step 03 执行“选择>修改>边界”命令，打开“边界选区”对话框，设置宽度值为30像素，如下图所示。

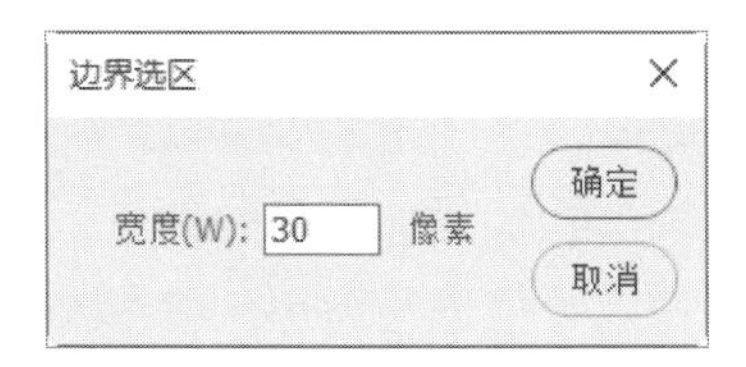

设置边界宽度

Step 04 单击“确定”按钮，效果如下图所示。

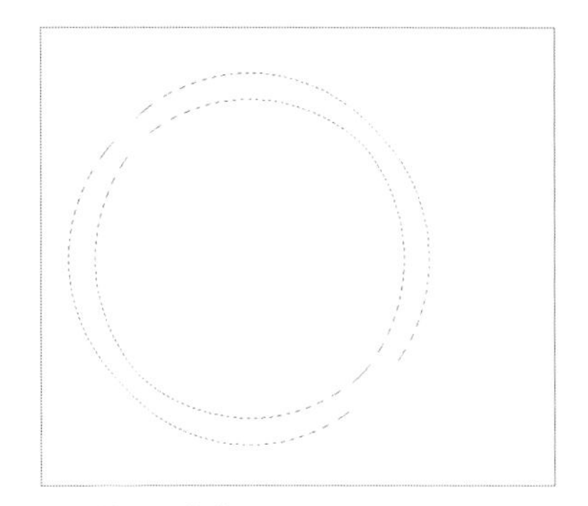

设置边界后的效果

Step 05 执行“选择>修改>羽化”命令，在对话框中设置羽化半径的值为1像素，如下图所示。

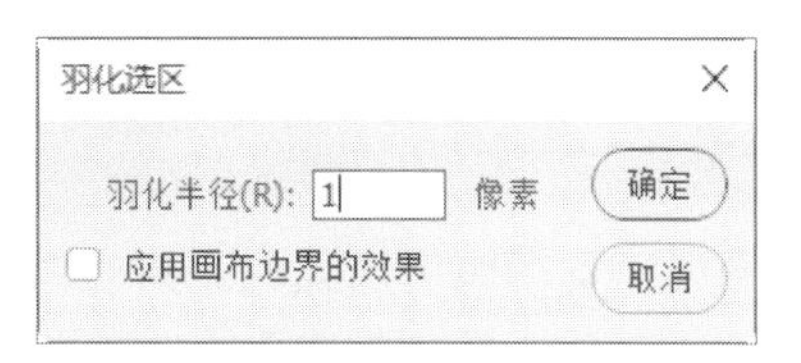

设置羽化半径的值

Step 06 然后设置前景色为金色，按下Alt+Delete组合键填充前景色，效果如下图所示。

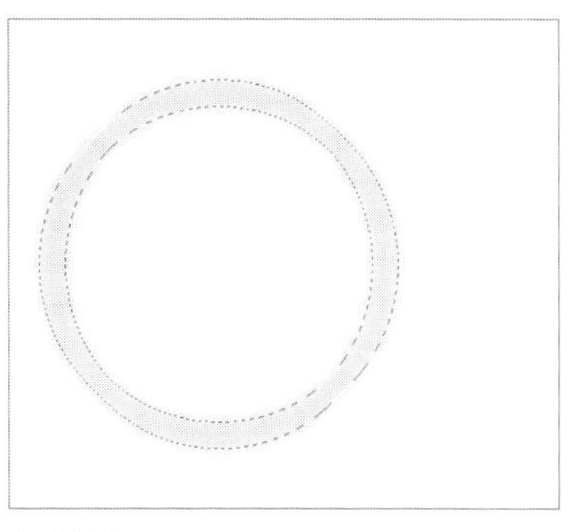

填充选区

Step 07 按下Ctrl+D组合键取消选区。双击“戒指”图层，为其添加“渐变叠加”和“投影”图层样式，参数设置如下图所示。

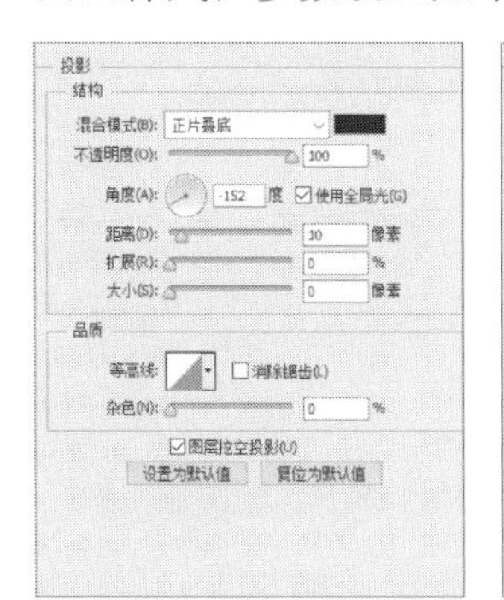

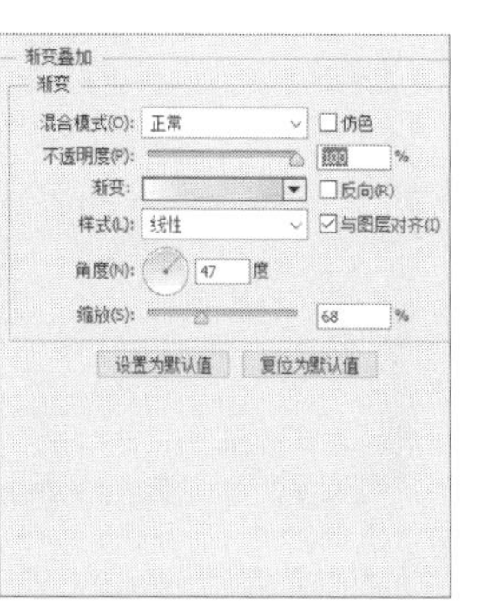

添加图层样式

Step 08 单击“确定”按钮，查看设置效果，如下图所示。

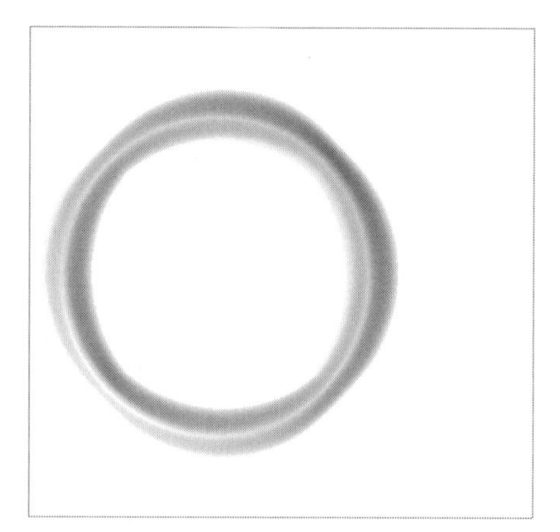

查看绘制戒指的效果

3.5.3 平滑选区

平滑选区是指调节选区的平滑度，若创建有棱角的选区后执行“平滑”命令，调整后则选区的棱角会变得圆润。

平滑选区的操作方法是，创建好选区后执行“选择>修改>平滑”命令，在弹出的“平滑选区”对话框中设置相关参数。

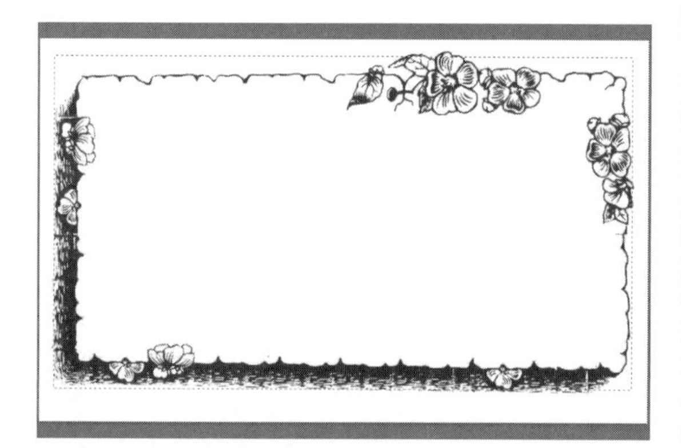

使用矩形选框工具绘制选区

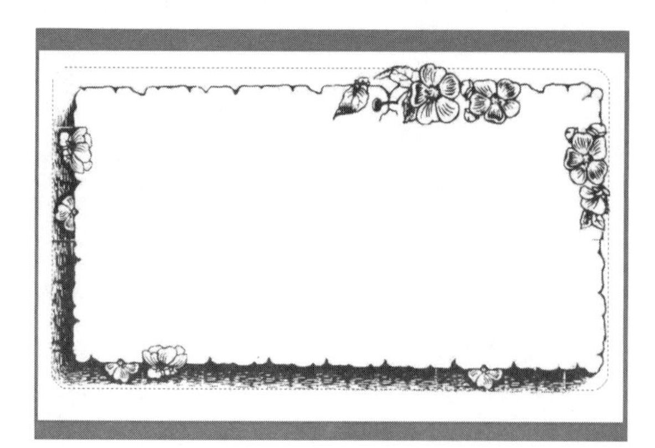

平滑选区20像素的效果

3.5.4 扩展选区

扩展选区是将已有选区向外扩大固定数值的功能。使用扩展选区功能，首先在图像中创建选区。

创建选区

接着执行“选择>修改>扩展”命令，打开“扩展选区”对话框，设置“扩展量”为20像素。

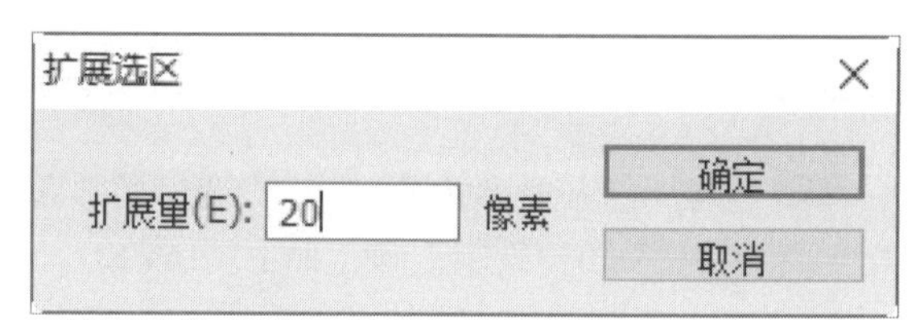

“扩展选区”对话框

单击“确定”按钮，可见选区向外扩展。

扩展选区

3.5.5 收缩选区

收缩选区和扩展选区正好相反，它可以将选区按照指定数值进行缩小。使用收缩选区功能，首先应使用创建选区工具绘制选区。

创建选区

接着执行“选择>修改>收缩”命令，打开“收缩选区”对话框，设置“收缩量”为20像素。

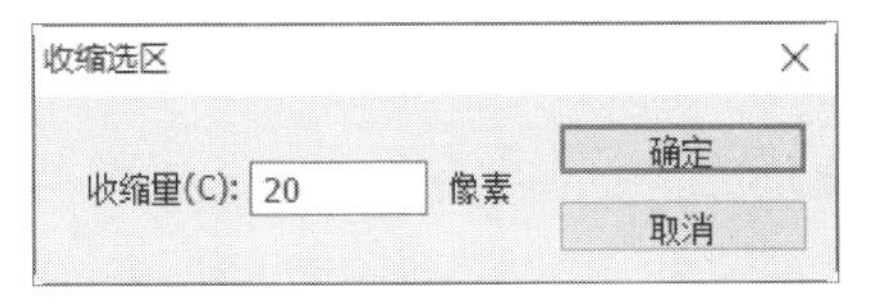

设置收缩量

单击“确定”按钮，可见选区向内收缩。

收缩选区

3.5.6 羽化选区

羽化选区可以使选区的边缘变柔和，从而使图像自然过渡，提高整体美观度。

使用扩展选区功能，首先应使用创建选区工具绘制选区，然后执行“选择>修改>羽化”命令，或按下Shift+F6组合键，在弹出的“羽化选区”对话框中设置羽化半径的值即可。

实战 柔化图片边缘

Step 01 打开“沙滩美女.jpg”图像文件，双击“背景”图层并重命名为“沙滩美女”。新建图层置于“沙滩美女”图层下并命名为“背景”。设置前景色为白色，按下Alt+Delete组合键填充前景色。

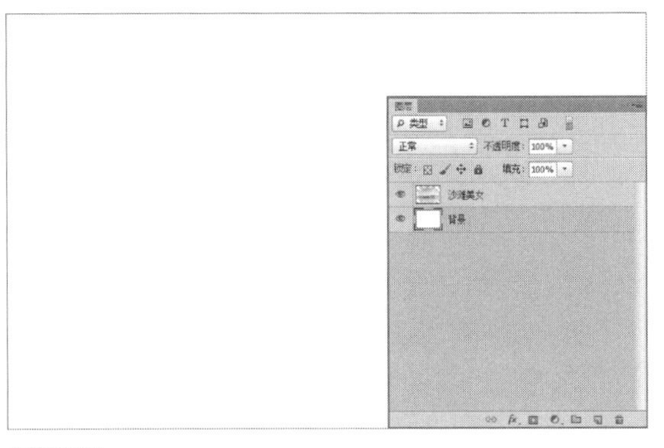

创键图层

Step 02 选中“沙滩美女”图层，使用套索工具在图像中绘制选区，按Shift+Ctrl+I组合键执行反选，如下图所示。

绘制选区并反选

Step 03 执行“选择>修改>羽化”命令，在弹出的“羽化选区”对话框中设置“羽化半径”为50像素，可见创建的选区的边缘变得平滑，效果如下图所示。

查看羽化后的效果

Step 04 按下Delete键清除选区内的图像，查看整体效果，可以看到选区的边缘非常柔和，过渡非常自然，如下图所示。

查看羽化的效果

3.5.7 描边选区

描边选区是指使用前景色沿选区边缘进行描边的功能。描边选区的操作方法为，首先创建选区，然后执行“编辑>描边”命令，在弹出的“描边”对话框中进行相应的设置，即可完成描边操作。

下面对“描边”对话框中各主要参数的应用进行介绍。

- **宽度**：在数值框中输入的数值控制描边的宽度，单位是像素（PX）。
- **颜色**：单击右侧色块，在打开的“拾色器（描边颜色）”对话框中设置颜色。
- **位置**：设置描边的位置，如内部、居中和居外3种。
- **混合**：设置描边的模式和不透明度，单击“模式”右侧下三角按钮，在列表中选择相应的模式。

实战 描边选区的应用

Step 01 打开“菠萝.jpg”图像文件，使用快速选择工具为菠萝的中心部分创建选区，效果如下图所示。

创建选区

Step 02 执行“选择>修改>羽化”命令，在打开的“羽化选区”对话框中设置羽化半径的值为20像素，单击“确定”按钮，如下图所示。

羽化选区

Step 03 执行“编辑>描边”命令，打开“描边”对话框，设置颜色的色号为#e0c652，位置为居外，单击“确定”按钮，如下图所示。

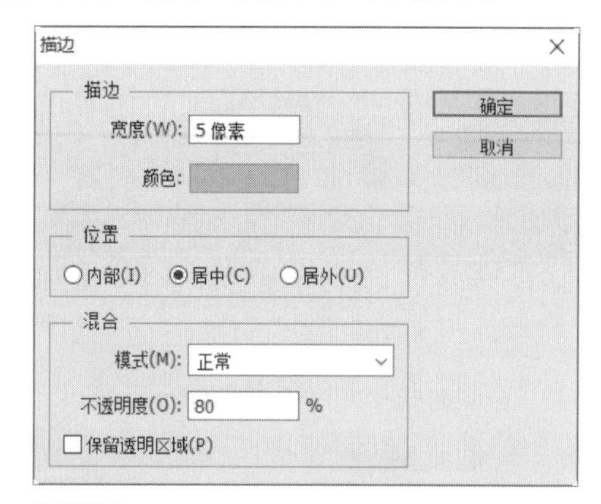

设置描边

Step 04 返回文档窗口，按Ctrl+D组合键取消选区，可见选区的边填充橙色并进行羽化，如下图所示。

查看描边选区的效果

为照片增加动感效果

学习完本章的知识后，读者对选区功能有了一个全面的了解。下面通过综合案例的形式将所学过的知识点进行串联。

Step 01 打开“战斗机.jpg”图像文件，复制“背景”图层，选中复制的图层，选择快速选择工具，沿着战斗机创建选区，如下图所示。

创建选区

Step 02 执行“选择>调整边缘”命令，设置相关参数，如下图所示。

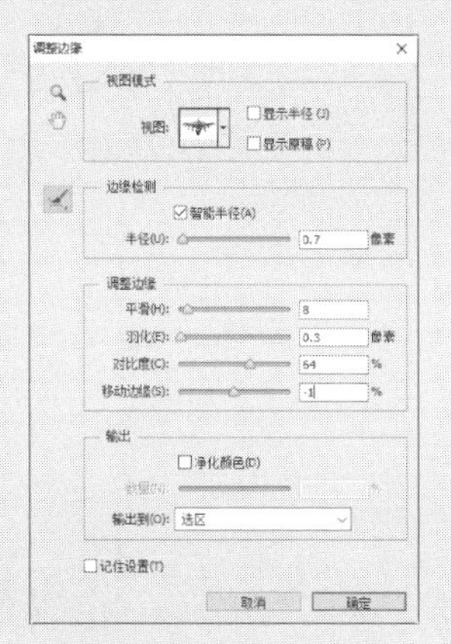

“调整边缘”对话框

Step 03 可以看到飞机的轮廓基本成型且轮廓较为自然平滑，如下图所示。

查看效果

Step 04 单击“添加图层蒙版”按钮，新建图层并置于复制图层之下，并填充白色。如下图所示。

新建并填充图层

Step 05 置入“天空2.jpg”图像文件，调整置入图片的大小并充满整个画面，将该图层移至“背景 副本”图层下方，效果如下图所示。

移动图层

Step 06 选择“背景 副本”图层，按Ctrl+T组合键，调整飞机的大小和位置，效果如下图所示。

调整图像大小

Step 07 选中“背景 副本”图层的蒙版并右击，选择“应用图层蒙版”命令。按住Ctrl键单击“背景 副本”图层的图层缩览图，即可载入选区，如下图所示。

载入选区

Step 08 选择“天空2”图层，按Ctrl+Shift+I组合键执行反选，可见在天空图像中选择除飞机以外的部分，如下图所示。

反选选区

Step 09 执行“滤镜>模糊>动感模糊”命令，在弹出的“动感模糊”对话框中设置合适参数，如下图所示。

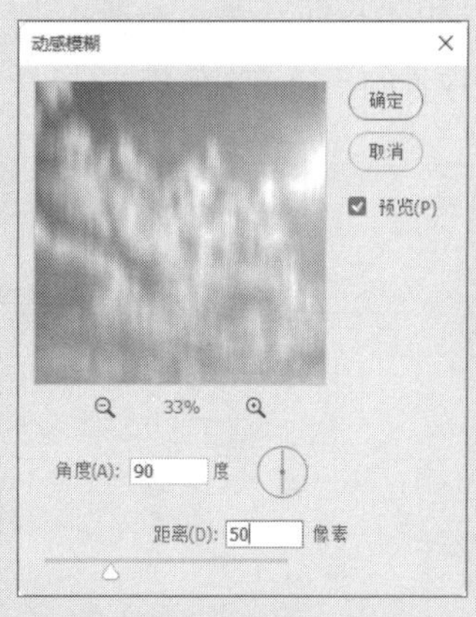

设置动感模糊的参数

Step 10 单击“确定”按钮后，按Ctrl+D组合键取消选区，查看效果，如下图所示。

查看设置动感模糊后的效果

Step 11 整体效果缺少阴影，则双击“背景 副本”图层，在弹出的“图层样式”对话框中添加“投影”图层样式，设置相关参数，如下图所示。

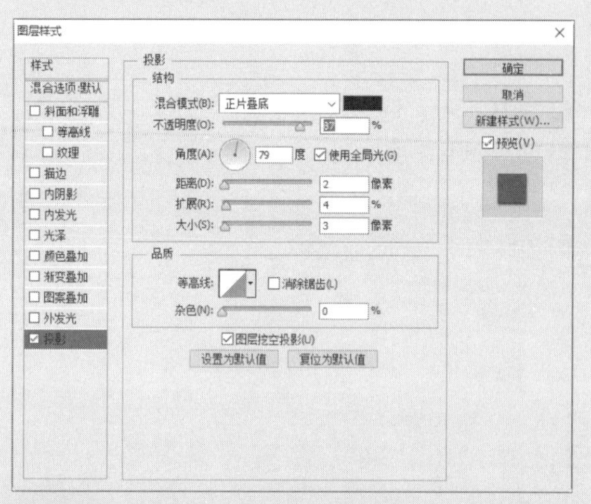

添加“投影”图层样式

Step 12 单击“确定”按钮，查看最终效果，如下图所示。

查看最终效果

Chapter 04 色彩的调整与应用

Photoshop中的颜色是通过不同的颜色模式表述的，而对图像颜色的调整则是通过调整命令实现的。Photoshop为用户提供20多种颜色调整命令，可以满足设计师的设计要求。本章主要对颜色模式和调整命令进行介绍，包括颜色模式、自动调整命令和精确调整命令。

4.1 色彩模式

用数字形式的模型表达图像的颜色，就是我们常说的颜色模式。通俗地讲，颜色模式即为计算机存储图像颜色的方式。

Photoshop为用户提供了8种颜色模式，分别为“RGB颜色”、“CMYK颜色”、“位图”、“灰度”、“双色调”、“索引颜色”、“Lab颜色”和“多通道”。

在菜单栏中执行“图像>模式”命令，在子菜单中显示不同的颜色模式。在不同的颜色模式下，“通道”面板中各通道的显示情况也不同。下面对常见的颜色模式进行介绍。

4.1.1 “RGB颜色”模式

“RGB颜色”模式是Photoshop默认的图像模式，它将自然光线分为红（Red）、绿（Green）、蓝（Blue）3种基本颜色。通常情况下，RGB各有256级亮度，用数字表示为从0、1、2……直到255。

虽然数字最高是255，但0也是数值之一，因此共256级，总共能组合出约1678万种色彩，即256×256×256=16777216。通常也被称为1600万色或千万色或24位色（2的24次方），所以它是24（8×3）位/像素的三通道图像模式。

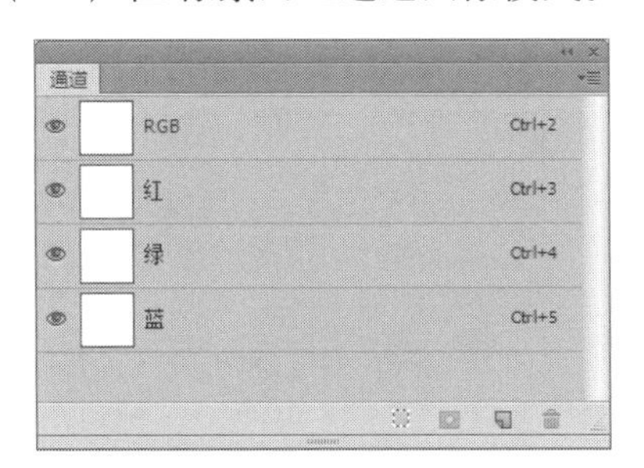

“通道”面板中的RGB三通道

红、绿、蓝三个颜色通道每种色各分为256阶亮度，用一个比喻来讲，在0时“灯”最弱——是关掉的，所以这时显示的是黑色。而在255时“灯”最亮。

三色灰度数值不相同时，产生不同灰度值的灰色调，即三色灰度都为0时，是最暗的黑色调；三色灰度都为255时，是最亮的白色调。

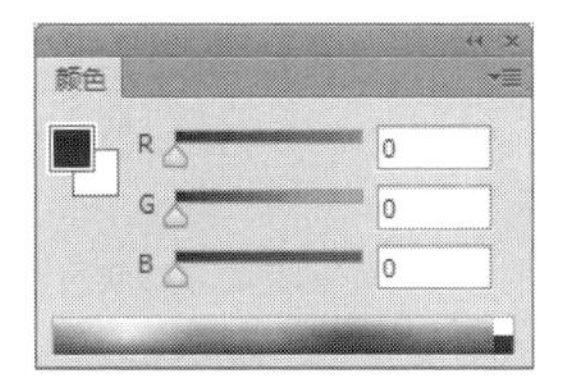

R/G/B为0时是黑色

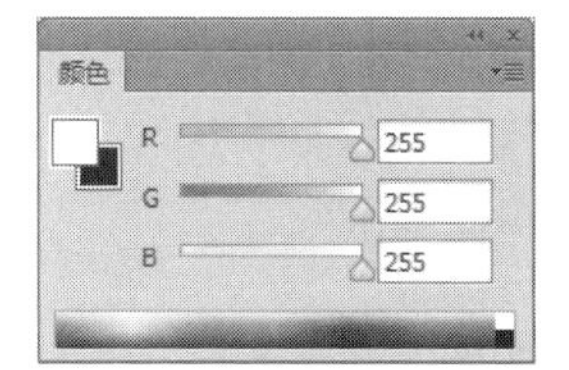

R/G/B为255时是白色

RGB颜色能够准确地表述屏幕上颜色的组成部分，但它所表示的实际颜色范围仍然因应用程序或电脑硬件设备而异。

4.1.2 “CMYK颜色”模式

“CMYK颜色”模式是一种为满足印刷要求的颜色模式。由于印刷机采用青（Cyan）、洋红（Magenta）、黄（Yellow）和黑（Black）4种油墨来组合一副彩色图像，因此CMYK模式就由这4种用于打印分色的颜色组成。它是32（8×4）位/像素的四通道图像模式。

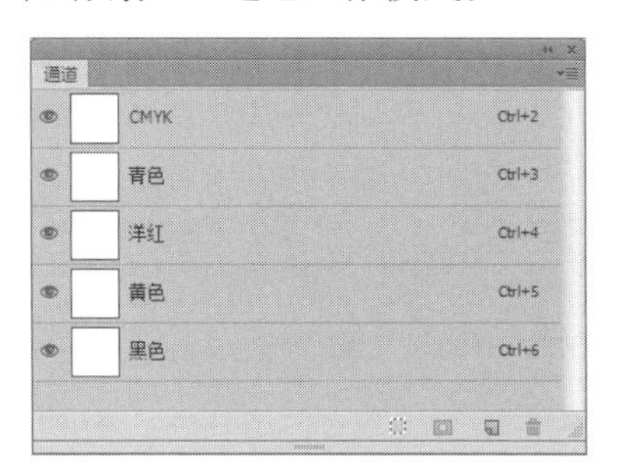

“通道”面板中的CMYK四通道

“CMYK颜色”模式被广泛应用于需要印刷出来的实体广告传媒业。换句话说，如果设计的作品需要被印刷出来，在设计前应将颜色模式调整为“CMYK颜色”模式后再进行设计。

“CMYK颜色”模式类似颜料调色一样，当其四色值比例分别都为100%时，也就是所有颜色都混合在一起时为黑色。当其四色值比例分别都为0%时，则为白色。

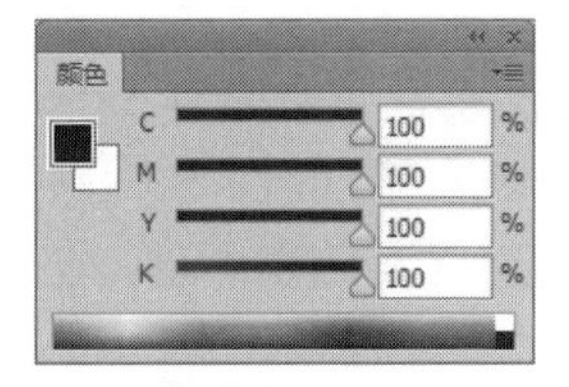

C/M/Y/K都为100%时是黑色

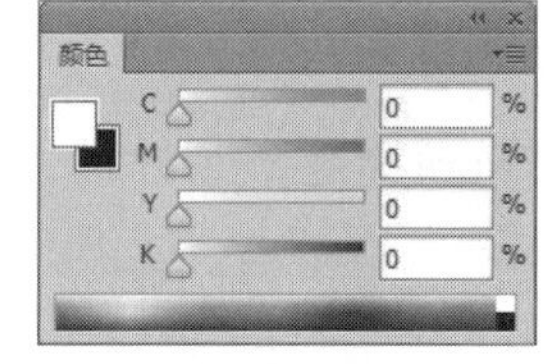

C/M/Y/K都为0%时是白色

“CMYK颜色”模式表示的颜色种类虽然没有“RGB颜色”模式表示的颜色多，但也是较为常用的颜色模式之一。使用“CMYK颜色”模式的操作为执行“图像>模式> CMYK颜色”命令。

4.1.3 “位图”模式

“位图”模式其实就是黑白模式，它只能用黑色和白色来表示图像中的像素，也称为一位像素。它包含的信息最少，所以文件存储大小也最小。

这里需要注意的是，只有在“灰度”模式下才能激活“位图”命令，所以如RGB、CMYK等色彩图像要转换成“位图”模式，应先转换成“灰度”模式，进而再次转换成“位图”模式。

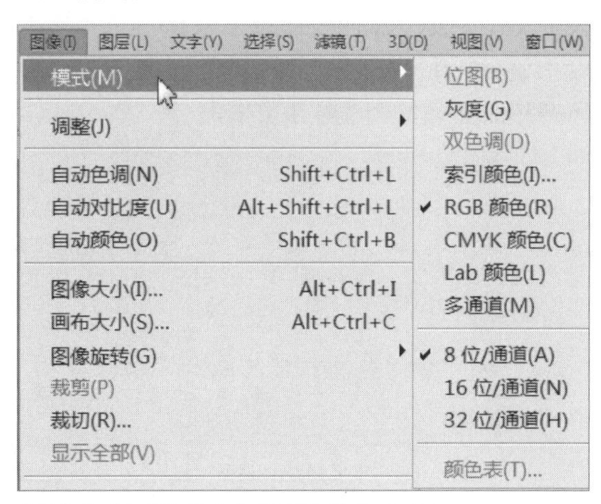

未转换为“灰度”模式时“位图”模式不可用

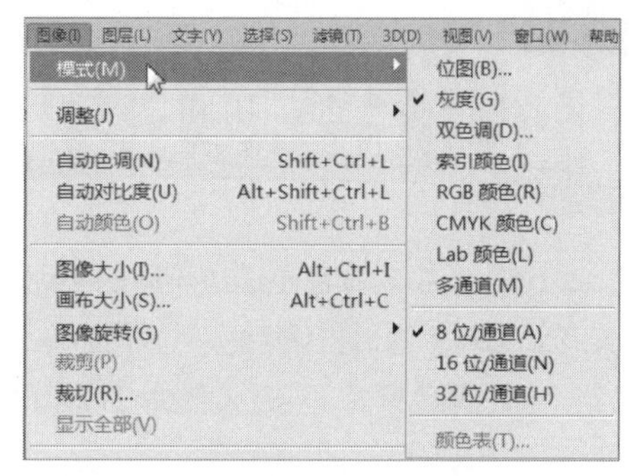

“灰度”模式下的“位图”模式被激活

在转换成“位图”模式时会弹出“位图”对话框，在其中可以看到，Photoshop提供了几种方法来模拟图像中丢失的细节。

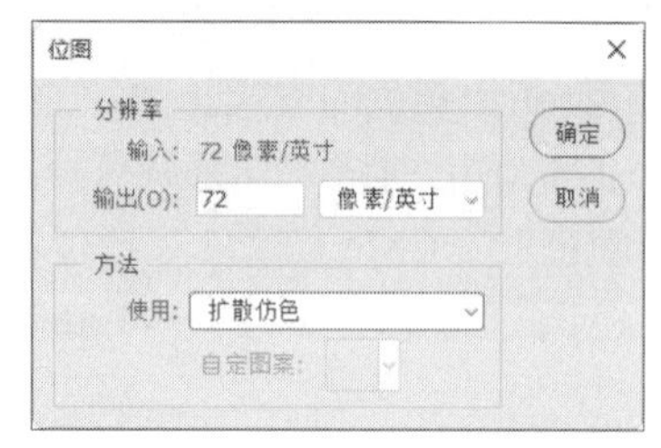

“位图”对话框

4.1.4 “灰度”模式

“灰度”模式可以使用多达256级灰度来表现图像，使图像的过渡更平滑细腻。灰度图像的每个像素有一个0（黑色）到255（白色）之间的亮度。灰度值同CMYK值类似，也可以用黑色油墨覆盖的百分比来表示。

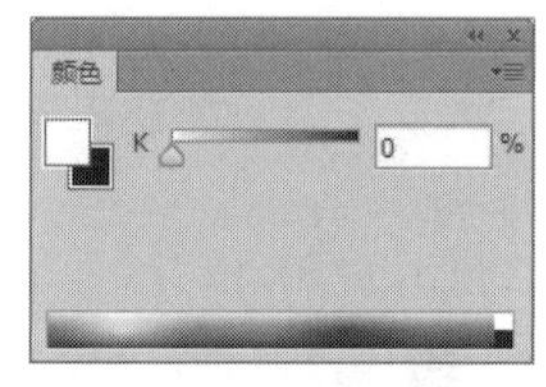

百分比为0时是白色

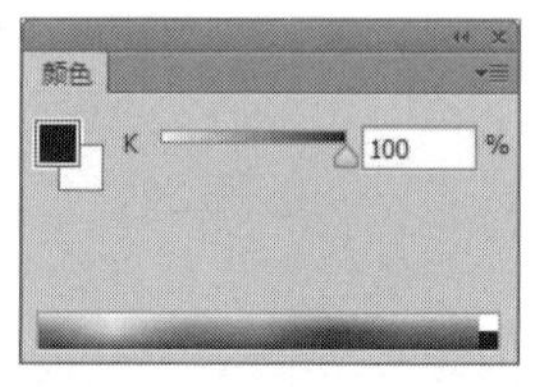

百分比为100%是黑色

执行“图像>模式>灰度”命令，则弹出“信息”对话框，单击“扔掉”按钮，即可进入“灰度”模式。

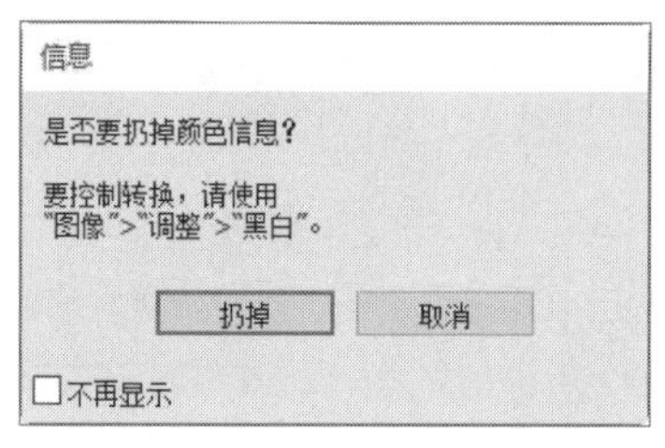

“信息”对话框

实战 使用“灰度”模式改变图像风格

Step 01 打开“女孩与地球.jpg”图像，按下Ctrl+J组合键复制图层。选中复制的图层，选择快速选择工具，选出女孩手中的地球，如下图所示。

绘制出地球选区

Step 02 按下Ctrl+Shift+I组合快键执行反选操作。执行“选择>修改>平滑”命令，在打开的对话框中设置取样半径为3像素，如下图所示。

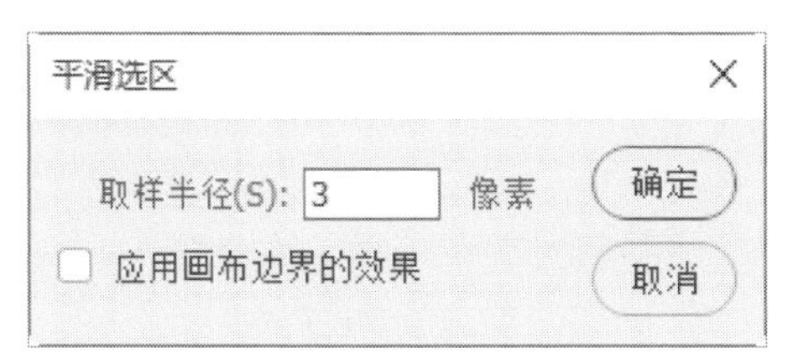

平滑选区

Step 03 然后执行“选择>修改>羽化”命令，设置羽化半径为2像素，如下图所示。

羽化选区

Step 04 按下Delete键清除选区内的图像，然后双击当前图层，打开“图层样式”对话框，添加“外发光”图层样式，如下图所示。

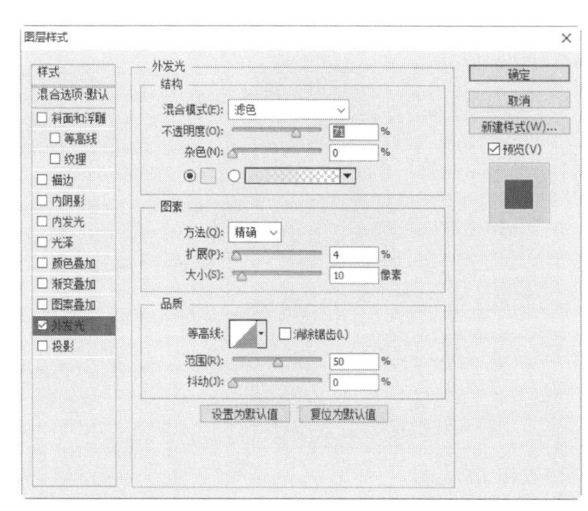

添加“外发光”图层样式

Step 05 然后选中“背景”图层，执行“图像>模式>灰度”命令，将图片转换为灰色。执行“滤镜>模糊>光圈模糊”命令，将镜头聚焦到女孩手中的地球上，如下图所示。

添加镜头模糊滤镜

Step 06 然后在“模糊工具”和“模糊效果”面板中设置参数，如下图所示。

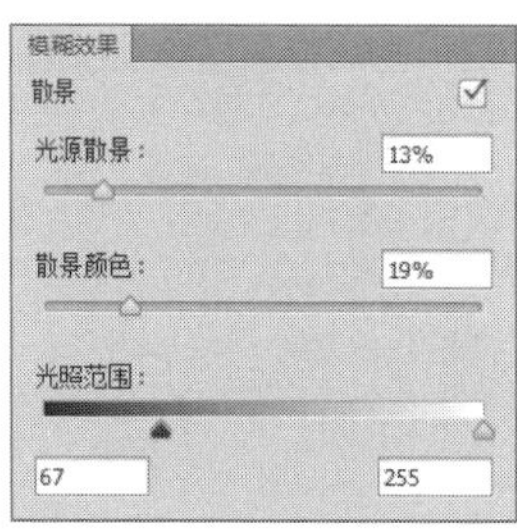

为背景添加模糊效果

Step 07 设置完成后，可见黑白的照片透着低沉的氛围，手捧地球的女孩虽然在笑，却感觉笑的很牵强，给人想象的留白，如下图所示。

最终效果

4.1.5 “双色调”模式

“双色调”模式采用2到4种彩色油墨来创建由单色调（1种颜色）、双色调（2种颜色）、三色调（3种颜色）和四色调（4种颜色）混合色阶组成的图像。

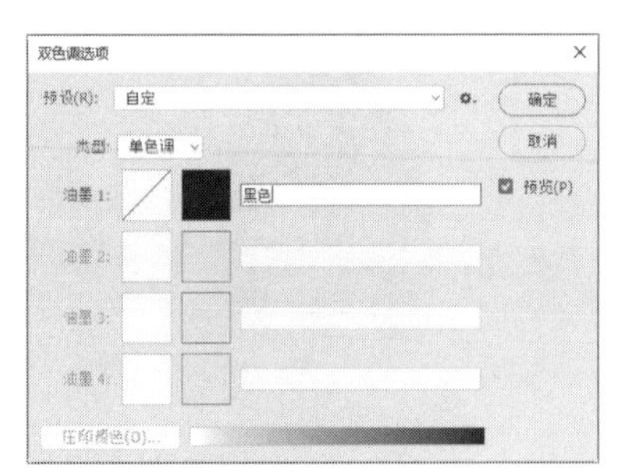

单色调

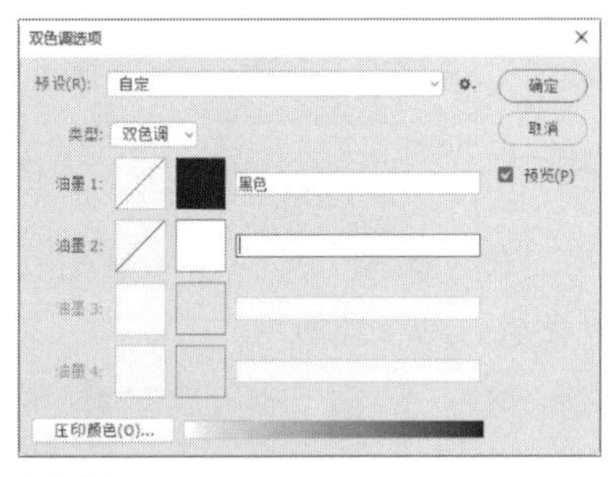

双色调

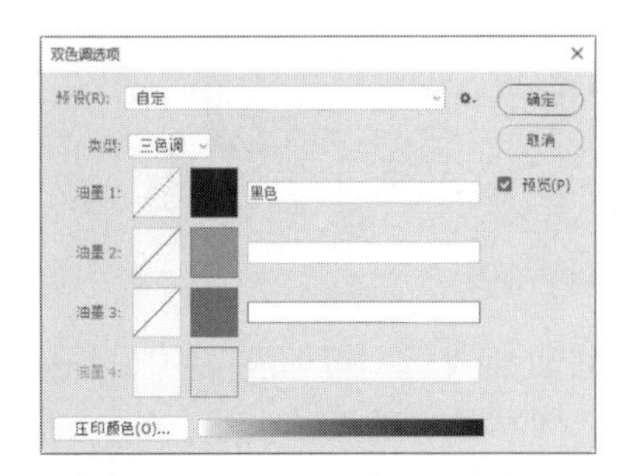

三色调

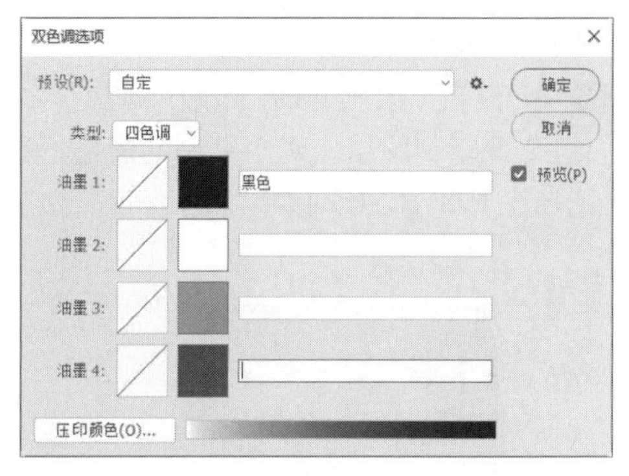

四色调

默认情况下，“双色调”模式未被激活，要使用此模式，需先将其他颜色模式转换为“灰度”模式，此时“双色调”模式才会被激活。

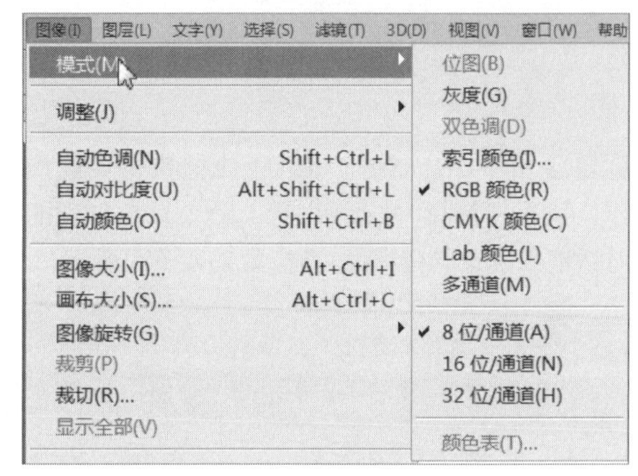

不在“灰度”模式下“双色调”模式未激活

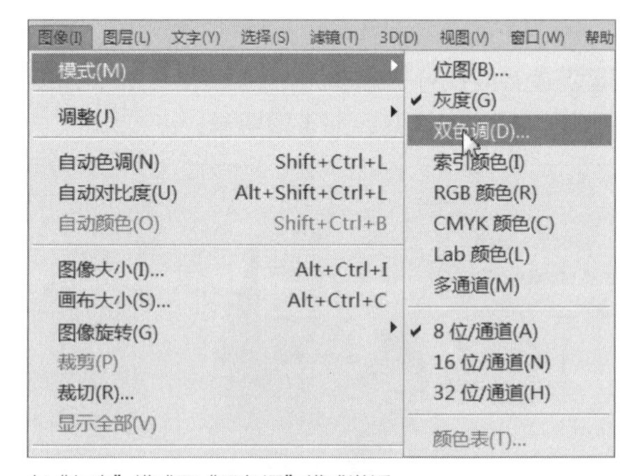

在“灰度”模式下“双色调”模式激活

在将灰度图像转换为“双色调”模式的过程中，也可以对色调进行编辑，产生特殊效果。在印刷时，每增加一种色调都需要耗费更多的成本，使用“双色调”模式最主要的功能是使用尽量少的颜色表现尽量多的颜色层次，从而达到减少印刷成本的作用。

4.1.6 “索引颜色”模式

“索引颜色”模式也称为映射颜色。在这种模式下只能存储一个8bit色彩深度的文件，即最多256种颜色，且颜色都是预先定义好的。尽管其调色板很有限，但它能够在保持多媒体演示文稿、Web页等所需视觉品质的同时减小文件存储空间的大小。

“索引颜色”模式可以减少不同硬件显示设备对颜色种类分辨的误差。

在将颜色模式变为“索引颜色”模式时，会弹出“索引颜色”对话框，单击“调板”下三角按钮，用户可以根据需要选择不同软件系统可以识别的颜色种类。

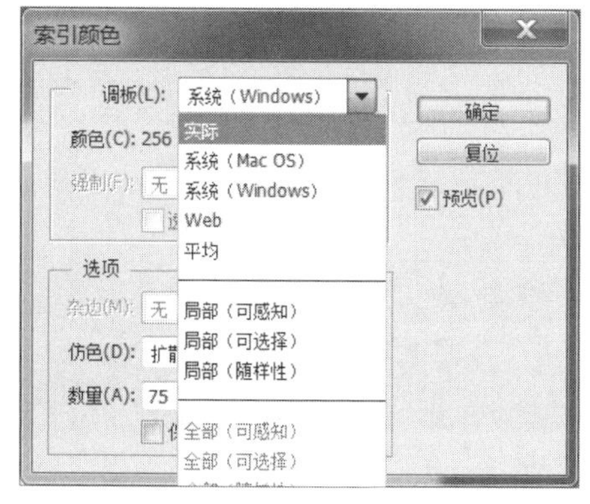

“索引颜色”对话框

同时，“索引颜色”模式下的图层与其他颜色模式不同，“索引颜色”模式不支持图层的增减编辑。默认情况下，仅提供一个名为“索引”的锁定图层。

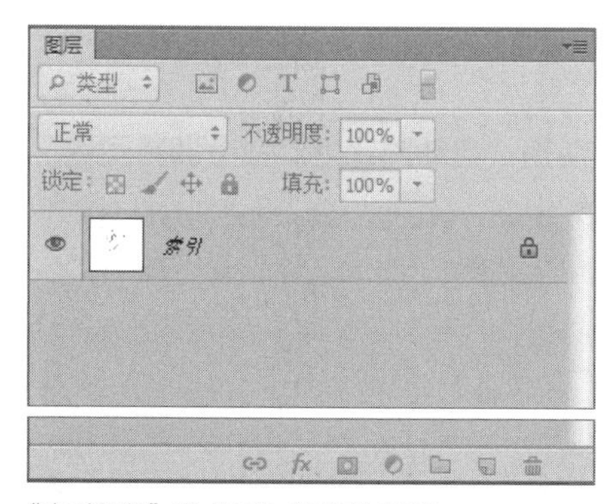

“索引颜色”模式下的“图层”面板

4.1.7 “Lab颜色”模式

“Lab颜色”模式是由RGB三基色转换而来的。该颜色模式由一个发光率（Luminance）和两个颜色（a，b）组成。它是一种“独立于设备”的颜色模式，不论使用何种显示器或打印机，Lab的颜色均不会发生任何变化。

当出现超出打印设备颜色范围的情况，系统就会出现警告标志提醒。

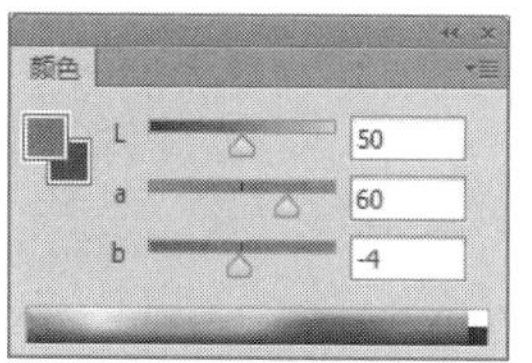

在打印设备范围内

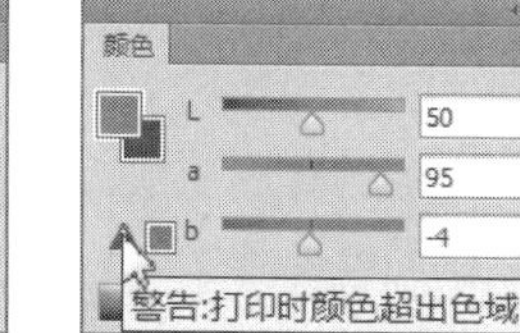

不在打印设备范围内

4.2 自动矫正颜色

图像色彩的自动矫正主要是依靠Photoshop的自动调整命令进行的，Photoshop的自动调整命令包括“自动色调”、“自动颜色”和“自动对比度”3种。使用这些命令可以快速完成对图像的调整，但这些命令只能起到微调图像的效果，而且有时可能会导致微调后的色调不尽如人意，建议仔细考虑后使用。下面分别进行介绍。

4.2.1 自动色调

使用“自动色调”命令可以快速调整图像的明暗度，使图像更加饱和、清新和自然。该命令通过定义每个颜色通道中的阴影和高光区域，将最亮和最暗的像素映射到纯白和纯黑的程度，是中间色像素按此比例重新分布，从而去除多余灰调。

执行“图像>自动色调”命令，Photoshop则自动通过搜索实际图像来调整图像的明暗，使其达到一种协调状态。

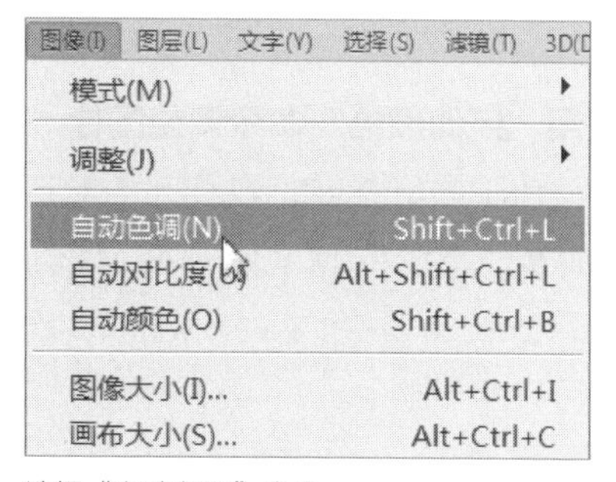

选择“自动色调”命令

实战 使用“自动色调”命令调整照片色调

Step 01 打开Photoshop软件，按Ctrl+O组合键，在打开的对话框中选择“湿地.jpg”图像文件单击“打开”按钮，如下图所示。

打开原图像文件

Step 02 执行“图像>自动色调”命令，调整照片整体色调。可以明显看到整个照片的效果更加饱和、流畅，如下图所示。

使用“自动色调”命令修改后的图像

4.2.2 自动颜色

“自动颜色”命令通过搜索图像中的阴影、中间调和高光区域来标识并自动校准对比度和颜色，使图像整体看起来更清晰分明。

使用“自动颜色”的操作有两种方式：执行“图像>自动颜色”命令或按下Ctrl+Shift+B组合键。

实战 使用“自动颜色”命令调整图像

Step 01 按Ctrl+O组合键，在打开的对话框中打开“雪后景色.jpg”图像文件，如下图所示。

打开原图像文件

Step 02 执行“图像>自动颜色”命令后，可以看到调整后的图像比原图在亮度和饱和度上有所改善，如下图所示。

使用“自动颜色”命令修改后的图像

4.2.3 自动对比度

使用“自动对比度”命令不会单独调整通道，因此不会产生色斑或毛躁的边缘。它剪切图像中的阴影和高光值后将剩余部分的最亮和最暗像素映射到纯白和纯黑，使高光更亮、阴影更暗。

实战 使用“自动对比度”命令调整图像

Step 01 按Ctrl+O组合键，在打开的对话框中打开“山与湖.jpg”图像文件，如下图所示。

原图像文件

Step 02 执行“图像>自动对比度”命令，调整照片整体色调。可以明显看到整个照片的颜色效果更加分明、有力，如下图所示。

使用“自动对比度”命令修改后的图像

4.3 色彩色调的基本调整

调色是指对图像色调和色彩调整的统称，其中“阴影/高光”命令、“亮度/对比度”命令、“变化”命令、“曲线”命令、“色阶”命令、“曝光度”命令是本章要详细介绍的调整色彩色调的基本方法。

4.3.1 “阴影/高光”命令

“阴影/高光”命令可以矫正由于强逆光而导致过暗的照片局部，或者矫正由于距相机闪光灯远近不等而造成的局部暗亮不均问题。

执行“图像>调整>阴影/高光”命令，则弹出“阴影/高光”对话框。

阴影/高光
阴影
数量(A): 35 %
高光
数量(U): 0 %
确定
取消
载入(L)...
存储(S)...
显示更多选项(O)
预览(P)

“阴影/高光”对话框

- **阴影**：拖动“数量”滑块或在数值框中输入相应的数值，可改变暗部区域的明亮程度。其中，数值越大滑块的位置越偏向右侧，调整后的图像暗部区域也越亮。

原图像文件

阴影/高光
阴影
数量(A): 49 %
高光
数量(U): 0 %
确定
取消
载入(L)...
存储(S)...
显示更多选项(O)
预览(P)

设置图像的“阴影”参数

调整阴影的图像效果

- **高光**：拖动“数量”下方的滑块或在数值框中输入相应的数值，即可改变高光区域的阴影程度。其中，数值越大滑块的位置越偏向右侧，调整后的图像高光部区域越暗。

阴影/高光
阴影
数量(A): 0 %
高光
数量(U): 52 %
确定
取消
载入(L)...
存储(S)...
显示更多选项(O)
预览(P)

设置图像的“高光”参数

调整高光部分后的图像

4.3.2 “亮度/对比度”命令

图像的明暗由亮度控制，图像中最亮和最暗部分之间不同亮度层级的差异范围就是对比度，范围越大，对比越大。“亮度/对比度”命令属于粗略式调整命令，使用该命令可以增加或降低图像中低色调、半色调和高色调图像区域的对比度，将图像的色调增量或变暗，但其操作方法不够精细，因此不能作为调整颜色的第一手段。

打开原图像，执行“图像>调整>亮度/对比度”命令，弹出“亮度/对比度”对话框。

原图像

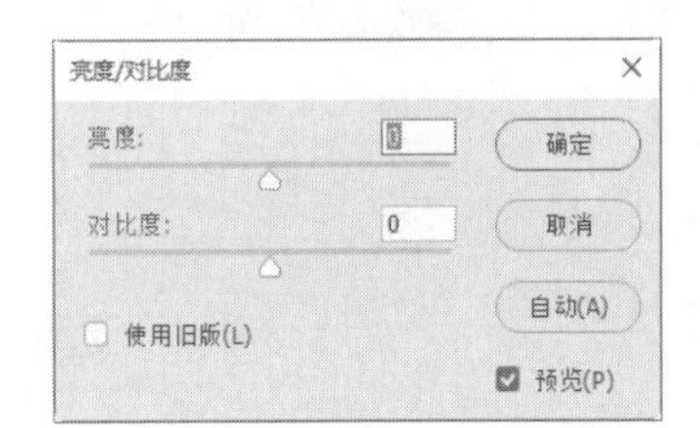

“亮度/对比度”对话框

- **亮度：** 用于调整图像的亮度。数值为正时，增加图像亮度；数值为负时，降低图像的亮度。

亮度为-50的效果

亮度为+50的效果

- **对比度：** 用于调整图像的对比度。

对比度为-40的效果

对比度为40的效果

- **使用旧版：**勾选此复选框，可以使用早期版本的“亮度/对比度”命令来调整图像。而默认情况下，则使用新版功能进行调整。在调整图像时，新版命令将仅对图像的亮度进行调整，而色彩的对比度保持不变。
- **自动：**单击此按钮，等待片刻，即可自动针对当前的图像进行亮度及对比度的调整。

单击“自动”按钮后的效果

4.3.3 “变化”命令

“变化”命令可以显示代替图像或者是调整后图像的缩览图，并通过调整图像色彩平衡、对比度、饱和度等参数快速对图像进行调整。它在功能上整合了色彩平衡、亮度和对比度以及色相、饱和度等调整命令。

实战 使用“变化”命令调整图像效果

Step 01 首先将“元气少女.jpg”图像文件直接拖入Photoshop中，适当调整图像的大小，如下图所示。

置入图像

Step 02 执行“图像>调整>变化”命令，打开“变化”对话框，如下图所示。

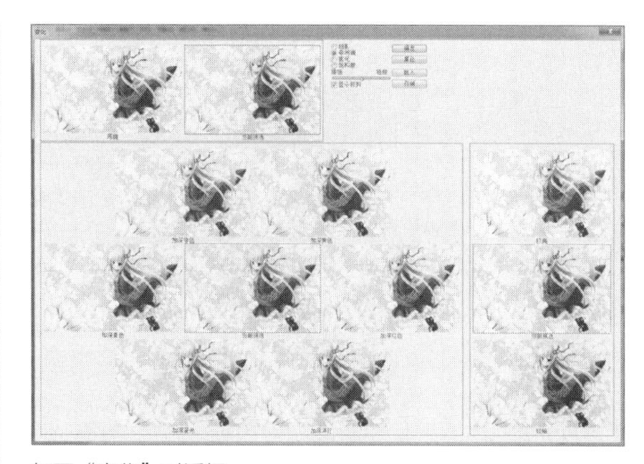

打开“变化”对话框

Step 03 保持“中间调”单选按钮为选中状态，适当添加“加深洋红”效果，如下图所示。

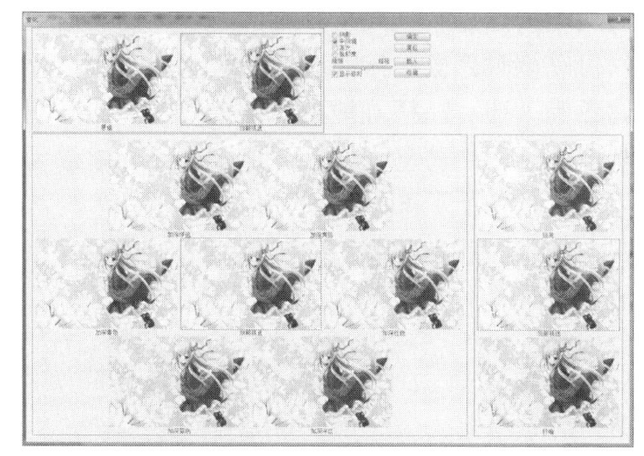

添加“加深洋红”色调

Step 04 然后单击“加深黄色”效果，适当恢复图像的蓝色调，并添加黄色调以平衡整体图像颜色效果，如下图所示。

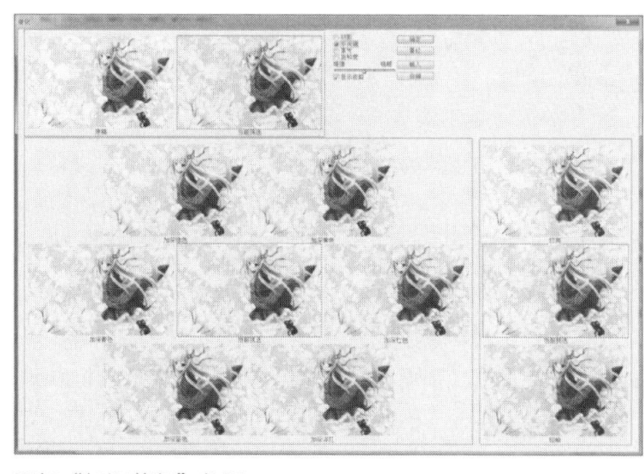

添加“加深黄色”色调

Step 05 调整后的效果会显示在“当前挑选”中，确认效果后单击“确定”按钮，关闭“变化”对话框，最终效果如下图所示。

最终效果图

4.3.4 “曲线”命令

“曲线”命令通过调整曲线的斜率和形状来实现对图像色彩、亮度和对比度的调整，它不仅可以调整图像整体的亮度、对比度以及纠正偏色等，还可以精确地控制多个色调区域的明暗度及色调。它应用广泛，是Photoshop中最为强大且调整效果最为精确的命令。

执行“图像>调整>曲线”命令，则弹出“曲线”对话框。

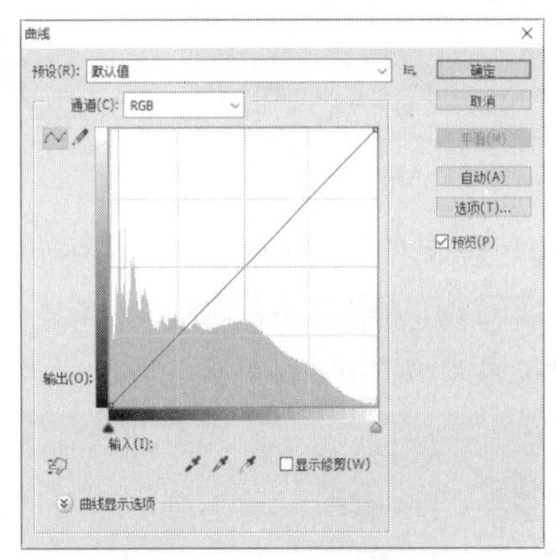

“曲线”对话框

- **预设：**除了可以手工编辑曲线来调整图像外，还可以直接在“预设”下拉列表中选择Photoshop自带的调整选项。
- **通道：**在不同的颜色模式下，该下拉列表将显示不同的选项。

RGB颜色模式

CMYK颜色模式

- **曲线调整框：**该区域用于显示当前对曲线所进行的修改，按住Alt键在该区域中单击，可以增加网格的显示数量，便于对图像进行精确调整。

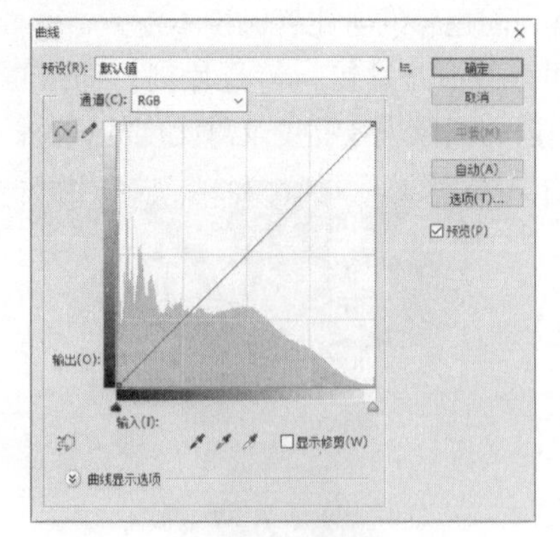

默认情况下的“曲线”对话框

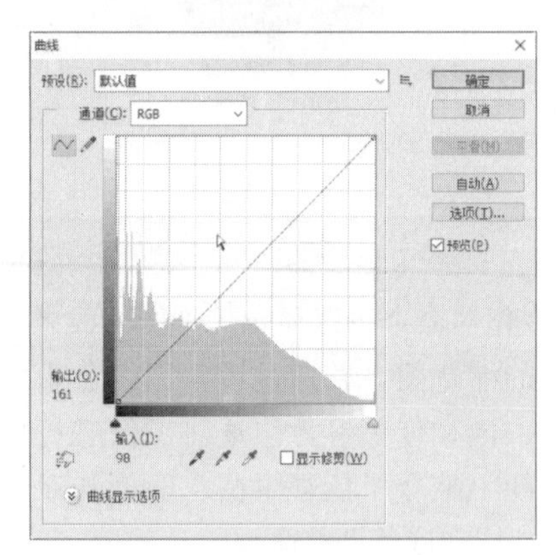

按下Alt键并单击后的“曲线”对话框

- **曲线显示选项：**单击“自定曲线显示”按钮，即可显示曲线的显示选项。用户可以设置“显示数量”、“通道叠加”、“基线”和“直方图”等参数。

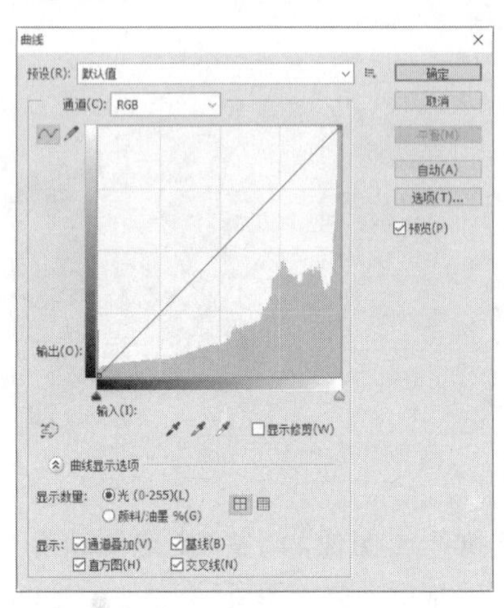

调整效果

- **调节线**：在该直线上可以添加不超过14个节点，当光标置于节点上变为十字箭头形状时，即可拖动该节点对图像进行调整。要删除节点，可以选中并将节点拖至对话框外部，或者按Delete键即可。
- **“编辑点以修改曲线”按钮**：单击该按钮可以在调节线上添加控制点，并以曲线方式调整调节线。
- **“通过绘制来修改曲线”按钮**：单击该按钮光标变为铅笔的形状，用户可以使用手绘方式在曲线调整框中绘制曲线。
- **平滑**：当使用“通过绘制来修改曲线”绘制曲线时，该按钮才会被激活，单击该按钮可以让所绘制的曲线变得更加平滑。
- **图像调整工具**：单击按钮，在图像中光标会变为形状，同时“曲线”对话框的调整框会跟随图像中的同步在对应位置，按住鼠标左键光标变为形状，并进行拖动，即可快速调整此区域图像的色彩及亮度。

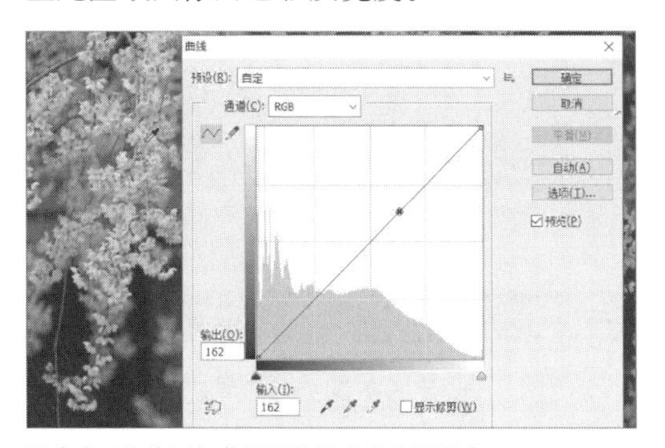

图像中的位置与曲线调整框中的位置同步

向上拖动调整此区域的色彩及亮度

这里需要注意的是，向上拖动鼠标，调节线明显往左上角移动，图像整体颜色变亮。同理，向下拖动鼠标，调节线明显往右下角拉动，图像整体颜色变暗。

向下拖动调整色彩及亮度效果

通过比较上面的两幅图的效果，我们可以总结出，曲线调整框中的调节线是沿对角线一分为二的，左上区域控制高光部分，右下部分控制阴影部分。且使用能够较为精确地调整区域的亮与暗，用户可以根据需要进行调整。

实战 使用“曲线”命令调整图像效果

Step 01 将“落叶与婚纱.jpg”图像文件置入文档中，如下图所示。

原图像

Step 02 执行“图像>调整>曲线”命令，打开“曲线”对话框。默认情况下，曲线表现为一条直线，如下图所示。

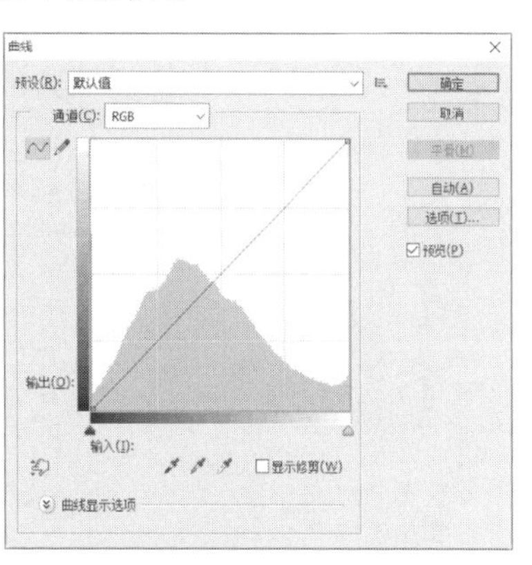

打开“曲线”对话框

Step 03 单击拖动调整工具按钮，在曝光度不够的位置，按住鼠标左键向上拖动提高此区域的亮度，如下图所示。

调高光标位置的亮度

Step 04 继续在树林曝光过度的位置，按住鼠标左键向下拖动，降低此区域的亮度，重复此操作，直到效果满意为止，如下图所示。

降低树林区域的亮度

Step 05 如果此时认为不需要对图像某处的色调进行修改，可以选中不满意的控制点，并按下Delete键删除即可，如下图所示。

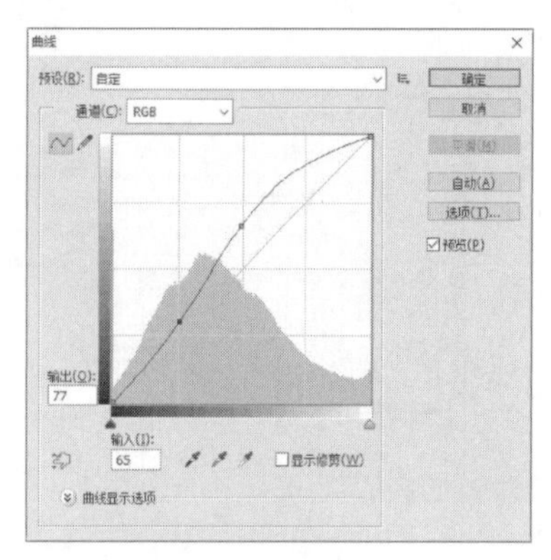

删除不满意控制点

Step 06 为了让照片的颜色更鲜艳，可以执行"图像>调整>色相/饱和度"命令，打开"色相/饱和度"对话框，提高饱和度，如下图所示。

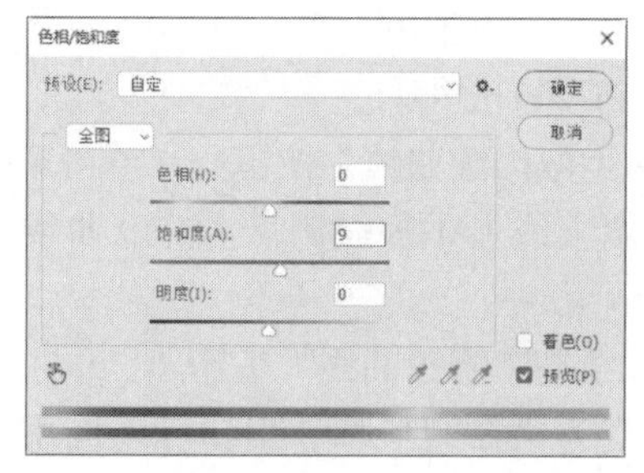

"色相/饱和度"对话框

Step 07 单击"确定"按钮，查看调整图像后的效果，如下图所示。

查看调整后效果

4.3.5 "色阶"命令

"色阶"是表示图像亮度强弱的指数标准，即色彩指数。图像色彩的丰满度和精细度是由色阶决定的。在Photoshop中可以使用"色阶"命令对图像进行调整，来平衡图像的对比度、饱和度和灰度。

执行"图像>调整>色阶"命令或按下Ctrl+L组合键，则会弹出"色阶"对话框。

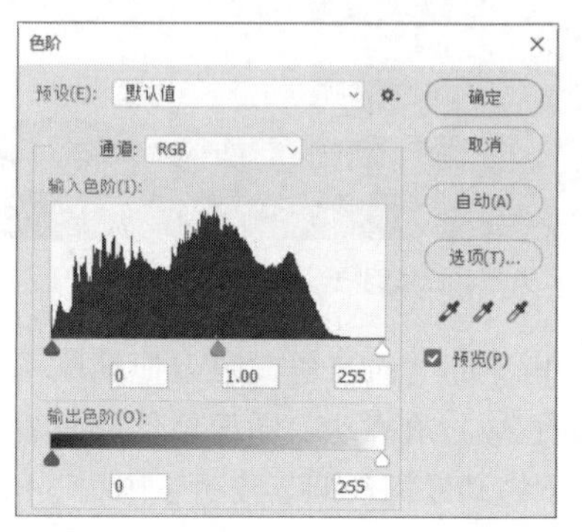

"色阶"对话框

在“色阶”对话框中拖动“输入色阶”直方图下面的滑块或在对应数值框中输入值，可以改变图像的高光、中间调或暗调，从而增加图像的对比度。

- 向左拖动“输入色阶”中的白色滑块或灰色滑块，可以使图像变亮。
- 向右拖动“输入色阶”中的黑色滑块或灰色滑块，可以使图像变暗。
- 向左拖动“输出色阶”中的白色滑块，可以降低图像亮度对比度，从而使图像变暗。
- 向右拖动“输出色阶”中的黑色滑块，可降低图像暗部对比度，从而使图像变亮。
- 使用设置黑场的在图像中单击，可以使图像基于单击处的色值变暗。

原图像

使用黑色吸管工具单击右下角阴影后的图像

- 使用设置白场的在图像中单击，可使图像基于单击处的色值变亮。

使用白色吸管工具单击白云后的图像

- 使用设置灰点的在图像中单击，可以在图像中减去单击处的色调，以减弱图像的偏色。

使用灰色吸管工具单击白云后的图像

- 单击“预设选项”下三角按钮，选择“存储预设”选项，在打开的对话框中存储文件即可将设置保存为一个预设文件。
- 如果要调用“色阶”命令的设置文件，可以执行“载入预设”命令，在弹出对话框中选择文件。

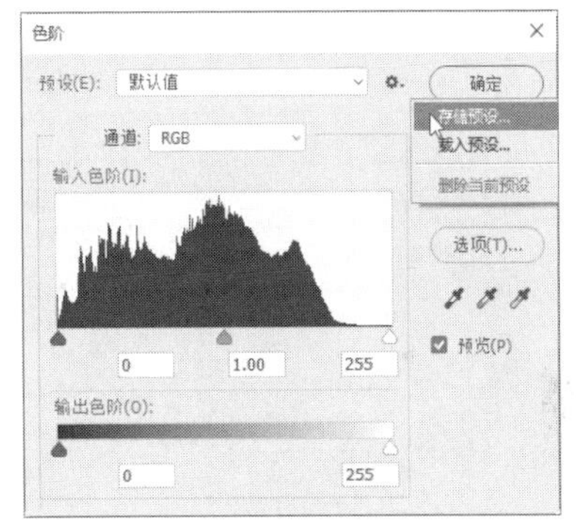

“存储预设”和“载入预设”选项

- 单击“自动”按钮，可使Photoshop自动调节数码照片的对比度及明暗度。

4.3.6 “曝光度”命令

使用“曝光度”命令可以调整图像的色调，其原理是通过对图像的线性颜色执行计算而得出曝光数据，在使用过程中，可以根据实际需要调整具有特殊曝光效果的图像。

执行“图像>调整>曝光度”命令，在弹出的“曝光度”对话框中设置相关参数。

- **曝光度：** 拖动曝光度下方的滑块可以调整图像高光部分的明暗程度。
- **位移：** 拖动位移下方的滑块可以调整图像中间色调的明暗程度。

- **灰度系数矫正：** 灰度系数矫正可以调整图像中暗色调部分的明暗程度。
- 使用设置黑场的在图像中单击，可使图像基于单击处的色值变暗。
- 使用设置白场的在图像中单击，可使图像基于单击处的色值变亮。
- 使用设置灰点的在图像中单击，可以在图像中减去单击处的色调，以减弱图像的偏色。

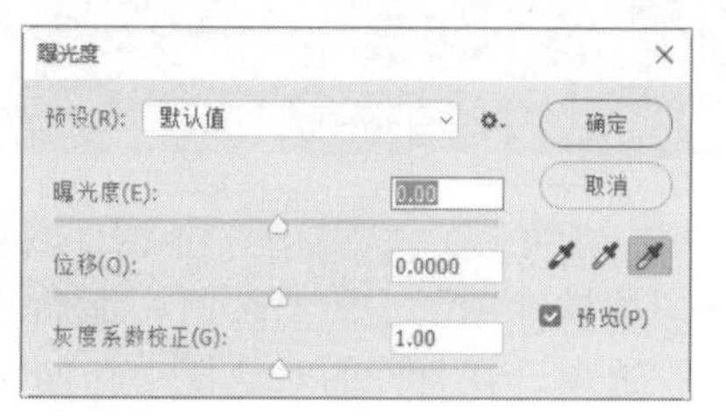

“曝光度”对话框

实战 使用“曝光度”命令调整图像效果

Step 01 将“山峰天空.jpg”图像文件直接拖入Photoshop中，如下图所示。

原图像

Step 02 执行“图像>调整>曝光度”命令，打开“曝光度”对话框，设置曝光度为0.61，效果如下图所示。

调整曝光度的效果

Step 03 可以看到此时图像整体的对比度不是很好。继续设置位移为-0.0040，图片效果如下图所示。

调整位移的效果

Step 04 此时图像整体色彩效果亮度不足，调整灰度系数校正来平衡整体图像的色彩，数值为1.26，单击“确定”按钮，如下图所示。

调整“灰度系数校正”平衡图像整体效果

4.4 色彩效果的应用

在掌握了一定的图像调整技能后，还可以使用一些特殊命令对图像进行特殊调整，从而赋予图像不同的效果。这些命令包括“色调分离”命令、“反相”命令、“阈值”命令、“去色”命令、“黑白”命令、“渐变映射”命令、“照片滤镜”命令、“色相/饱和度”命令，下面对这些命令进行详细介绍。

4.4.1 “色调分离”命令

“色调分离”命令能够对图像中有丰富色阶渐变的颜色进行简化，从而使图像呈现出木刻版画或卡通画的效果。

执行“图像>调整>色调分离”命令，打开“色调分离”对话框，拖动滑块调整参数，其取值范围在2~255之间，数值越小分离效果越明显。

“色调分离”对话框

下面通过设置不同的“色阶”值，比较色调分离的效果。

原图像

“色阶”值为9的效果

“色阶”值为3的效果

提示：

使用“色调分离”功能时，要特别注意的是分离过度的问题，要合理地把控“色阶”的值，遵循使图像整体自然和谐的原则。

4.4.2 “反相”命令

执行“图像>调整>反相”命令或按下Ctrl+I组合键，可以反相图像。“反相”功能对黑白图像来说，可以将其转换为底片效果；而对于彩色图像来说，可以将图像中各部分颜色转换为其补色。当然，“反相”功能也可以将负片效果的图片还原成图像原有的色彩效果。

在Photoshop中，“反相”图像使红色将替换为青色、白色将替换为黑色、黄色将替换为蓝色、绿色将替换为洋红。

原图像

反相后的图像

通过前后效果对比，我们可以清晰地看到图像应用“反相”命令后，图像的所有色彩全部变成了原图像的补色。

提示：

“反相”功能用于表现特定的艺术效果，应谨慎使用。也可以仅对区域使用此功能，对“反相”功能良好地把控是令整体图像饱满、富含创意的前提。

4.4.3 "阈值"命令

使用"阈值"命令，可将灰度模式或其他彩色模式的图像转化为对比分明的黑白图像。将指定的阈值色阶作为参照，把比参照阈值色阶亮的像素转换为白色，把比阈值色阶暗的像素转换为黑色。

"阈值"命令常常用于需要将图像转换为黑白色的操作，可将一些户外的建筑照片转换为接近手绘速写线条的效果。

实战 利用"阈值"命令将实景转换为手绘效果

Step 01 打开"瀑布.jpg"图像文件，效果如下图所示。

打开原图像

Step 02 执行"图像>模式>灰度"命令，去掉图像中多余色彩，如下图所示。

灰度模式下的图像效果

Step 03 按下Ctrl+L组合键打开"色阶"对话框，设置合适数值，使图像的高光部分更亮，灰暗部分更暗，增加对比度，使线条更清晰，效果如下图所示。

设置色阶参数

Step 04 执行"图像>调整>阈值"命令，调整合适参数，使线条更清晰，对比效果更加明显。调整后，手绘线条的效果基本成型，效果如下图所示。

调整阈值参数

Step 05 按下B键启用画笔工具，设置前景色为白色，将图像上方的黑色阴影涂白，效果如下图所示。

使用画笔工具修饰图像

4.4.4 “去色”命令

“去色”通俗来讲，就是将图像的彩色去掉，使其变为黑白效果的功能。

执行“图像>调整>去色”命令，可以删除彩色图像中的所有颜色，将图像中所有颜色的饱和度都变为0，从而将其转换为相同颜色模式下的灰度图像。执行“去色”命令是不会打开对话框。

合理运用此功能，能够为图像增添古色古香的韵味，在拍摄艺术写真等美感度要求很高的照片过程中，去色是一项很重要的照片后期处理技术。

实战 运用“去色”命令制作人物淡彩效果

Step 01 打开“花一样的笑容.jpg”图像文件，直接拖入Photoshop中，按下W键启用快速选择工具，为花朵创建选区，效果如下图所示。

创建花的选区

Step 02 按下Ctrl+Shift+I组合键执行反选操作，执行“图像>调整>去色”命令，效果如下图所示。

执行反选并去色

Step 03 接着执行“编辑>渐隐去色”命令，在弹出的对话框中设置不透明度为80%，如下图所示。

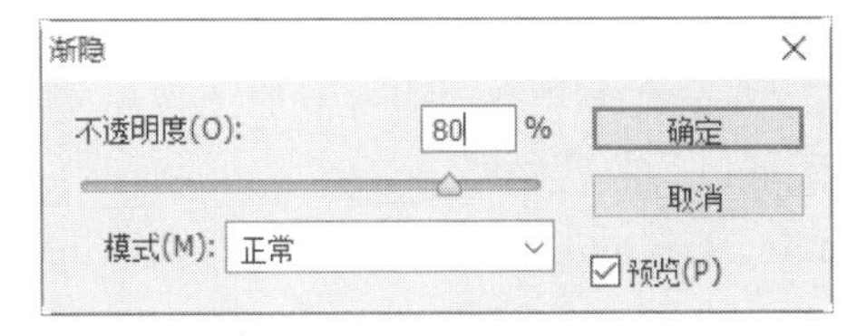

设置不透明度

Step 04 单击“确定”按钮，查看人物淡彩效果，如下图所示。

设置渐隐去色后的效果

4.4.5 “黑白”命令

“黑白”命令可以将图像处理为灰度或者单色调图像的效果。执行“图像>调整>黑白”命令，弹出“黑白”对话框。

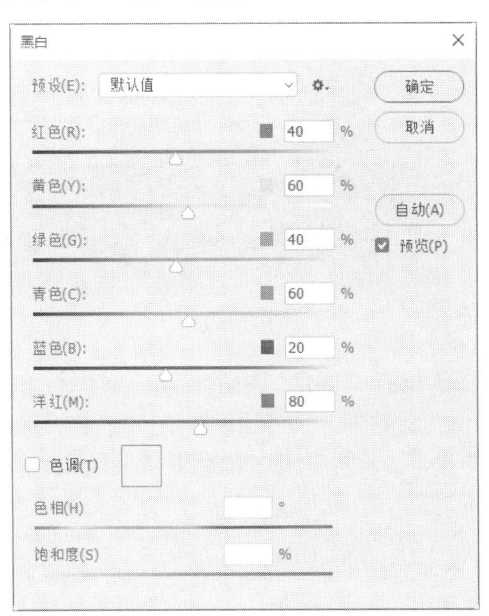

“黑白”对话框

- **预设**：在此下拉列表中，可以选择Photoshop自带的多种图像处理选项，从而将图像处理为不同程度的灰度效果。
- **红色、黄色、绿色、青色、蓝色、洋红**：分别拖动各颜色滑块，即可对原图像中对应颜色区域进行灰度处理。
- **色调**：勾选此复选框后，对话框底部的两个色条及右侧的色块将被激活。其中，两个色条分别代表了“色相”和“饱和度”参数，可以拖动其滑块或者在其数值框中输入数值以调整要叠加到图像中的颜色，也可以直接单击右侧的色块，在弹出的“拾色器（色调颜色）”对话框中选择需要的颜色。

勾选“色调”复选框

实战 制作黑白与单色艺术效果

Step 01 打开“头戴玫瑰的女人.jpg”图像文件，直接拖入Photoshop中，如下图所示。下面运用“黑白”命令为照片增添复古气息。

打开原图像

Step 02 执行“图像>调整>黑白”命令，弹出“黑白”对话框，在“预设”下拉列表中选择适当的选项，此处选择“绿色滤镜”选项，如下图所示。

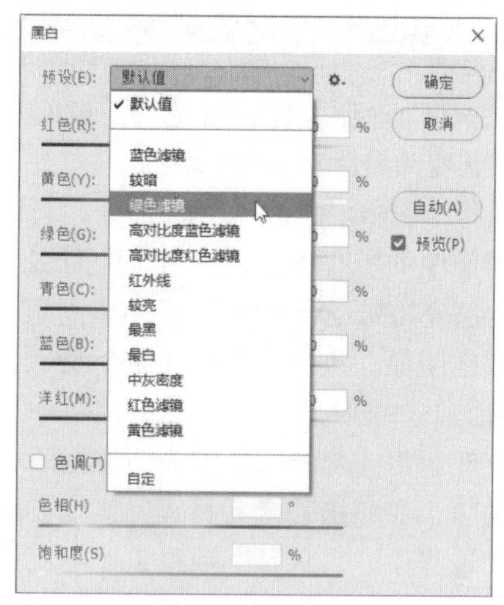

调整“预设”为绿色滤镜

Step 03 可见在“绿色滤镜”下的图片颜色明显偏亮，如下图所示。

绿色滤镜下的图像

Step 04 在“黑白”对话框中勾选“色调”复选框，然后适当调整相关的颜色参数，效果如下图所示。

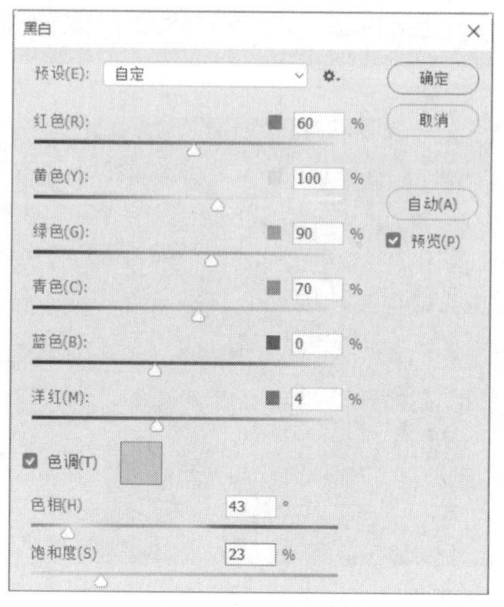

对“黑白”对话框中的相关参数进行设置

Step 05 查看最终效果，如下图所示。用户还可以根据需要进行微调。

最终效果

4.4.6 “渐变映射”命令

“渐变映射”命令的原理是用预先指定渐变样式中的色彩去替换画面中不同亮度的像素，即将图像的阴影映射到渐变填充的一个端点滑块的颜色，将高光映射到另一端点的颜色，而中间调映射两个端点中间颜色。

实战 使用“渐变映射”命令调整图像

Step 01 打开“草原牛羊.jpg”图像文件，如下图所示。

打开原图像

Step 02 新建图层置于“背景”图层之上为该图层填充白色，如下图所示。

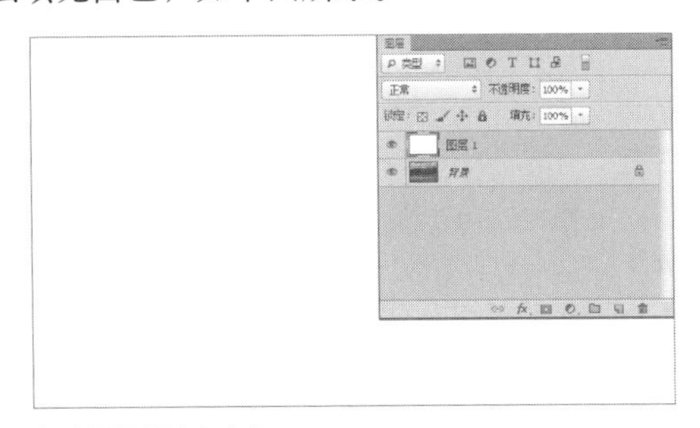

新建图层并填充白色

Step 03 选中“图层1”图层，执行“图像>调整>渐变映射”命令，在弹出的对话框中设置颜色从#adbed2到#f9fd98的渐变，如下图所示。

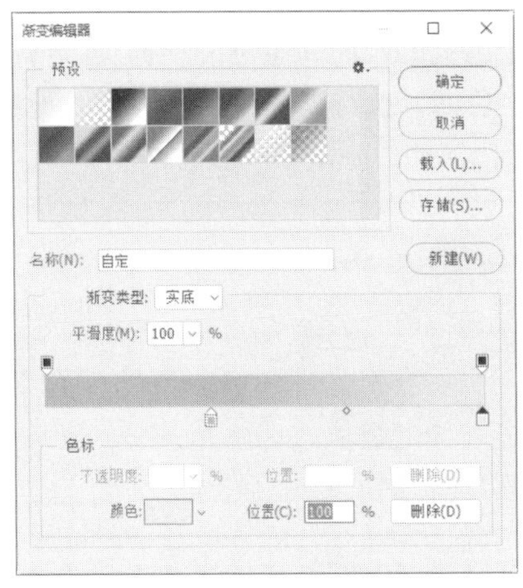

设置渐变颜色

Step 04 单击“确定”按钮后，调整图层的混合模式为“划分”。选中“背景”图层，按下Ctrl+L组合键，打开“色阶”对话框，设置相关参数，如下图所示。

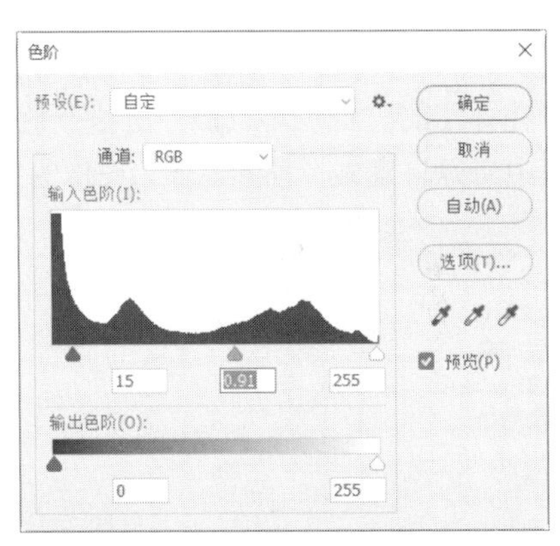

设置色阶参数

Step 05 单击“确定”按钮后查看设置效果，如下图所示。

查看最终效果

4.4.7 “照片滤镜”命令

“照片滤镜”命令可以通过模拟传统光学的滤镜特效以调整图像的色调，使其具有暖色调或者冷色调的倾向，也可以根据实际情况自定义其他色调。执行“图像>调整>照片滤镜”命令，弹出“照片滤镜”对话框。

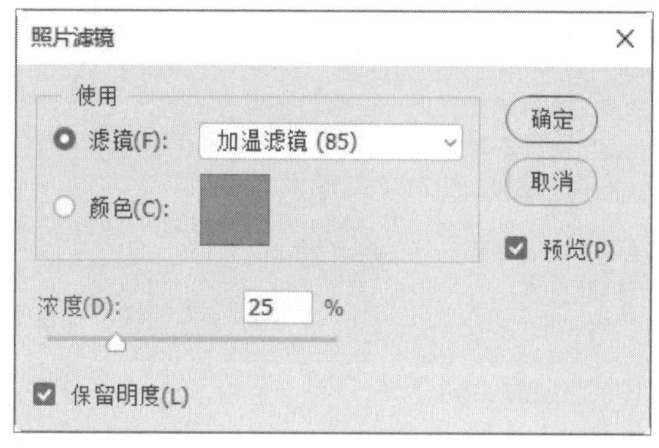

“照片滤镜”对话框

- **滤镜：** 在其下拉列表中有多达二十多种预设选项，用户可以根据需要进行选择以对图像进行调整。
- **颜色：** 选择“颜色”单选按钮，单击颜色色块，在弹出的“拾色器（照片滤镜颜色）”对话框中可以自定义一种颜色作为图像的色调。

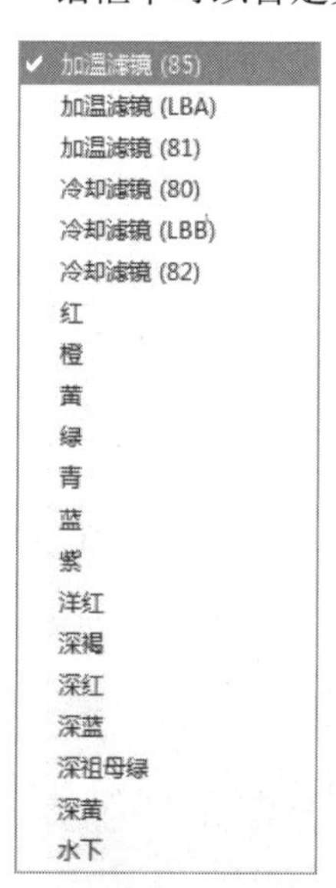

预设列表

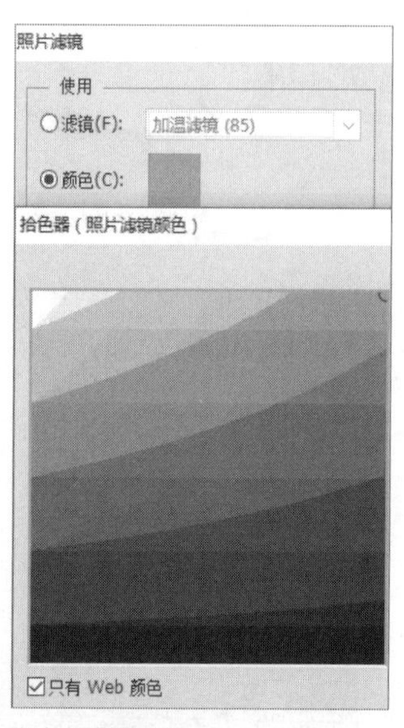

自定义滤镜颜色

- **浓度：** 可以调整应用于图像的颜色数量，该数值越大，应用的颜色调整越多。
- **保留明度：** 在调整颜色的同时保持原图像的亮度。

实战 使用“照片滤镜”命令调整图像色调

Step 01 打开“梦境.jpg”图像文件，如下图所示。下面用“照片滤镜”功能将原图像色调为暖色的部分调整成冷色调的图像。

打开原图像

Step 02 执行“图像>调整>照片滤镜”命令，在打开的对话框中选择“滤镜”单选按钮，设置预设为“青”，如下图所示。

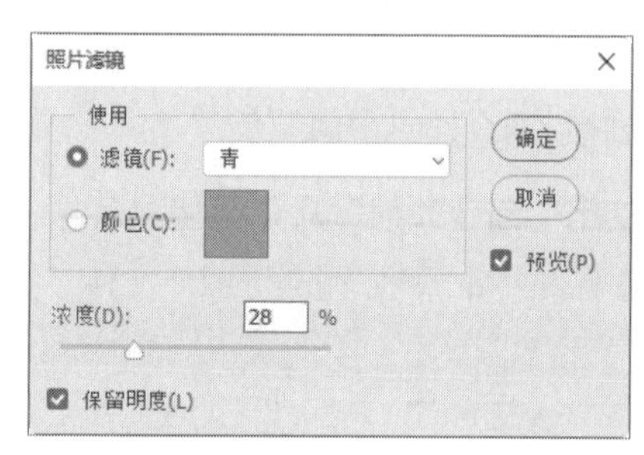

“照片滤镜”对话框

Step 03 设置完成后单击“确定”按钮，查看为图像添加冷色调效果，此时可以看到图像的整体效果更加清新通透，如下图所示。

查看最终效果

提示：

“照片滤镜”功能在快速调整图像色调的用途中，适用广泛，合理运用此功能能够提高工作效率，达到事半功倍的效果。

4.4.8 “色相/饱和度”命令

“色相/饱和度”命令可以调整整体图像或者选区中图像的色相、饱和度以及明度。此命令的特点在于可以根据需要调整某一个色调范围内的颜色。

执行“图像>调整>色相/饱和度”命令，弹出“色相/饱和度”对话框。

“色相/饱和度”对话框

在对话框左上角的下拉列表中选择“全图”选项，可以同时调整图像中所有颜色，或者选择某一颜色（如“蓝色”等）对图像中的指定颜色进行调整。

另外，也可以使用位于“色相/饱和度”对话框底部的“吸管工具”在图像中吸取颜色并修改颜色范围；使用“添加到取样”可以扩大颜色范围；使用“从取样中减去”可以缩小颜色范围。

- **色相**：可以调整图像的色调，无论是向左还是向右拖动滑块，都可以得到新的色相。
- **饱和度**：可以调整图像的饱和度。向右拖动滑块可以增加饱和度，向左拖动滑块可以降低饱和度。
- **明度**：可以调整图像的亮度。向右拖动滑块可增加亮度，向左拖动滑块可以降低亮度。
- **颜色条**：在对话框底部显示了两条颜色条，代表颜色在色轮中的次序及选择范围。上面的颜色条显示调整前的颜色，下面的颜色条显示调整后的颜色。
- **着色**：用于将当前图像的颜色转换为某一种特定色调的工具。
- ：单击此按钮，将光标移动到图像中某一处，单击并按住鼠标向左或向右拖动，可减少或增加包含所单击位置处像素颜色范围的“饱和度”；如果在执行此操作时按住Ctrl键，左右拖动则改变相对应颜色区域的“色相”。

如果在颜色选择下拉列表中选择的不是“全图”选项，则颜色条显示对应的颜色区域。这里选择“红色”选项，在两条颜色条红色区域出现几个小滑块，通过拖曳滑块设置修改颜色的范围。

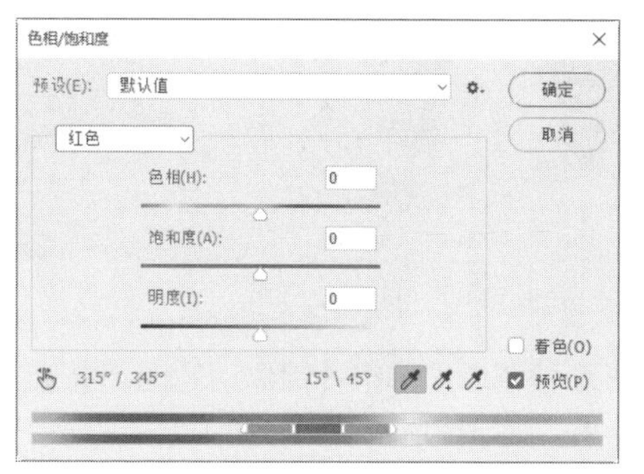

图像只有红色区域的颜色条

实战 使用“色相/饱和度”命令改变衣服颜色

Step 01 打开“时装模特.jpg”图像文件，直接拖入Photoshop中，如下图所示。

打开原图像

Step 02 使用快速选择工具，选中图像中女模特的白色裙子并右击，选择“羽化”命令，在弹出的对话框中设置羽化半径为2像素，如下图所示。

选中模特白裙并设置羽化

Step 03 执行“图像>调整>色相/饱和度”命令，在弹出的“色相/饱和度”对话框中设置色相为24，饱和度为54，明度为14，勾选“着色”复选框，效果如下图所示。

调整“色相/饱和度”参数后的效果

Step 04 按下Ctrl+D组合键取消选区，并查看最终效果，如下图所示。

取消选区并查看最终效果

4.5 自定义调整图像色彩

自定义调整图像色彩可以根据设计需要自由地对图像的色调、亮度等进行调整，具有较多的选择性和灵活性。自定义调整图像色彩包括“色彩平衡”命令、“自然饱和度”命令、“匹配颜色”命令、“替换颜色”命令、“通道混合器”命令。

4.5.1 “色彩平衡”命令

“色彩平衡”命令可以在图像或者选区中增加或者减少高光、中间调以及阴影区域中的特定颜色。

执行“图像>调整>色彩平衡”命令，弹出“色彩平衡”对话框。

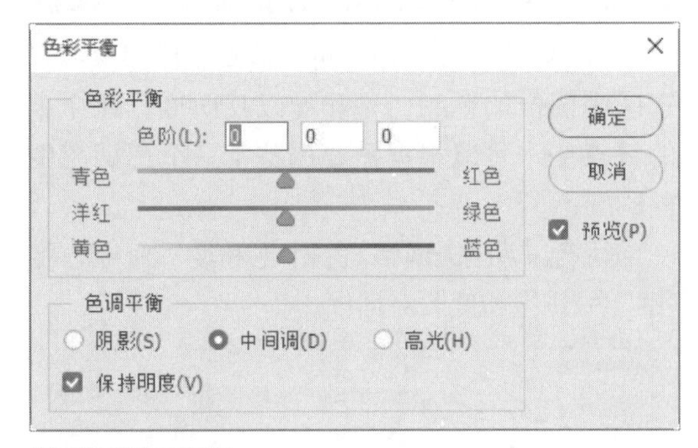

“色彩平衡”对话框

- **颜色调整滑块：** 颜色调整区域显示互补的CMKY和RGB颜色。在调整时可以通过拖动滑块增加该颜色在图像中的比例，同时减少该颜色的补色在图像中的比例。例如，要减少图像中的蓝色，可以将“蓝色”滑块向其补色“黄色”方向拖动。
- **阴影、中间调、高光：** 选中对应的单选按钮，然后拖动滑块即可调整图像中该区域的颜色值。
- **保持明度：** 勾选此复选框，可以保持图像的亮度，即在操作时只有颜色值可以被改变，像素的亮度值保持不变。

实战 使用“色彩平衡”命令矫正图像的偏色

Step 01 打开“彼岸花和少女.jpg”图像文件，可以看出图像整体偏红，如下图所示。

原图像

Step 02 执行“图像>调整>色彩平衡”命令，在弹出的“色彩平衡”对话框中调整“红色”颜色条的数值，选择“中间调”单选按钮，勾选“保持明度”复选框，保持图像整体亮度，然后单击“确定”按钮，如下图所示。

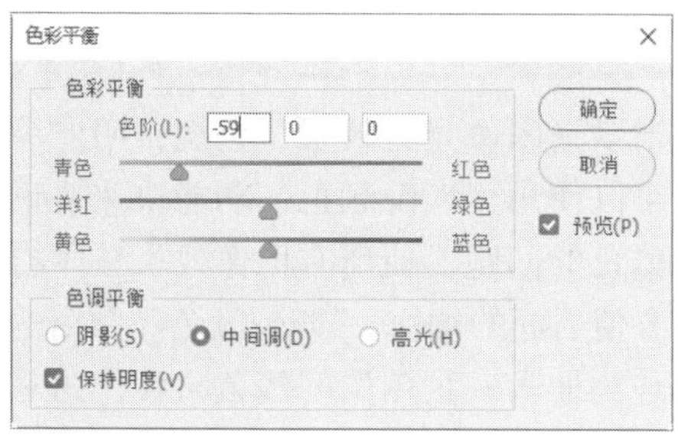

调整色彩平衡的参数

Step 03 这时可以看到，图像较明显的偏色问题已经矫正过来，如下图所示。

基本调整好色调的图像效果

Step 04 继续打开“色彩平衡”对话框，调整“蓝色”颜色滑块，用以增加图像整体的冷色调效果，如下图所示。

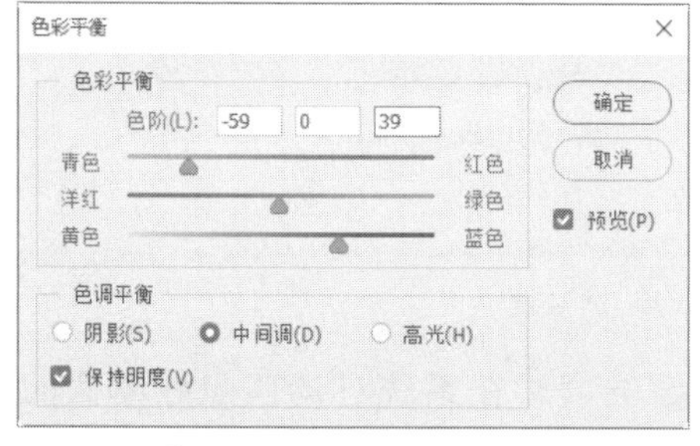

调整“蓝色”颜色条的数值

Step 05 设置完成后单击“确定”按钮，查看整体效果，如下图所示。

查看最终效果

4.5.2 “自然饱和度”命令

执行“图像>调整>自然饱和度”命令，弹出“自然饱和度”对话框，通过设置参数调整图像时，可以使图像颜色和饱和度不溢出。该命令可以仅调整不饱和颜色的饱和度，是一种较为灵活的色调调整工具。

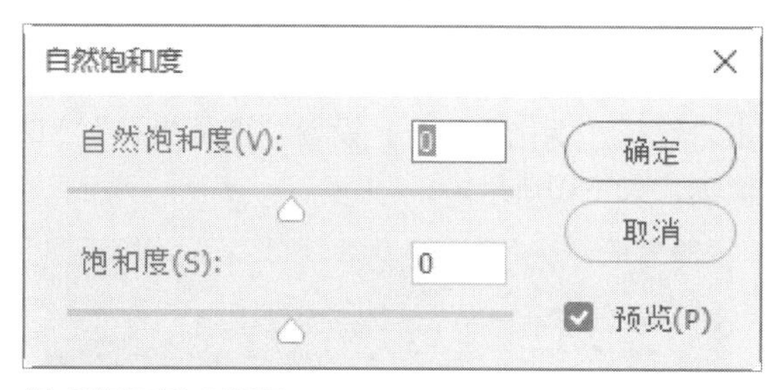

“自然饱和度”对话框

- **自然饱和度：** 拖动此滑块，或输入数值，可以调整那些与已饱和的颜色相比不饱和颜色的饱和度，用以获得更加柔和、自然的图像效果。
- **饱和度：** 拖动此滑块，可以调整图像中所有颜色的饱和度，是所有颜色获得等量的饱和度调整，因此调整此滑块可能导致图像的局部颜色饱和度过度的现象。

实战 使用“自然饱和度”命令调整图像

Step 01 首先打开“花之海.jpg”图像文件，如下图所示。

打开原图像

Step 02 执行“图像>调整>自然饱和度”命令，调整“自然饱和度”到合适数值，单击“确定”按钮，如下图所示。

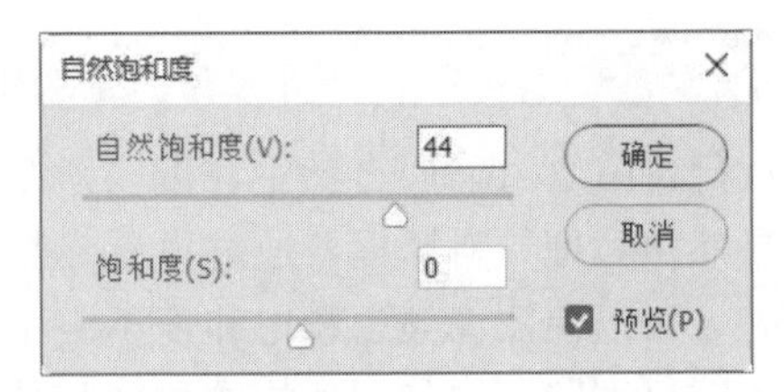

调整自然饱和度的数值

Step 03 也可以对局部进行饱和度调整。使用快速选择工具选中色彩明显不鲜艳的区域并右击，选择“羽化”命令，设置“羽化半径”为2像素，如下图所示。

创建选区并羽化

Step 04 执行“图像>调整>自然饱和度”命令，在打开的对话框中调整“饱和度”为+9，如下图所示。

调整饱和度的值

Step 05 按下Ctrl+D组合键取消选区，查看整体效果，如下图所示。

最终效果

4.5.3 “匹配颜色”命令

当多张图像光线效果、色调、明度等相似时，可以使用“匹配颜色”功能快速矫正多张图像偏色的问题，使所有图像效果整体趋于一致，方便后面的编辑。“匹配颜色”命令的工作原理是为搜索一张图像的线条系数作为基准，并对其他图像进行色调替换，从而矫正多张图片的偏色问题。

执行“图像>调整>匹配颜色”命令，则弹出“匹配颜色”对话框，通过对参数的设置可以匹配多张图片的颜色。

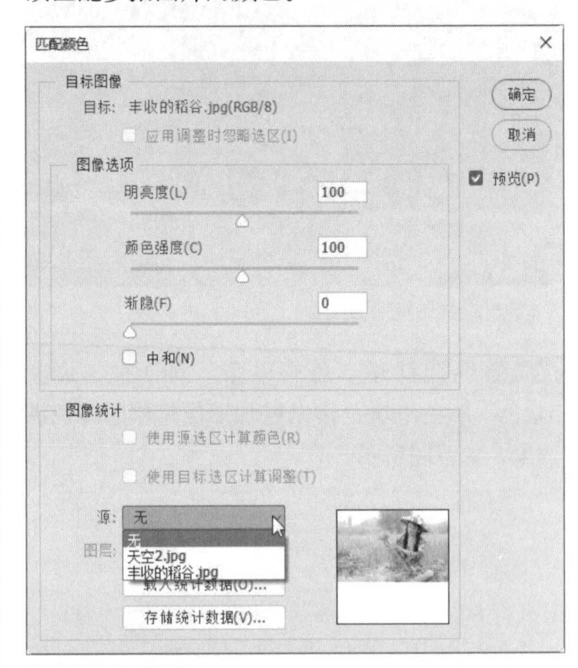

“匹配颜色”对话框

- **图像选项**：在系统自动匹配好图像的色调后，可以根据需要人工调整匹配图像的明亮度、颜色强度和渐隐。这里的“渐隐”指的是调整匹配色调的过渡自然程度。
- **源**：在“源”的下拉列表中可以选择用以匹配颜色的基准图像。通俗地讲，即在“源”列表中选择哪张图像，目前的图像就会以这张图像的颜色为基准调整色调。

实战 使用“匹配颜色”命令矫正偏色

Step 01 打开“丰收的稻谷.jpg”图像文件后，将“天空.jpg”图像文件置入，如下图所示。

打开图像

Step 02 执行“图像>调整>匹配颜色”命令，在弹出的对话框中设置“源”为“丰收的稻谷”，“图层”为“背景”。设置“图像选项”选项区域中的相关参数，如下图所示。

匹配颜色
目标图像
目标：丰收的稻谷.jpg(RGB/8)
应用调整时忽略选区(I)
图像选项
明亮度(L) 120
颜色强度(C) 153
渐隐(F) 50
中和(N)
图像统计
使用源选区计算颜色(R)
使用目标选区计算调整(T)
源：丰收的稻谷.jpg
图层：背景
载入统计数据(O)...
存储统计数据(V)...
确定
取消
预览(P)

设置匹配颜色的参数

Step 03 查看颜色匹配后的图像效果，如下图所示。可以看到想要充当背景的“天空”色调已经与“丰收的稻谷”图像色调基本一致，能够更好地为图像编辑做准备。

查看最终效果

4.5.4 “替换颜色”命令

“替换颜色”命令的原理是对图像中某范围内的颜色进行调整。该命令通过改变图像中指定范围内颜色的色相、饱和度和明度，从而改变图像的色彩。

执行“图像>调整>替换颜色”命令，打开“替换颜色”对话框。由于默认情况下选中了“选区”单选按钮，查看为需替换颜色的选区效果，呈黑白图像显示，白色代表替换区域，黑色代表不需替换的颜色。

下面以“菊.jpg”素材文件为例，首先使用“吸管工具”吸取需要替换的颜色，吸取的颜色在对话框中以白色显示。

使用“吸管工具”选定替换的颜色范围

调整“替换”选项区域中的色相、饱和度、明度的数值，直到满意为止。这里我们将要替换的颜色设置成红色。

设置“替换”选项区域中参数查看结果

实战 使用“替换颜色”命令改变图像局部颜色

Step 01 首先打开“美人卧.jpg”图像文件，如下图所示。

原图像

Step 02 执行“图像>调整>替换颜色”命令，打开“替换颜色”对话框。选取衣服上的蓝色布料，调整颜色容差为70，扩大颜色选取范围，设置“替换”选项区域中的色相、饱和度、明度数值。这里将美人的衣服调整为粉红色，参数如下图所示。

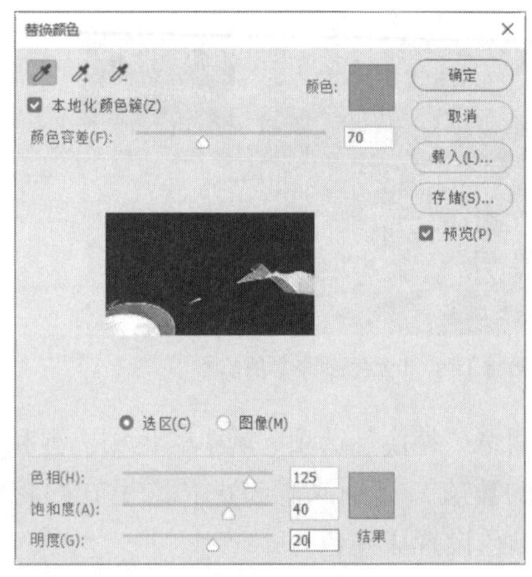

“替换颜色”对话框

Step 03 单击“确定”按钮，查看将美人的衣服调整为粉红色的效果，如下图所示。

查看最终效果

4.5.5 “通道混合器”命令

“通道混合器”命令可以将图像中某个通道的颜色与其他通道中的颜色进行混合，使图像单色浓度发生改变，从而达到改变图像整体色彩的目的。

“通道混合器”功能可以快速地调整图像色相，为图像调整不同的画面效果与风格。执行“图像>调整>通道混合器”命令，弹出“通道混合器”对话框，用户根据需要调整哪个通道，在“输出通道”列表中选择即可。

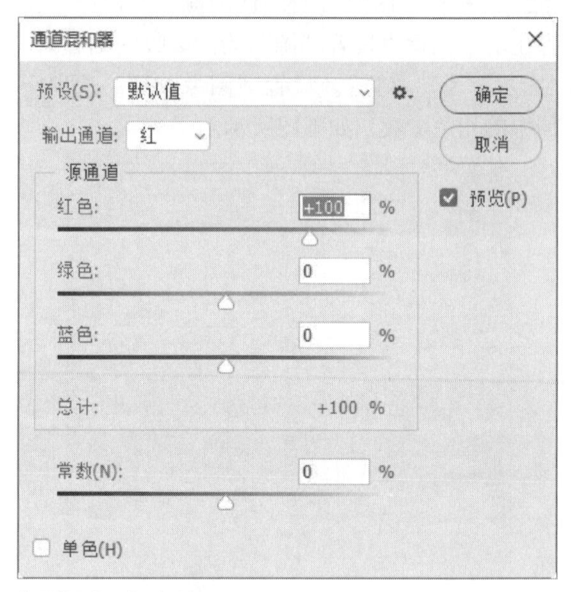

“通道混合器”对话框

- **“输出通道”下拉列表：**在其中可以选择对某个通道进行混合。
- **“源通道”选项区域：**拖动滑块可以减少或增加源通道在输出通道中所占的百分比，其取值范围在-200~200之间。
- **常数：**该选项可将一个不透明的通道添加到输出通道，若为负值视为黑通道；若为正值，则视为白通道。
- **单色：**勾选该复选框后所有输出通道应用相同的设置，此时图像呈现灰度图的样式。继续调整参数可以使灰度图像呈现不同的质感效果。

实战 使用“通道混合器”命令调整图像

Step 01 首先打开“草坪.jpg”图像文件，如下图所示。

原图像

Step 02 执行“图像>调整>通道混合器”命令，打开“通道混合器”对话框，调整通道颜色。首先选择“输出通道”为“红”，设置“源通道”中的数值，如下图所示。

通道混和器
预设(S): 自定
输出通道: 红
源通道
红色: 113 %
绿色: 19 %
蓝色: 9 %
总计: +141 %
常数(N): 0 %
单色(H)
确定
取消
预览(P)

设置“红”通道参数

Step 03 继续选择“输出通道”为“绿”，设置“源通道”中的数值，如下图所示。

通道混和器
预设(S): 自定
输出通道: 绿
源通道
红色: 34 %
绿色: 86 %
蓝色: -16 %
总计: +104 %
常数(N): 0 %
单色(H)
确定
取消
预览(P)

设置“绿”通道参数

Step 04 同样选择“输出通道”为“蓝”，设置“源通道”中的数值，如下图所示。

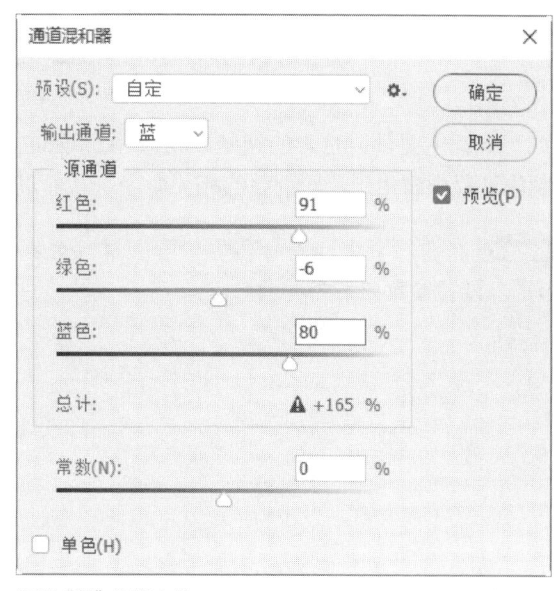

设置“蓝”通道参数

Step 05 设置好各通道参数后，单击“确定”按钮并查看最终效果，如下图所示。可以看到调整过后的图像具有夜晚的梦幻效果。

查看最终效果

运用色彩调整工具制作色彩丰富的图像

本章主要学习色彩的调整以及应用，下面我们通过将服装走秀场景制作成色彩丰富的效果，在制作过程中将用到色彩调整的相关命令，从而巩固知识点和用法技巧。

Step 01 新建一个文档并命名为“第四章综合案例”，设置参数如下图所示。

新建
名称(N): 第四章综合实例
文档类型: 自定
大小:
宽度(W): 1500 像素
高度(H): 950 像素
分辨率(R): 300 像素/英寸
颜色模式: RGB 颜色 8 位
背景内容: 白色
高级
颜色配置文件: 不要对此文档进行色彩管理
像素长宽比: 方形像素
确定
取消
存储预设(S)...
删除预设(D)...
图像大小:
4.08M

新建文档

Step 02 将“模特.jpg”图片素材直接拖入新建的文档中，然后执行“栅格化图层”操作。使用快速选择工具选中下图所示区域。

创建选区

Step 03 单击鼠标右键，选择“羽化”命令，在弹出的“羽化选区”对话框中设置“羽化半径”为2像素，如下图所示。

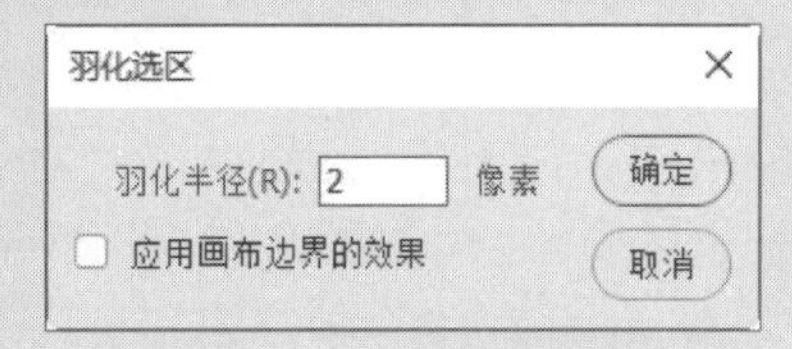

设置羽化半径

Step 04 将“背景1.jpg”图片素材拖入文档中，并进行栅格化操作，然后调整该图层至最底层。按下Delete键删除选区内容，效果如下图所示。

置入背景素材

Step 05 按下E键启用橡皮擦工具，将多余的瑕疵擦除，然后把边缘修饰圆润。执行“图像>调整>色相/饱和度”命令，在打开的对话框中设置相关参数，如下图所示。

设置“色相/饱和度”参数

Step 06 适当调整图像效果，如下图所示。

查看修饰后的图像

Step 07 执行“图像>调整>匹配颜色”命令，在弹出的对话框中设置参数，如下图所示。

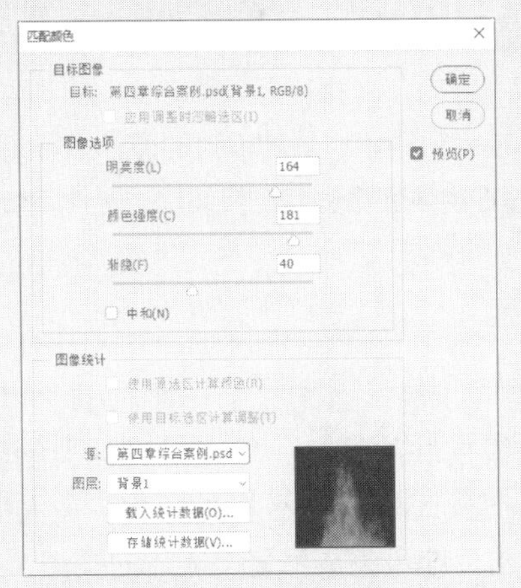

设置“匹配颜色”参数

Step 08 单击“确定”按钮，查看使用“匹配颜色”命令调整图像后的效果，如下图所示。

使用“匹配颜色”调整图像效果

Step 09 将“云层.psd”文件中的“云层”组拖入文档中。执行“图像>调整>色阶”命令，按照需要调整整体图像的明度、对比度等，效果如下图所示。

置入并调整云层后的效果

Step 10 选中“云层”组中的“图层8副本”图层，为其添加图层蒙版，并使用画笔工具对部分云雾进行微调，效果如下图所示。

添加“蒙版”并进行微调后的效果

Step 11 新建图层置于“模特”图层之上并命名为“影子”，调整图层不透明度为24%。按下B键启用画笔工具，设置画笔预设，如下图所示。

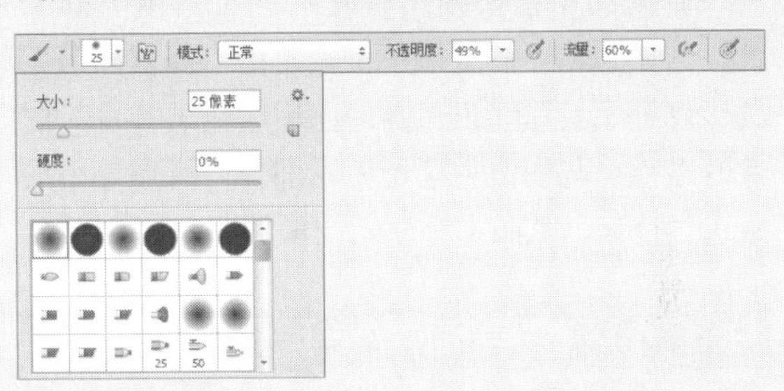

设置画笔工具属性

Step 12 设置前景色为#666666，为模特绘制影子，效果如下图所示。

绘制模特的影子

Step 13 执行“图像>调整>自然饱和度”命令，根据需要对整体图像进行适当调整，最终效果如下图所示。

查看最终效果

Chapter 05 图像的修饰与编辑

用户在使用Photoshop处理图像时，经常需要对图像整体或局部缺陷、影响设计的部分进行修补、润色，从而体现作品的细节处理，使图像更加精细、流畅。本章将详细讲述图像的修饰及编辑的操作，如修复图像、擦除图像、复制图像以及编辑图像。

5.1 修复图像

修复图像主要使用修复画笔工具组中的工具，其中包含了修复画笔工具、污点修复画笔工具、修补工具和红眼工具。使用这些工具可对图像的斑点、与图像主题无关的部分、污点等小瑕疵进行修复，从而弥补原始图像的不足。

5.1.1 修复画笔工具

修复画笔工具的最佳应用对象是有皱纹或雀斑以及有污点、划痕的图像。该工具的原理为，选择与要修改点周围像素及色彩较为接近的图像，按住Alt键取色定义样本后将其修复。选择修复画笔工具后，在属性栏中设置大小、模式和源等参数。

修复画笔工具属性栏

- **“取样”单选按钮：**选中该单选按钮，使用修复画笔工具，按下Alt键先选定与要修复图像像素和颜色相近的部分作为修复基础，进而对需要修复的部分进行修复。

打开原图像，选择画笔修复工具并选中属性栏中的“取样”单选按钮。

未修复前的图像右下边的嘴角有颗痣

按下Alt键，当光标变为⊕标志时，取样美人痣周围皮肤的颜色，完成后光标会出现刚才取样的图像区域。然后将光标放在美人痣的部位并单击，即可完成修复美人痣的操作。

按下Alt键在美人痣附近取样

完成修复的最终效果图

- **“图案”单选按钮：**选中该单选按钮，单击右侧图案标志，在打开的面板中选择系统提供的预设图案，对要修复区域的图像进行修复。此功能由于局限于使用预设的图案来修复图像，缺少自由灵活性，因此并不常用。

实战 使用修复画笔工具修复图像

Step 01 打开Photoshop软件，按Ctrl+O组合键，在打开的对话框中打开“雏菊.jpg”图像，如下图所示。

原图像

Step 02 选择修复画笔工具，将图像中花朵叶子不平整、有瑕疵的部分进行修复。按住Alt键，在图像看起来较为好的部分单击进行取样，如下图所示。

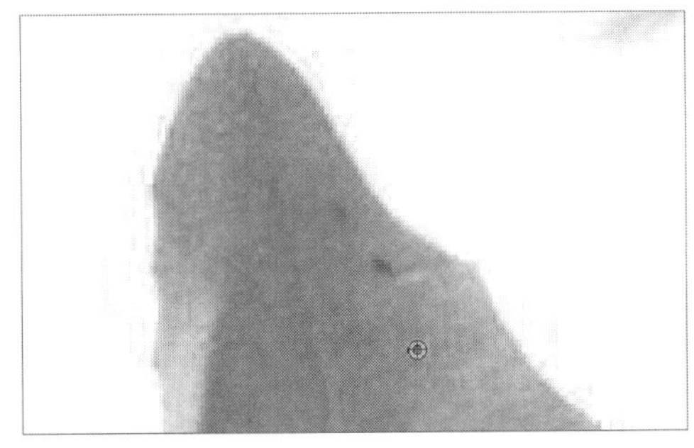

在叶子上取样

Step 03 释放鼠标，此时可以看到光标的圆圈中显示取好的图像，在有瑕疵的位置进行涂抹，修复图像，如下图所示。

修复有瑕疵部分

Step 04 根据相同的方法继续修复图像有瑕疵的部分，完成图像细节处的修复。

> **提示：**
>
> 修复画笔工具能够较为完美地将需要修改的部分与其周围图像融合，基本上不留下修复的痕迹。灵活使用修复画笔工具上能够使图像细节处更加流畅、清晰。

5.1.2 污点修复画笔工具

污点修复画笔工具用于去除照片中的杂色或者污斑。其作用原理是将图像的纹理、光照和阴影等与所修复图像进行自动匹配。

与修复画笔工具相比其最本质的优点是，不需要进行取样定义样本，只要确定需要修补的图像位置，然后在需要修补的位置单击并拖动鼠标，释放鼠标左键即可修复涂抹区域中的污点。

选择污点修复画笔工具，然后在属性栏中设置相关参数。

模式：正常 类型：近似匹配 创建纹理 内容识别 对所有图层取样

污点修复画笔工具属性栏

- **"类型"按钮组：** 选择"近似匹配"单选按钮将使用要修复区域周围的像素，用作修补图像的基础参照。

选择"创建纹理"单选按钮将使用要修复区域内的所有像素创建一个用于修复该区域的纹理。

"内容识别"单选按钮为默认选中的，为较为智能的图像修复工具，该功能的运行原理是，依赖系统对图像不和谐像素的分析后，找出相匹配的像素自动进行填充、调整。

- **"对所有图层取样"复选框：** 勾选该复选框可使取样范围扩展到图像中的所有可见图层。

实战 使用污点修复画笔工具优化图像细节

Step 01 打开"侦探.jpg"图像，直接拖进Photoshop中，如下图所示。下面将介绍使用污点修复画笔工具来对图像细节部分进行修复，通过对细节的润色可以更加突出人物形象的睿智和冷静。

原图像

Step 02 将人物适当放大，可见在左侧面部有黑色素及粉刺，如下图所示。

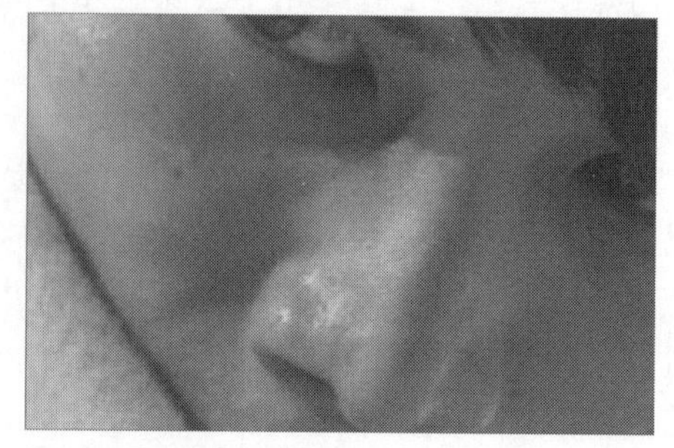

找到有黑色素和粉刺的地方

Step 03 使用污点修复画笔工具，直接单击将图像中的瑕疵部位完成修复，如下图所示。

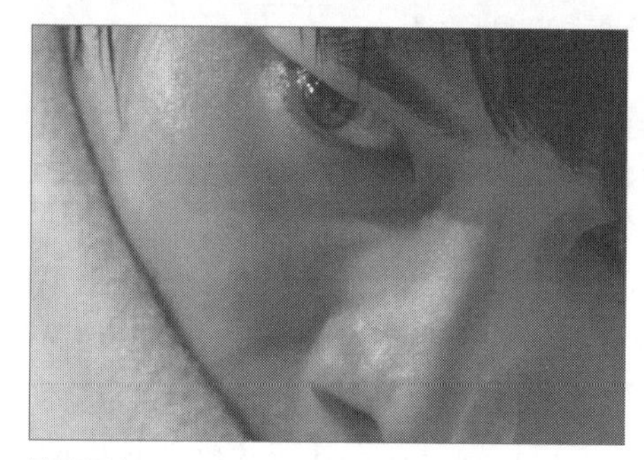

清除污点

Step 04 根据相同的方法修复瑕疵部分，直到完成整体图像细节部位的修复。

> **提示：**
>
> 污点修复画笔工具具有智能化的特点，能够使周围的图像与要修复的部分平滑地过渡与融合，使修复结果几乎看不出痕迹。

5.1.3 修补工具

修补工具是选择图像中其他区域或图案中的像素，然后使用此工具拖动选区至另一个区域来完成修补工作。

选择修补工具，在属性栏中设置相关参数。

修补工具属性栏

- **修补：** 在下拉列表中，选择“正常”选项时，将按照默认的方式进行修补；选择“内容识别”选项时，Photoshop将自动根据修补范围周围的图像进行智能修补。
- **源：** 选中“源”单选按钮，选择需要修补的区域，然后将鼠标指针放置在选区内部，拖动选区至无瑕疵区域，松开鼠标后即可自动完成修补。
- **目标：** 选中此单选按钮，则操作顺序正好相反，需要先选择最终想要的图像区域，然后将选区中的内容拖动至目标位置处。此操作过程类似复制选区内容粘贴至目标区域的操作。

> **提示：**
>
> 在属性栏中选中“源”单选按钮后，修补工具从目标选区修补源选区。选中“目标”单选按钮，则修补工具将从源选区修补目标选区。这是两个相反的操作，用户在使用时需要特别注意。

打开原图像，选择修补工具，勾选“目标”复选框，选出图像右下角多余纹身的部分。

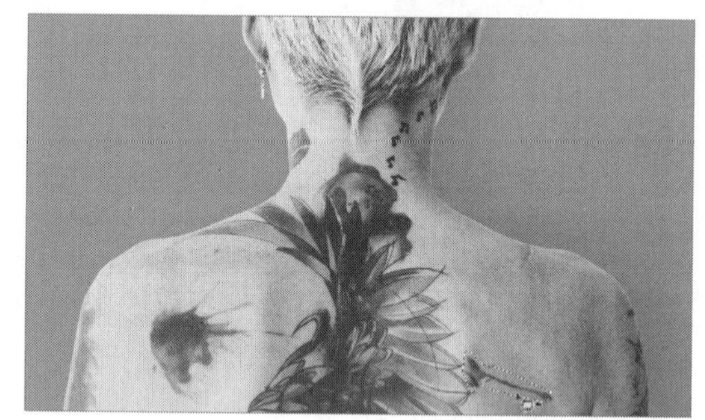

选中右下角的区域

按住鼠标左键，将选区移动至目标位置，这时可以看出刚才选中区域的图像内容，已经跟随鼠标复制到目标位置。

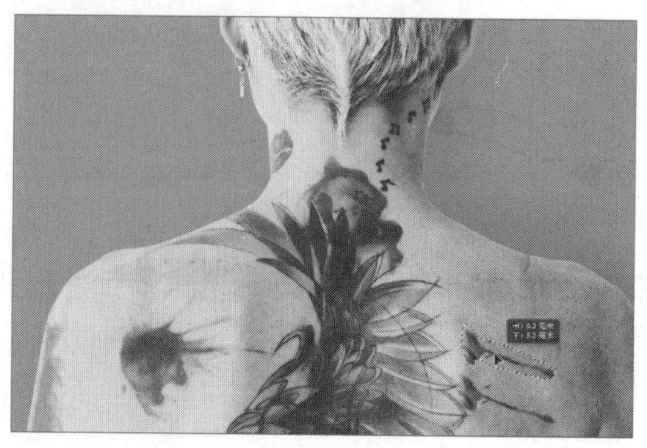

按住鼠标左键拖动到目标位置

松开鼠标左键，可以看到目标位置显示选区内的图像，完成了已选择区域中的内容与目标位置处周围像素融合的操作。

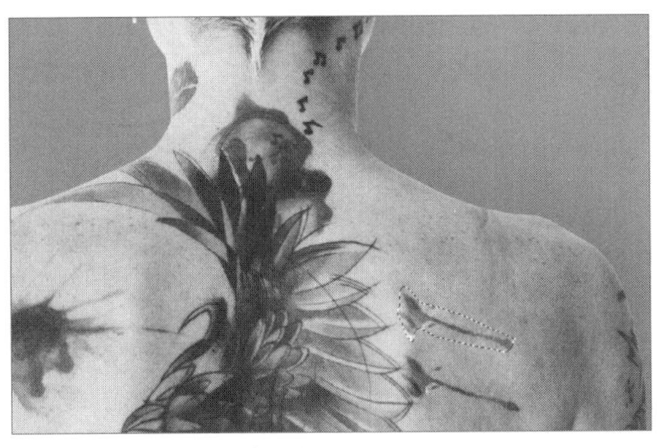
区域内容与目标位置图像混合

- **透明：** 勾选此复选框，可以将选区内的图像与目标位置处的图像以一定的透明度进行混合。这项操作可以与不同选区的图像内容多次重复混合。

勾选“透明”复选框后，选择图中右上位置区域中的像素。

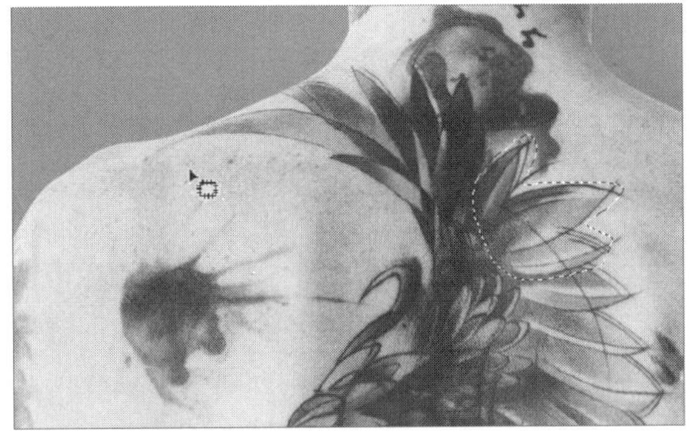
选择图中右上区域中的图像

按住鼠标左键，将已选出选区移动至左侧的目标位置处。

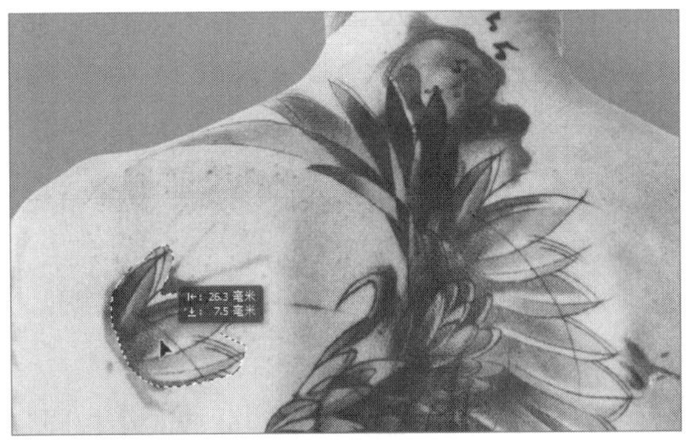
按住鼠标左键将选区拖动到目标位置

松开鼠标左键，可以看到选区中的内容已经与目标位置处的图像以一定透明度融合，明显提高了此处位置图像的色调和亮度。

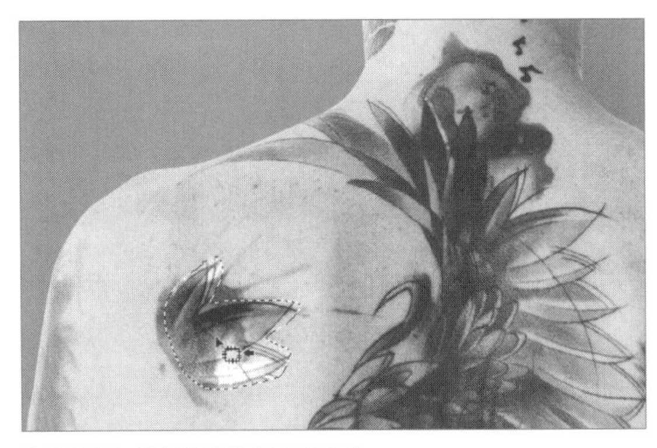
选区内容与目标位置像素内容融合

实战 使用修补工具修改图像

Step 01 打开“盆栽.jpg”素材图像，直接拖进Photoshop中，如下图所示。

原图像

Step 02 下面将使用修补工具将盆栽旁边的松子去掉。选择修补工具工具，在其工具属性栏中设置相关参数，创建选区选出松子部分，如下图所示。

设置修补工具参数并选出松子

Step 03 按住鼠标左键，将选区向左侧拖至与源图像内容相似的部分，如下图所示。

拖曳修补

Step 04 松开鼠标左键，按下Ctrl+D组合键取消选区，完成图像的修改，如下图所示。可看到，松子所在的地方，已经被目标图像代替。

完成图像的修改

5.1.4 红眼工具

红眼工具是Photoshop为修复照片红眼现象特别提供的快捷修复工具。在此版本的Photoshop中红眼工具较为智能化，系统可以根据对眼球像素的分辨自动恢复眼球原本色彩。

选择红眼工具，在其属性栏中可以设置瞳孔大小和变暗量的参数。

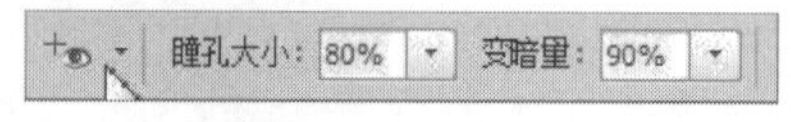

红眼工具属性栏

- **瞳孔大小：**默认情况下为50%，在实际操作中可以根据需要调整该数值。此数值越大修正选中范围内图像的范围越精细。

打开原图像，选择红眼工具，“变暗量”数值相同时，“瞳孔大小”参数为10%，修改一次的效果。

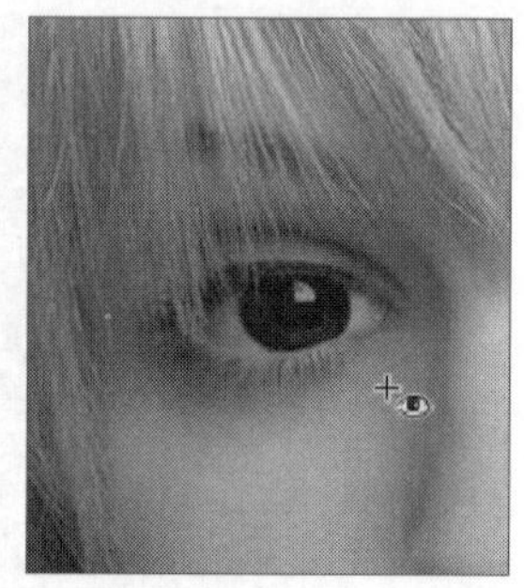

“瞳孔大小”数值为10%时修改一次的效果

下面为对比图像，当选中区域大小相同且“变暗量”数值相同时，“瞳孔大小”参数为80%，修改一次的效果。

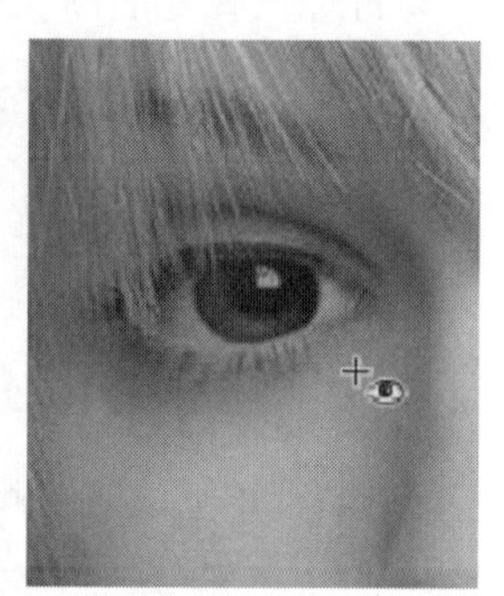

“瞳孔大小”数值为80%时修改一次的效果

- **变暗量：**默认情况下为50%，在实际操作中可以根据需要调整该数值。此数值越大，选中范围内图像的颜色越深，否则颜色越浅，此数值通常与“瞳孔大小”相互配合使用。

选择红眼工具“瞳孔大小”数值相同时，“变暗量”参数为10%，修改一次的效果。

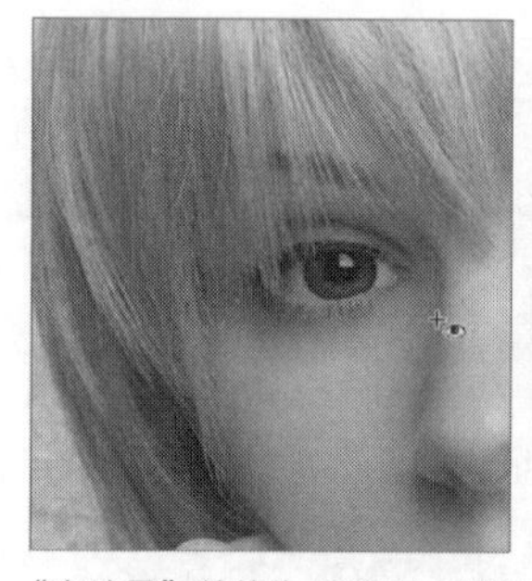
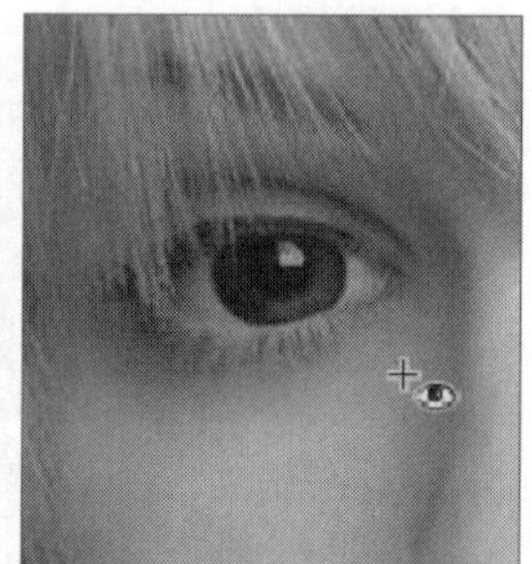

“变暗量”数值为10%时，修改一次的效果

以下为对比图像，当选中区域大小相同且“瞳孔大小”数值相同时，“变暗量”参数为80%，修改一次的效果。

通过对比可以明显看出，“变暗量”的数值影响矫正颜色的深浅。

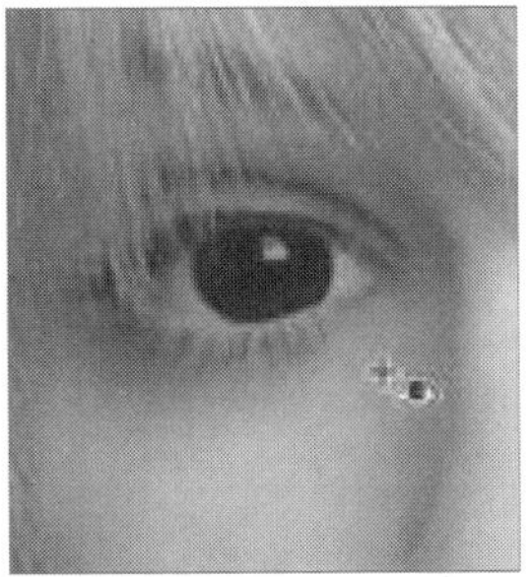

“变暗量”数值为80%时，修改一次的效果

> **提示：**
>
> 红眼现象是指在使用闪关灯或光线昏暗处进行拍摄时，人物或动物眼睛泛红的现象。这是由于在过暗的地方，眼睛为了看清东西而放大瞳孔增进通光量，在瞬间高亮的状态下相机拍摄到的通常都是张大的瞳孔，红色是瞳孔内血液映出的颜色。红眼工具可以有效地去除照片中红眼。

实战 使用红眼工具去除红眼

Step 01 打开“红眼现象.jpg”图像，直接拖进Photoshop中，如下图所示。可以清楚地看到这张照片的红眼现象。下面将使用红眼工具对其进行矫正。

打开存在红眼问题的图像

Step 02 选择红眼工具，在属性栏中设置“瞳孔大小”为15%、“变暗量”为10%，如下图所示。

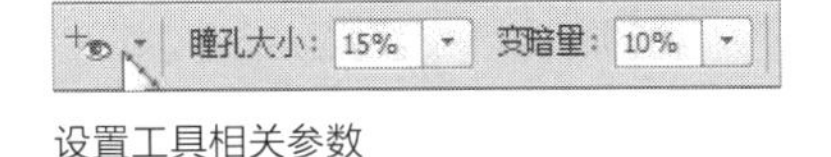

设置工具相关参数

Step 03 将光标移至人物眼睛上并单击，即可完成红眼现象的颜色矫正，如下图所示。

完成红眼现象的颜色矫正

5.1.5 内容感知移动工具

内容感知移动工具是CS6版本中新增的工具，其特点就是可以将选中的图像移至其他位置，并根据原图像周围的图像对其所在的位置进行智能填充处理，使移动的图像位置改变而周围的图像保持应有的效果。

选中内容感知移动工具，在属性栏中设置相关参数。

内容感知移动工具属性栏

- **模式：** 在此下拉列表中选择“移动”选项，则仅针对选区内的图像进行修复处理；若选择“扩展”选项，则Photoshop会保留原图像，并自动根据选区周围的图像进行自动的扩展修复处理。
- **适应：** 在此下拉列表中，可以选择在修复图像时的颜色程度，其中包括5个选项，分别为“非常严格”、“严格”、“中”、“松散”、“非常松散”。此选项改变图像移动后原位置处系统自动填充的图像疏密，等级越高，疏密程度越密，可根据不同情况下的背景图像调整此选项。

实战 使用内容感知移动工具调整图像中物体的位置

Step 01 按Ctrl+O组合键，在打开的对话框中选择“伞.jpg”图像文件，单击“打开”按钮，效果如下图所示。

打开原图文件

Step 02 选择内容感知移动工具绘制出伞的选区，如下图所示。

绘制伞的选区

Step 03 按住鼠标左键，将选区中的伞向右拖曳一段距离，如下图所示。

将选区中的伞拖动至右侧

Step 04 释放鼠标稍等片刻，可以看到此时的伞已经移动到右侧，而原来的位置被周围的像素自动填充，如下图所示。

查看移动后的效果

5.2 擦除图像

擦除图像一般使用橡皮擦工具组中的工具，包括橡皮擦工具、背景橡皮擦工具、魔术橡皮擦工具。橡皮擦的功能是删除图像，通常使用橡皮擦工具删除图像以后，被删除的部分会显示背景色。使用背景色橡皮擦工具或者魔术橡皮擦工具可以将图像的特定部分制成透明效果，以便与其他图像自然地结合。

5.2.1 橡皮擦工具

使用橡皮擦工具在图像上拖动时，被擦除的区域将以背景色或透明区来取代图像色彩。当在背景层或锁定透明的图层中拖动橡皮擦工具时，对应的区域将更改为背景色；当在其他图层中使用时，将以透明色擦除，被当前图层覆盖的区域将显示出来。

选择橡皮擦工具，在属性栏中设置画笔大小、样式、模式、不透明度等参数。

橡皮擦工具属性栏

- **模式：** 用来设置橡皮擦的笔触方式，包括"画笔"、"铅笔"和"块"3种类型，其中"画笔"按照应用了"消除锯齿"的画笔形态删除图像；"铅笔"按照没有应用"消除锯齿"的画笔形态删除图像；"块"按照矩形画笔形态删除图像。
- **不透明度：** 设置使用橡皮擦工具删除区域的不透明度。将"模式"设置为"块"的时候，不能使用改功能。
- **流量和喷枪：** 可以像笔刷那样使用橡皮擦工具。激活该选项后，根据左键的单击次数，加深图像的删除状态。
- **抹到历史记录：** 用来设置是否将图像恢复到原来的图像或某一选定的快照。如果勾选该复选框，此时的橡皮擦工具可以代替历史记录画笔工具使用，使图像返回到某一状态的历史记录。

实战 使用橡皮擦工具在图像上绘制笑脸

Step 01 将“橙子.jpg”图像文件直接拖入Photoshop中，如下图所示。

原图像文件

Step 02 双击“背景”图层并命名为“橙子”，新建一个图层位于“橙子”图层下方并命名为“背景”，设置“前景色”为白色，按下G键填充“背景”图层，如下图所示。

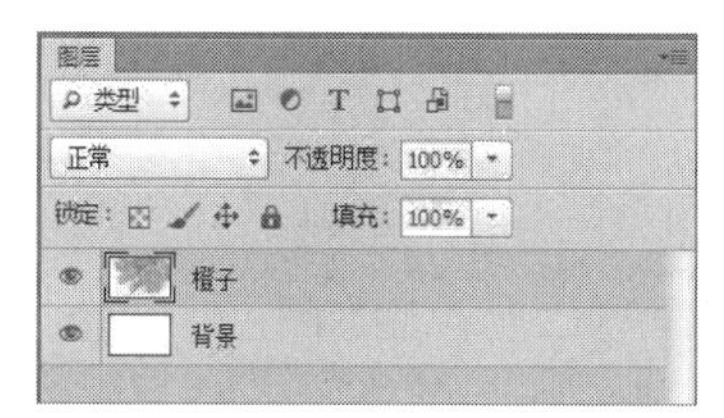

更改图层名称并新建图层

Step 03 隐藏“背景”图层，选择橡皮擦工具，并设置预设画笔为“硬边缘”。接着在图像上绘制一个笑脸，可以看出橡皮擦擦过的地方显示为透明镂空的状态，如下图所示。

使用橡皮擦工具绘制一个笑脸

Step 04 显示刚才隐藏的“背景”图层，可以看到笑脸的部分显示的是背景色，如下图所示。

查看笑脸的效果

5.2.2 背景橡皮擦工具

背景橡皮擦工具可以擦除图层上指定颜色的像素，并将被擦除的区域以透明色填充。使用背景橡皮擦工具时不需要对默认情况下的“背景”图层进行解锁操作，擦除部分直接为透明像素。

选择背景橡皮擦工具，在属性栏中设置相关参数。

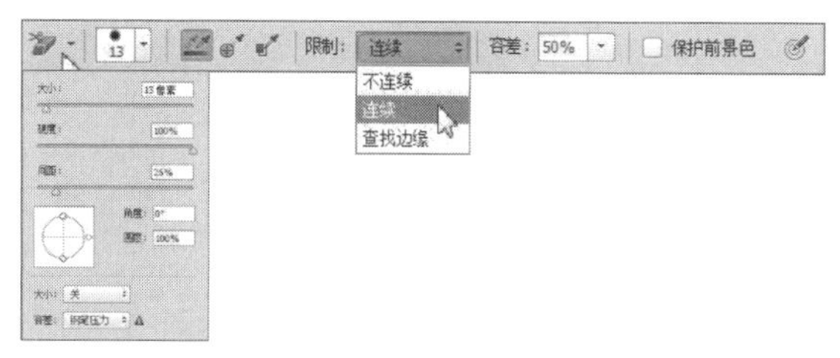

背景橡皮擦工具属性栏

- **取样：** 决定背景橡皮擦工具在擦除选区时选区颜色的规则。“取样：连续”表示光标经过的区域色彩都会被擦除；“取样：一次”只将第一次单击位置的颜色作为样本颜色；“取样：背景色板”以背景色作为样本颜色，与背景色接近的色彩都会被擦除。

打开原始图像，选择背景橡皮擦工具，单击“取样：连续”按钮，则光标经过的黑色（头发）、粉（皮肤）、红色（衣服）都被擦除。

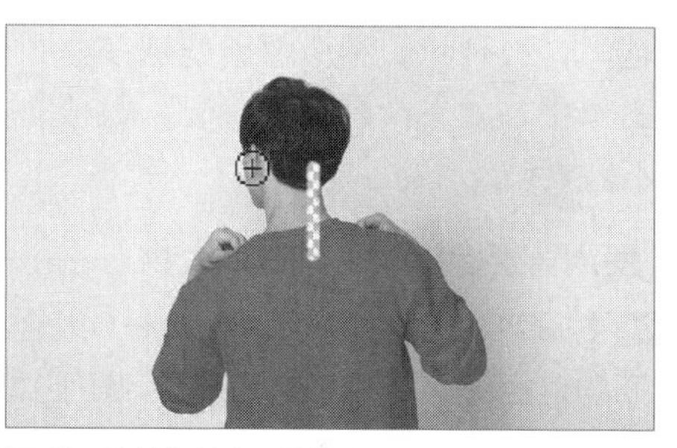

“取样：连续”状态下的橡皮擦工具擦除效果

单击“取样：一次”按钮，则橡皮擦工具仅擦除光标第一次单击处的颜色，即黑色（头发），黑色以外的部分并没有被擦除。

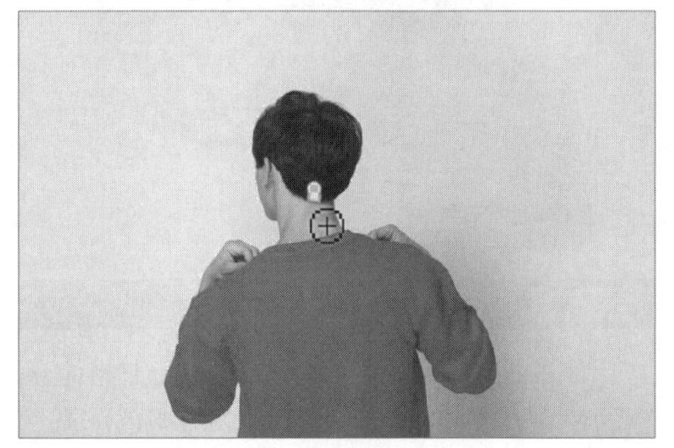

“取样：一次”状态下的橡皮擦工具擦除效果

单击“取样：背景色板”按钮，则橡皮擦以背景色（白色）作为样本颜色，与背景色接近的色彩都会被擦除，反之则不会被擦除。

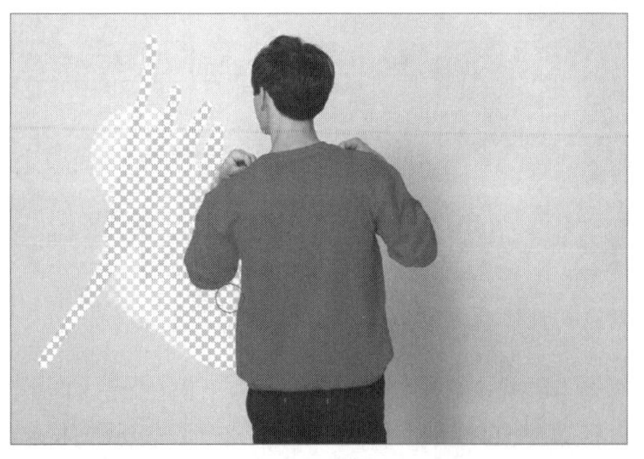

“取样：背景色板”状态下衣服的红色未被擦除

- **限制**：用于设置擦除方式，包括：“不连续”、“连续”、“查找边缘”3种方式。“不连续”表示擦除多个同色区域中的所有图像；“连续”表示只擦除一个同色区域中的所有图像；“查找边缘”表示只擦除包含样本颜色的连续区域，同时更好地保留形状边缘的锐化程度。
- **容差**：决定擦除色彩取样点范围的大小，数值越大，被删除的相似像素就越多。在同一幅图像中，如果没有特殊情况，数值一旦设定不需要频繁改动。

实战 使用背景橡皮擦工具抠取人物

Step 01 打开Photoshop软件，按Ctrl+O组合键，在打开的对话框中打开“男模.jpg”图像文件，效果如下图所示。

原图像文件

Step 02 选择背景橡皮擦工具，在其工具属性栏中单击“背景色板”按钮，设置橡皮擦大小，容差值为38%，擦除男模的背景色。此时原本默认为“背景”的锁定图层自动变成名为“图层0”图层，如下图所示。

使用背景橡皮擦工具擦除背景色

Step 03 新建一个图层位于“图层0”图层下方并命名为“背景”，设置“前景色”为白色，按下G键填充“背景”图层，以便更好地观察扣取图像的效果，如下图所示。

新建图层

Step 04 从上图可以看到图像右下角有一部分的背景没有被完全擦除，这是由于容差小以及此处颜色与背景色相差较大导致无法识别的结果。此时，在属性栏中调整容差值到77%，单击“连续”按钮，在“限制”下拉列表中选择“连续”选项，如下图所示。

调整背景橡皮擦工具的属性

Step 05 继续擦除剩余的背景，其间可以继续通过多次调整容差数值擦除多余背景色，效果如下图所示。

擦除多余的背景

Step 06 隐藏“背景”图层后，男模的抠取操作完成，如下图所示。接下来将添加背景，令图像效果更丰富。

图像抠取完成

Step 07 打开“背景2.jpg”图像直接拖入本文件中，按下Ctrl+T组合键调整背景图像大小到合适效果，如下图所示。

添加背景的效果

5.2.3 魔术橡皮擦工具

使用魔术橡皮擦工具在图像某处单击时，系统便自动识别与此处颜色在一定范围内相似的颜色并擦除，擦除部分图像呈现透明效果。

魔术橡皮擦工具可以理解为将橡皮擦工具和魔棒工具结合在一起，它的属性栏也和魔棒工具的属性栏极其相似。

选择魔术橡皮擦工具，在属性栏中设置容差，消除锯齿和不透明度等参数。

魔术橡皮擦工具属性栏

- **容差**：决定擦除色彩范围的大小，当数值越大时，擦出的色彩范围越大，反之越小。
- **消除锯齿**：此数值控制擦除后边缘的平滑度和过渡效果。
- **连续**：擦除相邻的容差颜色范围内的色彩，若取消勾选该复选框，整个选区或图像中容差内的颜色全部删除。若勾选此复选框后被擦除的图像范围将会减少。

未勾选“连续”复选框

勾选“连续”复选框

- **对所有图层取样**：勾选此复选框，擦除作用于所有图层的颜色。
- **不透明度**：决定擦除效果的强度。灵活运用此功能编辑图像，能够使图像呈现朦胧的美感。

> **提示：**
>
> 如果在默认“背景”图层中或锁定透明图层中操作，则擦除的像素更改为背景色，否则像素擦除为透明色。

实战 使用魔术橡皮擦工具清除图像中较细节的部分

Step 01 按Ctrl+O组合键，在打开的对话框中打开“手机.jpg”图像文件，如下图所示。

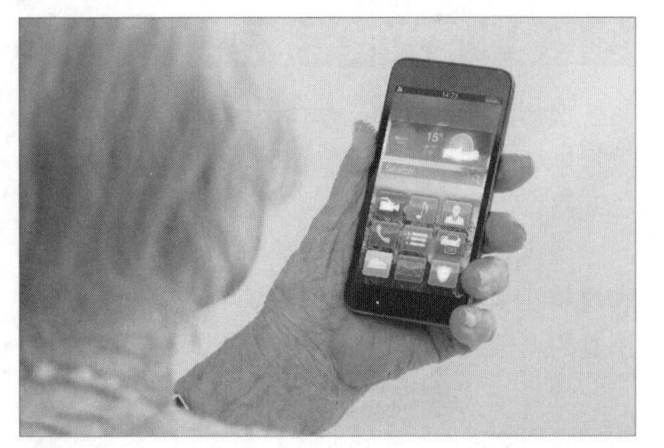

原图像文件

Step 02 选择魔术橡皮擦工具，在属性栏中设置容差值为35%，在图像中单击，擦除掉部分像素相同的灰色背景区域，此时原本默认为“背景”的锁定图层自动变成名为“图层0”图层，如下图所示。

使用魔术橡皮擦工具擦除部分背景色

Step 03 新建图层位于“图层0”图层之下并命名为“背景”，设置“前景色”为白色，使用油漆桶工具填充“背景”图层，如下图所示。

新建纯白背景层以观察抠取效果

Step 04 接着继续擦除剩余的背景色，直到背景色全部擦除，效果如下图所示。

擦除背景色

Step 05 下面将擦除手机的黑色边框等细节部分，调整容差数值为30%，单击手机边框的黑色部分，效果如下图所示。

擦除手机黑色边框的细节部分

Step 06 隐藏“背景”图层，并置入“背景3.jpg”图像文件，适当调整背景大小和位置，效果如下图所示。

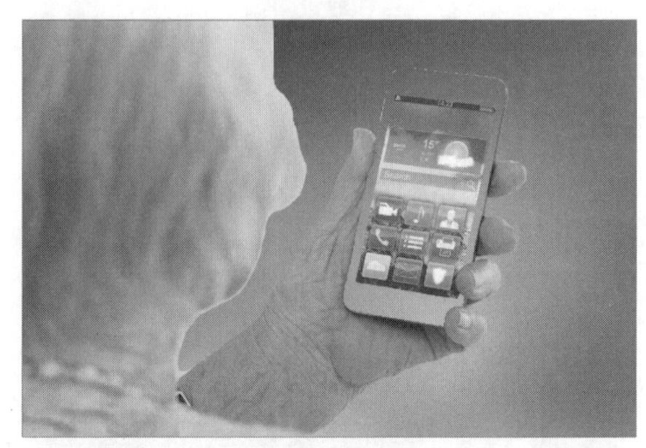

添加背景后的效果

Step 07 由于使用魔术橡皮擦工具抠取的图像没有钢笔工具抠取图像精细，所以会出现毛边及杂色，选择涂抹工具，沿着存在杂色的边缘涂抹，对细节进一步处理，效果如下图所示。

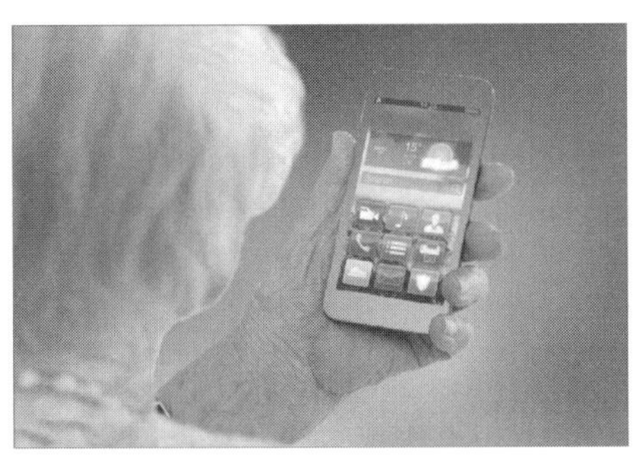

使用涂抹工具修饰细节杂色

5.3 复制图像

图章工具用来对图像的部分图像取样，然后将取样的图像进行复制覆盖目标位置的图像的修补工具。图章工具包括仿制图章工具和图案图章工具。使用这两种图章工具，可以修复图像、复制图像或进行样本填充，是图像编辑中较为常用的图像修饰工具。

5.3.1 仿制图章工具

仿制图章工具能以选定点为基准点，把基准点周围的图像复制到同一幅图像的其他部分或另一幅图像中。使用方法为，先按下Alt键在原图像中选定位置单击设置参考点，然后在需要复制的目标图像上进行涂抹即可实现复制图像。

使用仿制图章工具进行复制的时候，可以平行或竖直地改变设置的基准点位置，以改变复制图层的图像内容。按住Alt键取样图像中树叶的基准点。

按住Alt键取样图像基准点

松开鼠标左键后可以观察到取样点的图像内容已经在仿制图章工具的圆圈中。

仿制图章工具的圆圈中是基准点处的内容

按下鼠标左键并向右平行移动，通过观察可以发现，取样基准点的图像是同步移动并复制到目标位置。

移动鼠标进行复制图像

选择仿制图章工具，在属性栏中设置相关参数。

仿制图章工具属性栏

- **对齐**：勾选该复选框表示随着光标的移动，其复制源区域在不断变化；如果取消勾选该复选框，每次停止和继续绘画时，都是应用最开始的取样区域。
- **样本**：用来选择从哪个图层中进行取样。“当前图层”选项表示仅从当前图层中取样；“当前和下方图层”选项表示从当前图层及以下可见图层中取样；“所有图层”选项表示从所有可见的图层中取样。如果选择“所有图层”选项，并单击右侧“打开以在仿制时忽略调整图层”按钮，可以从调整图层以外的所有可见图层中取样。

实战 使用仿制图章工具为图像润色

Step 01 将“白裙.jpg”图像文件直接拖入Photoshop中。双击“背景”图层并重新命名为“白裙”，如下图所示。

打开白裙图像

Step 02 将“碎花布.jpg”图像拖入文档中，并栅格化图层，按下Ctrl+T组合键调整“碎花布”图层大小至合适效果，如下图所示。

置入并调整碎花布素材

Step 03 选择仿制图章工具，在其工具属性栏中的“样本”下拉列表中选择“所有图层”选项，同时取消勾选“对齐”复选框，如下图所示。

设置仿制图章工具的参数

Step 04 继续设置“不透明度”为35%、“流量”为89%，打开“画笔预设”面板设置大小，如下图所示。

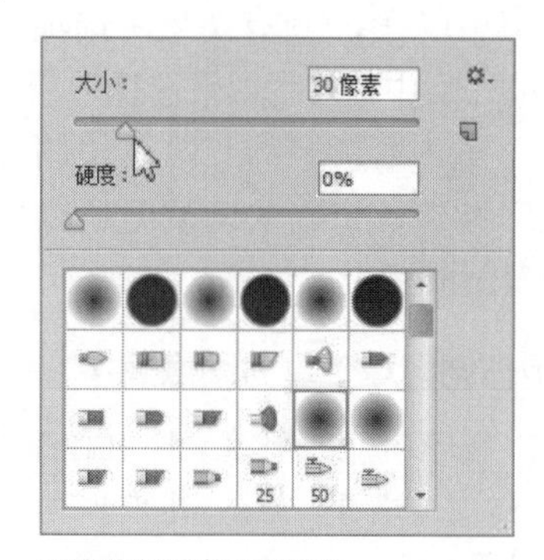

设置仿制图章工具参数

Step 05 设置完仿制图章工具参数后，新建图层并命名为“修饰”，在此图层中沿着白裙轮廓勾勒并仔细涂抹白裙衣料，效果如下图所示。

修饰白裙

Step 06 由于图像右侧部分的白裙颜色不透明度较高，而白裙左侧部分较为朦胧，上面设置的仿制图章工具的“不透明度”及“流量”已经不能适用。此时，重新调整仿制图章工具的“不透明度”和“流量”数值并调整“碎花布”图层的位置，继续修饰，效果如下图所示。

调整“不透明度”及“流量”数值继续修饰

Step 07 隐藏“碎花布”图层，查看整体效果，选择橡皮擦工具，在属性栏中设置合适“不透明度”，然后对图像进行部分微调，最终效果如下图所示。

查看最终效果

5.3.2 图案图章工具

图案图章工具和仿制图章工具的功能相似，只是其取样过程不同。方法是先定义取样区域图案，然后以定义的图案进行描绘复制。当然用户也可以使用系统提供的图案进行描绘。使用该工具，可以创造出如同砖块一样的整齐排列方式。

在图案图章工具属性栏中可选择应用在图像上的各种图案，也可以使用Photoshop提供的图案。其中，大部分选项的含义和仿制图章工具相同。

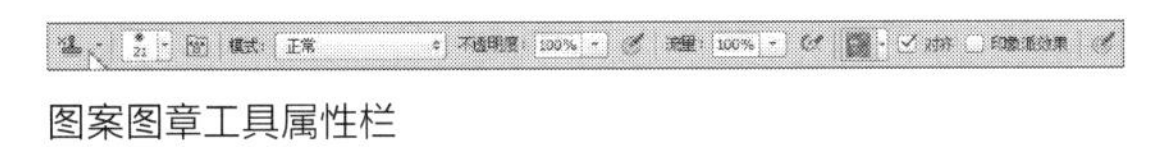

图案图章工具属性栏

- **对齐：** 勾选该复选框，多次绘制的图案将保持连续平铺特性。取消勾选该复选框，多次绘制就会出现参差不齐的现象。
- **印象派效果：** 勾选该复选框后所绘制出来的图像就带有色彩过渡分明的印象派风格，这些色彩都取决于所选的图案，不过已经看不出图案原先的轮廓了。

实战 使用仿制图章工具快速绘制图像

Step 01 新建“白云”文档，将“背景”图层转换为普通图层并重命名为“背景”。设置前景色为蓝色，使用油漆桶工具填充“背景”图层，如下图所示。

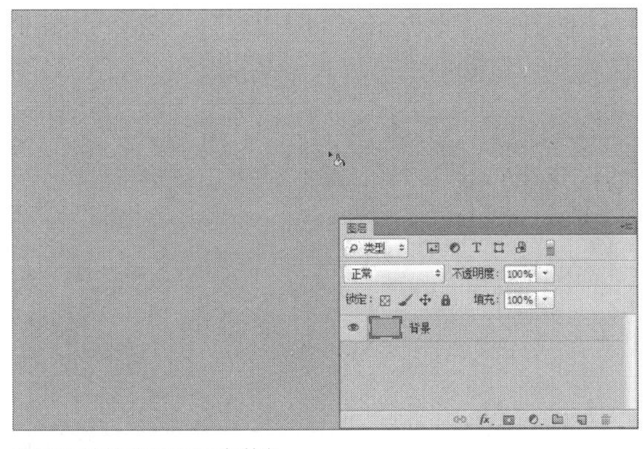

新建文档将背景设置为蓝色

Step 02 打开“白云图案.png”图像文件。执行“编辑>定义图案”命令，在“图案名称”对话框的“名称”文本框中输入“白云”名称后单击“确定”按钮，如下图所示。

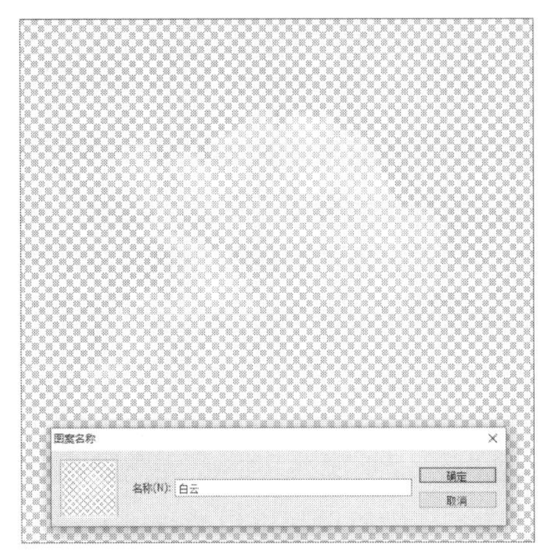

定义图案名称

Step 03 返回“白云”文档中选择图案图章工具，在属性栏中设置画笔大小后在图案拾取器中选择设置的“白云”图案，如下图所示。

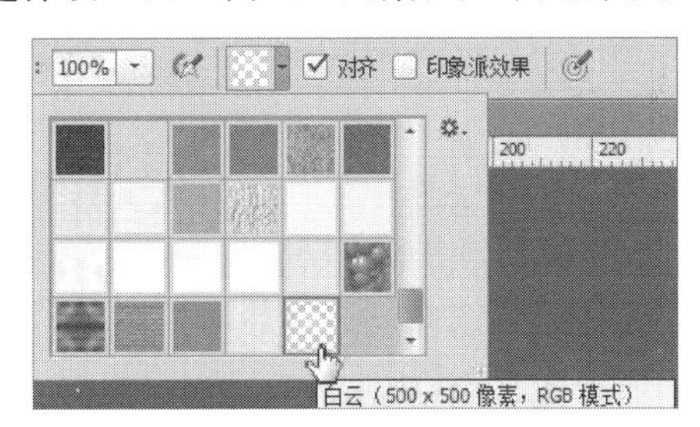

选择“白云”样式

Step 04 在画面中涂抹，效果如下图所示。

绘制白云

> **提示：**
>
> 使用图案图章工具要注意仿制源的选择，这是使用好该工具的关键。
>
> 图案图章工具是快速绘制较为复杂，且有模板可供参考的神器。
>
> 这里需要注意的是，收集精致优美的图章图案，需要用户在平时实际的图像编辑过程中，注意分类和保存。

5.4 编辑图像

在实际进行图像设计时，多多少少会有一些细节或某部分的效果不满意的情况，这时可以使用一些对图像进行调整编辑工具，包括涂抹工具、模糊工具、锐化工具、海绵工具、加深工具。

5.4.1 涂抹工具

涂抹工具的作用是模拟手指进行涂抹绘制的效果，其原理是提取最先单击处的颜色并根据鼠标的拖动更新颜色，将其与周围图像融合产生模糊潮湿的效果。

选择涂抹工具，在属性栏中设置参数。

涂抹工具属性栏

由于其中很多选项在介绍其他工具时已经介绍过，下面只对其特有功能进行介绍。

- **手指绘画：** 勾选此复选框后涂抹图像，则会将涂抹部分上色成前景色。

打开“葡萄.jpg”图像文件，下面介绍使用涂抹工具将实拍照片通过处理使其呈现出油画的特点。

打开原图像

选择涂抹工具，取消勾选属性栏中的“手指绘画”复选框，然后，对图像中的葡萄仔细勾勒绘制直到出现油画效果。

使用涂抹工具绘制油画效果

> **提示：**
>
> 涂抹工具可以按照用户的需要灵活地柔化边缘和图像内容，使图像整体更加自然柔和。

5.4.2 模糊工具

使用模糊工具可以降低图像中相邻像素之间的对比度，从而使图像中像素与像素之间的边界柔和化，产生模糊的效果，起到突显图像主体部分的作用。

选择模糊工具，在属性栏中设置参数。

模糊工具属性栏

- **模式：** 用于设置涂抹效果的混合模式。
- **强度：** 控制着图像被模糊的程度，数值越高模糊程度越高。

打开“葡萄架.jpg”图像文件。选择模糊工具，在属性栏中设置强度为80%。

原图像

在背景处进行涂抹，使其模糊，以达到突出最前面的葡萄的效果。

模糊靠后面的葡萄

5.4.3 锐化工具

锐化工具可以增加图像中像素边缘的对比度和相邻像素间的反差，从而提高图像的清晰度或聚焦程度，使图像产生清晰的效果。

打开“头发.jpg”图像文件。在属性栏中设置“强度”为100%，在人物的头发处涂抹，可见头发更清晰。

原图像

“强度”为100%的锐化效果

当属性栏中的“强度”为50%时，涂抹头发进行锐化处理。

“强度”为50%时，锐化的效果

由以上对比图可以看出，锐化工具属性栏中的“强度”数值框的数值越大，锐化效果就越明显。

5.4.4 海绵工具

海绵工具主要用于较为精确地增加或减少图像的饱和度。使用海绵工具涂抹的区域，系统会自动根据不同图像的特点改变其颜色饱和度和亮度。利用海绵工具能够较为灵活地调节图像色彩效果。

海绵工具属性栏

- **模式：** 该下拉列表中包含“降低饱和度”和“饱和”两个选项，选择“降低饱和度”选项将降低图像颜色的饱和度；选择“饱和度”选项则增加图像颜色的饱和度。
- **流量：** 用于设置图像颜色饱和度或不饱和的程度。

打开“服装.jpg”图像文件。设置“模式”为“降低饱和度”，“流量”为100%，在人物头发上涂抹，可见饱和度降低。

原图

降低饱和度后的效果

实战 使用海绵工具调整图像饱和度

Step 01 打开“睡莲.jpg”图像文件，直接拖入Photoshop中，如下图所示。

打开原图像

Step 02 选择海绵工具，在其工具属性栏中设置合适参数，然后在图像饱和度不够的部分涂抹，如下图所示。

增加饱和度

Step 03 接着在属性栏中设置相关参数，在图像中饱和度过高的“倒影”部分进行涂抹，效果如下图所示。

降低倒影的饱和度

5.4.5 加深工具

加深工具能够改变光标涂抹过的图像中的阴影效果，从而使得图像呈现加深或变暗的现象。

选择加深工具，在属性栏中设置相关参数。

范围: 阴影 曝光度: 74% 保护色调

加深工具属性栏

- **范围：** 用于设置加深作用的范围，该下拉列表中有3个选项，分别为“阴影”、“中间调”和“高光”。
- **曝光度：** 用于设置对图像色彩加深的程度，数值范围为0%~100%之间，输入的数值越大，对图像加深的效果越明显。
- **保护色调：** 勾选该复选框后，可尽量保护图像在操作中保持原有色调不失真。

打开“美妆.jpg”图像文件，选择加深工具，在属性栏中设置“范围”为“阴影”、“曝光度”为74%，涂抹图像中嘴唇部分，可见嘴唇颜色更加鲜红。

原图

颜色加深后的效果

实战 使用加深工具改变图像效果

Step 01 打开“玫瑰花上的女人.jpg”图像文件，并拖入Photoshop中，如下图所示。

打开原图像

Step 02 选择加深工具，设置属性栏中参数，然后在玫瑰花处涂抹，效果如下图所示。

加深玫瑰花颜色

Step 03 接着在草坪处进行涂抹，可以看到颜色加深后的图像比原图更加鲜艳、清新，如下图所示。

加深草坪颜色

5.4.6 减淡工具

减淡工具能够改变光标涂抹过的图像中的高光效果，从而调整图像区域的曝光度，使区域色调协调性变亮。减淡工具属性栏中的参数与加深工具一样，这里不再介绍。

实战 使用减淡工具改变图像效果

Step 01 打开“美甲.jpg”图像文件直接拖入Photoshop中，如下图所示。

原图

Step 02 选择减淡工具，在其工具属性栏中设置“范围”为“阴影”、“曝光度”为60%，如下图所示。

25 范围: 阴影 曝光度: 23% 保护色调

设置减淡工具参数

Step 03 设置完成后沿着图像中的指甲边缘及指甲内部进行涂抹，效果如下图所示。

颜色减淡后的效果

Step 04 设置减淡工具的“范围”为“中间调”，并减淡花朵颜色，效果如下图所示。

减淡花朵颜色

提示：

减淡工具和加深工具一样都是可以改变图像整体效果的工具，且使用方法简单，调整的效果范围具有精确性、可掌握性。

合理调整减淡工具属性栏中的参数，减淡图像中的部分颜色，能够柔化图像，增加图像的唯美效果。值得注意的是，减淡工具也能够对图像瑕疵的部分进行减淡，提高图像设计的可接受度。

运用图像的修饰与编辑工具修复图像

本案例将通过还原皮肤原色并调整彩妆色调，将恐怖系彩妆图像修改为甜美系彩妆图像，串联本章所学的图像的修饰与编辑的知识，从而进一步巩固所学的知识点和用法技巧。

Step 01 打开“甜美系少女.jpg”图像文件，如下图所示。

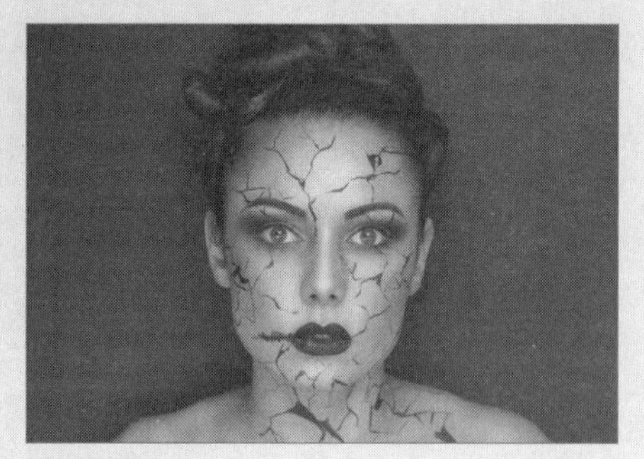

新建文档

Step 02 选择污点修复画笔工具，适当调整画笔大小，将碎裂细纹进行初步修复，效果如下图所示。

修复碎裂细纹

Step 03 设置污点修复画笔工具的“类型”为“内容识别”，再次对修复后的图像做处理，效果如下图所示。

进一步修复图片

Step 04 执行“滤镜>杂色>减少杂色”命令，在打开的对话框中设置参数，如下图所示。

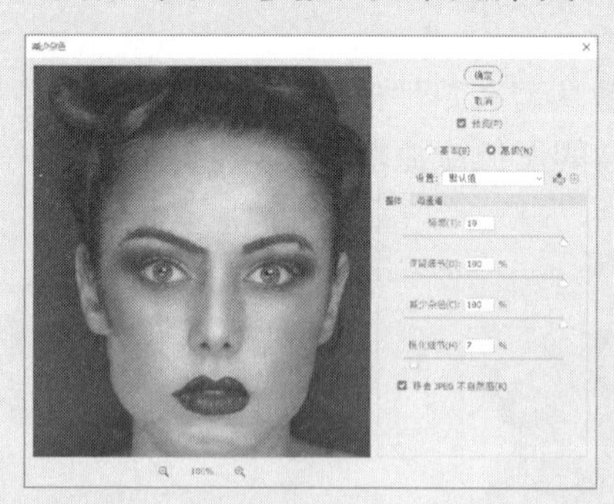

减少杂色

Step 05 选择减淡工具，设置属性栏中的范围为“阴影”，曝光度根据需要进行调整，建议在数值7~13范围，将图像中明显发黑的部分颜色减淡，效果如下图所示。

将发黑的部分颜色减淡

Step 06 选择加深工具，曝光度调整为一个低数值，调整画笔大小到可完全覆盖人物的脸，进行适当颜色加深，如下图所示。

适当加深整个脸部的颜色

Step 07 执行“图像>调整>色相/饱和度”命令，在弹出的对话框中设置色相/饱和度的参数，如下图所示。

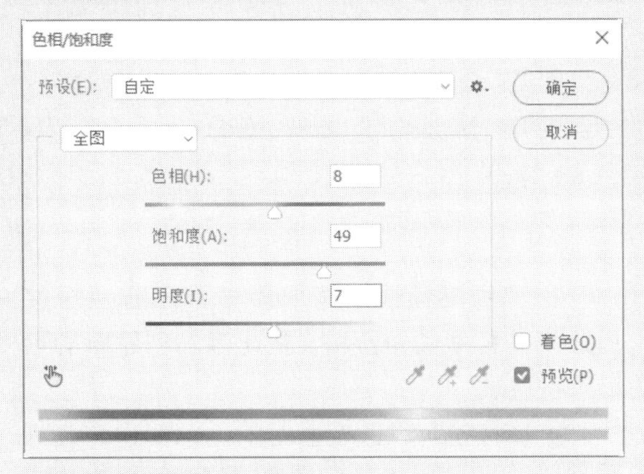

设置色相/饱和度的参数

Step 08 单击“确定”按钮，查看设置后的效果，如下图所示。

使用“色相/饱和度”命令调整彩妆效果

Step 09 选择海绵工具，设置属性栏中的参数，多次涂抹图像中人脸的嘴唇部分，高光部分适当多涂几次，效果如下图所示。

使用海绵工具调整嘴唇的颜色

Step 10 按下Ctrl+L组合键打开“色阶”对话框进行合适调整，效果如下图所示。

调整“色阶”后的效果

Step 11 选择模糊工具，设置“强度”为19，对图像中明显有瑕疵的地方进行模糊处理，效果如下图所示。

对有瑕疵的部分进行模糊处理

Step 12 最后，选择锐化工具，对人物眼部进行适当锐化，效果如下图所示。

图像编辑完成

Chapter 06 图像的绘制和填充

Photoshop CS6除了具有图像处理等功能外，还具有图像绘制和填充的强大功能。本章将主要针对实现这些功能的工具的使用方法进行详细讲解，以便用户能够在绘制图像时熟练应用。本章主要介绍的内容包括基本绘制工具、画笔样式设置、“画笔”面板、颜色选择、颜色填充等。

6.1 绘图的工具

在Photoshop中的基本绘图工具能够帮助用户灵活自由地绘制图像，是灵感和艺术发生碰撞的产物的主要输出工具。通过计算机模拟真实绘图画笔，其兼具真实画笔绘图效果的同时，还拥有计算机智能化的便捷、强大，是高级设计师和艺术家酷爱的工具。绘图工具包括画笔工具、铅笔工具、颜色替换工具、历史记录画笔工具及历史记录艺术画笔工具。

6.1.1 画笔工具

画笔工具可以绘制边缘柔和的线条，画出类似于毛笔或水彩笔的效果。使用时根据需要选择合适的颜色及画笔形态进行绘画。

选择画笔工具，在属性栏中设置相关参数。

画笔工具属性栏

- **画笔：**单击“画笔预设”下拉按钮，附带很多系统已经存在的画笔预设形状，可根据需要选择画笔笔尖形状。

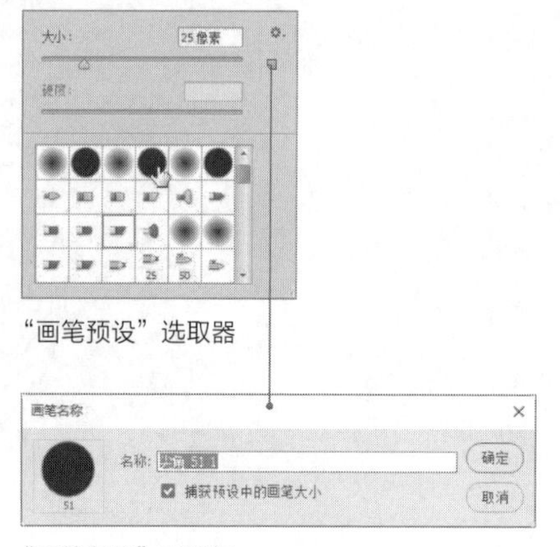

“画笔预设”选取器

“画笔名称”对话框

在“画笔预设”选取器中，还有两个按钮分别为扩展按钮和“从此画笔创建新的预设”按钮。

扩展按钮可以改变画笔的显示形式，也可以打开Photoshop提供的其他画笔并加以应用。利用该弹出菜单，除了可以改变画笔预设的显示方法以外，还可以打开并显示出Photoshop提供的各种画笔组。

单击“从此画笔创建新的预设”按钮会弹出“画笔名称”对话框，可以改变当前正在使用的画笔形态的名称，并载入到画笔预设框中。在该对话框中，画笔形态和各种选项值是不能改变的。

- **切换画笔面板：**单击此按钮会弹出“画笔”面板，在该面板中，可以设置画笔形态或样式等。
- **模式：**在列表中包含多种模式供用户选择。“正常”模式是默认的模式，除此之外还有“溶解”、“正片叠底”等模式。
- **不透明度：**可设置所填充颜色的不透明度，取值范围为1%~100%。相同色彩时，数值越大画笔绘制出线条的图像越清晰。

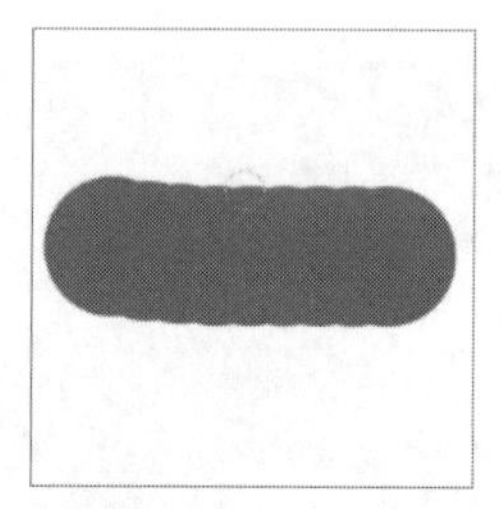

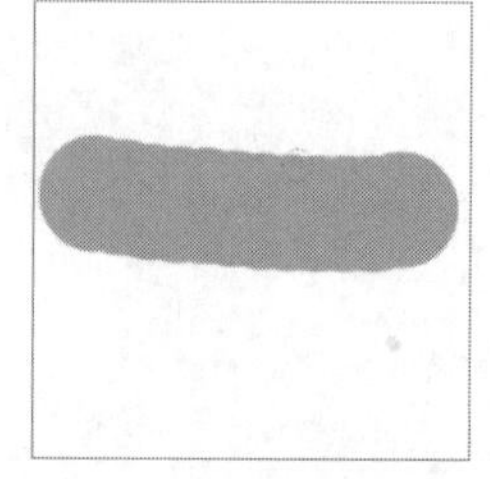

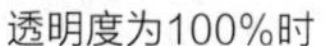

透明度为100%时　透明度为50%时

- **流量和喷枪：**“流量”是在激活“喷枪”按钮后，决定填色的浓度，这里需要注意的是填充的颜色为前景色。“喷枪”的特点是可以根据单击的程度来确定颜色的填充量。

设置流量为50%，用同一种颜色，不同单击程度绘制出了同色不同色调的图像。从左向右分别是单击一次、单击三次、单击五次的效果。

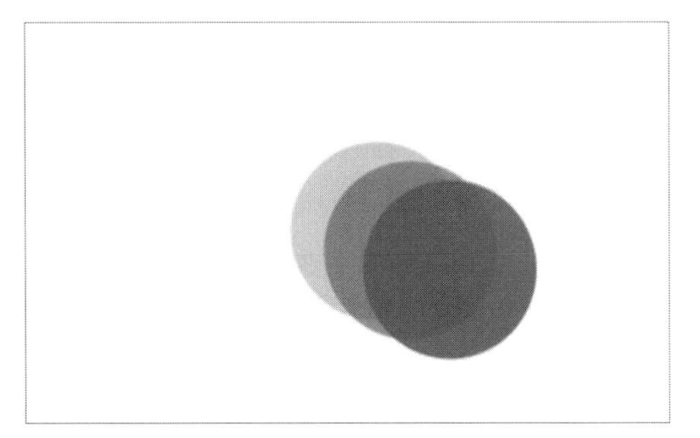

设置流量为50%，启用“喷枪”工具绘制的图像

实战 使用画笔工具绘制简单的卡通笑脸

Step 01 执行“文件>新建”命令，在弹出的对话框中设置参数，如下图所示。

新建
名称(N): 卡通笑脸
文档类型: 自定
大小:
宽度(W): 800 像素
高度(H): 800 像素
分辨率(R): 399.999 像素/英寸
颜色模式: RGB 颜色 8 位
背景内容: 白色
高级
颜色配置文件: 不要对此文档进行色彩管理
像素长宽比: 方形像素
确定
取消
存储预设(S)...
删除预设(D)...
图像大小:
1.83M

新建文件并保存

Step 02 选择画笔工具，在属性栏中单击“画笔预设框”下拉按钮，从弹出的面板中选择“硬边圆”画笔，并设置大小和硬度，在图像中先绘制出眼睛，如下图所示。

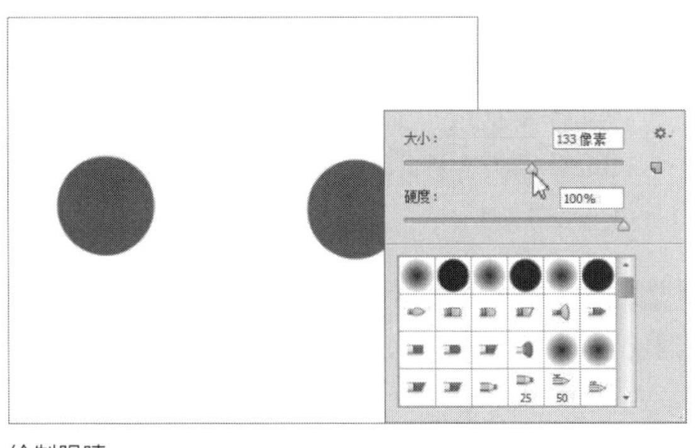

绘制眼睛

Step 03 继续使用画笔工具，在图像中右击，在弹出的画笔笔尖形状列表面板中，设置画笔“大小”，同时，设置“前景色”为白色，在刚才绘制眼睛的右上角填充高光部分，效果如下图所示。

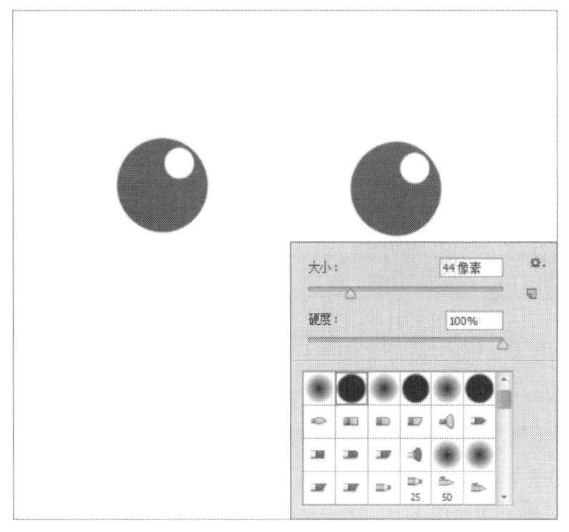

绘制眼睛高光部分

Step 04 继续使用画笔工具，在图像中右击，在弹出的画笔笔尖形状列表面板中，设置画笔“大小”为13像素，其他保持不变。同时，设置“前景色”为#ff6666，在眼睛下方绘制卡通人物的嘴巴，如下图所示。

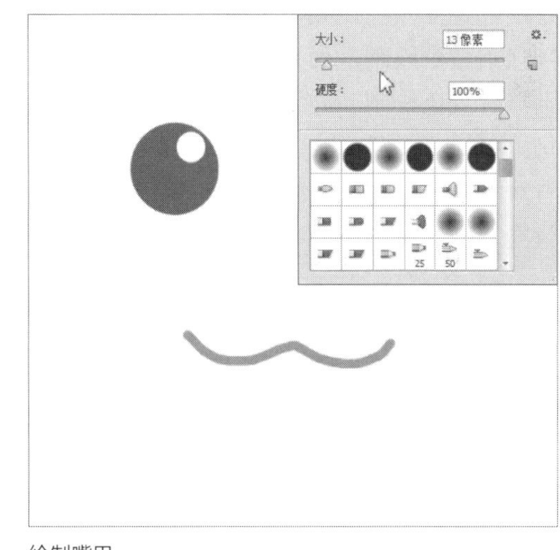

绘制嘴巴

Step 05 最后为图像填上脸颊红晕。依然使用画笔工具，在图像中右击，在弹出的画笔笔尖形状列表面板中选择“柔边圆”，设置画笔大小，其他保持不变。同时，设置“前景色”为#f66d4d，在眼睛和嘴巴两侧绘制脸颊红晕。至此，卡通笑脸绘制完成，如下图所示。

查看卡通笑脸的效果

6.1.2 铅笔工具

铅笔工具可以模拟铅笔的效果进行绘画，特点是比起画笔要较为生硬，可绘制锋利的边缘。铅笔工具和画笔工具的使用方法基本一致。选择铅笔工具，将显示铅笔工具的属性栏，可以看到与画笔工具相比多了一个“自动抹掉”复选框。

铅笔工具属性栏

- **自动抹掉：** 设置是否允许将铅笔工具用作橡皮擦工具。勾选此复选框描绘图像时，首先判断绘画起始点颜色，如果起始点颜色为背景色，则以前景色绘制，如果起始点颜色为前景色，则以背景色绘制。如果正在使用某种前景色进行绘制时，勾选此复选框，Photoshop自动用背景色进行描绘即形成擦除已绘制的图像的效果。

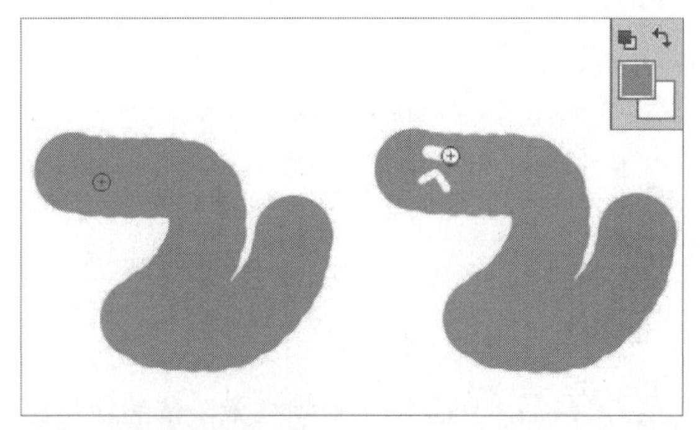

前景色绘制背景色抹掉前景色

6.1.3 颜色替换工具

颜色替换工具能够快速替换图像中的特定颜色，可以用于校正图像颜色，可以用画笔直接绘出需要替换颜色的区域。Photoshop软件中的颜色替换工具可以在保留图像纹理和阴影的情况下，给图片上色，是一种特别实用的工具。

在工具箱中选择颜色替换工具，在属性栏中可设置模式、大小、容差等参数。

颜色替换工具属性栏

- **模式：** 用于设置颜色替换的模式。包括“色相”、“饱和度”、“颜色”和“明度”4种。
- **“取样”按钮组：** 该按钮组中从左到右依次为“取样：连续”按钮，“取样：一次”按钮，“取样：背景色板”按钮。默认情况下是“取样：连续”按钮，表示在拖动光标时连续对颜色取样；单击“取样：一次”按钮，表示只替换一次单击的颜色取样中的目标颜色；单击“取样：背景色板”按钮，表示只替换背景色区域。
- **“限制”下拉列表：** 在该下拉列表中包含了“连续”、“不连续”和“查找边缘”3个选项。“连续”选项表示替换与光标处颜色相近的颜色，“不连续”选项表示替换出现在任何位置的样本颜色，“查找边缘”选项表示替换包含样本色的连接区域，同时能更好地保留形状边缘的锐化程度。

实战 使用颜色替换工具为图像润色

Step 01 打开“蝴蝶与仙子.jpg”图像文件，如下图所示。

打开图像文件

Step 02 选择颜色替换工具，在属性栏中设置画笔模式、限制样式及容差等参数，然后单击最左侧的“画笔预设框”下拉按钮，设置画笔大小等参数，如下图所示。

设置颜色替换工具的参数

Step 03 设置前景色为色号为#ff6666，使用颜色替换工具对图像中的蝴蝶进行颜色替换，效果如下图所示。

替换蝴蝶颜色

Step 04 设置前景色为白色。继续使用颜色替换工具，在属性栏中设置画笔模式、限制样式及容差等选项，画笔大小不变，如下图所示。

设置属性栏参数

Step 05 使用颜色替换工具对图像中的女性的嘴部进行颜色替换，提高亮度，查看润色后的效果，如下图所示。

查看图像润色效果

6.1.4 混合器画笔工具

混合器画笔工具可使没有绘画基础的用户也能轻松绘制出具有水粉画或油画风格的漂亮图像，而对于具有一定美术功底的专业人士来说，有了该工具更是锦上添花。

在工具箱中，右击画笔工具，在弹出的列表中选择混合器画笔工具，在属性栏中显示混合器画笔工具相关参数，用户根据需要进行设置。

混合器画笔工具属性栏

- **当前画笔载入**：单击该下拉按钮，在列表中选择合适的选项对画笔进行载入和清理，也可以载入纯色，使它和涂抹的颜色进行混合，具体的混合结果可通过后面的参数进行调整。

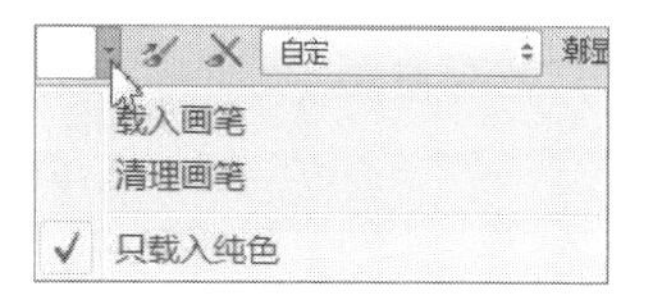

"当前画笔载入"列表

- **"每次描边后载入画笔"和"每次描边后清理画笔"按钮**：控制每一笔涂抹结束后是否对画笔更新和清理颜色，类似于画家用画笔画一笔后是否洗笔。
- **"混合画笔预设"下拉列表**：这是预先设置好的混合画笔，当选择某一种混合画笔时，右侧的4个数值会自动调节为预设值。
- **潮湿**：在该数值框中输入数值设置从画布中拾取的油彩量。
- **载入**：用于设置载入的油彩量。
- **混合**：用于设置颜色混合的比例。
- **流量**：这是其他画笔设置中的常见设置，用于设置描边的流动速率。
- **启用喷枪样式的建立效果**：单击该按钮，根据鼠标的单击次数逐渐加深颜色，是Photoshop模拟喷枪的上色效果开发的工具。
- **对所有图层取样**：勾选该复选框后，无论文件有多少图层，都将它们作为一单独的合并图层看待。
- **绘图板压力控制大小**：在电脑连接了绘图板时单击该按钮，可使用绘图笔来控制画笔的压力轻重。

实战 使用混合器画笔工具对照片进行艺术加工

Step 01 打开“梦中婚礼.jpg”图像文件。如下图所示。下面将使用混合器画笔工具为婚纱添加梦幻效果。

原图像

Step 02 选择混合器画笔工具，然后在属性栏中设置相关参数，选择笔尖形状为“圆扇形细硬毛刷”，设置前景色为#9966ff，如下图所示。

在属性栏中设置参数

Step 03 然后沿着图像中婚纱的纹路进行涂抹，进行第一次上色，为其添加淡紫色的色彩，如下图所示。

为婚纱添加淡紫色

Step 04 设置前景色为#cc99ff，使用深一度的紫色，调整属性栏中的参数，选择画笔笔尖形状为“圆钝形中等硬”，再次使用画笔工具沿着图像中婚纱的纹路进行涂抹，进行第二次上色，效果如下图所示。

继续加深紫色效果

Step 05 设置前景色为#9933cc，使用深一度的紫色，调整属性栏中的参数，选择画笔笔尖形状为“圆钝形中等硬”，使用画笔工具沿着图像中婚纱的最底部勾勒，做最后调整，如下图所示。

最终调整，完成图像润色

6.1.5 历史记录艺术画笔工具

历史记录艺术画笔工具与历史记录画笔工具的使用方法相似，但使用历史记录艺术画笔工具恢复图像时将产生一定的艺术笔触，因此常用于制作富有艺术气息的图像效果。

选择历史记录艺术画笔工具，在属性栏中可以进行相关参数的设置。

历史记录艺术画笔工具属性栏

- **模式：** 该下拉列表中提供了正常、变暗、变亮、色相、饱和度、颜色和明度的等20多种模式供用户选择。
- **样式：** 在此下拉列表中可以选择描绘的类型。

- **区域**：用于设置历史记录艺术画笔所描绘的范围。
- **容差**：用于设置历史记录艺术画笔所描绘的颜色与所恢复颜色之间的差异程度。输入的数值越小，图像恢复的精确度越高。

实战 使用历史记录艺术画笔工具为图像增加艺术效果

Step 01 打开“百合.jpg”图像文件，效果如下图所示。

打开原图文件

Step 02 按下Ctrl++组合键放大图像，并按下空格键切换到抓手工具，拖动图像显示图像的花朵部分，如下图所示。

放大图像

Step 03 选择历史记录艺术画笔工具，在属性栏中设置合适参数，沿图像边缘绘制，如下图所示。

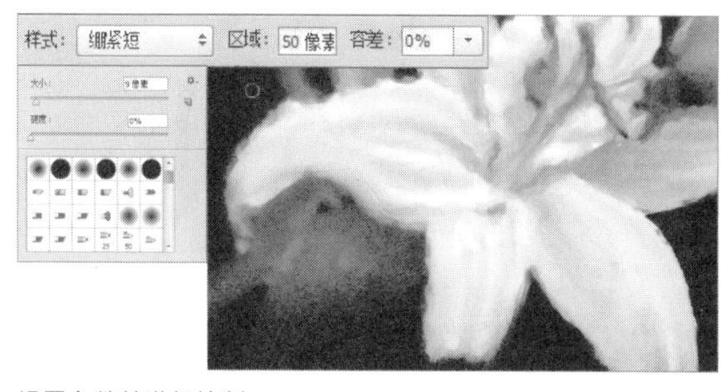

设置参数并进行绘制

Step 04 调整画笔大小到合适数值，沿着百合花的叶脉方向绘制，直到整体展现出水墨艺术效果，如下图所示。

最终效果图

6.1.6 历史记录画笔工具

选择历史记录画笔工具，通过重新创建指定的源数据来绘制，从而恢复图像效果。

使用历史记录画笔工具可将图像恢复到某个历史状态下的效果，就像还原器一样。

简单理解就是使用历史记录画笔工具涂抹过的图像会恢复到上一步的图像效果，而其中未被涂抹修改过的区域将保持不变。

值得注意的是，在对图像进行调整的过程中，默认情况下“模式”为“正常”，若设置为“叠加”模式，则使用历史记录画笔工具涂抹，即为将画笔涂抹部分与背景图层叠加后的效果。

6.2 画笔样式设置

使用画笔工具时，无论进行简单的绘画还是复杂的艺术修饰，都需要对画笔的样式进行改变才能达到使用者预期的要求。下面将对画笔样式的相关知识进行讲解。

6.2.1 “画笔预设”面板

“画笔预设”面板可以生成或管理多种画笔形态。选择合适的画笔形态才能更进一步对画笔笔尖的形状、画笔散布、画笔纹理等数值进行调整。执行“窗口>画笔预设”命令，就会弹出“画笔预设”面板。

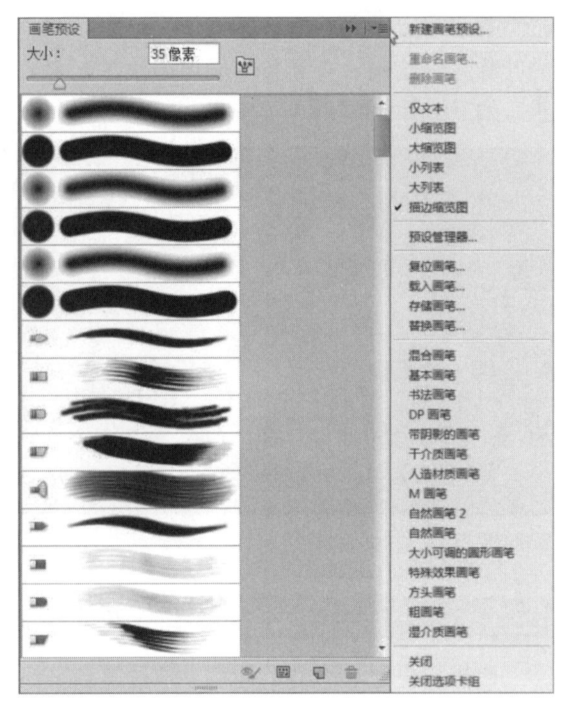

"画笔预设"面板

- **画笔预设：** 可改变画笔的大小和整体形态。
- **画笔形态预览窗口：** 预览画笔预置框上显示的画笔形态。单击面板右上角的按钮，在下拉列表中选择合适选项可以改变画笔形态预览窗口的模式。用户根据个人习惯选择满意的预览模式。

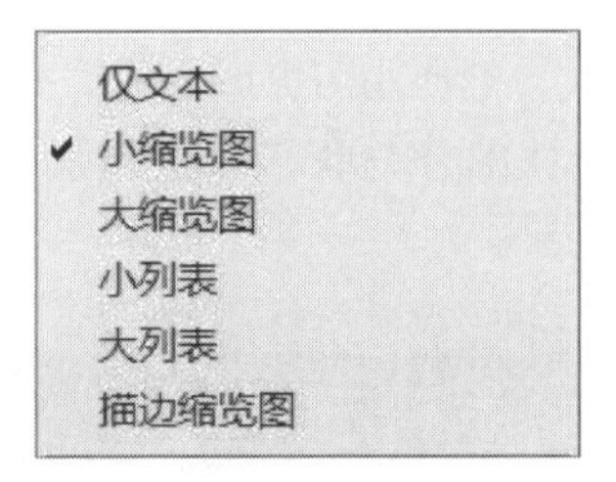

画笔形态预览窗口模式选项

- **弹出菜单：** 提供了可以应用在"画笔"面板上的各种菜单。
- **设置画笔大小：** 拖曳滑块或在数值框中输入数值可以按照像素单位改变画笔的大小。
- **预览画笔形态和画笔：** 可预览各种画笔形态。
- **创建新画笔：** 创建自定义的画笔。
- **删除画笔：** 将选中的画笔删除。

在此面板中，包含了所有功能，我们会在以下章节介绍。现在，我们就画笔预设最基本的功能：确定画笔的基本形状和大小，通过一个案例来了解具体的使用方法。

实战 设置画笔预设绘制旅行青蛙

Step 01 新建名为"画笔预设"的文档，具体参数如下图所示。

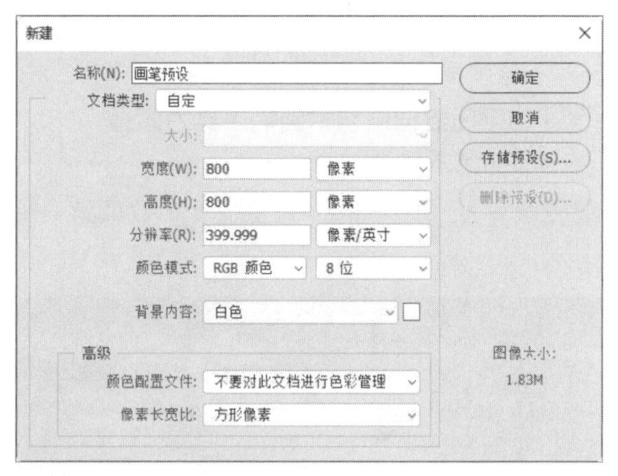

新建文档

Step 02 按下B键启用画笔工具，在属性栏的"画笔预设"面板中选择"硬边圆"样式，设置大小为15像素，如下图所示。

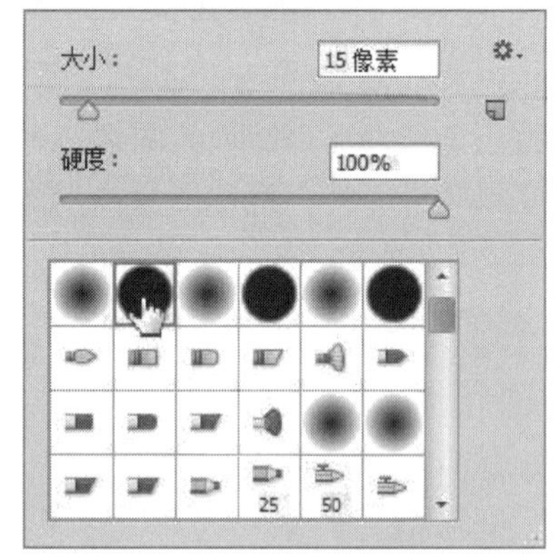

设置画笔样式

Step 03 接着使用画笔工具将旅行蛙的轮廓绘制出来，如下图所示。

绘制出旅行蛙的轮廓

Step 04 按下E键启用橡皮擦工具，设置橡皮画笔大小为10像素，对图像轮廓进行修饰，使线条更具有流畅度，效果如下图所示。

使用“橡皮擦工具”对图像进行修饰

Step 05 调整画笔工具的大小为7像素，将青蛙的脚绘制出来，效果如下图所示。

绘制青蛙的脚

Step 06 调整画笔工具的大小为1像素，画笔样式调整为“圆角低硬度”，将青蛙的嘴巴绘制出来，效果如下图所示。

绘制出嘴巴

Step 07 调整画笔工具的大小为5像素，画笔样式调整为“硬边圆”，设置前景色为黑色，将青蛙的眼睛突出墨镜的感觉，效果如下图所示。

查看旅行青蛙的效果

6.2.2 画笔管理

画笔的管理包括新建画笔预设、重命名画笔、删除画笔。运用画笔管理可以灵活更换画笔编辑图像。

单击面板右上角的扩展按钮，则弹出下拉菜单，在菜单的上方区域显示管理画笔的新建、重命名及删除命令。

画笔管理命令

- **新建画笔预设：** 选择“新建画笔预设”命令，或者直接单击“画笔预设”面板右下角的“创建新画笔”按钮，弹出“画笔名称”对话框，单击“确定”按钮，则按照当前所选画笔的参数创建一个新画笔。

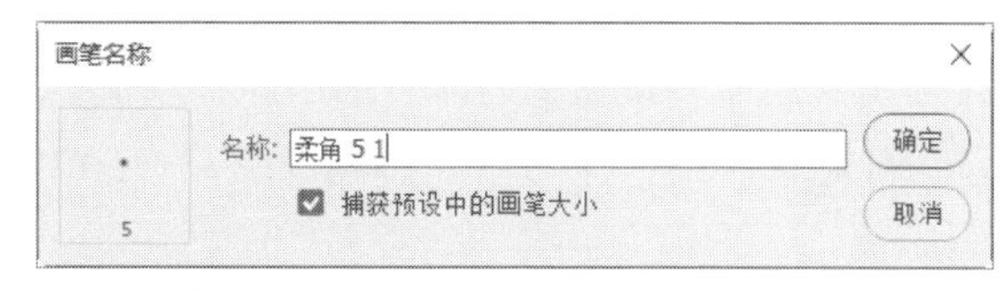

“画笔名称”对话框

- **重命名画笔：** 选择“重命名画笔”命令，在弹出的对话框中进行重命名，单击“确定”按钮，则更改当前所选画笔的名称。

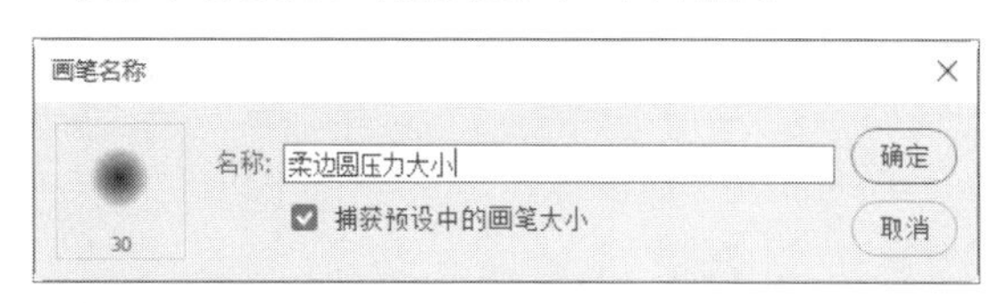

重命名画笔

● **删除画笔：**在对画笔的整理与修改中，我们也会删掉一些不常用的画笔。选择需要删除的画笔，再选择“删除画笔”命令，或直接单击“画笔预设”面板右下角的“删除画笔”按钮，则删除当前选中的画笔。

6.2.3 画笔预设管理

画笔预设管理最常用的功能是复位画笔、载入画笔、存储画笔、替换画笔等。

单击“画笔预设”面板右上角的按钮，在弹出的下拉菜单包含预设管理的功能。

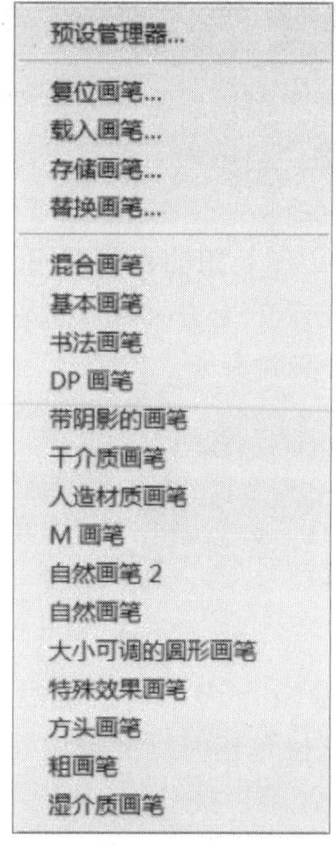

预设管理的功能

直接单击“画笔预设”面板右下方的“打开预设管理器”按钮，即可弹出“预设管理器”对话框。

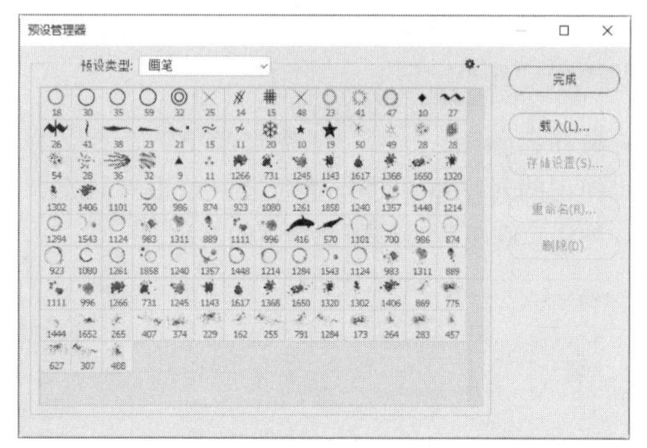

打开“预设管理器”对话框

此对话框中的功能包含画笔预设管理的绝大部分功能，实际操作中使用“预设管理器”对话框可以快速找到实用功能，提高工作效率。

● **复位画笔：**不管是追加的画笔样式还是载入的画笔样式，都可以通过“复位画笔”命令将画笔样式列表框中的选项恢复到默认的状态。

选择“复位画笔”命令，即可弹出提示对话框，提示要用默认画笔替换当前画笔吗。

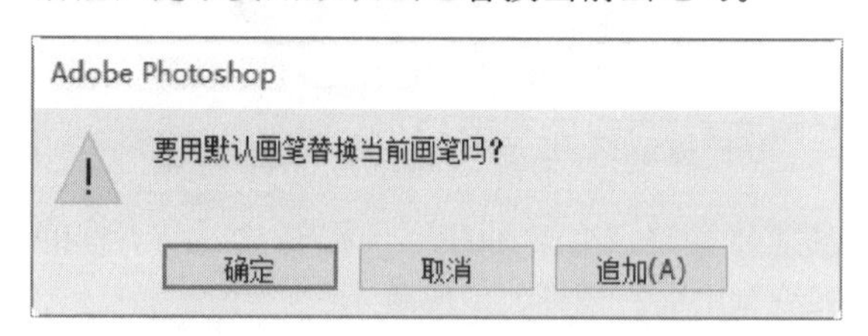

弹出提示对话框

单击“追加”按钮，即可再次将默认的画笔样式追加到列表框中。若单击“确定”按钮即可用默认画笔替换当前画笔，此时会弹出另一个提示对话框。

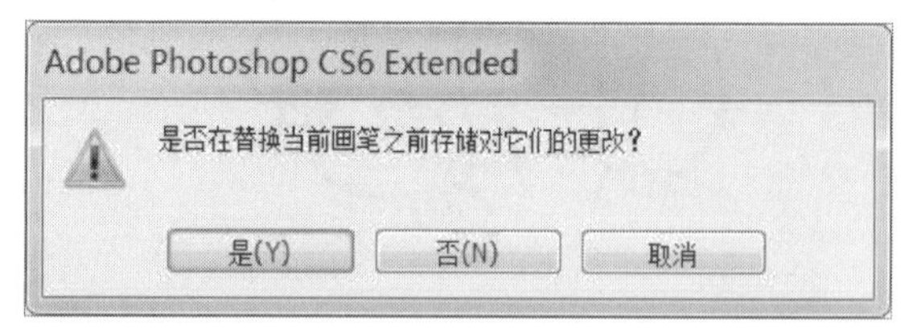

提示对话框

如果需要将当前画笔样式进行存储则单击“是”按钮，则被调整过的画笔样式将会被存储，以便下次使用。单击“否”按钮，即可恢复到默认的画笔样式。

● **载入画笔：**在Photoshop CS6中，除了软件自带的画笔样式外，用户还可以载入来自外部的新画笔样式，快速应用其他已经设置好的画笔预设，能够实现快速绘制图像的目的。

实战 载入画笔并快速绘制图像

Step 01 在“新建”对话框中新建一个名为“画笔预设管理”的文档。具体参数如下图所示。

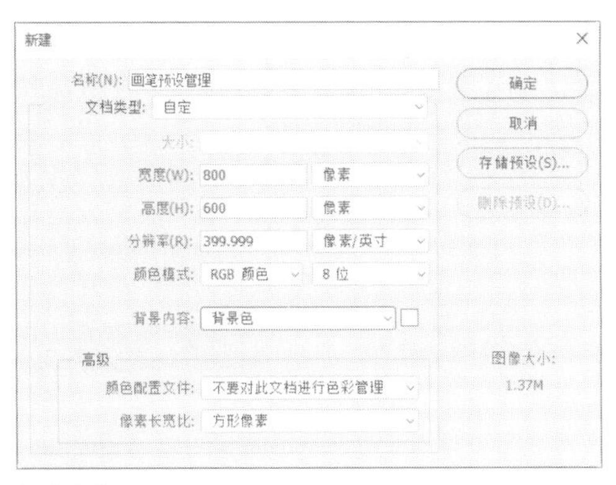

新建文档

Step 02 设置前景色为黑色，按下Alt+Delete组合键填充黑色，如下图所示。

填充黑色

Step 03 按下B键启用画笔工具，打开“画笔预设”面板并单击右上角的按钮，选择“载入画笔”命令，如下图所示。

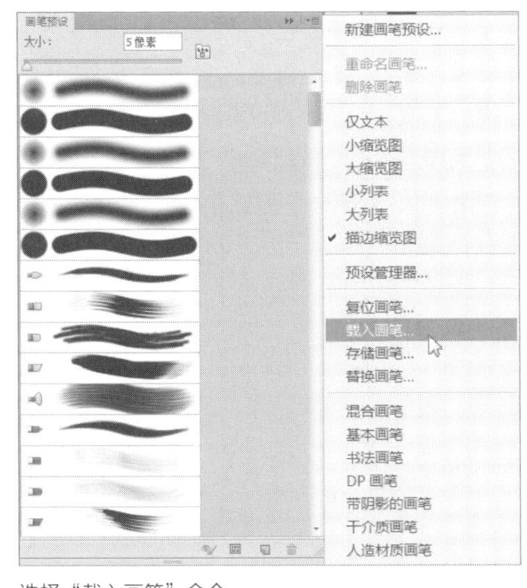

选择“载入画笔”命令

Step 04 打开“载入”对话框，选择给定的“火烧云、烟雾浓烟效果笔刷”文件，并单击“载入”按钮载入画笔，如下图所示。

选择合适的画笔样式

Step 05 重新打开“画笔预设”面板，单击右上角的按钮，选择“小缩览图”命令更改画笔形态预览模式，可见刚才载入的火焰效果的画笔已经存在于画笔样式列表中，如下图所示。

火焰效果画笔样式载入画笔预设中

Step 06 设置前景色为红色，调整画笔大小为600像素，绘制火焰，效果如下图所示。

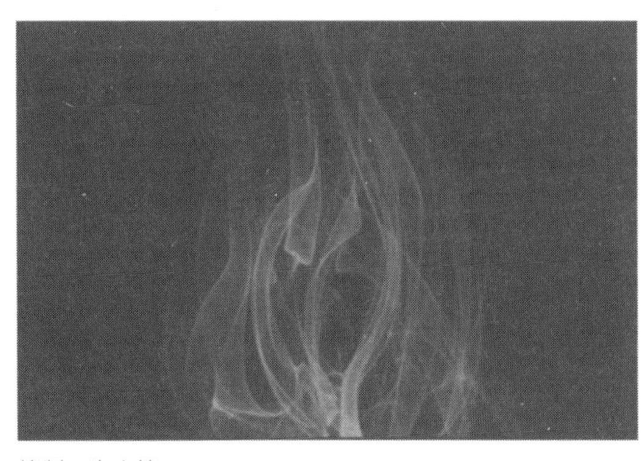
绘制一次火焰

Step 07 设置前景色为橘黄，调整画笔大小为400像素，再次绘制一次火焰，效果如下图所示。可以看出已经很逼真了。用户也可以尝试使用其他颜色进行多次绘制，直到火焰看起来自然逼真。

使用橘黄色再次绘制火焰

6.3 “画笔”面板

同之前的版本相比，Photoshop CS6更加智能化，除了可以通过在画笔拾取器中对画笔样式进行设置外，Photoshop还提供了“画笔”面板，使用户能快速直接地对画笔样式进行选择和编辑，使其更符合使用要求。

6.3.1 画笔笔尖形状

通过“画笔”面板可以生成或管理多种画笔形态。打开“画笔”面板的方式是执行“窗口>画笔”命令，或者选择画笔工具组中的任意画笔工具，在属性栏中单击“切换画笔面板”按钮，也可弹出“画笔”面板。

在“画笔”面板的“画笔笔尖形状”选项面板中可以设置画笔的“大小”、“圆度”、“间距”等参数。

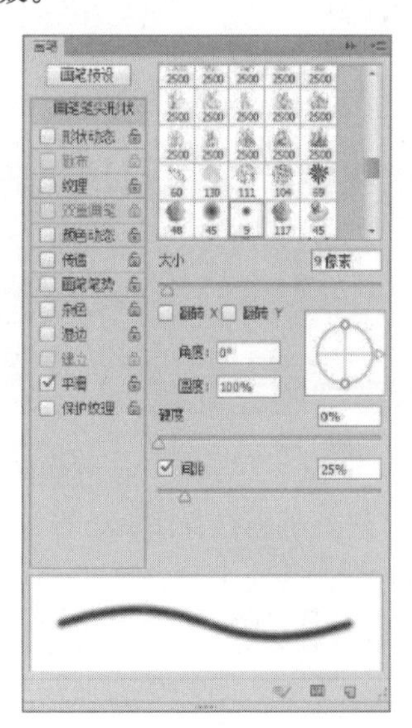

“画笔”面板

- **大小**：在此数值框中输入数值或者拖动滑块，可以设置画笔笔尖的大小。数值越大，画笔笔尖的直径越大。

画笔大小为30像素

画笔大小为50像素

- **翻转X、翻转Y**：这两个选项可以令画笔进行水平方向或者垂直方向的旋转。

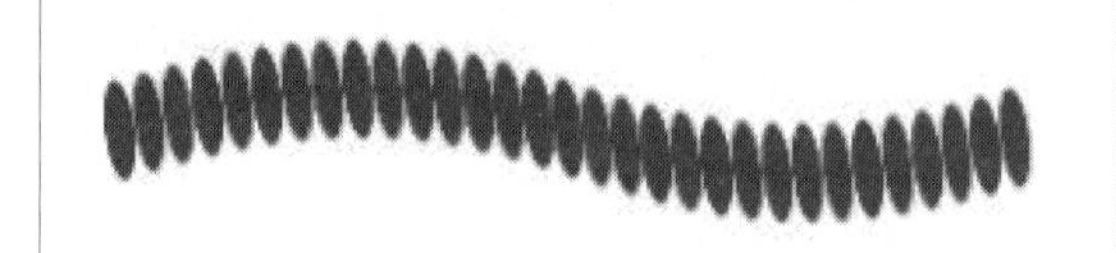

原画笔状态

勾选“翻转X”复选框时画笔状态

- **角度**：当改变“圆度”数值，画笔形态变成椭圆时，可以设置角度。当圆度值为100%的时候，画笔为正圆，此时改变角度值也无法改变画笔样式；当圆度值有所改变时，此时改变角度值可以改变画笔角度。

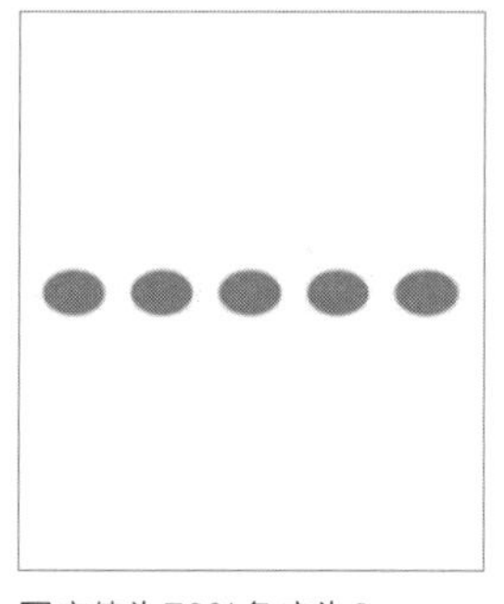

圆度值为70%角度为0

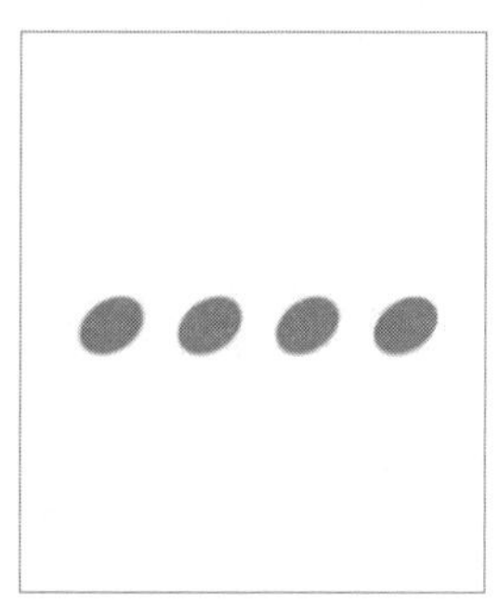

圆度值为70%角度为30

- **圆度**：在此数值框中输入数值，可以设置画笔的圆度。数值越大，画笔笔尖越趋向于正圆或者画笔笔尖在定义时所具有的比例。

圆度为100%

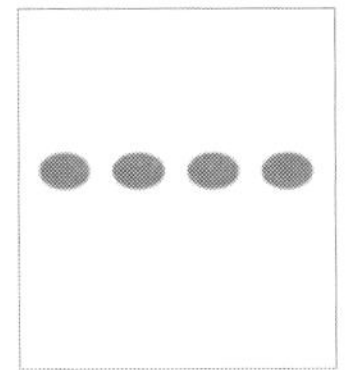

圆度为70%

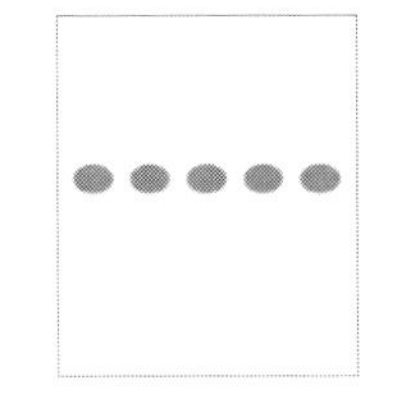

圆度为30%

- **硬度**：当在画笔笔尖形状列表框中选择椭圆形画笔笔尖时，此选项才会被激活。在此数值框中输入数值或者调整滑块，可以设置画笔边缘的硬度。数值越大，笔尖的边缘越清晰；数值越小，笔尖的边缘越柔和。

硬度为100%

硬度为60%

- **间距**：在此数值框中输入数值或调整滑块，可以设置绘图时组成线段的两点间的距离。数值越大，间距越大。将画笔的“间距”数值设置的足够大时，则可以得到点线效果。

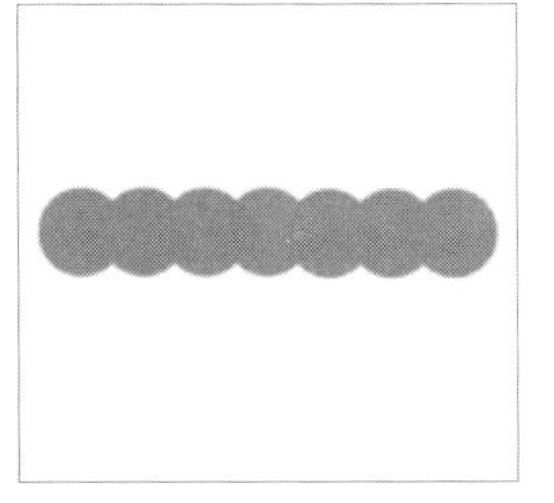

间距为75%时

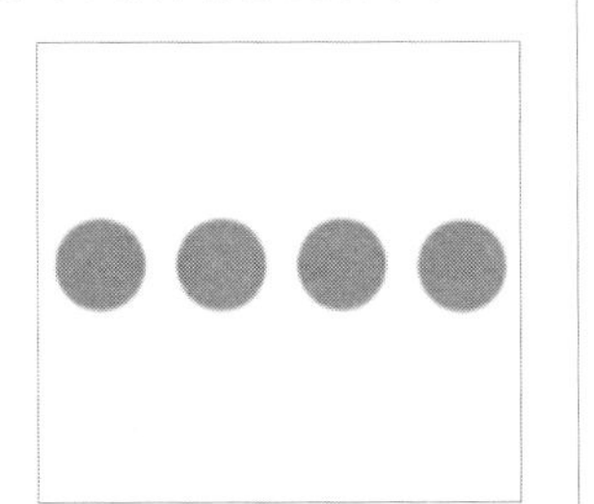

间距为124%时

实战 设置画笔笔尖形状装饰圣诞树

Step 01 将“圣诞树.jpg”图像文件直接拖入Photoshop中，如下图所示。

原图像文件

Step 02 按下B键启用画笔工具，单击属性栏中“切换画笔面板”按钮，打开“画笔”面板，设置画笔样式和其他参数如下图所示。

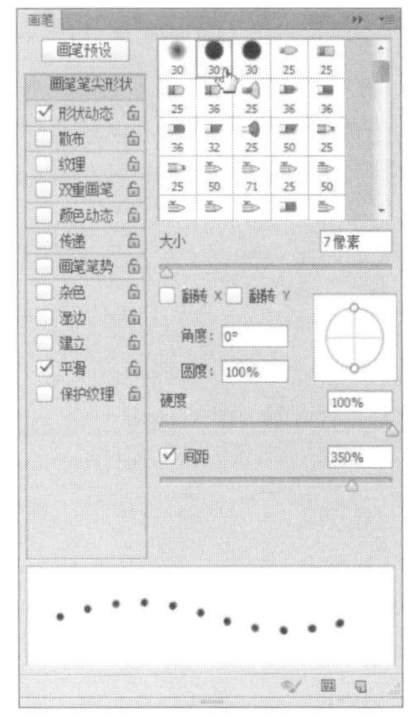

设置画笔笔尖形状

Step 03 新建图层并命名为“画笔修饰”，设置前景色为白色，沿着圣诞树的边缘绘制白色的小灯泡，如下图所示。

绘制白色小灯泡

Step 04 更改前景色为橘黄色，再次绘制，效果如下图所示。

绘出橘黄色小灯泡

Step 05 再次更改画笔笔尖形状，设置画笔的角度和圆度参数，可以看到笔尖形状呈现出米粒形状的椭圆，如下图所示。

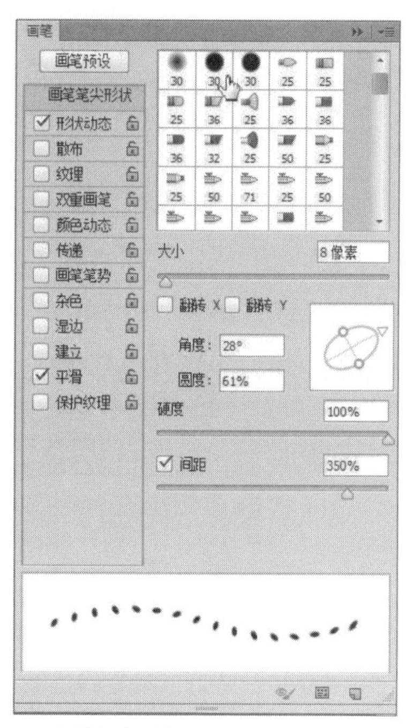

更改画笔笔尖形状

Step 06 更改前景色为红色，沿着刚才绘制的小灯泡方向再次绘制，至此完成圣诞树的简单绘制，如下图所示。

完成圣诞树的绘制

6.3.2 形状动态

“画笔”面板选项区的选项包括“形状动态”、“散布”、“纹理”、“双重画笔”、“颜色动态”、“传递”以及“画笔笔势”等，配合各种参数设置即可得到非常丰富的画笔效果。

在“画笔”面板中勾选“形状动态”复选框，在右侧选项面板中设置大小抖动、最小直径、倾斜缩放比例、角度抖动等参数。

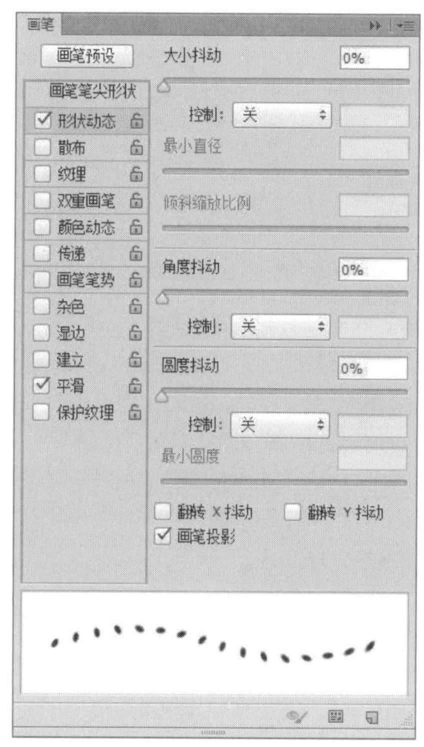

“形状动态”参数

- **大小抖动：** 此参数控制画笔在绘制的过程中尺寸的波动幅度。数值越大，波动的幅度越大。通过调高大小抖动的数值可以看到原本的线条出现了大大小小、断断续续的不规则边缘效果。

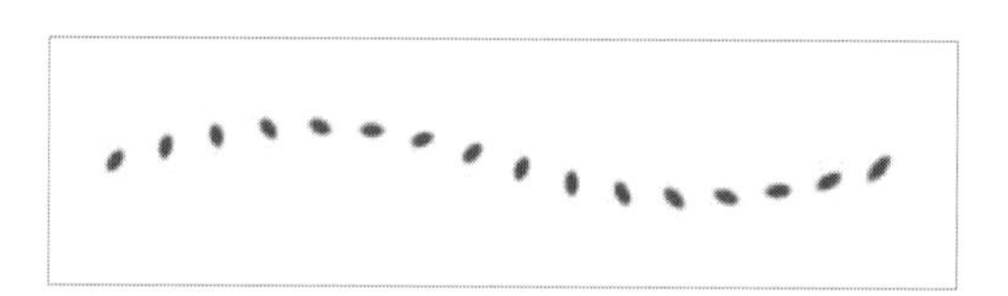

大小抖动值为0时

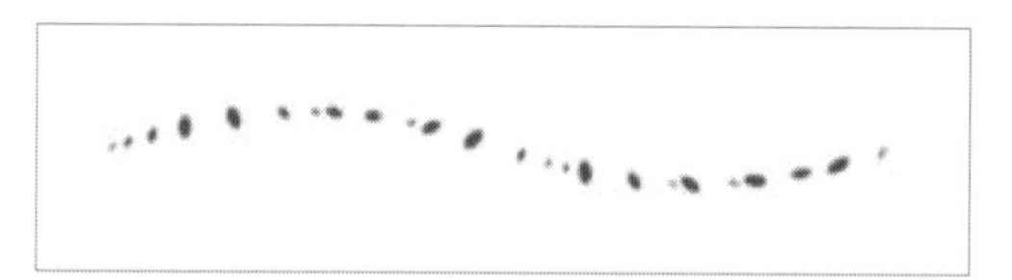

大小抖动值为70时

- **控制：** 在此下拉列表中包括5种用于控制画笔波动方式的参数，即“关”、“渐隐”、“钢笔压力”、“钢笔斜度”、光笔轮”。选择“渐隐”选项将激活其右侧的数值框，在此输入数值以改变画笔笔尖渐隐的步长。数值越大画笔消失的速度越慢其描绘的线段越长。下面比较“渐隐”关闭以及数值为20时得到的线条效果。

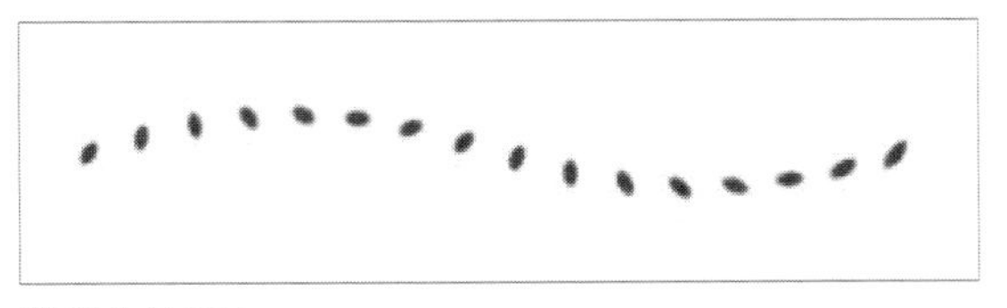

“渐隐”关闭时

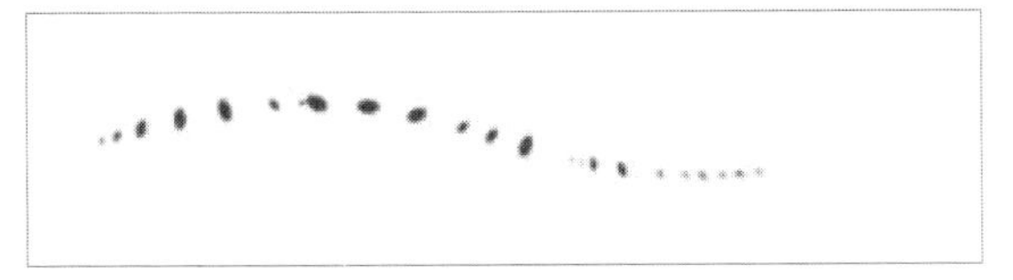

“渐隐”数值为20时

- **最小直径：** 此数值控制在尺寸发生波动时画笔笔尖的最小尺寸。数值越大，发生波动的范围越小，波动的幅度也会相应变小，画笔的动态达到最小时尺寸最大。
- **角度抖动：** 此参数控制画笔在角度上的波动幅度。数值越大，波动的幅度也越大，画笔显得越紊乱。
- **圆度抖动：** 此参数控制画笔在圆度上的波动幅度。数值越大，波动的幅度也越大。
- **最小圆度：** 此数值控制画笔在圆度发生波动时其最小圆度尺寸值。数值越大，则发生波动的范围越小，波动的幅度也会相应变小。
- **画笔投影：** 勾选此复选框后，并在“画笔笔势”选项中设置倾斜及旋转参数，则可以在绘图时得到带有倾斜和旋转属性的笔尖效果。下面比较选中“画笔投影”与未选中“画笔投影”的效果。

未勾选“画笔投影”复选框　　勾选“画笔投影”复选框后

实战 设置画笔形状动态对图像进行润色修饰

Step 01 将“月下老人.jpg”图像文件直接拖入Photoshop中，如下图所示。

打开原图像

Step 02 新建图层并命名为“修饰线”，设置前景色为白色。选择画笔工具，打开“画笔”面板，设置画笔工具参数如下图所示。

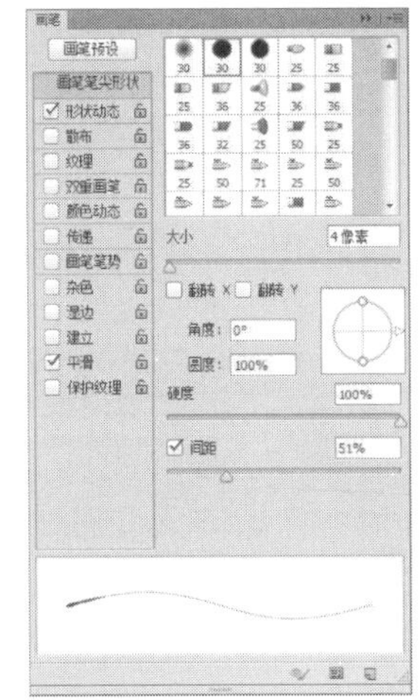

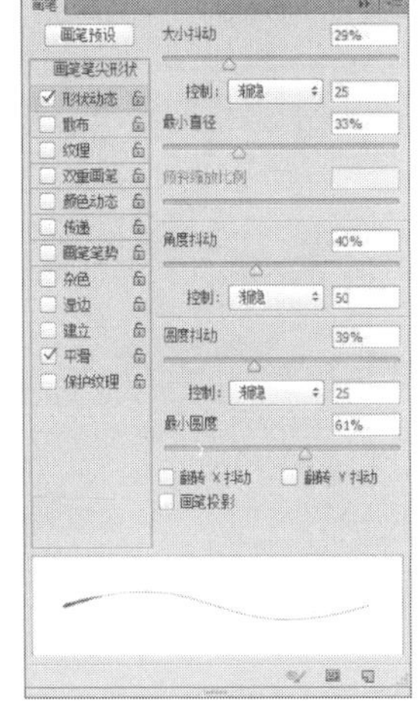

设置画笔工具参数

Step 03 在“修饰线”图层绘制下图所示的线条，制作星尾。

绘制修饰线条

Step 04 按下E键启用橡皮擦工具对绘制好的线条进行适当擦除，使效果更加逼真自然。

使用橡皮擦工具修饰后的效果

Step 05 新建图层并命名为“星空”，设置前景色为白色。选择画笔工具，打开“画笔”面板，设置画笔工具参数如下图所示。

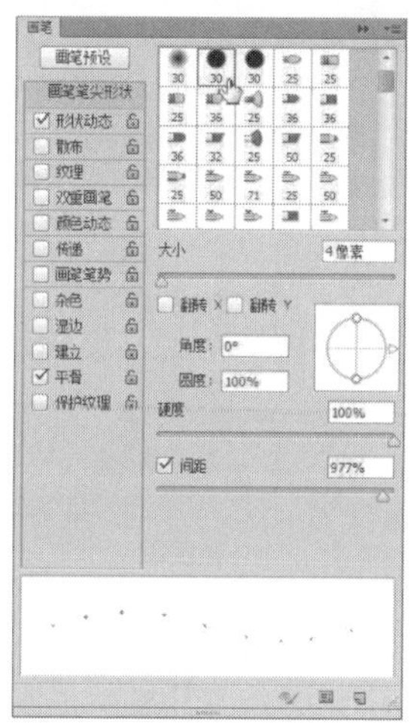

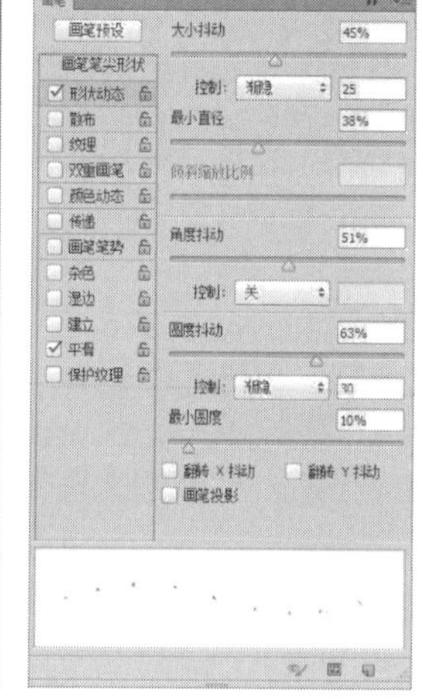

设置画笔工具的参数

Step 06 在“星空”图层上绘制星空，至此，图像修饰完成，如下图所示。

绘制星空，完成最终效果

6.3.3 散布

在“画笔”面板中勾选“散布”复选框，在右侧选项面板中可以设置“散布”、“数量”、“数量抖动”等参数。合理控制画笔散布效果，能够轻松绘制出令人惊艳的图像。

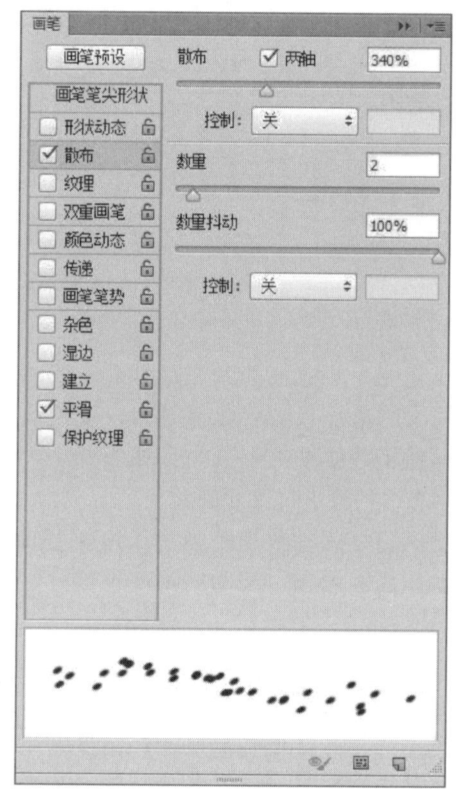

“散布”选项

- **散布：** 此参数控制在画笔发生偏离时绘制的画笔的偏离程度。数值越大，则偏离的程度也越大。

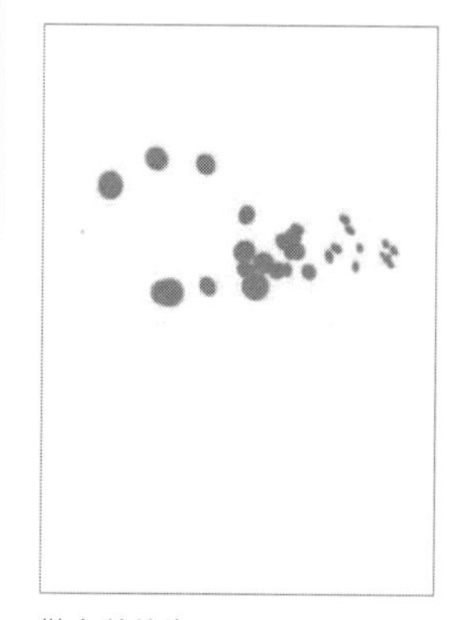

散布数值为750%

散布数值为1000%

- **两轴：** 勾选此复选框，画笔点在X和Y两个轴向上发生分散。取消勾选此复选框，则只在X轴向发生分散。
- **数量：** 此参数控制画笔点的数量。数值越大，构成画笔笔画的点越多。下面通过设置不同的数量比较其效果。

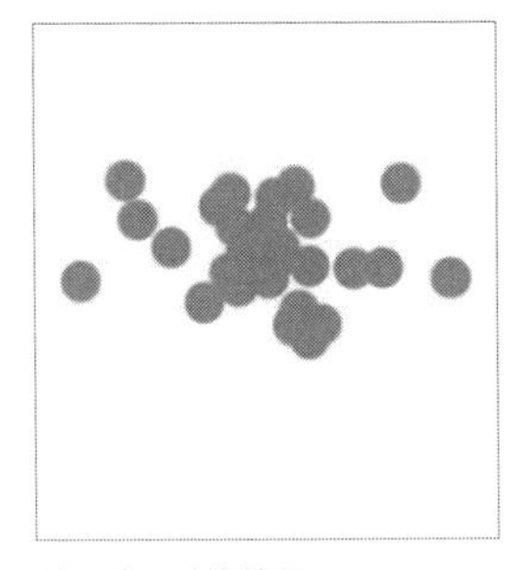

数量为1时的效果

数量为3时的效果

- 数量抖动：此参数控制在绘制画笔点数量的波动幅度。数值越大，得到的笔画中画笔的数量抖动幅度也越大。

实战 设置“散布”参数为图像增加艺术效果

Step 01 将“有风吹过.jpg”图像文件直接拖入Photoshop中，如下图所示。

原图像文件

Step 02 选择画笔工具，打开调整“画笔”面板，选择合适画笔样式，并设置“画笔笔尖形状”以及“形状动态”的参数，具体参数如下图所示。

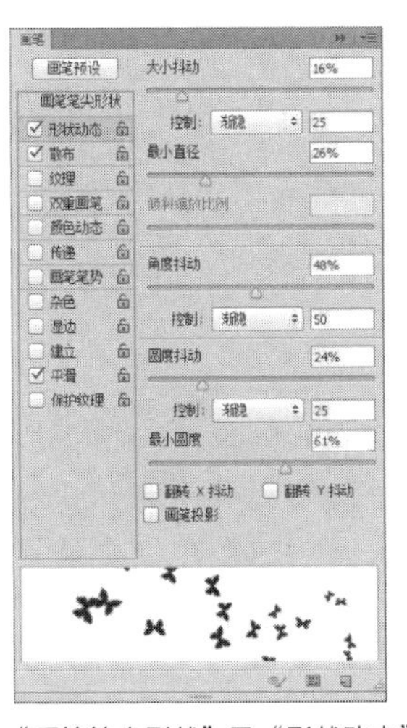

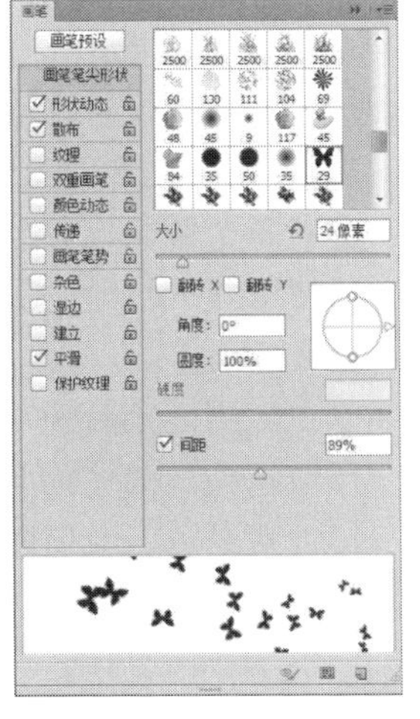

“画笔笔尖形状”及“形状动态”具体参数

Step 03 接着，设置“散布”参数，如下图所示。

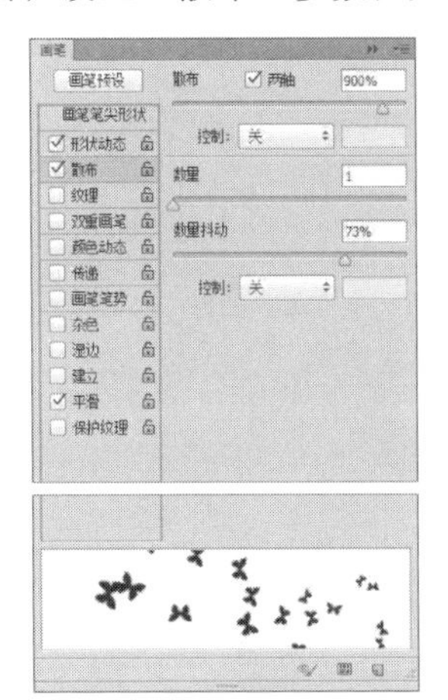

设置“散布”具体参数

Step 04 设置前景色为白色，新建图层并命名为“修饰”，在此图层上使用设置好的画笔工具进行绘制，效果如下图所示。

新建图层并使用画笔工具绘制

Step 05 再次打开“画笔”面板，设置“画笔笔尖形状”及“形状动态”相关参数，如下图所示。

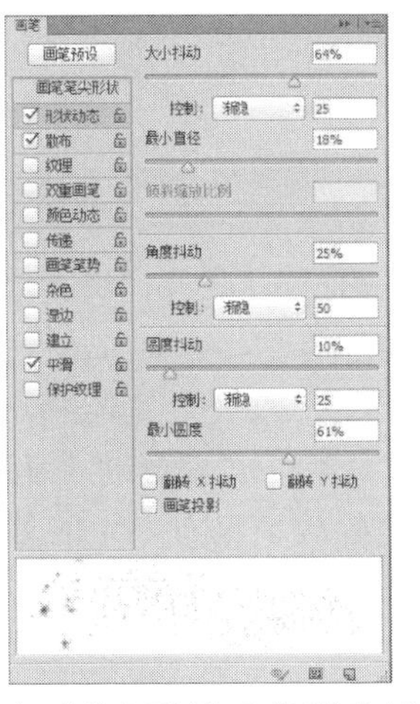

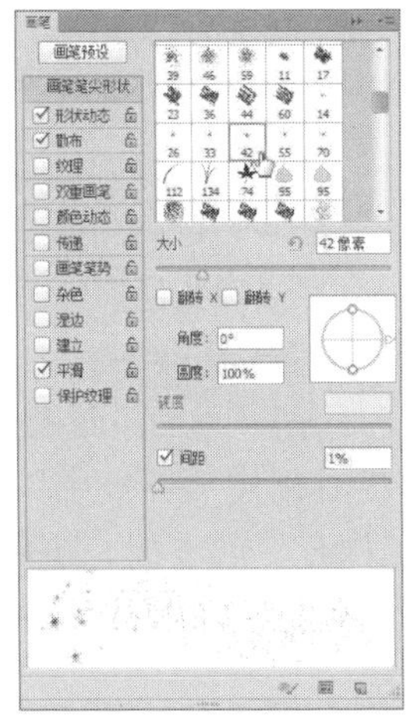

“画笔笔尖形状”及“形状动态”具体参数

Step 06 勾选“散布”复选框，在右侧选项面板中设置相关参数，完成画笔的最终设定，如下图所示。

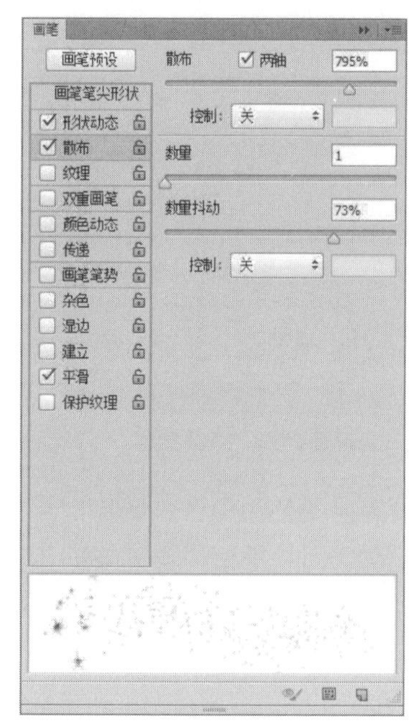

“散布”参数

Step 07 使用设置好的画笔工具绘制星星斑点，最终效果如下图所示。

绘制星星斑点，完成图像的润色

6.3.4 纹理

“纹理”是指为画笔添加纹理效果，快速指定画笔的材质特征。

在“画笔”面板中勾选“纹理”复选框，在右侧选项面板中设“亮度”、“对比度”和“深度”等参数，绘制出的效果也有一定的差异，并且画笔绘制出的颜色为前景色的颜色。

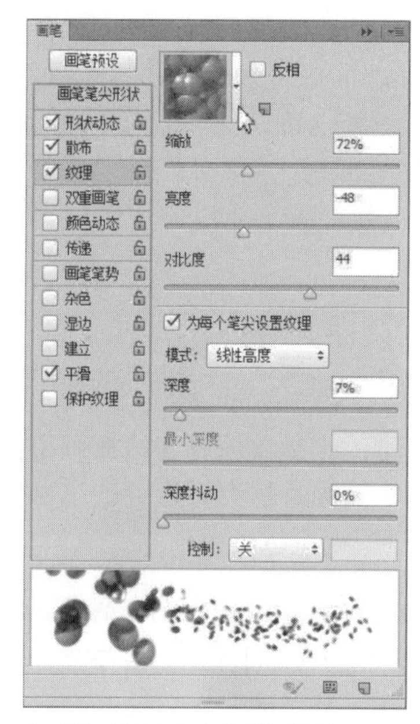

“画笔”面板中的“纹理”选项

我们用上图已经选中的纹理和设置好的画笔效果，通过实际操作后的效果对比差异。

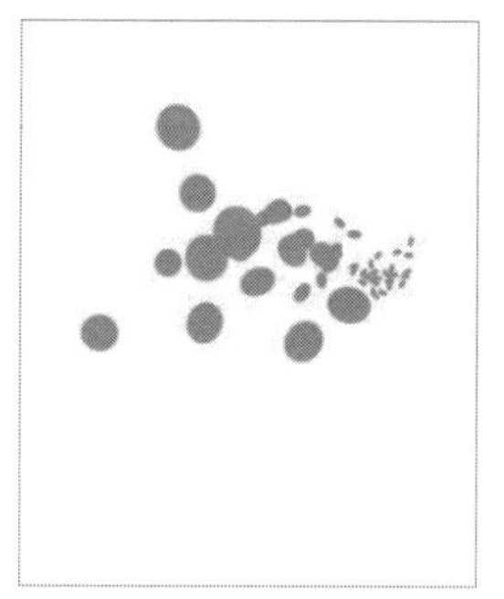

未勾选“纹理”复选框

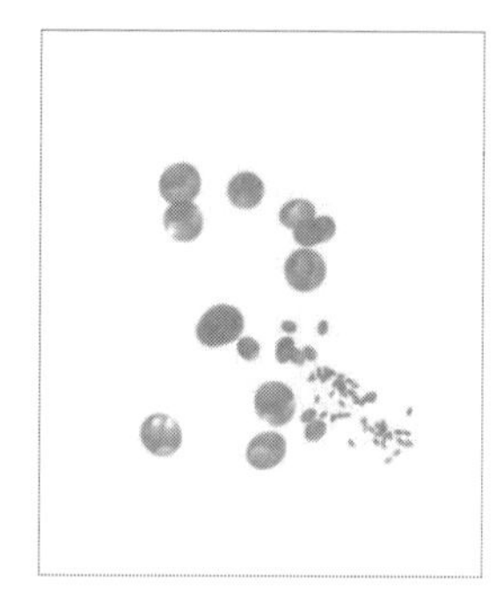

设置“纹理”效果后

6.3.5 颜色动态

在“画笔”面板中勾选“颜色动态”复选框，在右侧面板中设置相关参数，则可以动态地改变画笔的颜色效果。

- **应用每笔尖：** 勾选此复选框后，将在绘画时，针对每个画笔进行颜色动态变化；反之，则仅使用第一个画笔的颜色。
- **前景/背景抖动：** 输入数值或者拖动滑块，可以在应用画笔时控制画笔的颜色变化情况。数值越大、画笔的颜色发生随机变化时，越接近背景色，数值越少画笔的颜色发生随机变化时，越接近于前景色。

- **色相抖动：** 此参数用于控制画笔色相的随机效果。数值越大，画笔的色相发生随机变化时越接近于背景色色相，数值越小，画笔的色相发生随机变化时，越接近于前景色色相。
- **饱和度抖动：** 此参数用手控制画笔饱和度的随机效果。数值越大，画笔的饱和度发生随机变化时，越接近背景色的饱和度，数值越小，画笔的饱和度发生随机变化时，越接近于前景色的饱和度。
- **亮度抖动：** 此参数用于控制画笔亮度的随机效果。数值越大，画笔的亮度发生随机变化时，越接近背景色亮度，数值越小画笔的亮度发生随机变化时，越接近于前景色亮度。
- **纯度：** 输入数值或者拖动滑块可以控制画笔的纯度。当设置此数值为-100%时，画笔呈现饱和度为0的效果；当设置此数值为100%时，画笔呈现完全饱和的效果。

实战 设置颜色动态制作消散艺术效果

Step 01 将“梦幻仙境.jpg”图像文件直接拖入Photoshop中，如下图所示。

原图像

Step 02 新建图层并命名为“渲染”，如下图所示。

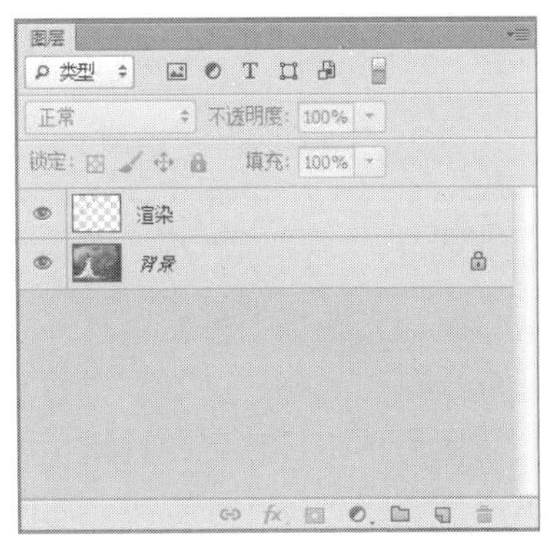

新建图层

Step 03 按下B键启用画笔工具，打开“画笔”面板，对画笔进行相关参数设置。首先设置“画笔笔尖形状”以及“形状动态”的参数，如下图所示。

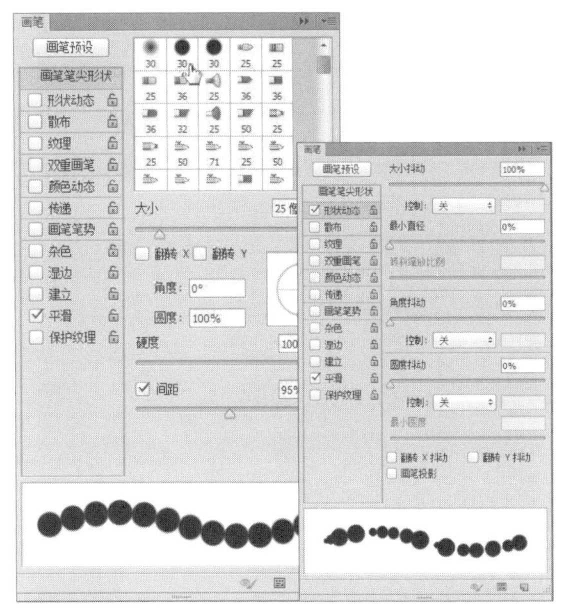

“画笔笔尖形状”以及“形状动态”具体参数

Step 04 接着，设置“散布”以及“颜色动态”参数，如下图所示。

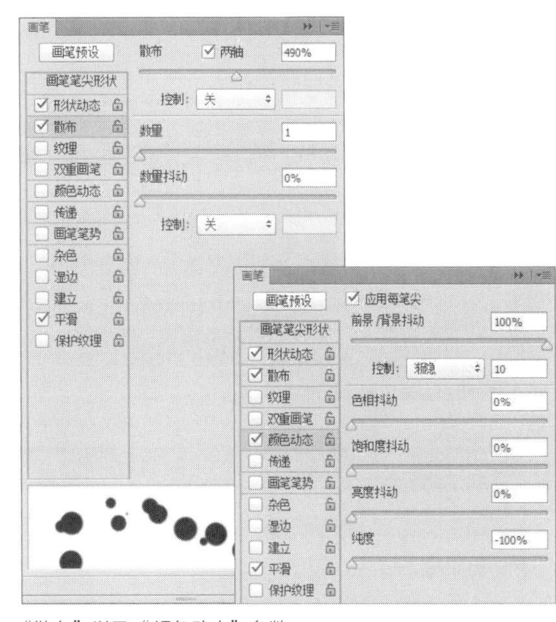

“散布”以及“颜色动态”参数

Step 05 在“渲染”图层中使用设置好的画笔工具进行绘制。按住Alt键在人物左侧多次吸取颜色点，使绘制出的颜色与周围景色融合地更加自然，如下图所示。

使用画笔工具进行绘制

Step 06 最后，选中“渲染”图层并更改混合模式为“点光”，使图像看起来更加自然逼真，如下图所示。

调整混合模式完成图像制作

6.4 选取颜色

在Photoshop中，选取颜色或设置颜色可通过多种方式进行实现。用户快速编辑颜色的方法有：在“拾色器”对话框中设置颜色；使用“颜色”面板或“色板”面板选择颜色；使用吸管工具吸取颜色，下面分别进行介绍。

6.4.1 前景色和背景色

在进行选取颜色的操作前，首先简单认识下Photoshop的前景色和背景色。

在工具箱下端有两个叠放在一起的颜色色块。叠放在上一层的称为“前景色”，下一层的称为“背景色”。

默认情况下前景色为黑色，背景色为白色。单击“切换前景色和背景色”按钮或按下X键可以进行前景色和背景色的快速切换。

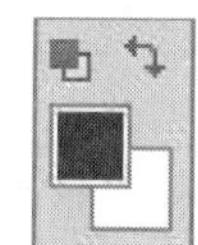

默认效果

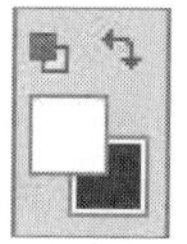

切换效果

6.4.2 “拾色器”对话框

单击前景色色块即可打开“拾色器（前景色）”对话框。同理，单击背景色色块打开的是“拾色器（背景色）”对话框。

在“拾色器（前景色）”对话框中可以看到，当颜色为默认前景色黑色时，R、G、B数值框中的数值同为0。将光标移动到对话框中的颜色区域，在需要选择的颜色上单击，此时R、G、B的数值同时发生变化。

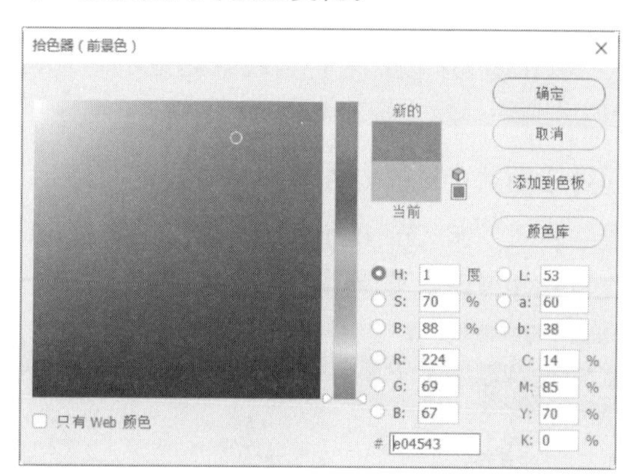

“拾色器（前景色）”对话框

在该对话框中单击“颜色库”按钮即可打开“颜色库”对话框，其中显示所选颜色对应的色标。

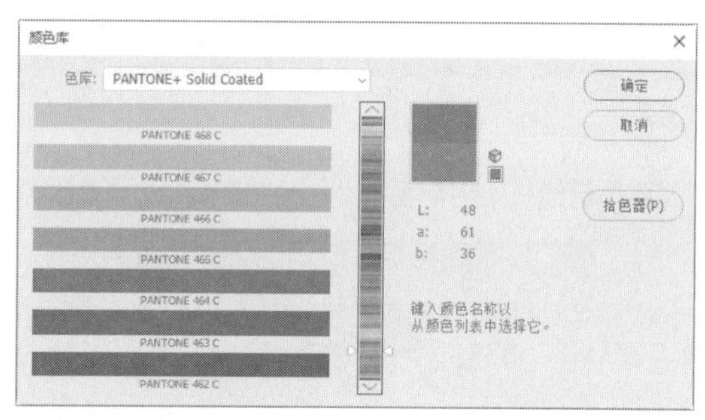

“颜色库”对话框

单击“添加到色板”按钮则打开“色板名称”对话框，在“名称”文本框中输入新色板的名称，完成后单击“确定”按钮，即可将选择的颜色添加到“色板”面板中，此时，前景色为设置的颜色。

6.4.3 吸管工具

使用吸管工具可从图像的任何位置直接吸取颜色。默认情况下，使用吸管工具吸取的颜色为前景色。

使用吸管工具选择颜色的方法是，在工具箱中选择吸管工具，将光标移动到图像中，在需要的颜色上单击，即可将前景色替换为当前吸取的颜色。

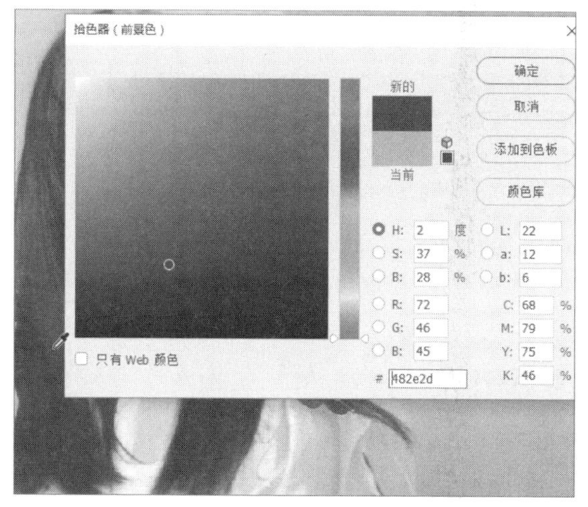

吸取图像中的颜色

6.4.4 “色板”面板

在“基本功能”和“绘图”工作界面右侧的面板组合区域中，都显示了“色板”面板，在其中可以快速调整前景色。

使用“色板”面板选择颜色的操作方法是将光标移动到“色板”面板中，当光标变为吸管状时，在需要的颜色上单击，即可将前景色替换为当前选择的颜色。

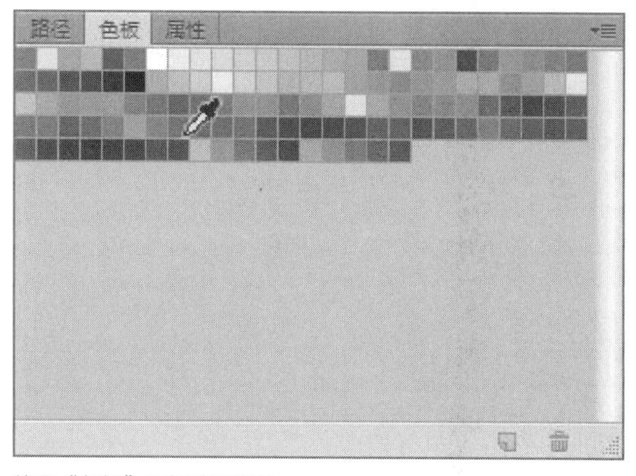

使用“色板”面板选取颜色

6.5 填充颜色

在Photoshop中，除了可以通过前景色和背景色为图像填充颜色外，还可以使用渐变工具、油漆桶工具以及“填充”命令对图像进行颜色填充。

6.5.1 “填充”命令

使用“填充”命令可以快速对整幅图像或选区进行颜色或图案的填充。执行“编辑>填充”命令即可打开“填充”对话框，用户可以设置相关参数。

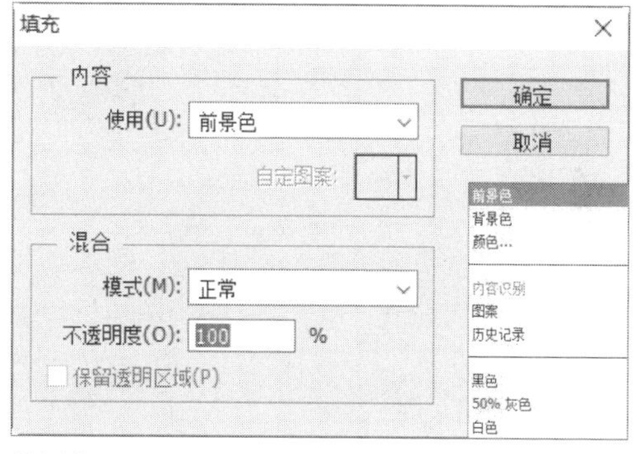

“填充”对话框

- **使用：** 在其中可以指定填充选区的方式，如前景色、背景色、任意颜色、图案、内容识别、历史记录等。当选择“图案”选项后，即可激活“自定图案”选项，在其中可对图案样式进行设置。
- **模式：** 单击右侧下三角按钮在列表中可以指定填充颜色的混合模式。
- **不透明度：** 用于指定填充颜色以及图案纹理的不透明度。

这里需要强调的是，使用“内容识别”自动填充功能可快速地将图像中的指定部分无痕去除，只需对要调整的图像进行选区创建，再执行该命令即可利用“内容识别”自动填充功能便可，也可对图像进行修改、移动或删除。

“内容识别”是Photoshop中较为重要的功能，下面通过案例来介绍具体用法。

实战 使用“填充”命令修改图像

Step 01 将“草和树.jpg”图像文件直接拖入Photoshop中，如下图所示。

原图像

Step 02 选择套索工具将图中的自行车选出，如下图所示。

创建选区

Step 03 执行“编辑>填充”命令，打开“填充”对话框，在“内容”选项组的“使用”下拉表中选择“内容识别”选项，单击“确定”按钮，如下图所示。

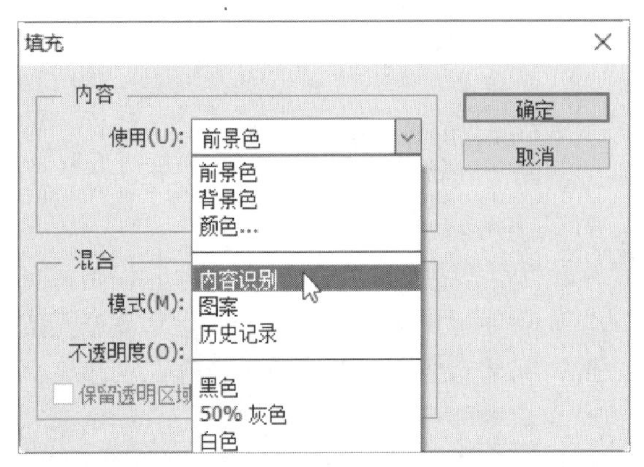

选择“内容识别”选项

Step 04 可以看到图像中的自行车已经被自动识别并被周围的景色替代，基本上看不出修改、删除的痕迹，如下图所示。

填充后的图像

6.5.2 油漆桶工具

油漆桶工具能够在图像中快速填充颜色或图案，其填充范围是与单击处的像素点颜色相同或相近的像素点。选择油漆桶工具，设置属性栏中的相关参数后在图像中单击即可完成。

油漆桶工具属性栏

- **填充：** 用来选择填充方式。在列表中包括“前景”和“图案”两种填充方式。
- **不透明度：** 控制填充内容的不透明度。
- **容差：** 用来指定使用油漆桶工具填充图像时的颜色容差值。此值的大小决定填充时颜色差异的容许范围。
- **连续的：** 用来指定是否填充不连续的区域，可限制填充范围。
- **所有图层：** 指定是否作用于所有图层。

实战 使用油漆桶工具填充纹理背景

Step 01 将“飞鸟.psd”素材文件直接拖入Photoshop中，如下图所示。

打开飞鸟素材

Step 02 新建图层置于所有图层最底部并命名为“背景”，如下图所示。

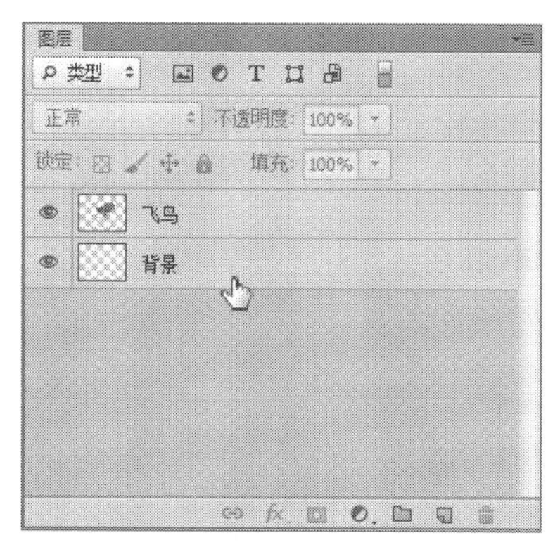

新建“背景”图层

Step 03 按下G键启用油漆桶工具，并在属性栏中的“填充”下拉列表中选择“图案”选项，并选择合适的图案，如下图所示。

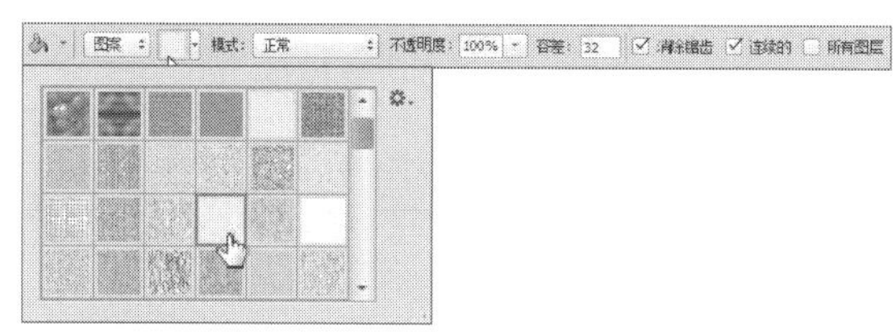
选定预设图案

Step 04 选择“背景”图层，使用油漆桶工具填充图案，效果如下图所示。

填充图案的效果

6.5.3 渐变工具

使用渐变工具可实现从一种颜色过渡到另一种颜色的填充。这种自然而色彩丰富的填充效果是编辑图像过程中较为实用的功能。

渐变工具属性栏

选择渐变工具，在属性栏中单击渐变色条旁的下拉按钮，在弹出的渐变预设框中默认情况显示的16款渐变样式。

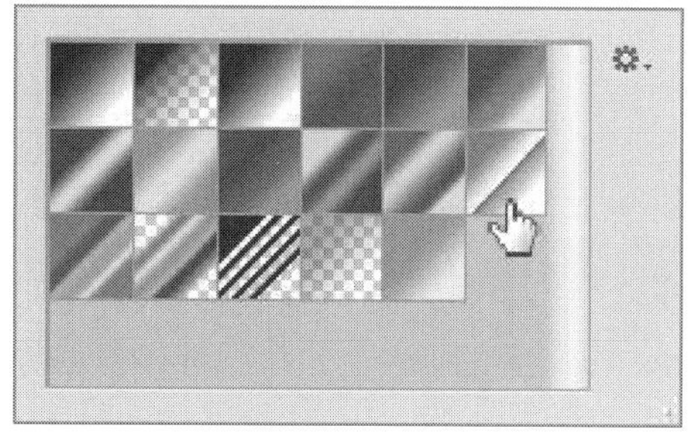
渐变预设框

- **渐变预设框：** 单击渐变颜色条右侧下拉按钮，会弹出渐变预设框。可以选择Photohop提供的各种基本渐变，并应用到图像上。另外单击渐变颜色条，还会弹出“渐变编辑器”对话框，用户可以设置颜色滑块的颜色和位置自定义渐变颜色。

“渐变编辑器”对话框

- **渐变样式组：** 渐变样式组可选择应用在图像上的渐变样式，从左到右分别为“线性渐变”、“径向渐变”、“角度渐变”、“对称渐变”、“菱形渐变”。

线性渐变

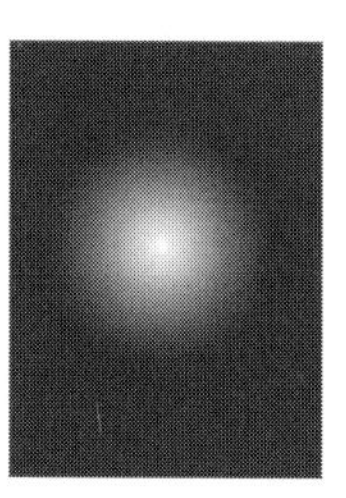
径向渐变

角度渐变

对称渐变

菱形渐变

- **模式：**在图像上应用渐变的时候，可以选择混合模式。
- **不透明度：**调节应用在图像上的渐变效果的不透明度。
- **反向：**勾选该复选框后，可以调换应用渐变的起始颜色和结束颜色，用于设定是否产生反向渐变的效果。
- **仿色：**勾选该复选框可以使填充的渐变色的色彩过渡更加平滑和柔和。
- **透明区域：**应用透明渐变效果。如果在渐变颜色上设置不透明度，就必须勾选该复选框，这样才可以在图像上应用透明渐变效果。

实战 使用渐变工具制作手绘群山效果

Step 01 按Ctrl+N组合键在“新建”对话框中新建文件，命名为“群山”，具体参数设置如下图所示。

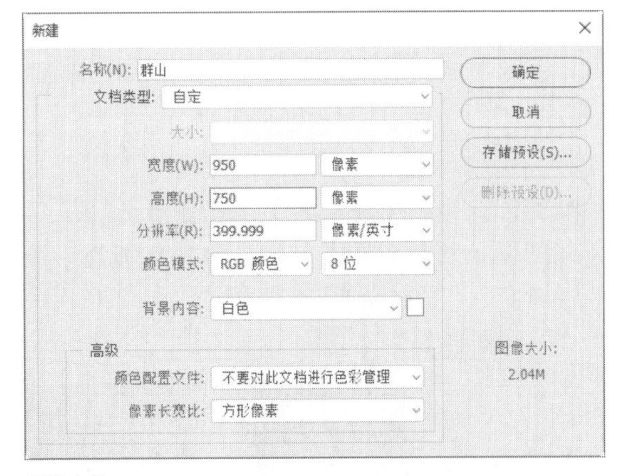

新建文件

Step 02 设置“前景色”的色号为#4583a8，“背景色”为白色，在工具箱中选择渐变工具，在属性栏中设置相关参数，如下图所示。

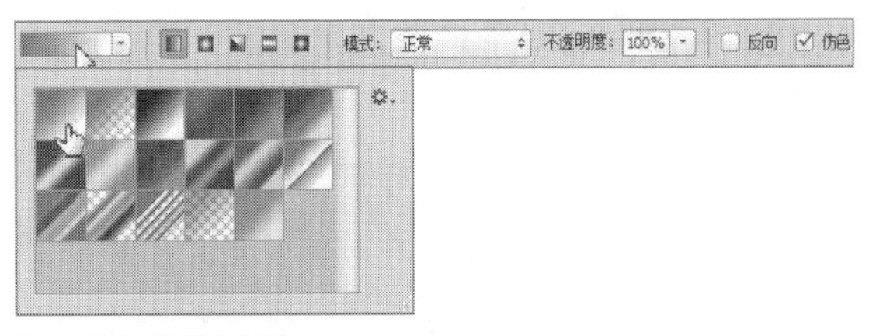

设置渐变工具的参数

Step 03 设置完成后按住鼠标左键，同时按住Shift键从上向下拖动至图像底部，释放鼠标左键后，效果如下图所示。

使用渐变工具绘制天空

Step 04 新建图层并命名为“山1”。按下L键启用用套索工具，在此图层中绘制类似山形的选区，如下图所示。

绘制山形选区

Step 05 设置“前景色”的色号为#t2bid1，继续使用渐变工具，在图像中单击鼠标右键，在弹出的面板中选择“前景色到透明渐变”样式。接着，从选区顶部至底部偏左10度进行拖曳，效果如下图所示。

绘制山的效果

Step 06 按照相同的方法继续绘制山，制作出群山效果，如下图所示。

制作群山效果

Step 07 按下E键启用橡皮擦工具对图像进行适当的修改，效果如下图所示。

使用橡皮擦工具适当修改

Step 08 接着绘制一个逼真的太阳。设置前景色为白色，单击渐变工具属性栏中渐变颜色条，在弹出的“渐变编辑器”中设置渐变颜色。在对话框中光标单击的地方是调整透明渐变的不透明滑块，从左至右起，3个不透明滑块的不透明度值分别为100%、50%和10%，如下图所示。

设置渐变的参数

Step 09 选择椭圆选框工具，按住Shift键在图像左上角绘制正圆形选区，如下图所示。

绘制一个正圆

Step 10 选择渐变工具，设置“渐变样式”为“径向渐变”并将光标置于选区的中心位置，按住鼠标左键向选区边缘拖动，释放鼠标左键并按Ctrl+D组合键取消选区，如下图所示。

完成太阳的绘制

制作古风图像效果

下面将通过对不同图像的修改、颜色的改变及氛围的渲染，制作古风效果的图像。从而串联本章所学的图像的绘制与填充工具的使用，下面介绍具体操作方法。

Step 01 打开“忆长安.jpg”图像文件，效果如下图所示。

打开原图像

Step 02 选择颜色替换工具，更改属性栏中的参数；设置“前景色”为色号#fed4d3，对图像中的树进行涂抹，效果如下图所示。

45 模式：明度 限制：连续 容差：18% 消除锯齿

使用颜色替换工具更换树的颜色

Step 03 更改“前景色”色号为#ffdddf，设置属性栏的参数，继续涂抹大树，效果如下图所示。

更改大树的颜色

Step 04 更改“前景色”色号为#ef4646，设置属性栏中的参数，涂抹屋顶，如下图所示。

更改屋顶的颜色

Step 05 按Ctrl+Alt+C组合键，打开“画布大小”对话框，设置合适的参数，如下图所示。

画布大小
当前大小：2.21M
宽度：1024 像素
高度：756 像素
确定
取消
新建大小：10.5M
宽度(W)：1395 像素
高度(H)：756 像素
相对(R)
定位：
画布扩展颜色：其它...

更改画布大小

Step 06 单击“确定”按钮，查看更改画布大小的效果，如下图所示。

更改画布大小的效果

Step 07 选择快速选择工具，选取白色及黑色部分并右击，在弹出的菜单中选择“羽化”命令，在打开的对话框中设置“羽化半径”值为2像素，如下图所示。

羽化选区

羽化半径(R): 2 像素 确定

应用画布边界的效果 取消

设置羽化

Step 08 单击“确定”按钮，查看设置效果，如下图所示。

羽化选区的效果

Step 09 右击选区，在弹出的菜单中选择“填充”命令，在“填充”对话框的“内容”列表中选择“图案”选项，如下图所示。

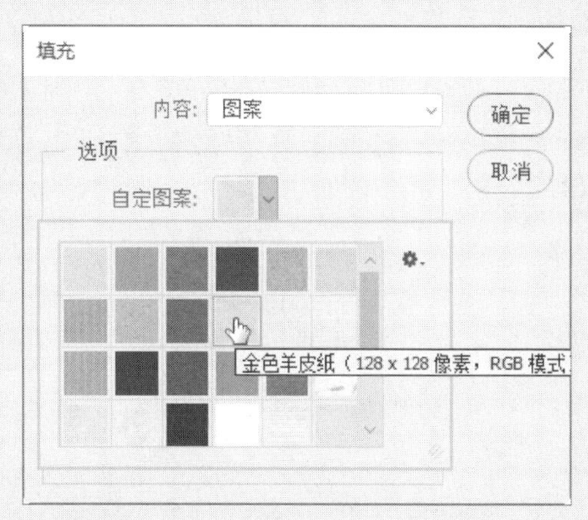

填充图案

Step 10 单击“确定”按钮后，按B键启用画笔工具，打开“画笔”面板，设置“画笔笔尖形状”及“形状动态”参数，如下图所示。

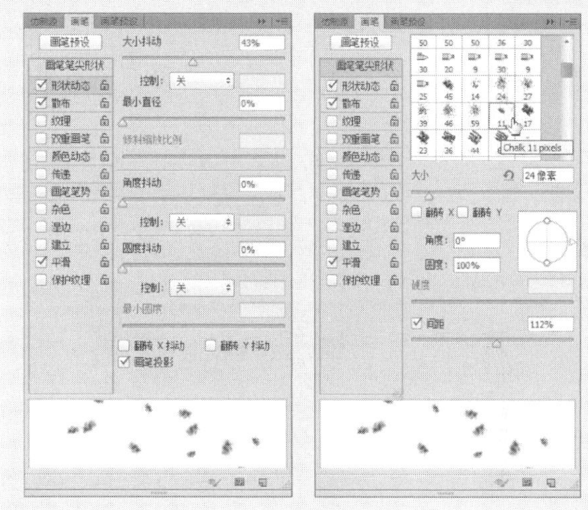

设置“画笔笔尖形状”及“形状动态”参数

Step 11 继续设置画笔的“散布”参数，如下图所示。

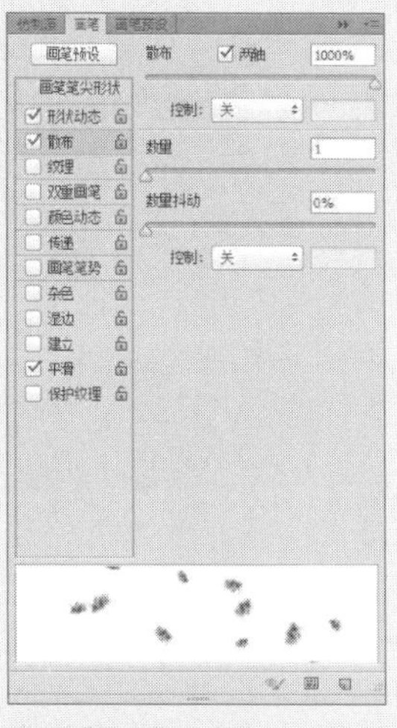

设置“散布”参数

Step 12 按住Alt键在图像的樱花处单击吸取树上的颜色，此时可以看到“前景色”变为刚才吸取的颜色，使用画笔工具在图像上绘制出花瓣飘落的效果，如下图所示。

绘制花瓣飘落效果

Step 13 新建图层并命名为“提字框”，使用矩形选框工具在右侧创建矩形选区，右击在快捷菜单中选择“填充”命令，设置参数后进行填充，如下图所示。

绘制选区并填充

Step 14 新建图层并命名为“光线渐变”，设置前景色为白色。选择渐变工具，在属性栏中的“渐变预设框”中选择“前景色到透明渐变”，“渐变样式”为“线性渐变”等，如下图所示。

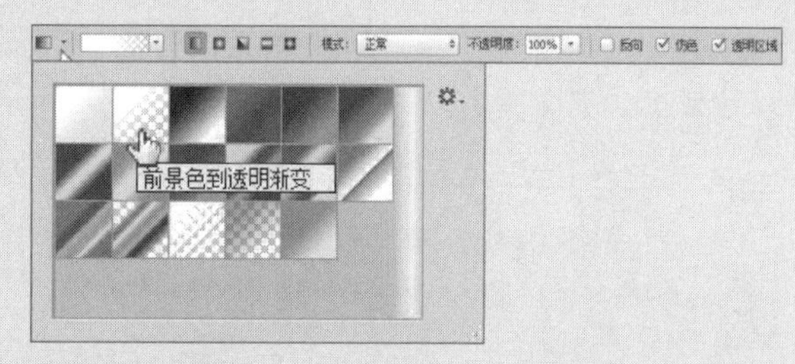

设置渐变工具参数

Step 15 选中“光线渐变”图层，从图片右上角向左下角适当拖曳创建渐变效果，并设置图层“混合模式”为“叠加”、“不透明度”为59%，效果如下图所示。

调整图像的光线效果

Step 16 选择直排文字工具，设置合适的字体并在图像上输入“忆长安”文字，至此，完成古风图像的制作，如下图所示。

完成古风图像的制作

Chapter 07

图层的应用

本章首先介绍图层的基本知识及应用技巧，然后介绍图像的基本调整方法及混合模式等应用知识。在Photoshop中图层具有非常重要的功能，用户可以在图层中执行新建、复制和编辑图像的操作，同时还可以将不同的图像放置在不同的图层中，便于区别图像位置和进行移动图像等操作。通过本章的学习，用户可以运用图层知识制作出多种图像效果。

7.1 创建图层

在Photoshop中，创建图层的方法多种多样，同时用户可以根据需要创建不同类型的图层，如普通透明图层、文字图层、形状图层和背景图层等。创建图层后，用户可以对原始的图层和创建的图层进行编辑操作。下面介绍不同类型图层创建的方法。

7.1.1 普通透明图层

打开Photoshop软件，在“图层”面板中，单击“创建新图层”按钮，可以在“图层”面板中快速创建普通透明图层。

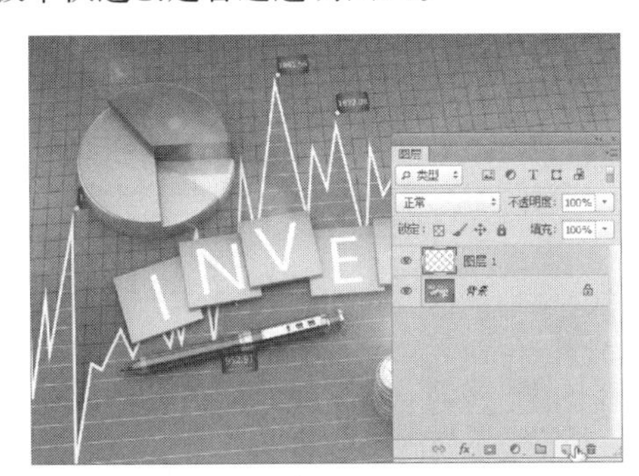

普通透明图层

如果要在创建图层的时候设置图层的属性，可以执行“图层>新建>图层”命令，在弹出的“新建图层”对话框中可以设置图层的名称、颜色、混合模式和不透明度等参数。

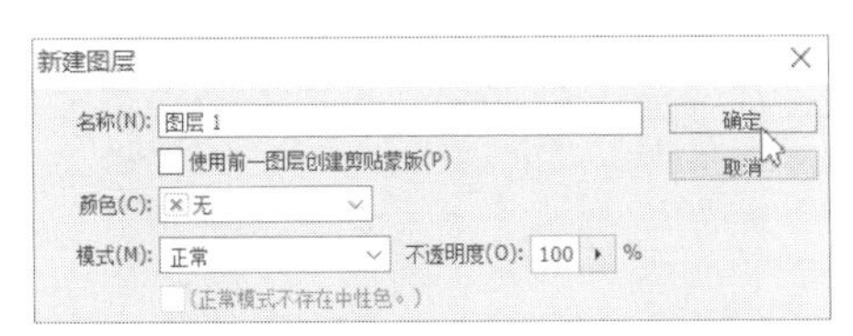

打开“新建图层”对话框

7.1.2 文字图层

在Photoshop中，如果在文档窗口中输入文字，“图层”面板将自动生成一个文字图层并以输入的文字命名该图层。

在工具箱中选择横排文字工具T，并在文档中单击并输入文字。

输入文本

通过以上方法即可完成创建文字图层的操作，文字图层的缩览图上显示字母T。

文字图层

提示：

如果用户需要对文字图层进行更多编辑操作，只需对文字图层进行栅格化操作，转换为普通图层即可。

实战 创建文字图层

Step 01 按下Ctrl+O组合键，打开“狮子.jpg”素材图片，如下图所示。

打开素材图片

Step 02 选择横排文字工具在图层上输入The Lion King文字，打开“字符”面板并设置字体、字号和行间距，如下图所示。

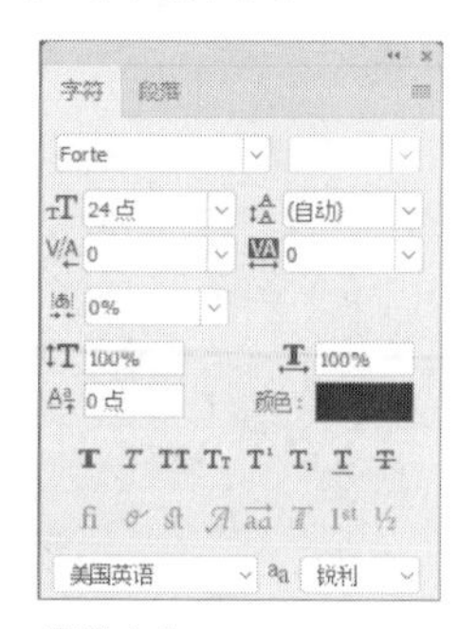

设置文字

Step 03 设置完成后，查看创建文字图层的效果，如下图所示。

查看效果

7.1.3 形状图层

在Photoshop中，用户可以使用钢笔工具在文档窗口中绘制形状，即可在“图层”面板中自动创建形状图层。

打开图像文件后，选择工具箱中的钢笔工具，在属性栏中设置模式为“形状”，然后设置填充颜色、描边等参数，在文档窗口中，绘制一个完整的形状。

绘制形状

绘制完成后，在“图层”面板中自动创建形状图层。

创建形状图层

实战 创建形状图层

Step 01 按下Ctrl+O组合键，打开“飘逸的美女.jpg”素材，如下图所示。

打开素材图片

Step 02 选择工具箱中自定义形状工具，在属性栏中设置模式为“形状”，单击“形状”下拉按钮，在打开的面板中选择“八分音符”形状，如下图所示。

设置自定义形状工具

Step 03 设置完成后，在图片中绘制多个八分音符形状，图层面板也发生了变化，如下图所示。

查看创建的形状图层

7.1.4 背景图层

在Photoshop中，用户可以根据绘制图层的需要，将普通的图层转换为背景图层。

创建透明图像文件后，在“图层”面板中仅包含“图层1”普通图层，然后执行“图层>新建>图层背景”命令，即可将“图层1”转换为“背景”图层。

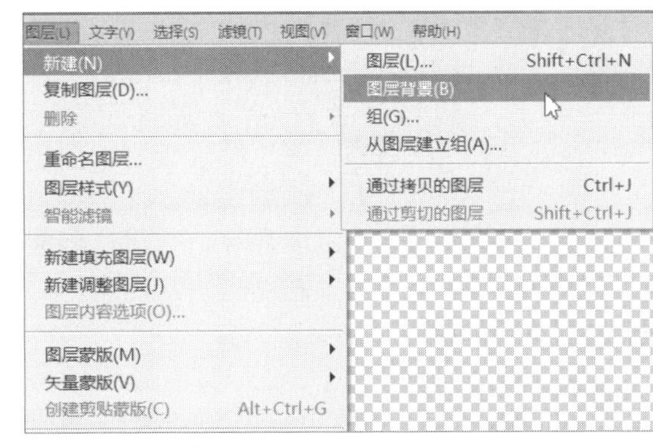

执行“图层背景”命令

背景图层

实战 创建背景图层

Step 01 按下Ctrl+O组合键，在打开的对话框中打开“雪景.jpg”素材，执行“图层>新建>背景图层”命令，将图片命名为“背景图层”并将颜色改为“红色”单击“确定”按钮，如下图所示。

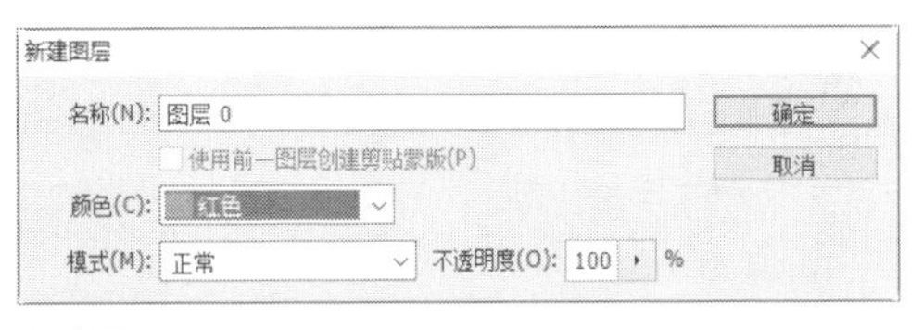

新建图层

Step 02 设置完成后，查看图层面板中图层效果，如下图所示。

查看效果

7.2 编辑图层

本节主要介绍图层的编辑操作，包括图层的分组、图层的重命名、复制图层、显示和隐藏图层、合并图层和锁定图层等，掌握这些编辑操作可以在一定程度上帮助用户对图层中的图像进行调整。

7.2.1 图层的分组

在Photoshop中，随着对图像的不断编辑，图层的数量往往会越来越多，少则几个，多则几十个、几百个，要在如此之多的图层中找到需要的图层，将会是一件很麻烦的事情。如果使用图层组来管理同一个内容部分的图层，就可以使“图层”面板中的图层结构更加有条理，寻找起来也更加方便快捷。

创建图层组常用的方法有3种，分别是在图层面板中创建图层组、用“新建”命令创建图层组和从所选图层创建图层组。下面对各种方法分别进行介绍。

❶在图层面板中创建图层组

在“图层”面板中单击“创建新组”按钮 ，即可创建一个空白的图层组，选择该图层组后新建图层将位于该组中。

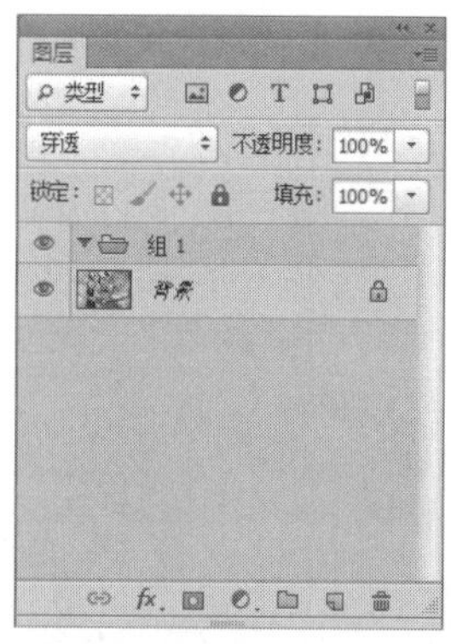

创建图层组

创建新图层

❷用“新建”命令创建图层组

如果要在创建图层组时设置组的名称、颜色、混合模式和不透明度，可以执行“图层>新建>组”命令，在弹出的“新建组”对话框中就可以设置图层组的相关属性。

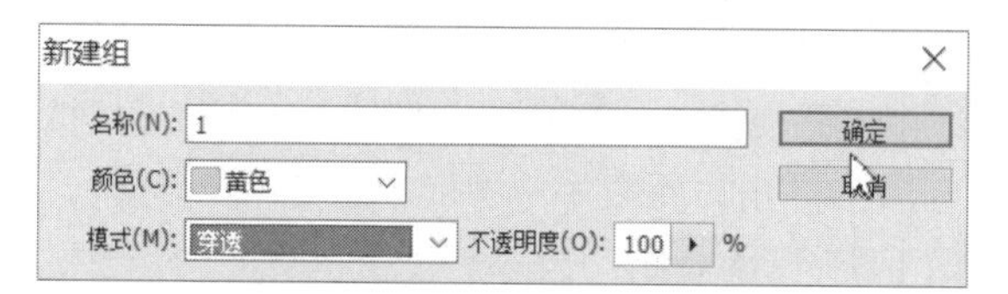

打开“新建组”对话框

创建图层组

❸从所选图层创建图层组

选择一个或多个图层，然后执行“图层>图层编组”命令或按Ctrl+G组合键，可为所选的图层创建一个图层组。

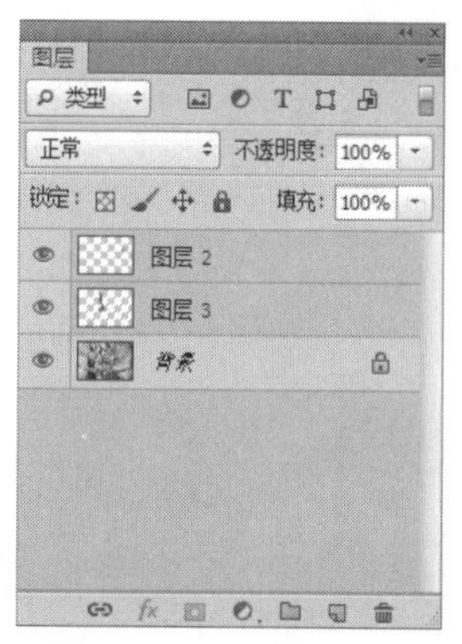

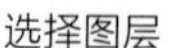
选择图层

创建图层组

> **提示：**
>
> 选择一个或多个图层，然后将其拖曳到图层组内，就可以将其移入该组中；将图层组中的图层拖曳到组外，就可以将其从图层组中移出。

7.2.2 图层的重命名

在图层数量比较多的文档中，用户可以对图层进行重命名，有助于快速找到相应图层。

打开“图层”面板后，双击需要重命名的图层，此时该图层的名称为可编辑状态。

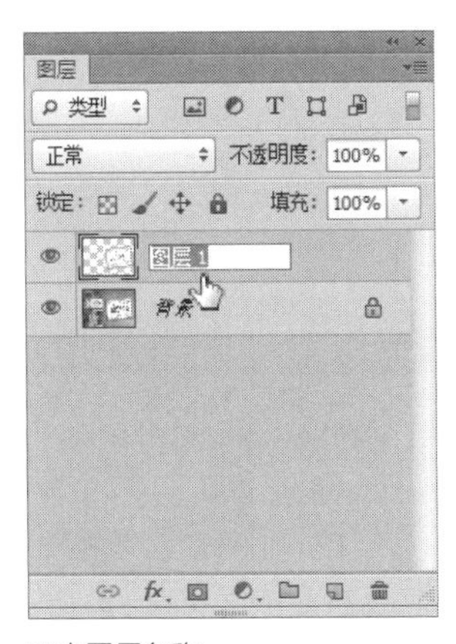

双击图层名称

在图层名称文本框中，输入图层名称，然后按Enter键确认即可完成图层的重命名操作。

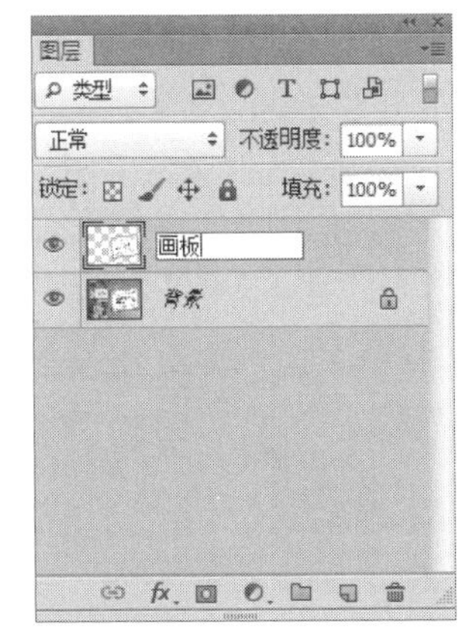

重命名图层

7.2.3 复制图层

在Photoshop中，用户可以复制图层，这样可以为同一图像设置不同的效果。

复制图层有多种方法，可以通过命令复制图层，也可以通过使用快捷键进行复制。

❶使用命令复制图层

选择需要复制的图层，然后执行“图层>复制图层”命令，打开“复制图层”对话框，设置相关参数，单击“确定”按钮即可。

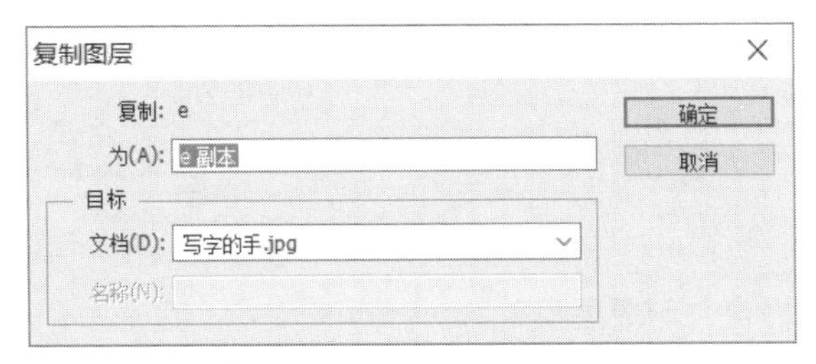

打开“复制图层”对话框

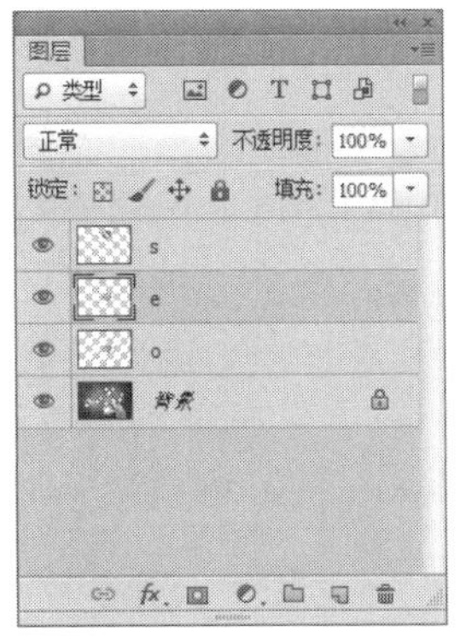

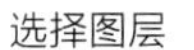

选择图层　　复制图层

❷快捷菜单复制图层

选择要复制的图层并右击，在快捷菜单中选择“复制图层”命令，在弹出的“复制图层”对话框中进行设置。

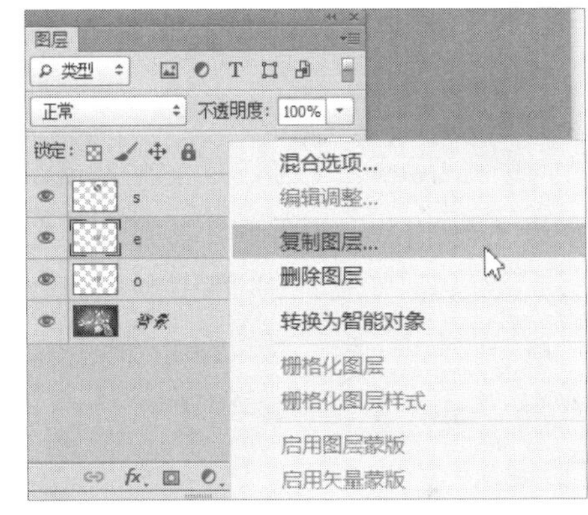

执行“复制图层”命令

❸拖曳图层并复制

直接将图层拖曳到“创建新图层”按钮上，即可复制该图层。

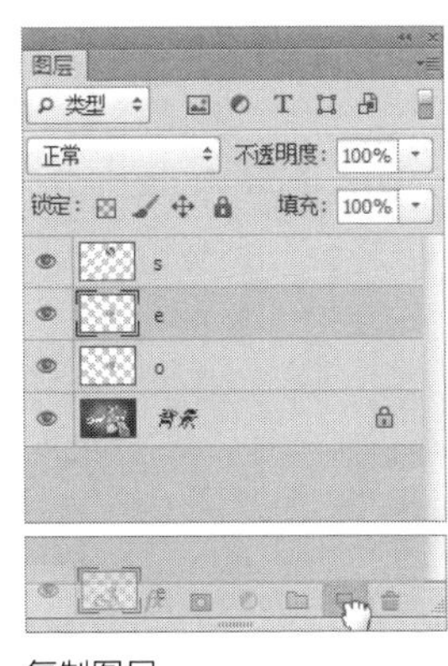
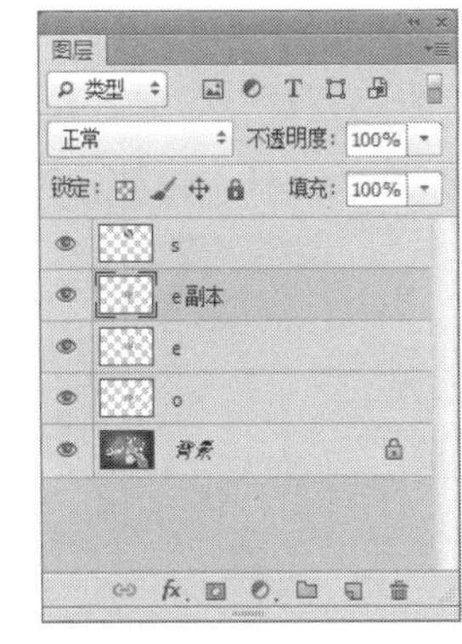

复制图层　　选择图层

❹组合键法复制图层

选择需要复制的图层，然后直接按Ctrl+J组合键即可。

7.2.4 显示和隐藏图层

图层缩略图左侧的眼睛图标用来控制图层的可见性。有该图标的图层为可见图层，没有该图标的图层为隐藏图层。单击“指示图层可见性”按钮可以将图层在显示与隐藏之间进行切换。

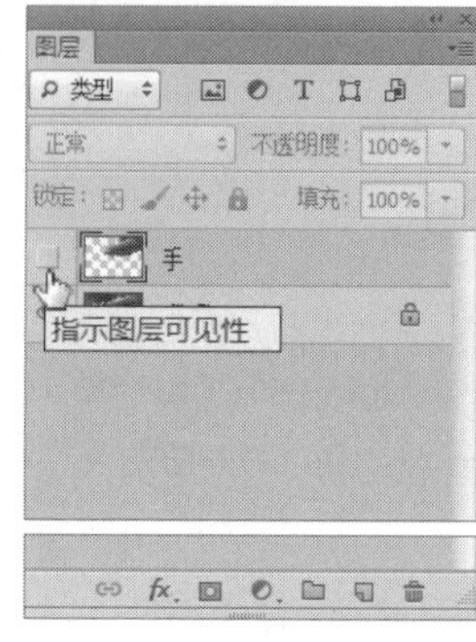

显示图像

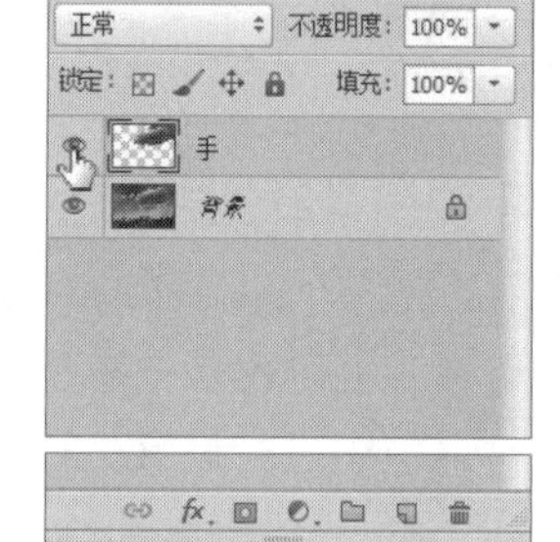

隐藏图像

7.2.5 删除图层

如果需要删除一个或多个图层，可先将其选中，然后执行“图层>删除>图层”命令，在提示对话框中单击“是”按钮即可删除该图层。

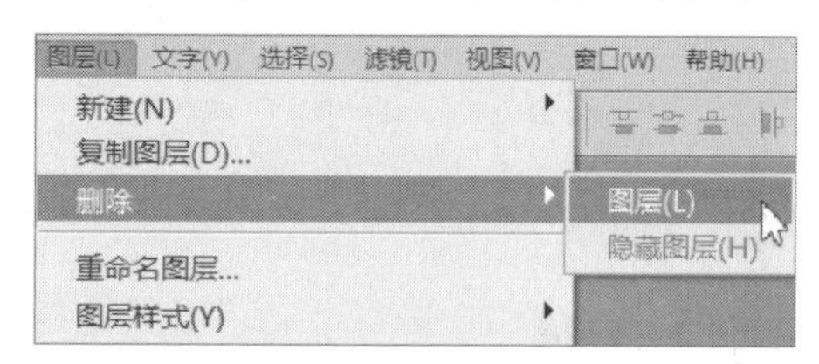

执行“图层>删除>图层”命令

还可以通过快捷菜单删除图层，选择要删除的图层并右击，接着在弹出的菜单中选择“删除图层”命令，最后在弹出的“删除图层”对话框中单击“是”按钮，即可删除图层。

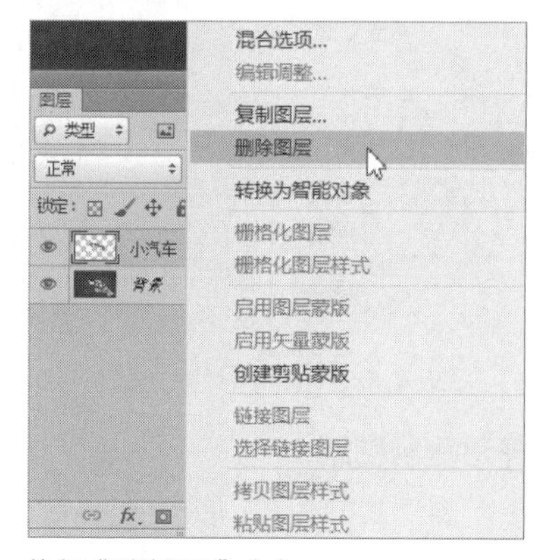

执行“删除图层”命令

提示：

如果要快速删除图层，可以将其拖曳到“删除图层”按钮上，也可以直接按Delete键。

7.2.6 合并图层

在Photoshop中，如果创建的多个图层功能相近，用户可以将其全部选中并合并成一个图层，这样既方便用户编辑又节省程序的操作空间。本节将介绍合并图层的方法。

❶合并图层

如果要合并两个或多个图层，可以在“图层”面板中选择要合并的图层，然后执行“图层>合并图层”命令或按Ctrl+E组合键，合并后的图层使用最上方图层的名称。

选择图层

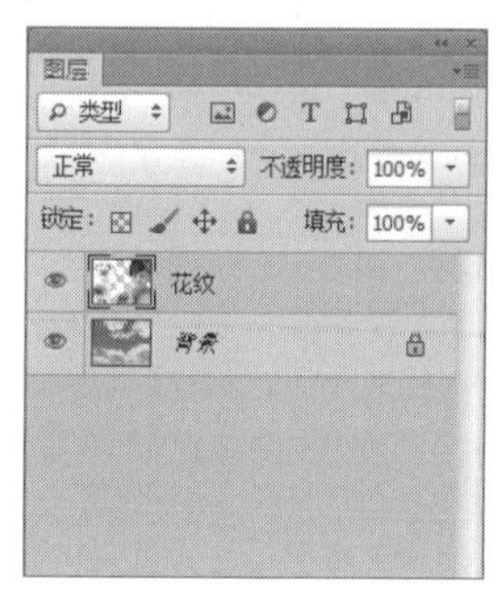

合并图层

❷向下合并

如果想要将一个图层与它下面的图层进行合并，可以选择该图层，然后执行“图层>向下合并”命令，合并以后的图层使用该图层下面图层的名称。

选择图层

向下合并图层

❸合并可见图层

如果要合并“图层”面板中的所有可见图

层，可以执行“图层>合并可见图层”命令或按住Ctrl+Shift+E组合键。

选择图层

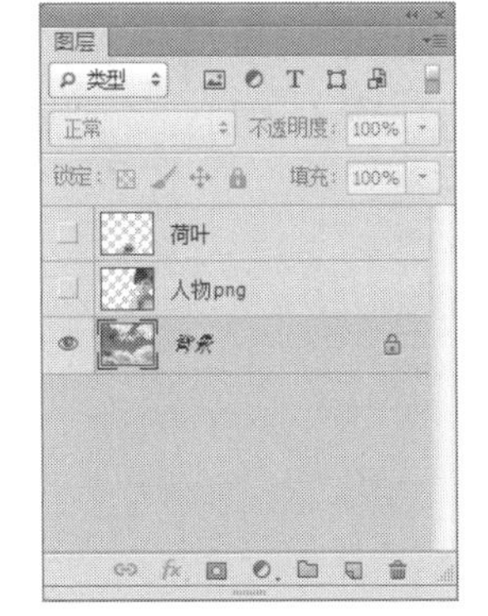

合并可见图层

7.2.7 锁定图层

在“图层”面板的顶部有一排锁定按钮，它们用来锁定图层的透明像素、图像像素和位置或锁定全部。利用这些按钮可以很好地保护图层内容，以免因操作失误对图层的内容造成破坏。

“图层”面板中锁定按钮

❶锁定透明像素

激活该按钮以后，可以将编辑范围限定在图层的不透明区域，图层的透明区域会受到保护。比如在图中锁定“玫瑰”图层的透明像素，使用画笔工具在图像上进行绘制，只能在含有图像的区域进行绘画。

锁定透明像素

❷锁定图像像素

激活该按钮以后，只能对图像进行移动或变化操作，不能在图层上绘画、擦除或应用滤镜等。

锁定图像像素

❸锁定位置

激活该按钮以后，图层将不能移动，否则弹出提示对话框显示图层已锁定。这个功能对于设置了精确位置的图像非常有用。

锁定位置

❹锁定全部

激活该按钮以后，此时无法对图像进行任何操作。

普通图层

锁定后的图层

提示：

锁定全部之后，则填充、移动选区、仿制图章工具、渐变等操作均不能进行。

7.2.8 图层的填充和不透明度

“图层”面板中“不透明度”和“填充”的参数用于控制图层中的像素和形状的不透明度，“不透明度”还可以影响图层样式。当数值为100%时为完全不透明，数值为50%时为半透明，数值为0%时为完全透明。

完全不透明

半透明

完全透明

实战 制作沙滩旅游海报

Step 01 在Photoshop中置入多张图片素材，“背景”图层是风景，“图层1”图层是行李箱，“图层2”图层是椰子树，如下图所示。

置入多张素材

Step 02 单击“图层1”和“图层2”图层左侧“指示图层可见性”图标，效果如下图所示。

隐藏椰子树和行李箱所在的图层

Step 03 图层的复制和删除是图像设计中常用的手段，在“图层”面板中选择图层，然后右击，在弹出的快捷菜单中选择“复制图层”命令，在打开的对话框中单击“确定”按钮，如下图所示。

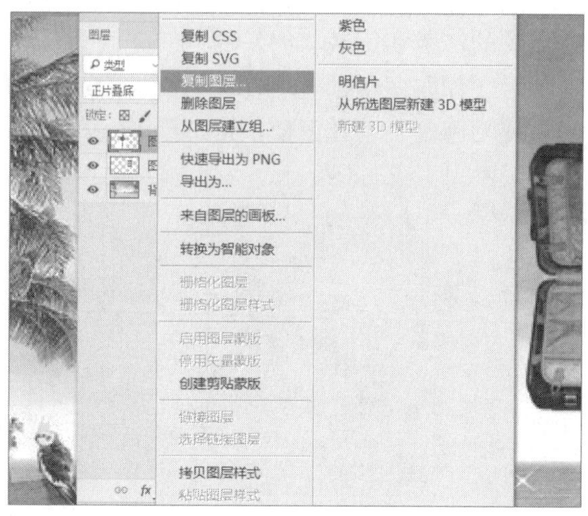

复制图层

Step 04 将光标移在“图层2”上，连续单击两次，图层的名称变成了可编辑状态，然后输入“椰子树”，按Enter键确认，即可对图层重命名，如下图所示。

重命名图层

Step 05 选择图层并右击，在弹出的快捷菜单中选择“合并可见图层”命令，即可完成图层的合并，如下图所示。

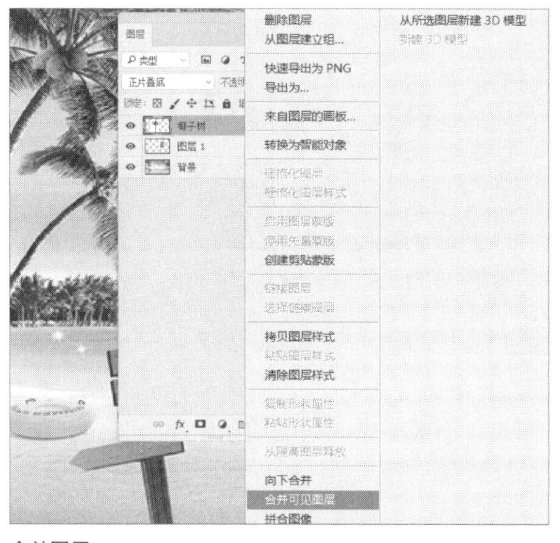

合并图层

Step 06 取消合并图层，单击“图层”面板中“创建新组”按钮，即可创建一个组，如下图所示。

创建新组

Step 07 单击图层面板下方的“创建新图层”按钮，如下图所示。

新建图层

Step 08 选中新建图层，执行“编辑>填充”命令，打开“填充”对话框，设置内容为“白色”，并单击“确定”按钮，如下图所示。

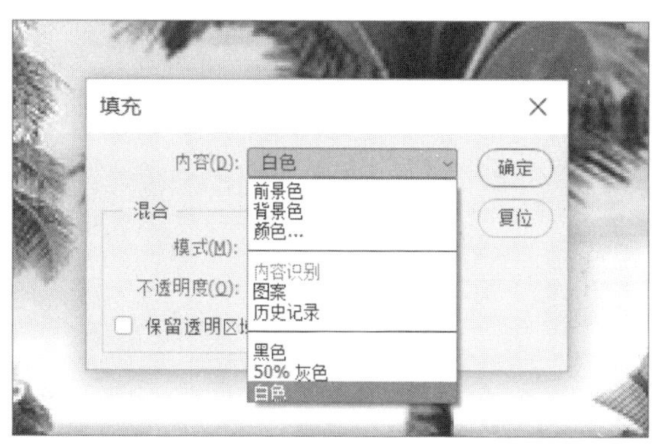

设置填充颜色

Step 09 选中新建图层，在图层顶部单击“不透明度”下三角按钮，然后拖动滑块调整不透明度，用户可以根据相同的方法调整图层填充的数值，如下图所示。

查看最终效果

7.3 图层的混合模式

混合模式是Photoshop的一项非常重要的功能，它决定了当前图像的像素与下面图像像素的混合方式，可以用来创建各种特效，并且不会损坏原始图像的任何内容。

7.3.1 正常模式

正常模式是Photoshop默认的模式。在正常情况下，上层图像完全遮盖住下层图像，只有降低不透明度的数值才能与下层图像混合。

基色

混合色

结果色

7.3.2 变暗模式

比较每个通道中的颜色信息，并选择基色或混合色中较暗的颜色作为结果色，同时替换比混合色亮的像素，而比混合色暗的像素保持不变。

变暗模式

实战 利用变暗模式打造黄昏效果

Step 01 置入素材图片并调整至合适大小，单击“图层”面板下方的“创建新图层”按钮，将新建的图层命名为“黄昏”，如下图所示。

置入素材并新建图层

Step 02 在工具箱中选择渐变工具，在打开的“渐变编辑器”对话框中，设置“橙，黄，橙渐变”，单击“确定”按钮，如下图所示。

设置渐变颜色

Step 03 在属性栏中单击“径向渐变”按钮，设置不透明度为46%，如下图所示。

设置渐变参数

Step 04 在“黄昏”图层中，由画面中心向下拖曳出渐变效果，并将图层的混合模式改为“变暗”，设置完成后，查看制作的黄昏效果，如下图所示。

查看黄昏效果

7.3.3 变亮模式

比较每个通道中的颜色信息，并选择基色或混合色中较亮的颜色作为结果色，同时替换比混合色暗的像素，而比混合色亮的像素保持不变。

查看效果

实战 利用变亮模式打造高贵舞者

Step 01 按下Ctrl+O组合键，在打开的对话框中打开素材照片，如下图所示。

打开原图像

Step 02 置入“动感线条.jpg”素材，并调整至合适大小，将该图层的混合模式设置为“变亮”，如下图所示。

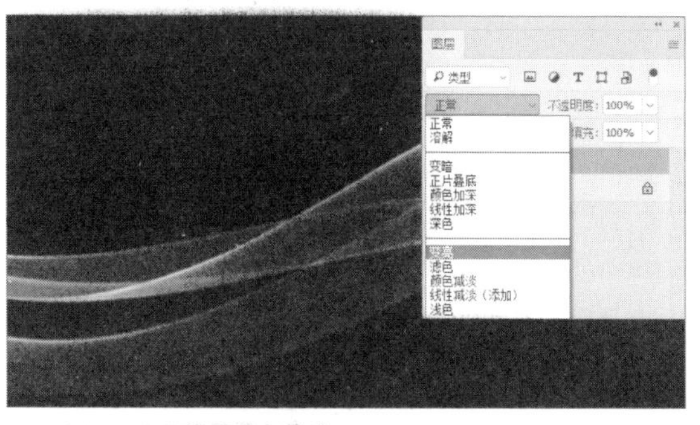
置入素材并设置图层混合模式

Step 03 设置完成后，查看应用变亮混合模式的效果，如下图所示。

查看效果

7.3.4 叠加模式

对颜色进行过滤并提亮上层图像，具体取决于底层颜色，同时保留底层图像的明暗对比度，不替换基色。

叠加模式

实战 利用叠加模式打造夕阳下的恋人

Step 01 按下Ctrl+O组合键，打开素材照片，效果如下图所示。

打开素材

Step 02 置入“婚纱照.jpg”素材图片，并调整至合适大小， 如下图所示。

置入婚纱照素材

Step 03 将婚纱照所在的图层的混合模式设置为“叠加”，如下图所示。

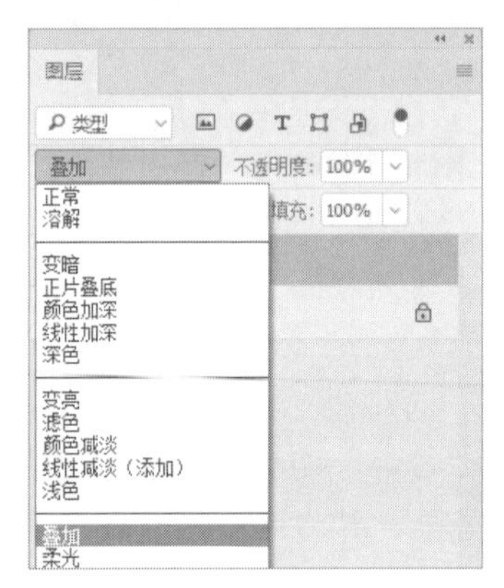

设置混合模式

Step 04 设置完成后，查看应用叠加混合模式的效果，如下图所示。

查看效果

7.3.5 差值模式

差值模式是指上层图像与白色混合将反转底层图像的颜色，与黑色混合则不产生变化。

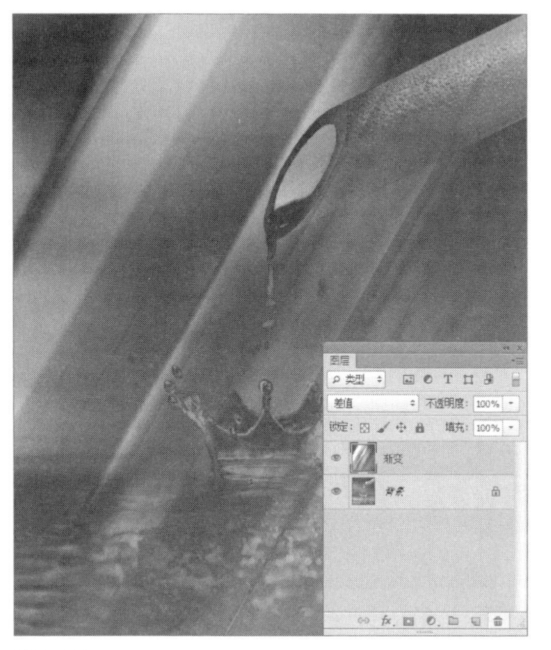

差值模式

实战 利用差值模式为图像上颜色

Step 01 按下Ctrl+O组合键，打开素材图片，如下图所示。

打开素材

Step 02 新建图层，并命名为“颜色”，设置前景色为# 16124b，按下Alt+Delete组合键，填充颜色，如下图所示。

新建并填充图层

Step 03 将“颜色”图层的混合模式设置为“差值”，如下图所示。

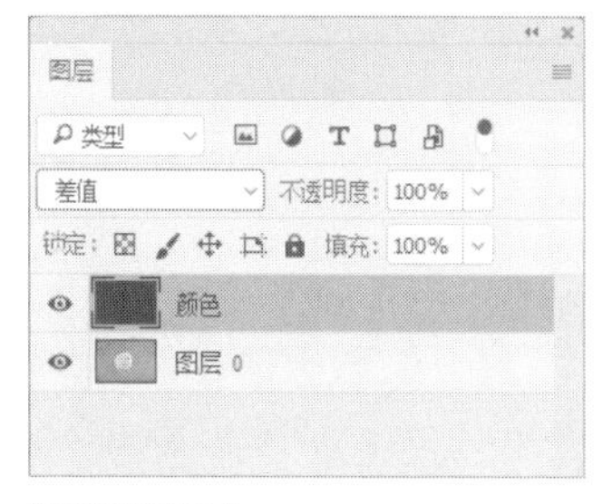

设置混合模式

Step 04 设置完成后，查看应用差值混合模式的效果，如下图所示。

查看效果

7.3.6 色相模式

色相模式是指用底层图像的明亮度和饱和度以及上层图像的色相来创建结果色。

色相模式

实战 利用色相模式修复偏绿色图片

Step 01 按下Ctrl+O组合键，打开素材图片，如下图所示。

打开素材图片

Step 02 新建图层，并命名为“填充层”，设置前景色为# 014a41，按下Alt+Delete组合键，填充前景颜色，并将图层的混合模式设置为“色相”，如下图所示。

新建图层并设置混合模式

Step 03 按Ctrl+I组合键将“填充层”图层执行反相操作，调整不透明度为42%，如下图所示。

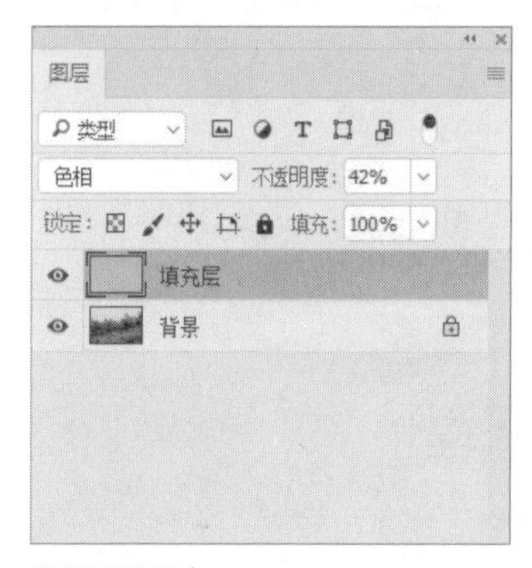

设置不透明度

Step 04 设置完成后，查看修复偏绿图片的效果，如下图所示。

查看修复后的效果

7.4 图层样式

图层样式也称图层效果，它是制作纹理、质感和特效的灵魂，可以为图层中的图像添加投影、发光、浮雕、光泽、描边等效果，以创建出诸如金属、玻璃、水晶以及具有立体感的特效。

在Photoshop中，用户可以通过添加图层样式，来编辑各种特效。

7.4.1 添加图层样式

要为图层添加图层样式，先要打开“图层样式”对话框。下面介绍3种常用的打开“图层样式”对话框的方法。

❶双击法

在“图层”面板中双击需要添加样式的图层缩略图，即可打开“图层样式”对话框。

❷单击按钮法

在“图层”面板中单击“添加图层样式”按钮 fx，在弹出的菜单中选择一种样式即可打开“图层样式”对话框。

添加图层样式

❸命令法

执行“图层样式”命令，此时将弹出“图层样式”对话框。

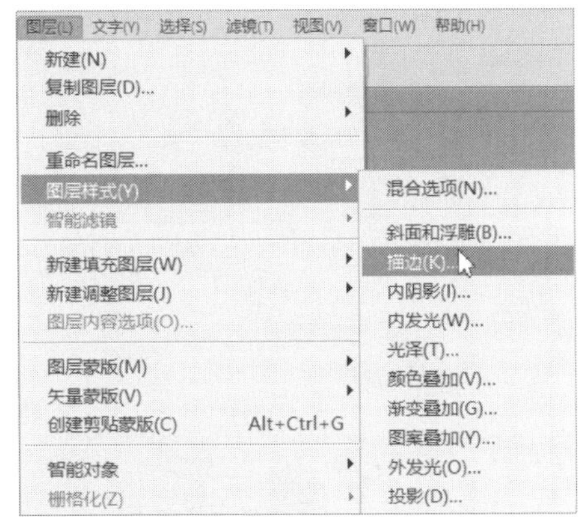

执行“图层样式”命令

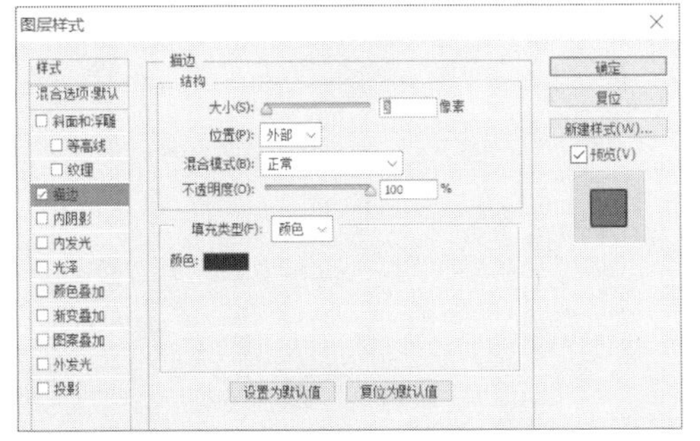

打工“图层样式”对话框

7.4.2 “斜面和浮雕”样式

使用“斜面和浮雕”图层样式可以为图层添加高光与阴影的组合，使图像产生立体的浮雕效果，下面介绍为图层设置斜面和浮雕样式的方法。

打开图像文件，选择需要设置斜面和浮雕样式的图层，打开“图层样式”对话框，勾选“斜面和浮雕”复选框，设置相关参数。

原图像

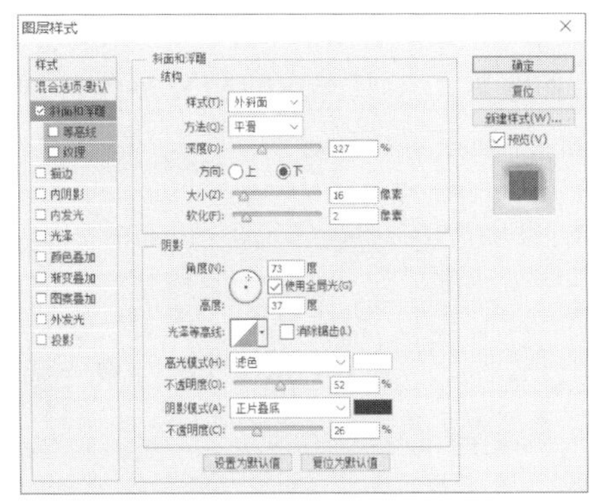

设置“斜面和浮雕”图层样式的参数

添加“斜面和浮雕”样式的效果

实战 利用“斜面和浮雕”样式制作文字

Step 01 打开素材图片，选择直排文字工具在图片上输入“忆江南”文字，设置文字格式，效果如下图所示。

置入素材并输入文字

Step 02 选中文字图层，单击“添加图层样式”下拉按钮，在列表中选择“斜面和浮雕”图层样式选项，如下图所示。

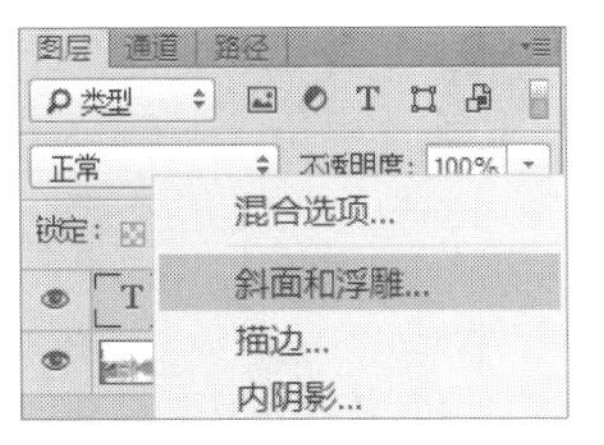

选择“斜面和浮雕”选项

Step 03 在打开的“图层样式”对话框中设置“斜面和浮雕”图层样式的相关参数，如下图所示。

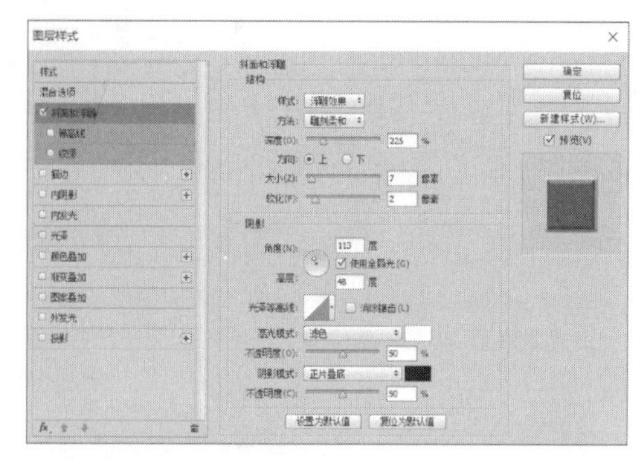

设置斜面和浮雕参数

Step 04 设置完成后单击“确定”按钮，查看为文字添加“斜面和浮雕”图层样式的效果，如下图所示。

查看最终效果

7.4.3 “描边”样式

“描边”图层样式可以使用颜色、渐变以及图案来描绘图像的轮廓边缘。

打开图像文件，并选择需要设置描边的图层，打开“图层样式”对话框，勾选“描边”复选框，设置填充类型为“渐变”，并设置“渐变”为“红绿渐变”，即可为红酒瓶添加描边。

原图像

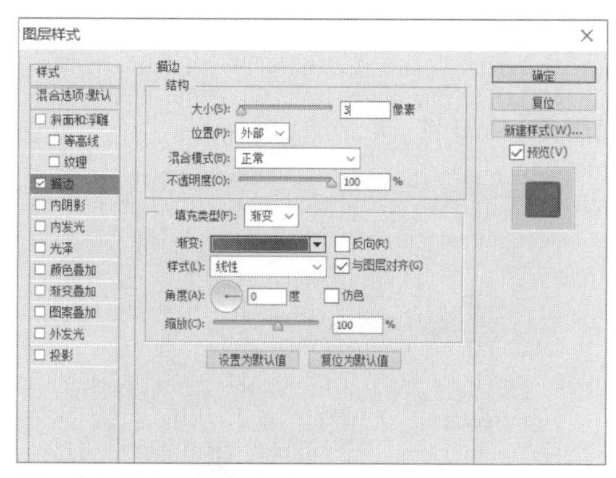

设置“描边”图层样式的参数

添加“描边”样式的效果

实战 制作描边文字效果

Step 01 打开素材图片，使用横排文字工具在图片输入AUTUMN，设置文字格式，效果如下图所示。

打开素材并输入文字

Step 02 选中文字图层，单击“图层”面板中的“添加图层样式”下拉按钮，选择“描边”图层样式选项，如下图所示。

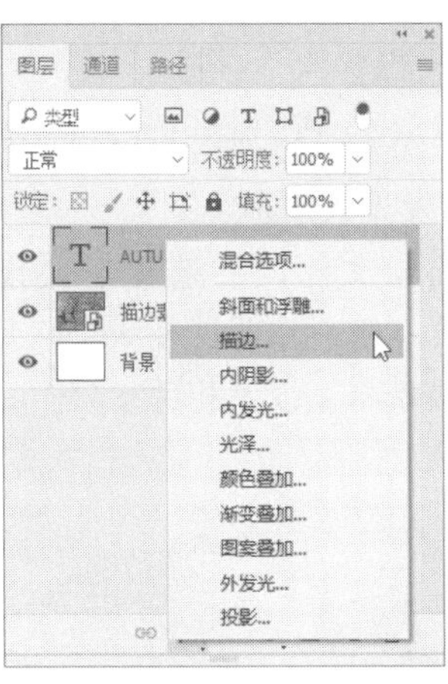

选择“描边”选项

Step 03 在打开的“图层样式”对话框中设置“描边”图层样式的相关参数，如下图所示。

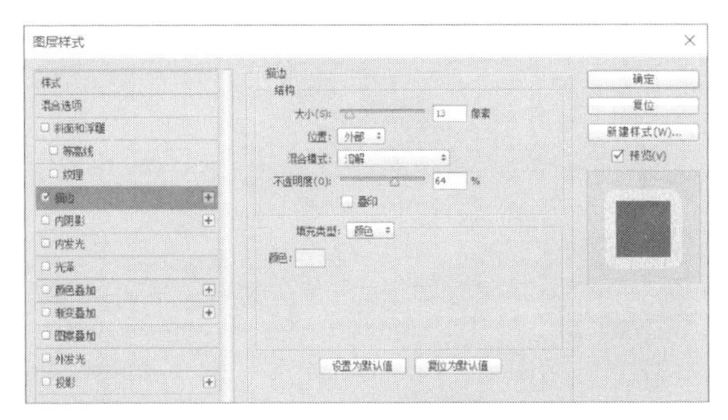
设置描边参数

Step 04 设置完成后单击“确定”按钮，查看为文字添加“描边”图层样式的效果，如下图所示。

查看添加描边的文字效果

7.4.4 “内阴影”样式

“内阴影”图层样式可以在紧靠图层内容的边缘添加阴影，使图层内容产生凹陷效果。

打开图像文件，并选择需要设置内阴影样式的图层，打开“图层样式”对话框，勾选“内阴影”复选框，设置相关参数。

原图像

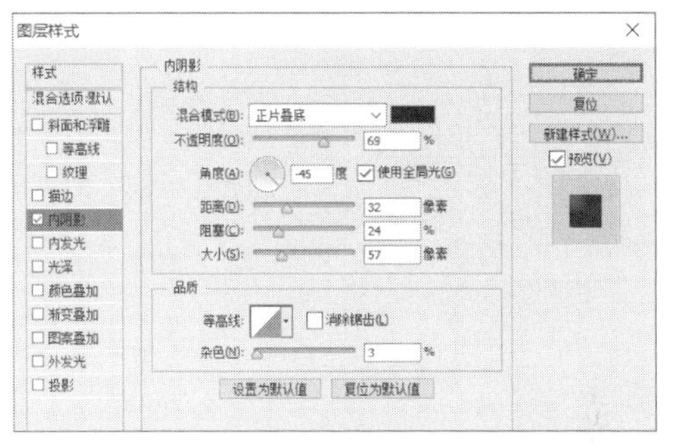

设置“内阴影”图层样式的参数

添加“内阴影”样式的效果

实战 为文字应用内阴影效果

Step 01 打开素材图片，使用文字工具在图片输入PS文本，设置文字格式，如下图所示。

输入文字

Step 02 选中文字图层，单击“图层”面板中的“添加图层样式”下拉按钮，选中“内阴影”图层样式选项，如下图所示。

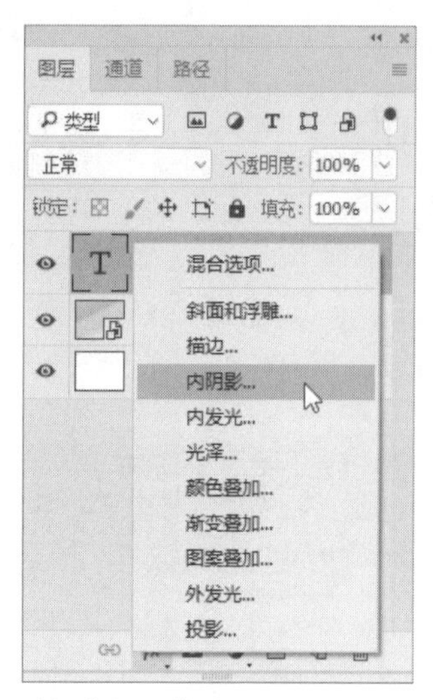

选择“内阴影”选项

Step 03 在打开的“图层样式”对话框中设置“内阴影”图层样式的相关参数，如下图所示。

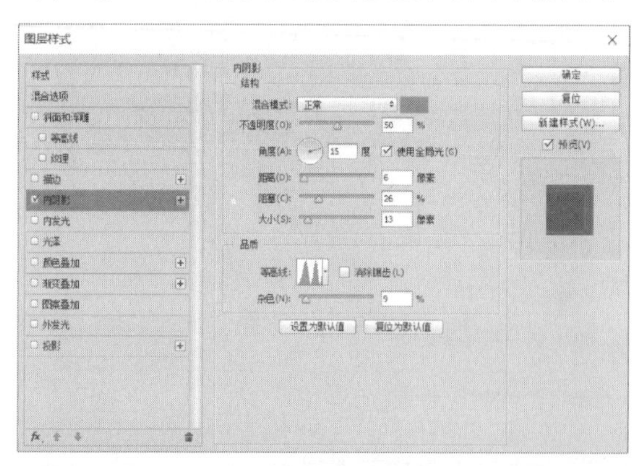

设置内阴影参数

Step 04 设置完成后单击“确定”按钮，查看为文字添加“内阴影”图层样式的效果，如下图所示。

查看添加“内阴影”样式的效果

7.4.5 “内发光”样式

使用“内发光”样式可以沿图层内容的边缘向内创建发光效果。

打开图像文件，并选择需要设置内发光样式的图层，打开“图层样式”对话框，勾选“内发光”复选框，设置相关参数。

原图像

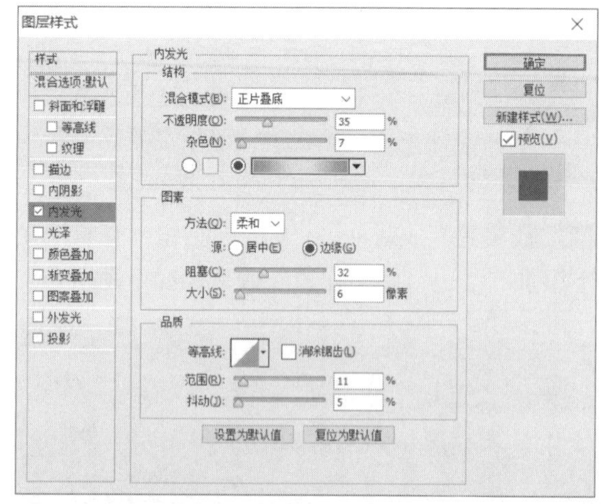

设置“内发光”图层样式的参数

“内发光”样式的效果

实战 利用“内发光”样式制作心形

Step 01 打开素材图片，并将心形图片置入，适当调整大小和位置，如下图所示。

置入素材

Step 02 选中心形图片图层，单击“添加图层样式”下拉按钮，选中“内发光”图层样式选项，如下图所示。

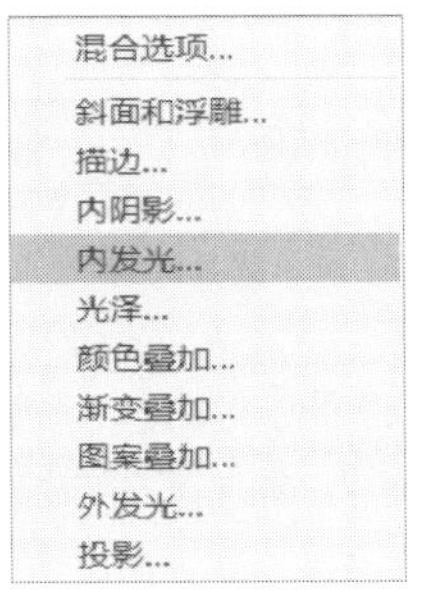

选择“内发光”选项

Step 03 在打开的“图层样式”对话框中设置“内发光”的混合模式为“滤色”、杂色为7%、方法为“精确”，如下图所示。

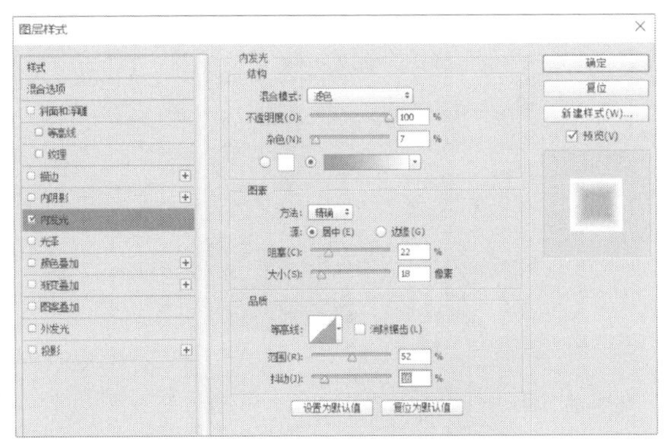
设置内发光参数

Step 04 设置完成后单击“确定”按钮，查看为心形添加“内发光”图层样式的效果，如下图所示。

查看最终效果

7.4.6 “光泽”样式

使用“光泽”样式可以为图像添加光滑的具有光泽的内部阴影，通常用来制作具有光泽质感的按钮和金属。

打开图像文件，并选择需要设置光泽样式的图层，打开“图层样式”对话框，勾选“光泽”复选框，设置相关参数。

原图像

设置“光泽”图层样式的参数

“光泽”样式的效果

实战 为图片添加光泽效果

Step 01 按下Ctrl+N组合键新建文档并命名为“光泽”，设置大小为2000×2000像素，分辨率为300像素/英寸，如下图所示。

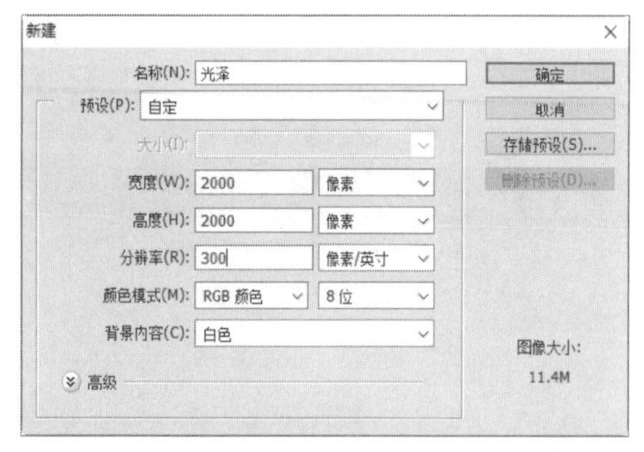

新建文档

Step 02 将“鸟笼.png”素材图片置入，调整至合适大小，将该图层命名为“鸟笼”，如下图所示。

置入鸟笼素材

Step 03 选中“鸟笼”图层，单击“添加图层样式”下拉按钮，选中“光泽”图层样式选项，如下图所示。

选择“光泽”选项

Step 04 在打开的“图层样式”对话框中设置“光泽”图层样式的相关参数，如下图所示。

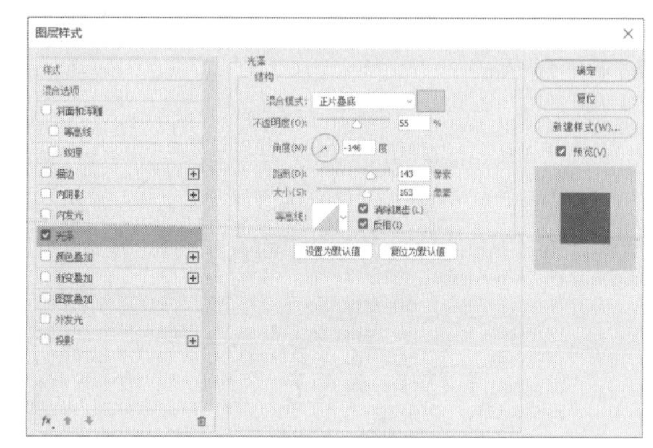

设置光泽参数

Step 05 设置完成后单击“确定”按钮，查看为图片添加“光泽”图层样式的效果，如下图所示。

查看添加光泽后的效果

7.4.7 “颜色叠加”样式

“颜色叠加”图层样式是指在图层上叠加指定的颜色，通过设置颜色的混合模式和不透明度，可以控制颜色的叠加效果。

打开图像文件，并选择需要设置颜色叠加样式的图层，打开“图层样式”对话框，勾选“颜色叠加”复选框，设置相关参数。

原图像

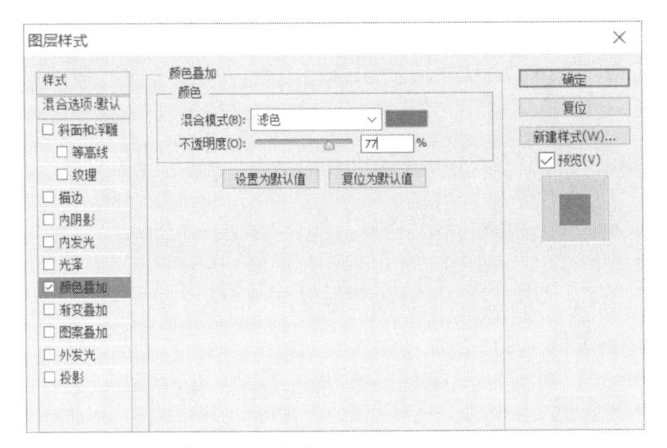

设置“颜色叠加”样式的参数

“颜色叠加”样式的效果

实战 为文字制作颜色叠加效果

Step 01 打开素材图片，使用文字工具在图片输入“雪乡”文字，设置文字格式，如下图所示。

打开素材并输入文字

Step 02 选中文字图层，单击“图层”面板中的“添加图层样式”下拉按钮，选择“颜色叠加”图层样式选项，如下图所示。

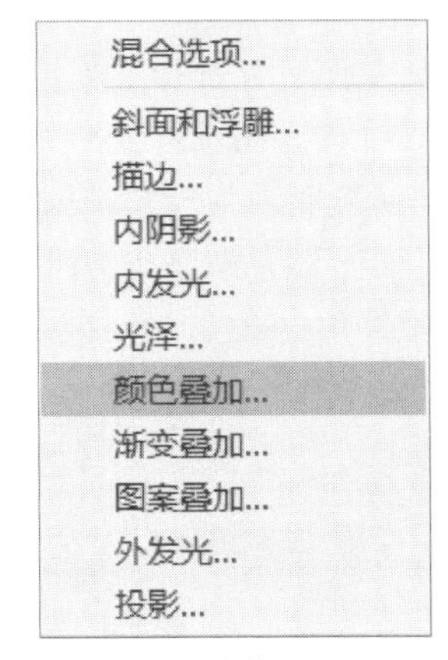

选择“颜色叠加”选项

Step 03 在打开的“图层样式”对话框中设置“颜色叠加”图层样式的相关参数，如下图所示。

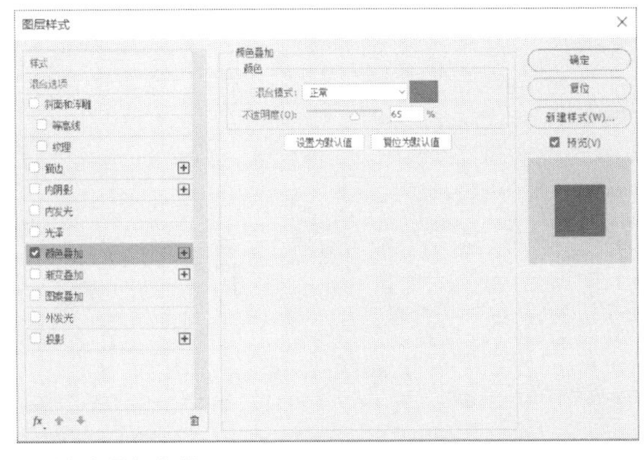

设置颜色叠加参数

Step 04 设置完成后单击“确定”按钮，查看为文字添加“颜色叠加”图层样式的效果，如下图所示。

查看文字的效果

7.4.8 “渐变叠加”样式

“渐变叠加”图层样式是指在图层样式上叠加指定的颜色。

打开图像文件，并选择需要设置渐变叠加样式的图层，打开“图层样式”对话框，勾选“渐变叠加”复选框，并设置“渐变”为“蓝,红,黄渐变”，即可添加渐变叠加样式。

原图像

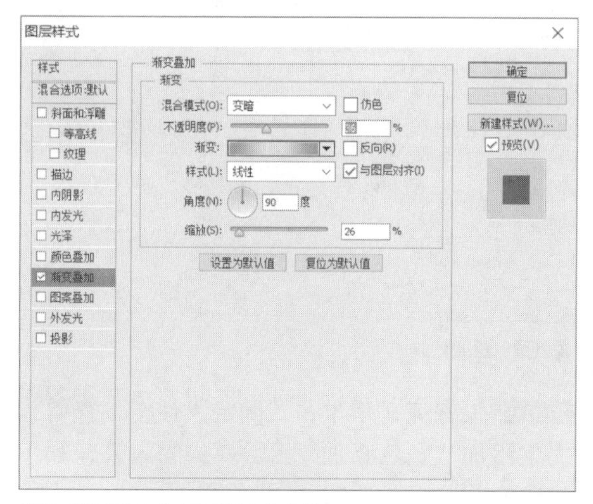

设置“渐变叠加”图层样式的参数

渐变叠加样式的效果

实战 为图片应用渐变叠加效果

Step 01 打开素材图片，将图层命名为“渐变叠加”，按下Ctrl+J组合键，复制图层，如下图所示。

置入素材

Step 02 选中复制的图层，单击“图层”面板中的“添加图层样式”下拉按钮，选中“渐变叠加”图层样式选项，如下图所示。

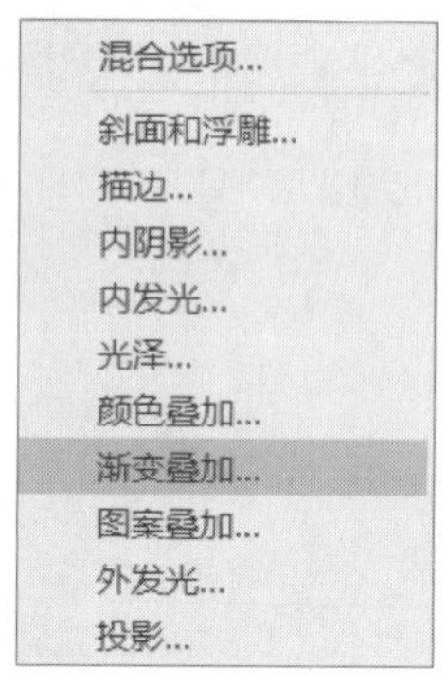

选择“渐变叠加”选项

Step 03 在打开的“图层样式”对话框中设置“颜色叠加”的混合模式为“叠加”、不透明度为61%以及渐变颜色，如下图所示。

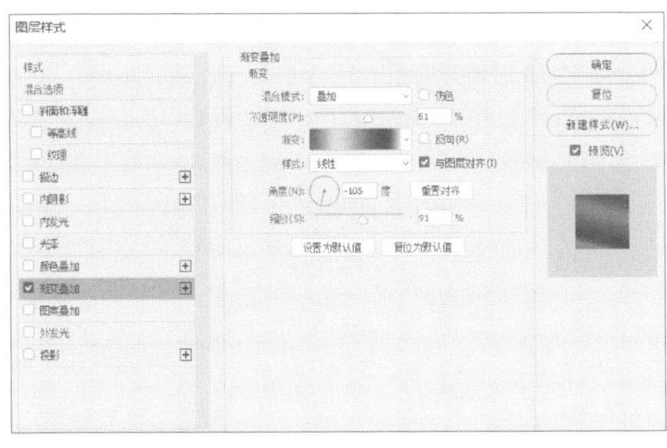

设置渐变叠加参数

Step 04 设置完成后单击“确定”按钮，查看添加“颜色叠加”图层样式的效果，如下图所示。

查看修饰图片的效果

7.4.9 “图案叠加”样式

在Photoshop中，用户可以为图层设置图案叠加样式，将图案和图像完美地融合在一起，制作出不同质感的材质和内容的图像效果。

打开图像文件，并选择需要设置图案叠加样式的图层，打开“图层样式”对话框，勾选“图案叠加”复选框，并设置“图案”为“扎染”，可见足球叠加指定的图案。

原图像

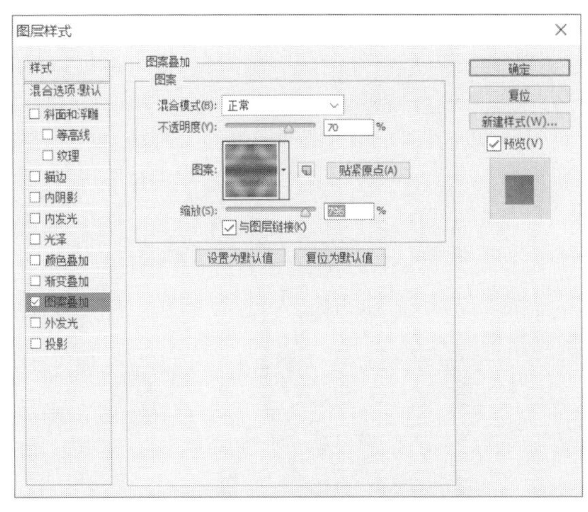

设置“图案叠加”图层样式的参数

添加“图案叠加”样式的效果

实战 利用“图案叠加”样式制作小花

Step 01 按下Ctrl+N组合键新建文档并命名为“图案叠加”，设置为18×24英寸，分辨率为300像素/英寸，如下图所示。

新建文档

Step 02 将“图片叠加素材.png”素材图片导入，调整至合适的大小，将素材图层命名为“小花”，如下图所示。

置入素材

Step 03 选中“小花”图层，单击“添加图层样式”下拉按钮，选中“图案叠加”图层样式选项，如下图所示。

混合选项...
斜面和浮雕...
描边...
内阴影...
内发光...
光泽...
颜色叠加...
渐变叠加...
图案叠加...
外发光...
投影...

选择“图案叠加”选项

Step 04 在打开的“图层样式”对话框中设置“图案叠加”图层样式的相关参数，如下图所示。

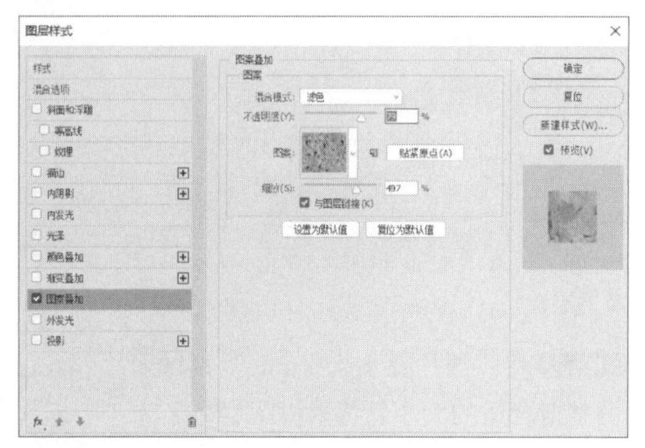

设置图案叠加参数

Step 05 设置完成后单击“确定”按钮，查看添加“图案叠加”图层样式的效果，如下图所示。

查看花的效果

7.4.10 “外发光”样式

“外发光”样式用于设置图层的发光效果，和“内发光”相似，不过外发光是沿图层内容的边缘向外创建发光效果。

原图像

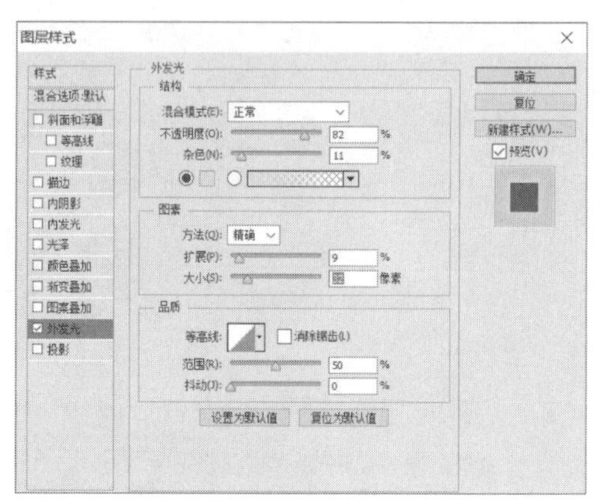

设置“外发光”图层样式的参数

添加“外发光”样式的效果

实战 利用“外发光”样式制作月亮的光晕

Step 01 打开素材图片，使用快速选择工具对月亮进行选择，按Ctrl+J组合键进行复制，如下图所示。

置入素材并复制选区

Step 02 选中月亮图层后，单击“图层”面板中“添加图层样式”下拉按钮，选中“外发光”图层样式选项，如下图所示。

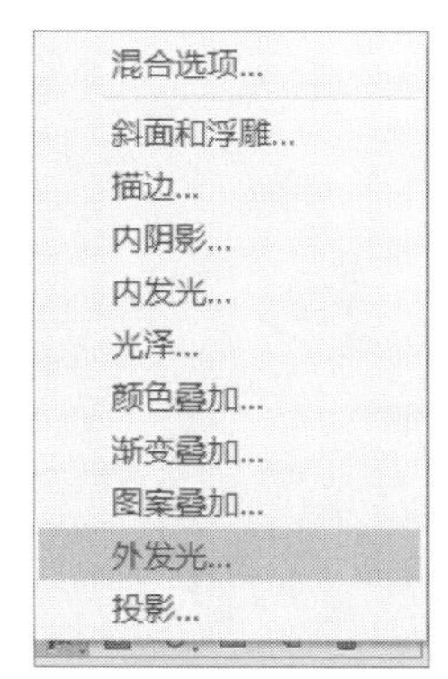

选择“外发光”选项

Step 03 在打开的“图层样式”对话框中设置“外发光”图层样式的相关参数，如下图所示。

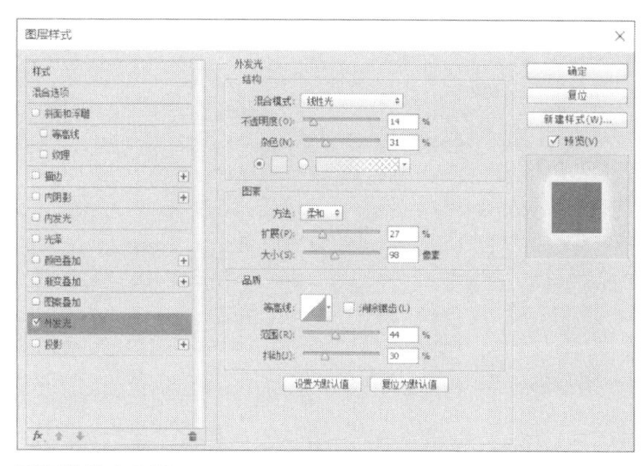

设置外发光参数

Step 04 设置完成后单击“确定”按钮，查看为月亮图像添加“外发光”图层样式的效果，如下图所示。

查看月亮光晕效果

7.4.11 “投影”样式

使用“投影”图层样式可以为图层添加投影效果，使图像产生立体感。添加“投影”图层样式后，图层的下方会出现和图层内容相同的影子，这个影子有一定的偏移量，默认情况下会向右下角偏移。

打开图像文件，并选择图层，打开“图层样式”对话框，勾选“投影”复选框，设置相关参数。

原图像

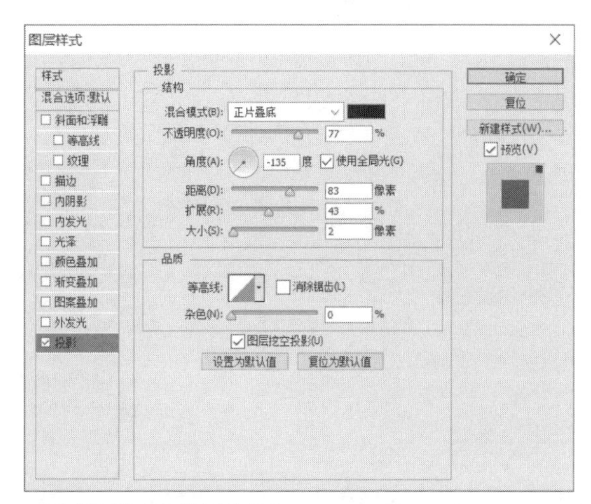

设置"投影"图层样式的参数

添加"投影"样式的效果

实战 利用"投影"样式制作飞机阴影

Step 01 置入素材图片并调整至合适大小，使用快速选择工具对飞机进行选择，如下图所示。

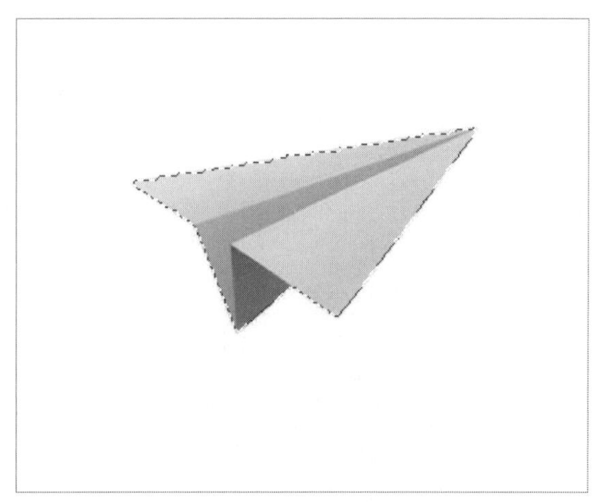

置入素材并选取

Step 02 选中飞机图形后，单击"图层"面板中的"添加图层样式"下拉按钮，选中"投影"图层样式选项，如下图所示。

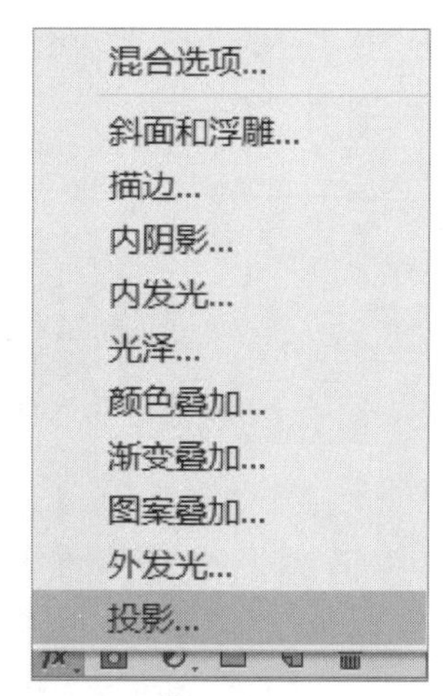

选择"投影"选项

Step 03 在打开的"图层样式"对话框中设置"投影"图层样式的相关参数，如下图所示。

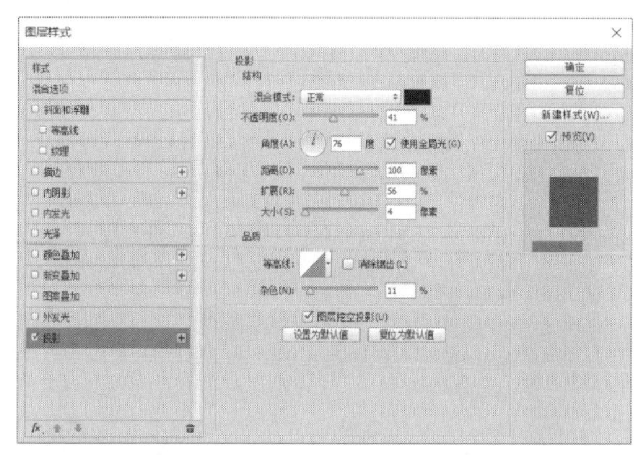

设置投影的参数

Step 04 设置完成后单击"确定"按钮，查看添加"投影"图层样式的效果，如下图所示。

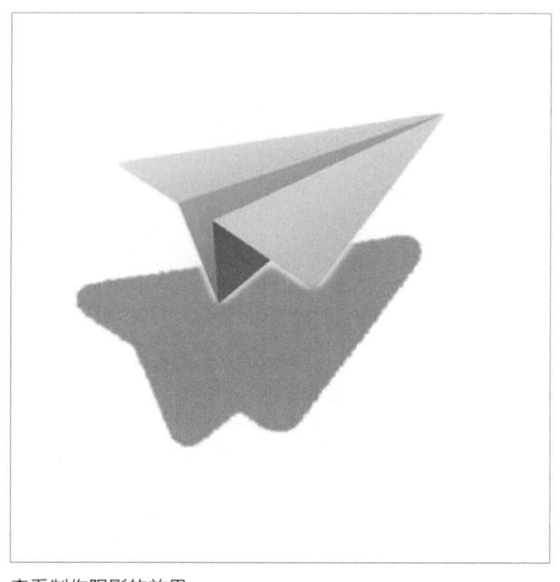

查看制作阴影的效果

制作芭蕾海报

本章主要学习图层、图层的混合模式和图层样式相关知识，相信读者都有深刻的认识。下面我们通过制作芭蕾海报，进一步学习图层和图层样式的使用方法。

Step 01 按下Ctrl+N组合键新建文档并命名为“芭蕾”，设置大小为18×24英寸、分辨率为300像素/英寸，如下图所示。

新建文档

Step 02 在工具箱中选择渐变工具，打开“渐变编辑器”对话框，设置渐变的颜色，单击“确定”按钮，如下图所示。

设置渐变颜色

Step 03 在新建图层中，绘制一个线性渐变的效果，设置图层的不透明度为59%，如下图所示。

填充图层

Step 04 置入“花.jpg”图片，并调整其大小，将图层的混合模式设置为“变暗”，如下图所示。

置入素材

Step 05 选中“图层1”并双击，修改图层的名称为“花”，如下图所示。

重命名图层

Step 06 置入“芭蕾.tif”图片，并调整至合适大小，如下图所示。

置入人物素材

Step 07 选择工具箱中横排文字工具，在图层上输入THE SLEEPING BEAUTY文字，打开“字符”面板设置文字格式，如下图所示。

设置文字格式

Step 08 查看输入文字的效果，在“图层”面板中即可创建文字图层，如下图所示。

查看文字效果

Step 09 选中文字图层，单击“图层”面板中的“添加图层样式”下拉按钮，在列表中选择“斜面和浮雕”选项，在打开的对话框中设置相关参数，如下图所示。

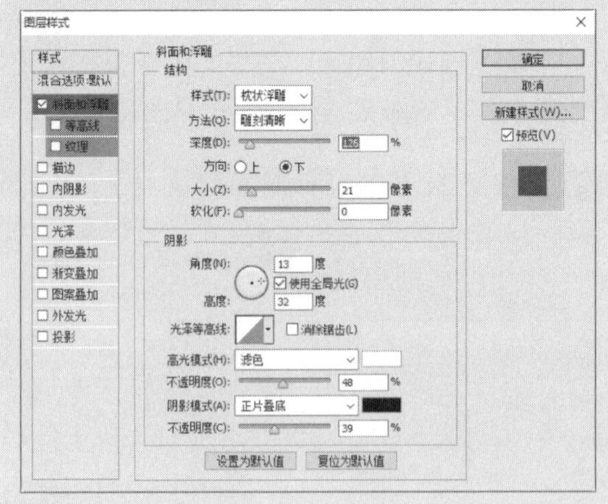

设置斜面和浮雕参数

Step 10 勾选“描边”复选框，设置大小为4像素、位置为“居中”、不透明度为72%、颜色为黑色，如下图所示。

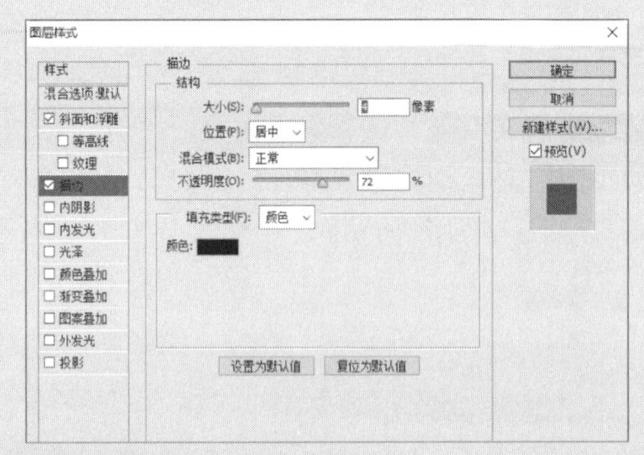

设置描边参数

Step 11 勾选“投影”复选框，设置混合模式为“正片叠底”、不透明度为53%、角度为13度，距离为42像素、大小为59像素，如下图所示。

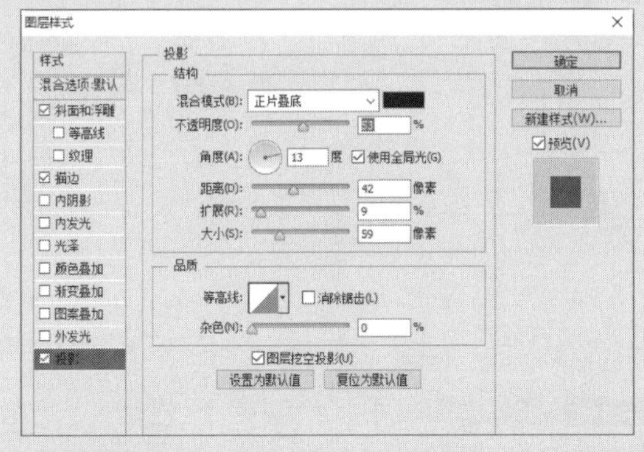

设置投影参数

Step 12 设置完成后单击“确定”按钮，查看为文字添加的图层样式的效果，如下图所示。

查看文字效果

Step 13 导入“花纹.png”图片，并调整至合适大小，调整该图层至“花”图层的下方，如下图所示。

置入素材并调整图层顺序

Step 14 选择“花纹”图层右击，在弹出的快捷菜单中选择“复制图层”命令，打开“复制图层”对话框，保持默认设置，单击“确定”按钮，如下图所示。

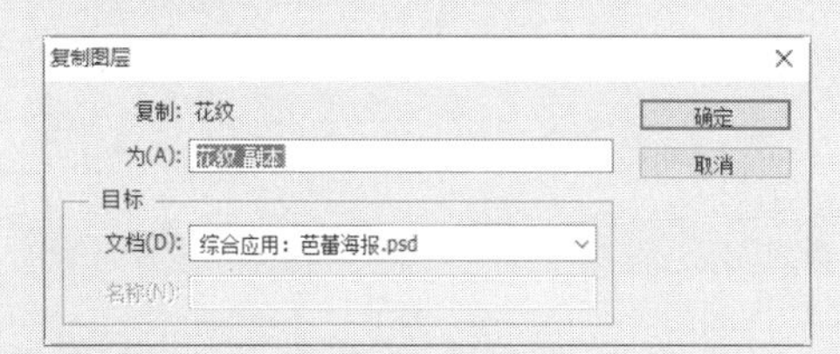

复制图层

Step 15 选择“花纹”图层，执行“编辑>变换>水平翻转”命令，将花纹调整至合适位置，如下图所示。

翻转图层

Step 16 置入“小鸟.png”素材，调整至合适大小，放在画面的左上角，如下图所示。

置入素材

Step 17 至此，芭蕾海报制作完成，查看最终效果，如下图所示。

查看最终效果

Chapter 08 矢量工具与路径的应用

本章主要介绍使用钢笔工具绘制路径和编辑路径的知识，同时还讲解路径的填充与描边、路径与选区的转换以及使用形状工具绘制路径的操作技巧。通过本章的学习，读者可以掌握矢量工具与路径的应用，为深入学习Photoshop CS6奠定良好的基础。

8.1 使用钢笔工具绘制路径

在Photoshop CS6中，路径是可以转换成选区并可以对其填充和描边的轮廓。路径包括开放式路径和闭合式路径两种。同时，用户可以通过绘制路径方便地改变路径的形状。针对不规则的路径可以使用钢笔工具和自由钢笔工具完成。

8.1.1 钢笔工具

钢笔工具是Photoshop中最基本、最常用的路径绘制工具，使用该工具可以直接创建直线路径和曲线路径。用户使用钢笔工具中新增的矢量图形样式，可以轻松快捷地编辑图形的填充样式和描边样式。

新建图像文件后，选择工具箱中的钢笔工具，在属性栏中包括“形状”、“路径”和“像素”3种模式，选择“路径”模式，用户可以根据需要设置其他参数。

钢笔工具属性栏

将鼠标指针移动至图像文件中，当鼠标指针变为形状时，单击“确定”绘制直线的起点，移到光标到合适位置单击，即可完成使用钢笔工具绘制直线路径的操作。

绘制直线

实战 利用钢笔工具绘制卡通苹果树

Step 01 按下Ctrl+N组合键，打开“新建”对话框，设置名称为“绘制卡通苹果树”，文件宽度为宽度600像素，高度800像素，单击“确定”按钮，创建一个新的文档，如下图所示。

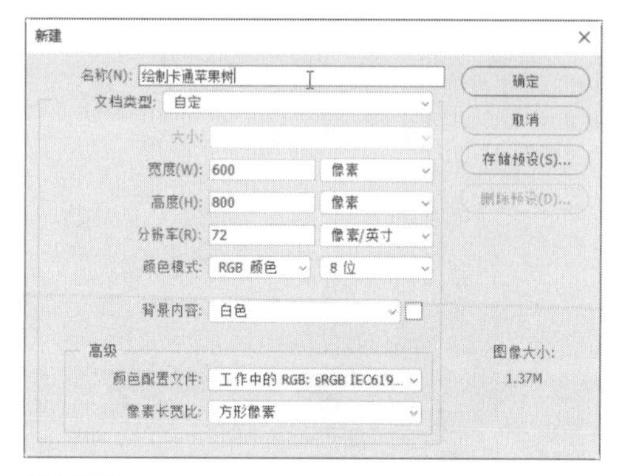

新建文档

Step 02 设置前景色为#65a110，按下Alt+Delete组合键，填充前景颜色，如下图所示。

填充背景图层

Step 03 选择钢笔工具设置模式为“路径”，在画板下方单击确定第一个点作为树干的位置，按住鼠标左键不放，拖动绘制弯曲线条，绘制出树干的路径，如下图所示。

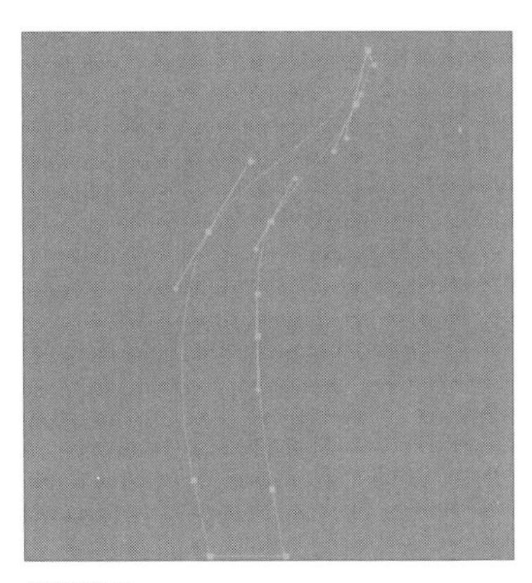

绘制树干

Step 04 右击路径在快捷菜单中选择“填充路径”命令，在打开的对话框中设置填充颜色为#59493f，如下图所示。

填充路径

Step 05 根据同样的方法绘制树枝图形并填充颜色，如下图所示。

绘制树枝形状

Step 06 使用绘制树干的方法绘制出树叶并填充白色，按下Ctrl+J组合键，复制树叶形状，按下Ctrl+T组合键，改变树叶形状的大小和方向，多复制树叶并放在树枝的不同位置，效果如下图所示。

绘制树叶形状

Step 07 继续使用钢笔工具绘制出苹果形状，打开“路径填充”对话框设置填充颜色为#60012，复制苹果形状并放在不同的位置，效果如下图所示。

查看最终效果

8.1.2 自由钢笔工具

自由钢笔工具可以模拟自然形态的钢笔绘制路径，可用于随意绘图，就像用铅笔在纸上绘图一样。在绘图时，将自动添加锚点，无须确定锚点的位置，完成路径后可进一步对其调整。但自由钢笔工具没有钢笔工具那么精确和光滑。

使用自由钢笔工具绘制路径的方法很简单，选择工具箱中的自由钢笔工具，在需要创建路径的位置单击并拖动鼠标，沿图像边缘绘制路径。当绘制路径终点与起点重合时，光标右下角出现小圆圈，释放鼠标即可绘制出闭合的路径。

绘制路径

闭合路径

在自由钢笔工具的属性栏中有一个“磁性的”复选框，勾选该复选框，自由钢笔工具将切换为磁性钢笔工具，使用该工具可以像使用磁性套索工具一样快速勾选出对象的轮廓。

自由钢笔工具属性栏

绘制路径

闭合路径

提示：

在Photoshop CS6中，路径是一种矢量对象，它不包含任何像素，所以用户应注意，没有进行填充或者描边处理的路径是不能被打印出来的。

实战 使用自由钢笔工具绘制太阳

Step 01 执行“文件>打开”命令，打开“卡通背景.jpg”素材图片，然后在工具箱中选择自由钢笔工具，在画面左上角绘制圈，如下图所示。

绘制圆圈

Step 02 选择画笔工具设置为硬边10像素，前景色为黄色。在路径上右击，在快捷菜单中选择“描边路径”命令，在弹出的对话框中设置工具为“画笔”，单击“确定”按钮，查看绘制太阳中心的效果，如下图所示。

描边路径

Step 03 打开“路径”面板，新建路径图层，同样的方法使用自由钢笔工具绘制太阳光芒线，如下图所示。

绘制光芒线

Step 04 使用自由钢笔工具绘制云朵形状，右击路径选择“填充路径”命令，在打开的对话框中设置填充为白色，如下图所示。

查看最终效果

8.2 选择路径

在Photoshop中，路径选择工具组包括路径选择工具和直接选择工具两种，这两种工具主要用来选择路径和调整路径的形状，下面分别对其使用方法进行介绍。

8.2.1 路径选择工具

使用路径选择工具可以选择单个路径，也可以选择多个路径，同时它还可以用来组合、对齐和分布路径。

选择路径

移动路径

8.2.2 直接选择工具

直接选择工具主要用来选择路径上的单个或多个锚点，可以移动锚点、调整方向。

选择路径上的锚点

调整锚点后的路径

8.3 编辑路径

在Photoshop中，创建路径后，用户可以对创建的路径进行编辑，可以根据需要自定义调整路径的形状。路径的编辑操作包括对路径的选择、移动、复制、添加和删除、转换、描边以及填充等。本章将重点介绍编辑路径方面的知识。

8.3.1 选择或移动路径和锚点

在Photoshop中，用户可以选择或移动路径和锚点，以便满足绘制图形的需要。下面介绍选择与移动路径和锚点的操作方法。

❶选择与移动路径

在Photoshop中，使用路径选择工具，可以对创建的路径进行选择与移动。下面介绍选择与移动路径的操作方法。

选择工具箱中的路径选择工具，在图像中，拖动创建的路径，这样既可完成选择与移动路径的操作。

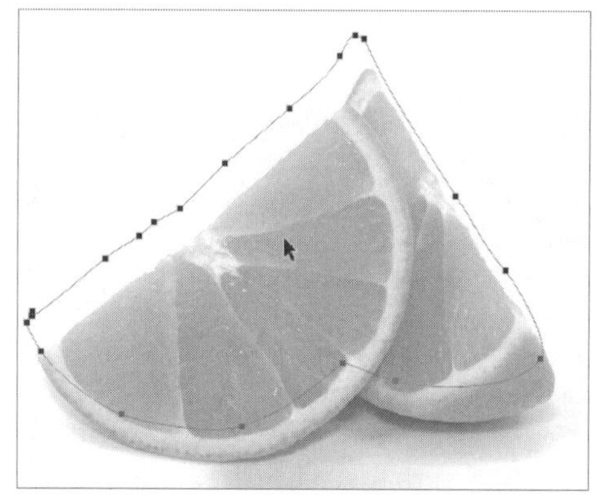

移动路径

❷选择与移动锚点

在Photoshop中，使用直接选择工具，可以对创建的路径锚点进行选择与移动，下面介绍选择与移动路径锚点的操作方法。

选择工具箱中的直接选择工具，在图像中，拖动创建的锚点，这样既可完成选择与移动路径锚点的操作。

移动锚点

8.3.2 添加与删除锚点

锚点是组成路径的单位，用户可以在创建的路径中，添加锚点并对其进行调整，这样可以使绘制的路径更符合绘制的要求。下面介绍添加锚点与删除锚点的方法。

使用添加锚点工具可以在路径上添加锚点。将光标移至路径上，当光标变为形状时，单击即可添加一个锚点。

添加锚点

使用删除锚点工具可以删除路径上的锚点，将光标放在锚点上，当光标变为形状时，单击鼠标左键即可删除锚点。

删除锚点

8.3.3 转换锚点的类型

转换点工具主要用来转换锚点的类型。在平滑点上单击，可以将平滑点转换为角点，在角点上单击，然后拖曳可以将角点转换为平滑点。

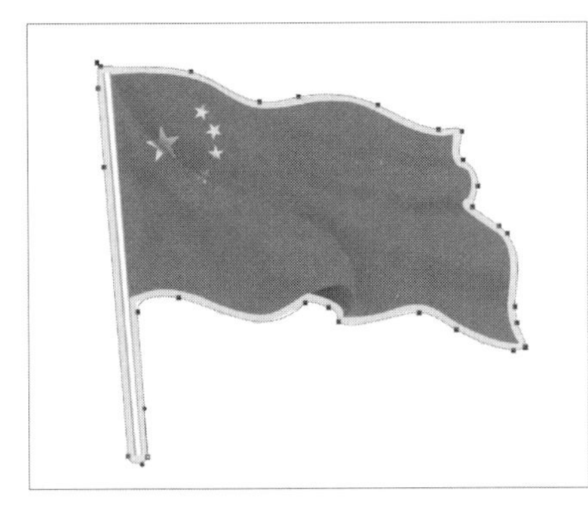

原路径效果

将平滑点转换为尖角后的路径效果

8.3.4 保存工作路径

保存路径的方法十分简单，在“路径”面板中单击右上角的扩展按钮，在弹出的扩展菜单中选择“存储路径”命令。弹出“存储路径”对话框，在“名称”文本框中输入新的路径名称，然后单击“确定”按钮，即可保存路径。此时保存的路径可以在“路径”面板中看到。

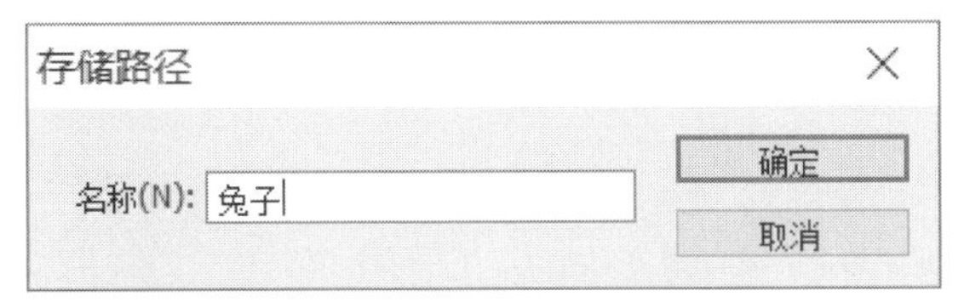

“存储路径”对话框

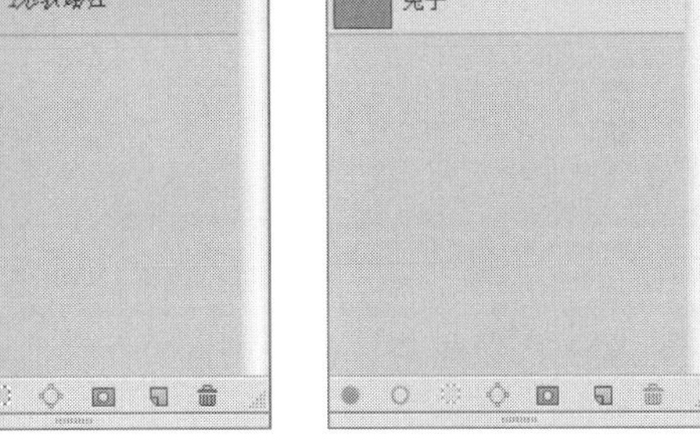

工作路径　　存储后的路径

8.3.5 变换路径

变换路径与变换图像的方法完全相同。在“路径”面板中选择路径，然后执行“编辑>变换路径”命令，在子菜单中选择合适的选项，或者执行“编辑>自由变换路径”命令，通过调整路径的控制点即可对其进行相应的变换。

原路径

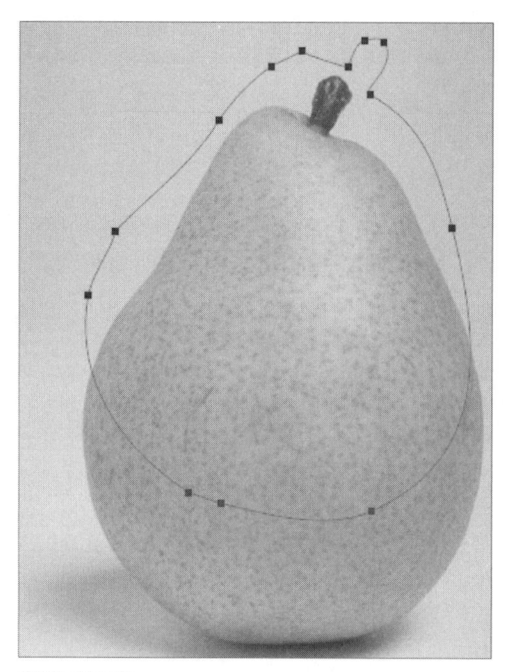

变换后的路径

8.3.6 复制路径

在Photoshop中，如果某一路径需要重复使用，用户可以将其复制。下面介绍复制路径的操作方法。

在“路径”面板中，选择一个路径，使用路径选择工具在图像中选择需要复制的路径，按住Alt键，此时光标变为形状，拖动路径即可复制得到新的路径。

原“路径”面板

复制后的“路径”面板

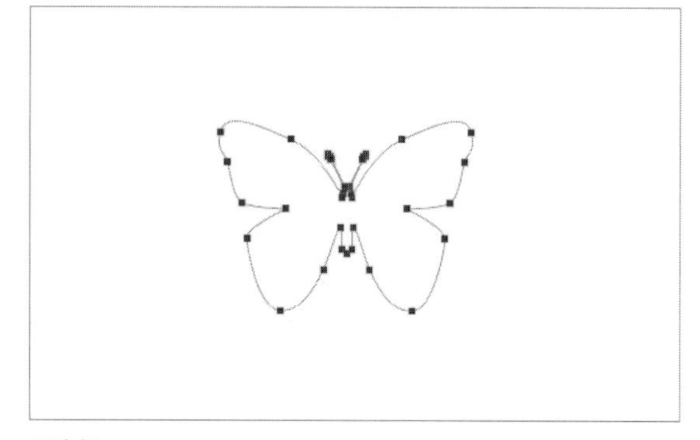

原路径

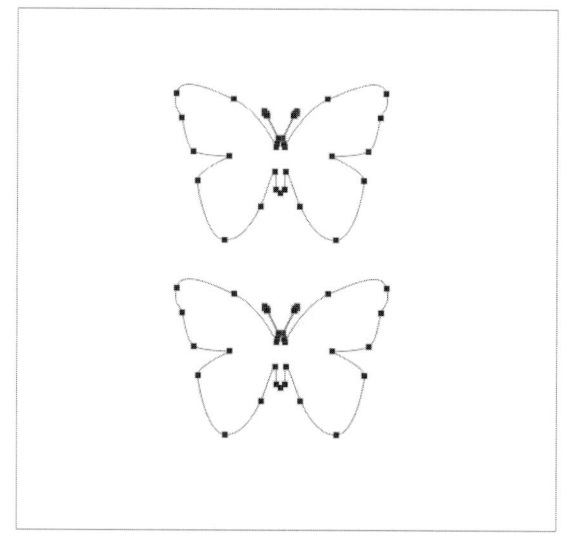

复制后的路径

8.3.7 描边路径

描边路径是一个非常重要的功能，在描边之前需要先设置好描边工具的参数，如画笔、铅笔、橡皮擦、仿制图章、修复画笔等工具。使用钢笔工具或形状工具绘制出路径以后，在路径面板上单击鼠标右键，在弹出的快捷菜单中选择“描边路径”命令，在弹出的对话框中设置描边工具。

打开图像文件后，在工具箱中选择画笔工具，在属性栏中单击“画笔预设”下拉按钮，在弹出的下拉面板中，设置画笔样式。

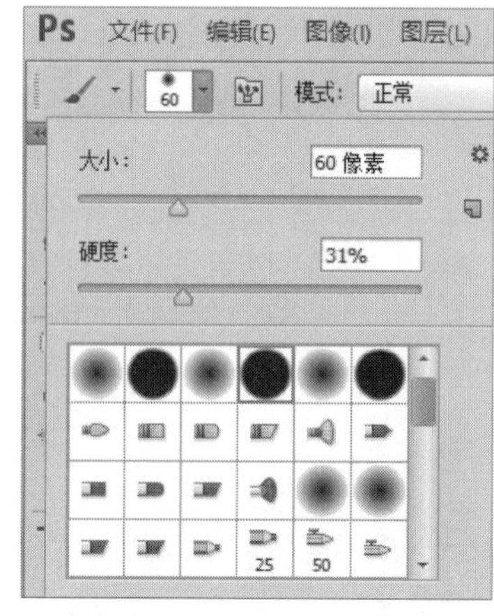

设置画笔样式

在图像文件中，创建一个路径，在“路径”面板中右击路径图层，如“工作路径”图层，在弹出的快捷菜单中，选择“描边路径”命令。

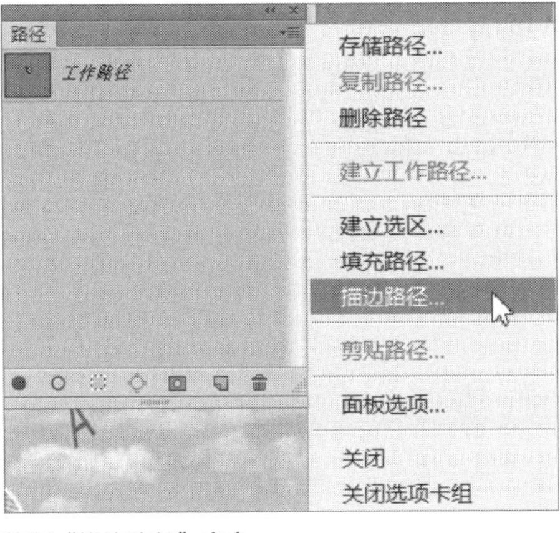

执行“描边路径”命令

在弹出“描边路径”对话框中，设置描边工具为“画笔”，单击“确定”按钮。

“描边路径”对话框

通过以上方法即可完成描边路径的操作。

描边路径的效果

8.3.8 填充路径

在Photoshop中，用户可以对创建的路径进行颜色或图案的填充。下面介绍填充路径的操作方法。

打开图像文件，选择工具箱中的钢笔工具，并创建一个路径，在“路径”面板中，右击路径图层，如“工作路径”，在弹出的快捷菜单中，选择“填充路径”命令。

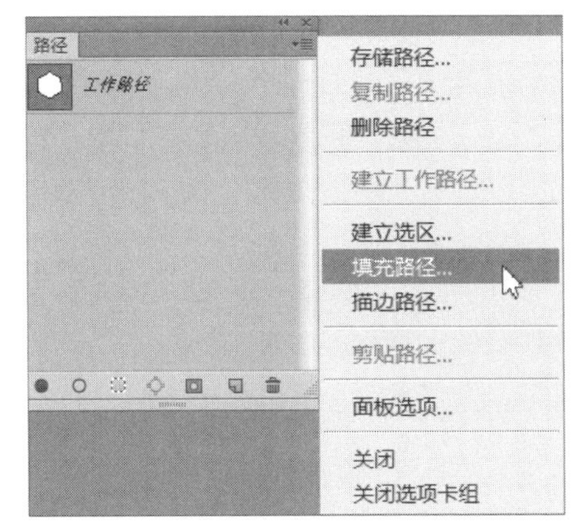

执行“填充路径”命令

在弹出“填充路径”对话框中，设置内容为“图案”，并将自定图案设置为“微粒”，单击“确定”按钮。

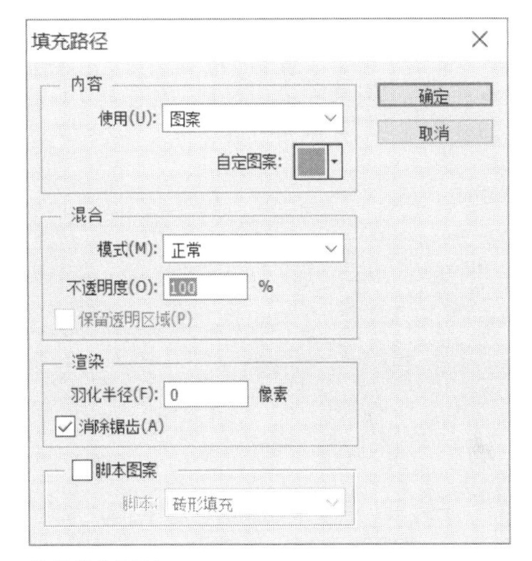

设置填充图案

通过以上方法即可完成填充路径的操作。

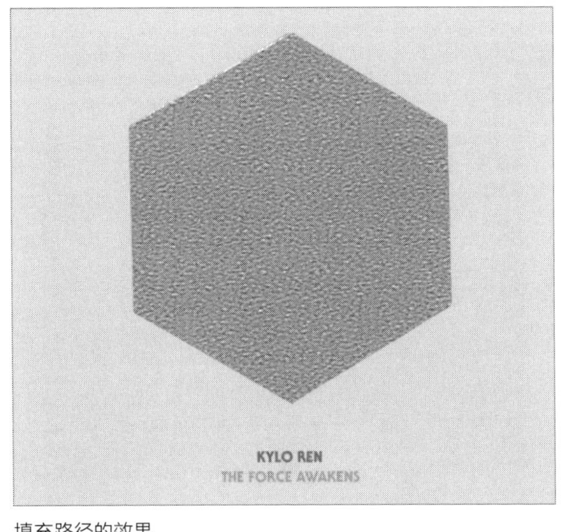

填充路径的效果

实战 利用填充路径制作彩色照片墙

Step 01 执行“文件>打开”命令，打开“照片墙.jpg”素材图片，选择钢笔工具沿着正上方的相册边缘绘制直线封闭路径，如下图所示。

绘制路径

Step 02 设置前景色为白色，然后打开“路径”面板，单击“用前景色填充路径”按钮，即可直接填充前景色，按Enter键确认，效果如下图所示。

为路径填充白色

Step 03 根据相同方法绘制路径并填充不同颜色，制作照片墙边框，效果如下图所示。

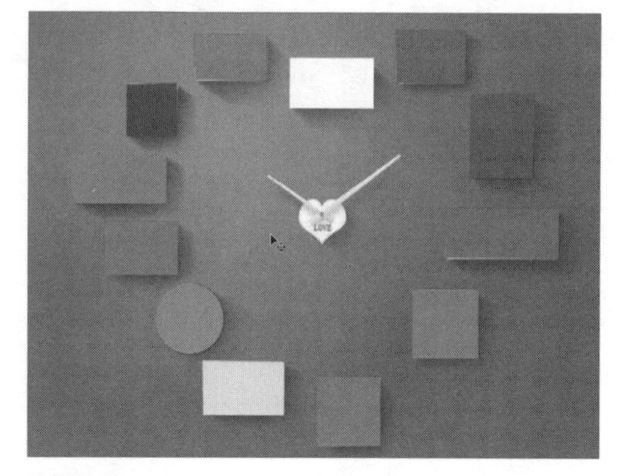

查看效果

8.4 路径与选区的转换

在Photoshop中，用户可以将创建的路径转换为选区或者将选区转换为路径，方便用户对路径与选区进行转换，以便绘制出符合工作要求的图像。

8.4.1 从路径建立选区

使用钢笔工具或形状工具绘制出路径以后，可以通过以下3种方法将路径转换为选区。

原路径

❶快捷菜单法

在路径上单击鼠标右键，然后在快捷菜单中选择“建立选区”命令。

转换为选区

> **提示：**
>
> 在属性栏中单击“选区”按钮 选区... ，也可以建立选区。

❷组合键法

直接按Ctrl+Enter组合键载入路径的选区。

❸单击按钮法

按Ctrl键在“路径”面板中单击路径的缩略图，或单击“将路径作为选区载入”按钮 。

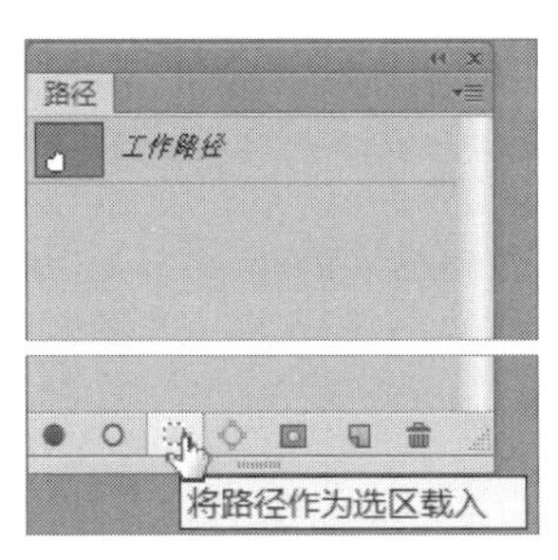

单击“将路径作为选区载入”按钮

实战 从路径建立选区的应用

Step 01 执行“文件>打开”命令，打开“破船.jpg”素材图片，选择自由钢笔工具绘制船轮廓路径，如下图所示。

打开素材

Step 02 打开“路径”面板，单击下方最左边的“将路径作为选区载入”按钮，建立船轮廓选区，如下图所示。

将路径转换为选区

Step 03 将选区进行复制并粘贴，创建新的船图层，并适当调整位置、大小和不透明度，最终效果如下图所示。

查看效果

8.4.2 从选区建立路径

在Photoshop中，用户不仅可以将路径转换成选区，同时可以将选区转换成路径，方便用户对图像进行路径编辑操作，下面介绍从选区建立路径的操作方法。

打开图像文件，选择快速选择工具，为“棒球”创建选区，在创建的选区内右击，在弹出的快捷菜单中选择“建立工作路径”命令。

执行“建立工作路径”命令

弹出“ 建立工作路径”对话框，在“容差”数值框中输入路径容差值，单击“确定”按钮。

设置“容差”数值

通过以上操作方法即可完成从选区建立路径的操作。

将选区转换为路径

实战 从选区建立路径的应用

Step 01 执行“文件>打开”命令，打开“郁金香.jpg”素材图片，利用魔棒工具创建花朵选区，如下图所示。

打开素材并创建选区

Step 02 打开“路径”面板，单击下方的“从选区生成工作路径”按钮，创建花朵路径，如下图所示。

将选区转换为路径

Step 03 按照填充路径的方法填充路径颜色，最终效果如下图所示。

为路径填充颜色

8.5 使用形状工具绘制路径

使用工具箱中的形状工具，用户可以创建各种形状的路径，本节将重点介绍使用形状工具绘制路径的操作方法。

8.5.1 矩形工具

使用矩形工具可以创建出正方形或矩形路径，其使用方法与矩形选框工具类似。在绘制时，按住Shift键可以绘制出正方形，按住Alt键以单击点为中心绘制矩形，按住Shift+Alt组合键单击点为中心绘制正方形。

“矩形工具”的选项栏如图所示。

矩形工具属性栏

- **建立：**单击“选区”按钮 选区... ，可以将当前路径转换为选区；单击“蒙版”按钮 蒙版 ，可以基于当前路径为当前图层创建矢量蒙版；单击“形状”按钮 形状 ，可以将当前路径转换为形状。
- **对齐边缘：**勾选该复选框后，可以使矩形的边缘与像素的边缘重合，这样图像的边缘就不会出现锯齿，反之则会出现锯齿。
- **矩形选项：**单击该按钮，可以在弹出的下拉面板中设置矩形的创建方法。

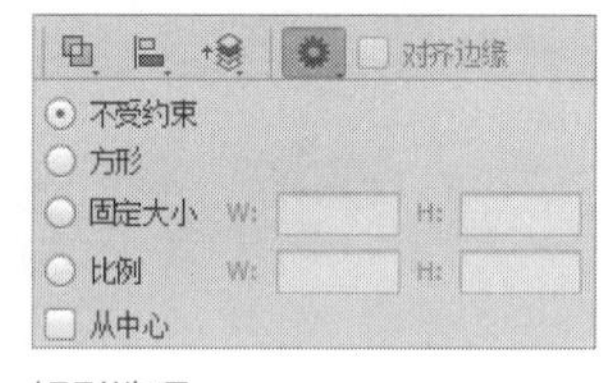

矩形选项

- **不受约束：**选中该单选按钮，可以绘制出任何大小的矩形。
- **方形：**选中该单选按钮，可以绘制出任何大小的正方形。
- **固定大小：**选中该单选按钮，在右侧的数值框中输入宽度（W）和高度（H），然后在图像上单击即可创建出矩形。
- **比例：**选中该单选按钮，在右侧的数值框中输入宽度（W）和高度（H），然后创建的矩形始终保持这个比例。

- **从中心**：选中该单选按钮，以任何方式创建矩形时，单击点即为矩形的中心。

8.5.2 圆角矩形工具

使用圆角矩形工具用户可以绘制出带有不同角度的圆弧矩形路径或圆弧正方形路径。

圆角矩形工具属性栏

其创建方法和矩形工具完全相同，只不过多了一个“半径”选项。“半径”选项用来设置圆角的半径，值越大，圆角越大。

半径为50像素

半径为300像素

8.5.3 椭圆工具

使用椭圆工具可以创建出椭圆或正圆形。如果要创建椭圆形，可以拖曳鼠标进行创建；如果要创建正圆形，可以按住Shift键或Shift+Alt组合键进行创建。

椭圆工具属性栏

创建椭圆形

创建正圆形

8.5.4 多边形工具

使用多边形工具可创建正多边形（最少为3条边）和星形。

多边形工具属性栏

- **边**：设置多边形的边数，设置为3时，可以创建出正三角形；设置5时，可创建正五边形。

正三角形

正五边形

- **多边形选项**：单击该按钮，可以打开多边形选项面板，在该面板中可以设置多边形的半径，或将多边形创建为星形。

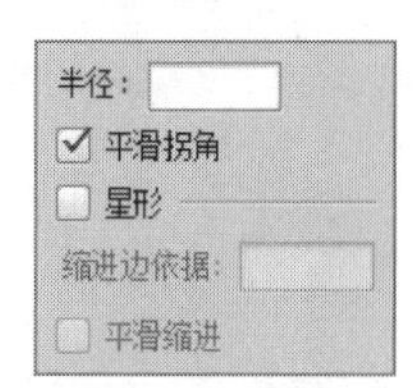

多边形选项

- **半径**：用于设置星形或多边形的半径大小。设置好“半径”数值后，在画布中按住鼠标左键拖曳即可创建出相应的半径的多边形或星形。
- **平滑拐角**：勾选该复选框后，可以创建具有平滑拐角的多边形或星形。

取消勾选“平滑拐角”复选框

勾选“平滑拐角”复选框

- **星形**：勾选该复选框后，可以创建星形，下面的“缩进边依据”选项主要用来设置星形边缘向中心缩进的百分比，数值越高，缩进量越大。

缩进边依据20%

缩进边依据60%

- **平滑缩进**：勾选该复选框后，可以使星形的每条边向中心平滑缩进。

勾选“平滑缩进”复选框

8.5.5 直线工具

使用直线工具可以创建出直线和带有箭头的路径。

- **箭头选项**：单击该按钮，可以打开箭头选项面板，在该面板中可以设置箭头的样式。

“箭头”面板

- **起点/终点**：勾选“起点”复选框，可以在直线的起点坐标添加箭头。

勾选“起点”复选框的箭头

勾选“终点”复选框，可以在直线的终点处添加箭头。

勾选“终点”复选框的箭头

勾选“起点”和“终点”复选框，则可以在两头都添加箭头。

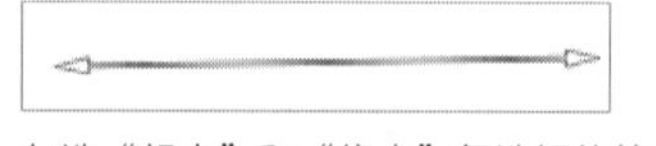

勾选“起点”和“终点”复选框的箭头

- **宽度**：用来设置箭头宽度与直线宽度的百分比，范围为10%~1000%，下面比较宽度为200%和1000%的箭头效果。

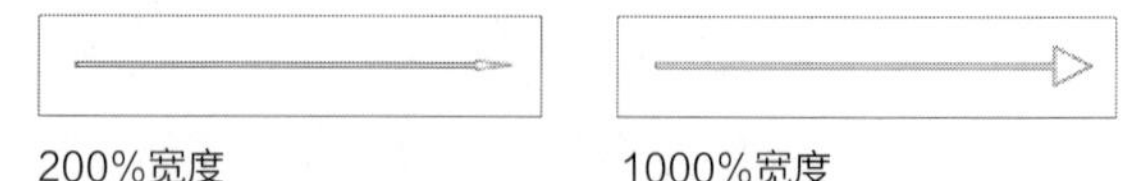

200%宽度　　1000%宽度

- **长度**：用来设置箭头长度和直线宽度的百分比，范围为10%~5000%，下面比较长度为500%和5000%的箭头效果。

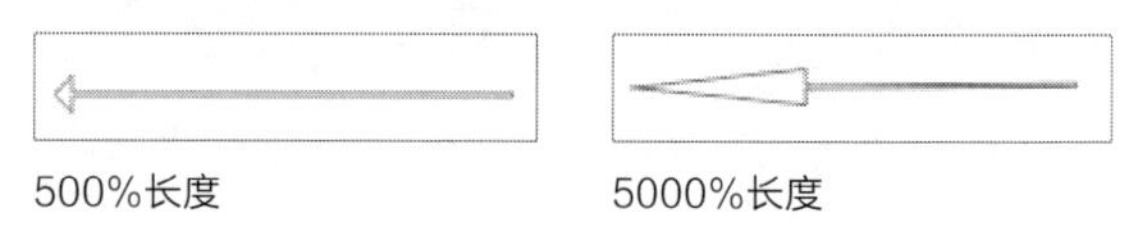

500%长度　　5000%长度

- **凹度**：用来设置箭头的凹陷程度，范围为-50%~50%。值为0时，箭头尾部平齐；值小于0时，箭头尾部向外凸出；值大于0时，箭头尾部向内凹陷。

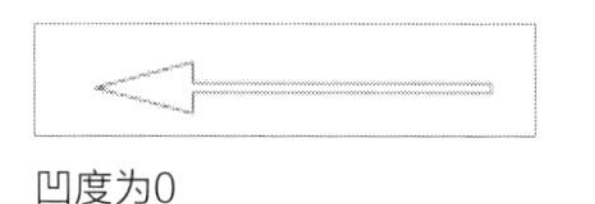
凹度为0

凹度为-50%

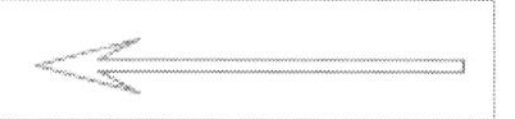
凹度为50%

8.5.6 自定形状工具

使用自定形状工具可以绘制许多丰富的形状效果。这些工具既可以是Photoshop的预设，也可以是自定义或加载的外部形状。

自定义形状工具属性栏

选中自定形状工具，单击属性栏中“形状”下三角按钮，在打开的面板中单击右上角按钮，在列表中选择“动物”选项，打开提示对话框，单击“确定”按钮，在面板中选择鹰形状。

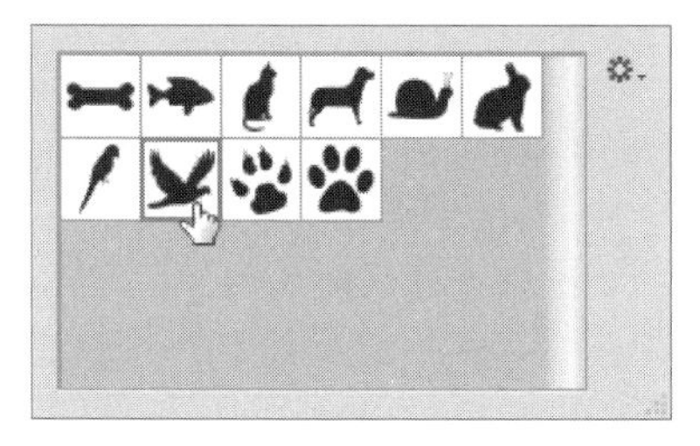
选择鹰形状

设置前景色为黑色，在画面中按住鼠标左键进行拖曳，即可绘制鹰的形状，并填充前景色黑色，再使用椭圆工具绘制鹰的眼睛，并填充白色。

查看效果

在Photoshop中除了系统提供的形状之外，用户也可以自定义形状样式，以方便在以后使用过程中再次使用。

实战 定义自定义形状

Step 01 按Ctrl+O组合键，在打开的对话框选择“花纹.png”素材，单击“打开”按钮，效果如下图所示。

打开素材

Step 02 使用魔棒工具选中透明位置，按Ctrl+Shift+I组合键反选，并右击选区，在快捷菜单中选择“建立工作路径”命令，在打开的对话框中单击“确定”按钮，如下图所示。

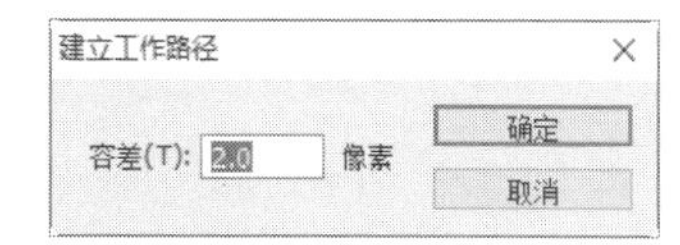

建立工作路径

Step 03 然后隐藏该图层，在画面中只显示路径，执行“编辑>定义自定形状”命令，打开“形状名称”对话框，输入名称为“花纹”，单击“确定”按钮，如下图所示。

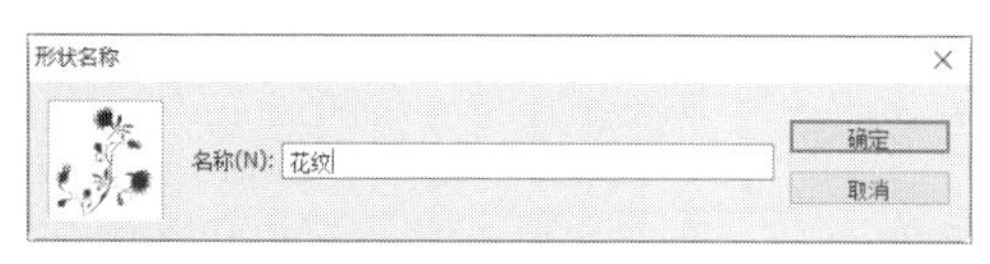

定义形状

Step 04 选中自定形状工具，在属性栏中单击“形状”按钮，在打开的面板中即可选择定义的形状，如下图所示。

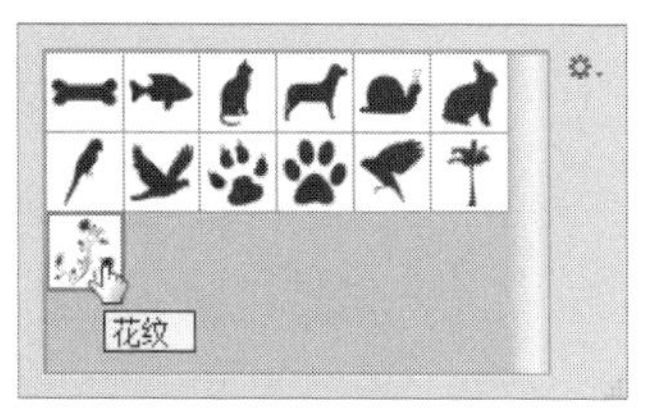

查看自定形状

纸杯包装设计

本章主要介绍矢量工具和路径的相关知识，下面以制作一次性纸杯包装的实例，进一步巩固本章所学知识的具体应用。

Step 01 按下Ctrl+N组合键，打开“新建”对话框，对新建文档的参数进行设置后，单击“确定”按钮，如下图所示。

新建

名称(N): 纸杯

预设(P): 自定

大小(I):

宽度(W): 800 像素

高度(H): 500 像素

分辨率(R): 72 像素/英寸

颜色模式(M): RGB 颜色 8 位

背景内容(C): 白色

高级

确定

取消

存储预设(S)...

删除预设(D)...

图像大小:

1.14M

新建文档

Step 02 选择油漆桶工具把背景颜色填充为前景色，如下图所示。

填充图层

Step 03 新建一个图层，将其命名为“杯口”，将前景色设置为白色，选择椭圆工具，在文档中绘制一个白色椭圆形，如下图所示。

绘制椭圆形

Step 04 新建图层，将其命名为“杯底”，选择椭圆工具在底部绘制一个小点的白色椭圆形，如下图所示。

绘制杯底

Step 05 新建图层，将其命名为“杯身”，选择矩形工具在杯口和杯底之间绘制一个白色矩形。按Ctrl+T组合键调出变换框并右击，在快捷菜单中选择“透视”命令，如下图所示。

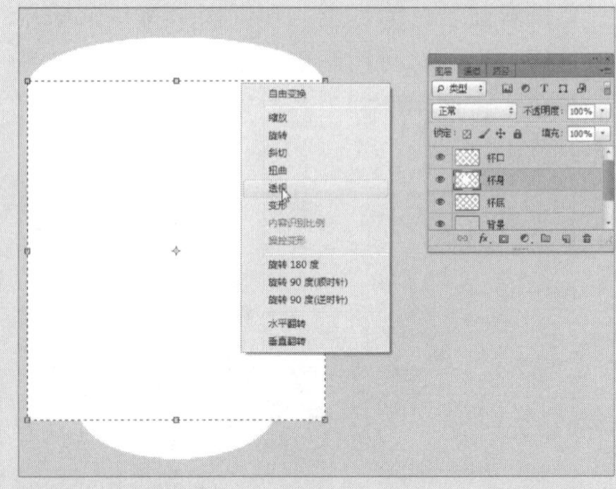

选择“透视”命令

Step 06 按住Ctrl键调整控制点，使其产生透视效果，如下图所示。

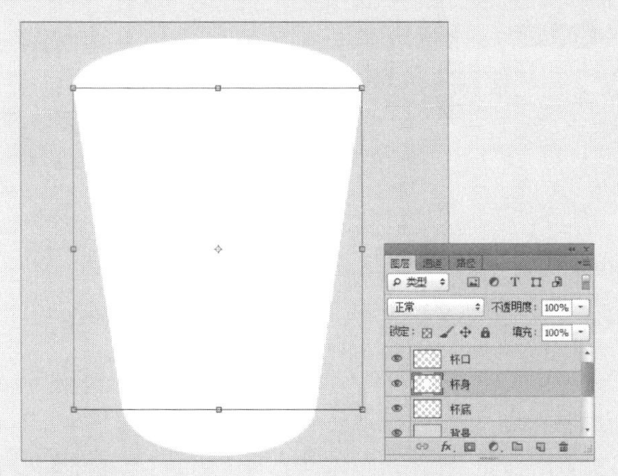

进行透视操作

Step 07 按住Shift键选择“杯身”和“杯底”图层，按Ctrl+E组合键合并为一个图层，选择渐变工具为杯身加上渐变阴影效果，如下图所示。

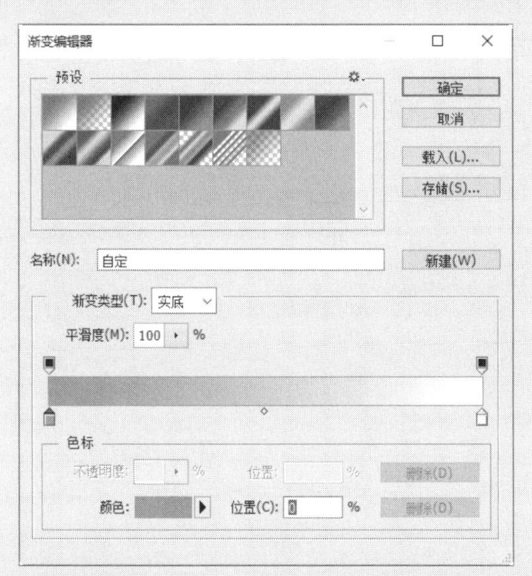

设置渐变颜色

Step 08 单击“确定”按钮，在杯身上拖曳添加渐变颜色的效果，如下图所示。

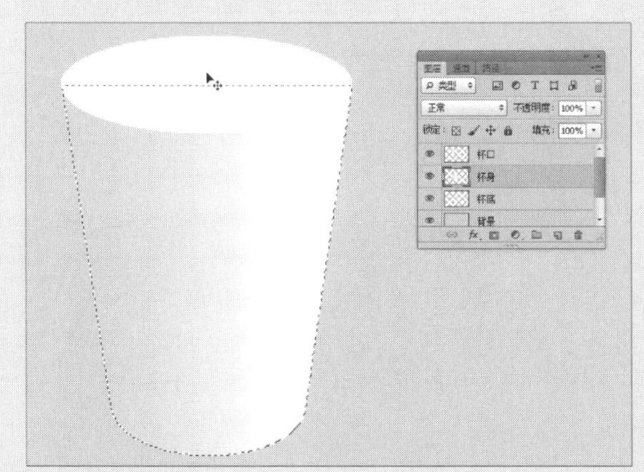

查看杯身效果

Step 09 根据同样的方法，为“杯口”图层添加渐变阴影效果，如下图所示。

为杯口添加渐变效果

Step 10 在“杯身”图层上方新建一个图层并命名为“杯口边”，选择椭圆工具在杯口的下方绘制一个椭圆并填充灰色，如下图所示。

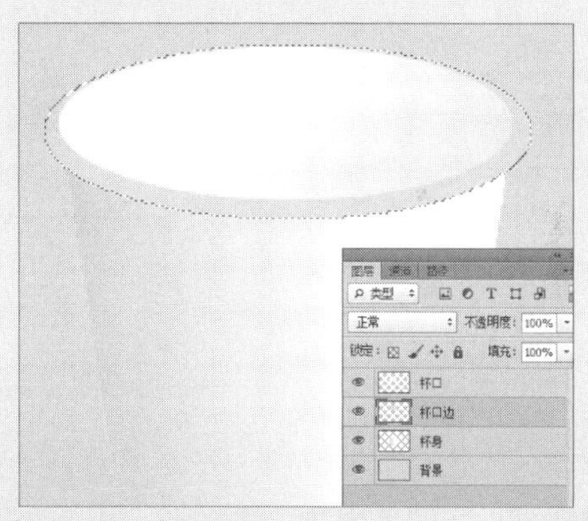

绘制杯口的边

Step 11 在“杯口边”图层上方新建图层并命名为“高光”。使用钢笔工具，在杯口边上绘制高光，增加立体效果，如下图所示。

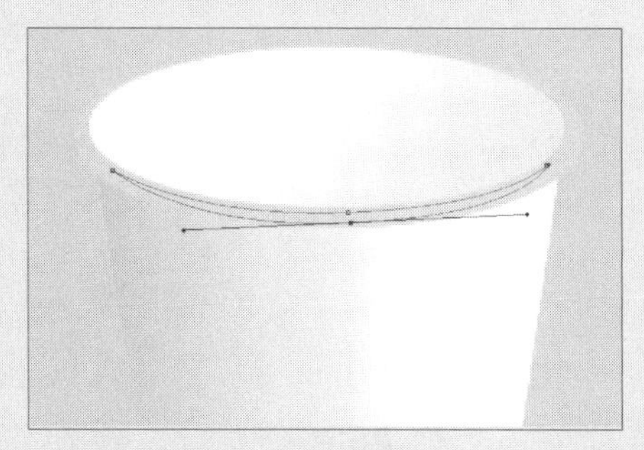

绘制高光部分

Step 12 右击绘制的路径，在快捷菜单中选择“建立选区”命令，将该选区填充为白色，效果如下图所示。

为选区填充白色

Step 13 在“杯口”图层上方新建“装饰”图层，使用椭圆形工具，设置填充颜色为绿色，在杯身上绘制正圆。然后设置图层不透明度为40%，为杯子添加装饰效果，如下图所示。

绘制椭圆并填充颜色

Step 14 根据相同的方法，在杯身上多绘制一些圆形，来增加设计感，如下图所示。

绘制圆形

Step 15 选择横排文字工具，在杯身上输入文字，并设置文字的格式，如下图所示。

输入文字

Step 16 为纸杯添加阴影效果，复制所有图层并按Ctrl+E组合键，合并图层并命名为“阴影”。按Ctrl+T组合键，执行自由变换操作，效果如下图所示。

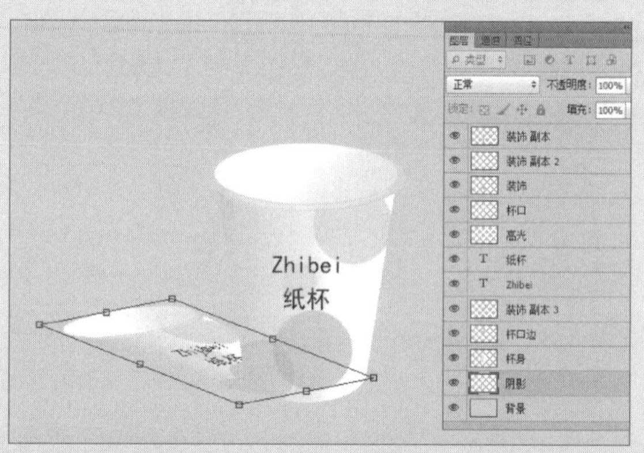

合并后并调整图像

Step 17 执行“滤镜>模糊>高斯模糊”命令，打开“高斯模糊”对话框，设置高斯模糊“半径”15像素，如下图所示。

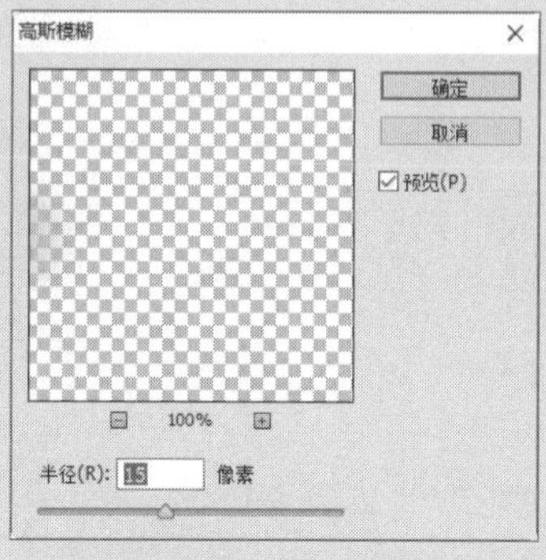

设置高斯模糊参数

Step 18 单击“确定”按钮，查看为阴影添加高斯模糊的效果，如下图所示。

查看添加的阴影效果

Step 19 选择“阴影”图层，为其添加“颜色叠加”图层样式，颜色设置为黑色，如下图所示。

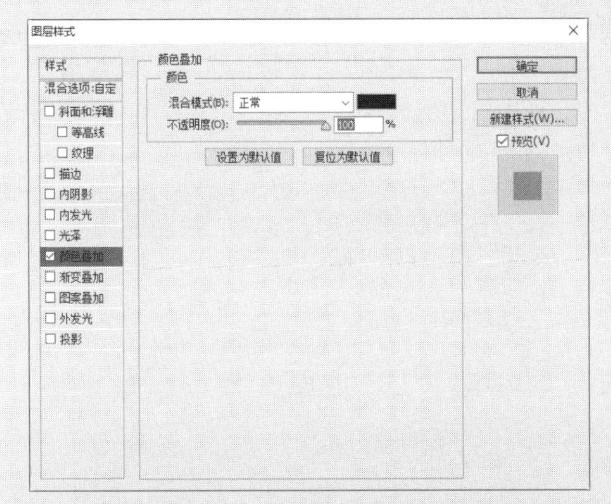

添加“颜色叠加”样式

Step 20 单击“确定”按钮，查看添加“颜色叠加”图层样式的效果，如下图所示。

查看纸杯的效果

Step 21 设置“阴影”图层的不透明度为30%，效果如下图所示。

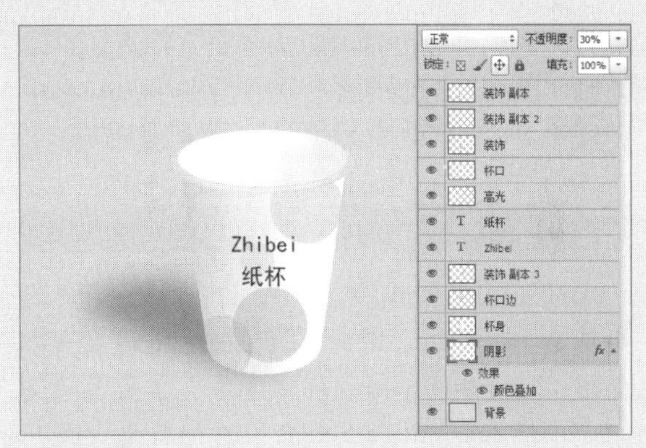

设置不透明度

Step 22 复制一个纸杯并适当缩小，查看最终效果，如下图所示。

查看最终效果

Chapter

09 文字的应用

在平面作品中文字的应用是必不可少的，它不仅可能进行信息的传播，还可以起到美化版面、强化主体的作用。因此，各种各样的文字便被艺术化了。Photoshop中的文字由基于矢量的文字轮廓组成，这些形状可以用于表现字母、数字和符号，本章将主要对文字工具的应用进行详细介绍。

9.1 文本的输入

在Photoshop CS6中，使用工具箱中的文字工具，可以创建出精美的文字或文字选区，以便制作出用户满意的文本效果。在Photoshop中创建的文字包括横排文字、输入直排文字等。

9.1.1 输入横排文字

打开Photoshop CS6后，选择工具箱中的横排文字工具，用户可以在画面中输入横排文字。在编辑文字时，任意缩放文字或调整文字大小都不会产生锯齿现象。在保存文字时，Photoshop可以保留基于矢量的文字轮廓，因此，文字的输出与图像的分辨率无关。

打开图像文件，选择工具箱中的横排文字工具，在横排文字工具属性栏的字体下拉列表中选择字体，在字号大小下拉列表中设置字号大小，然后在文档窗口中指定位置单击并输入文字。

输入文字

输入横排文字后，按Ctrl+Enter组合键可退出文字编辑状态，完成横排文字的创建操作。

查看横排文字的输入效果

实战 在画面中输入横排文本

Step 01 打开“横排文字背景.jpg”素材图片后，按下Ctrl+Shift+N组合键，新建“图层1”图层，如下图所示。

打开背景素材

Step 02 选择工具箱中的横排文字工具或者按下快捷键T，在画面中单击并输入“执子之手 与子偕老”文字，如下图所示。

输入文字

Step 03 如需改动文本的位置，则选择移动工具或按下快捷键V，选中文本并移至合适的位置，如下图所示。

移动文字

Step 04 选择文本图层，打开“字符”面板，设置文字字体、大小、颜色等参数，如下图所示。

设置文本格式

Step 05 设置完成后，即可查看输入的横排文字效果，如下图所示。

查看输入中文文本的效果

Step 06 同样的方法输入英文文本，设置其文本格式后，按住Ctrl键选中两个文本图层，在“属性”面板中设置文本对齐方式为居中，如下图所示。

查看最终效果

9.1.2 输入直排文字

在Photoshop中，使用工具箱中的直排文字工具，可以输入直排文字。

打开图像文件，选择直排文字工具，在直排文字工具属性栏的字体下拉列表中选择字体样式，在字号大小下拉列表中设置字号大小，然后在文档窗口中指定位置单击并输入文字。

输入文字

输入直排文字后，按Ctrl+Enter组合键退出文字编辑状态，完成直排文字的创建操作。

查看直排文字的输入效果

实战 使用直排文字工具制作对联

Step 01 打开“春联.jpg”素材图片，按下Ctrl+Shift+N组合键新建图层，在工具箱中选择直排文字工具或按下快捷键T，在画面中单击并输入所需文字，如下图所示。

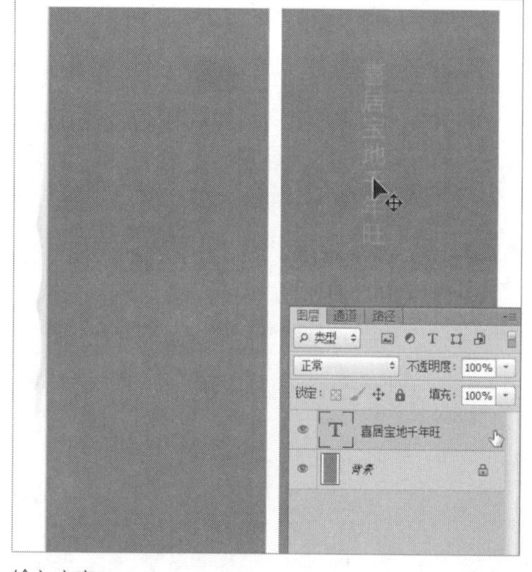

输入文字

Step 02 打开“字符”面板，设置竖排文本的大小、字体和颜色，设置完成后查看文字的效果，如下图所示。

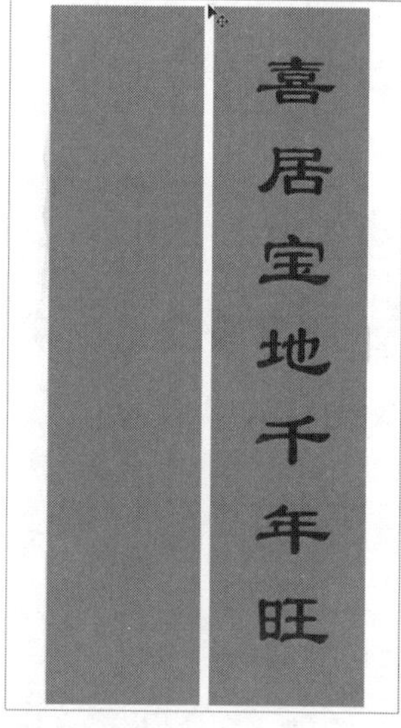

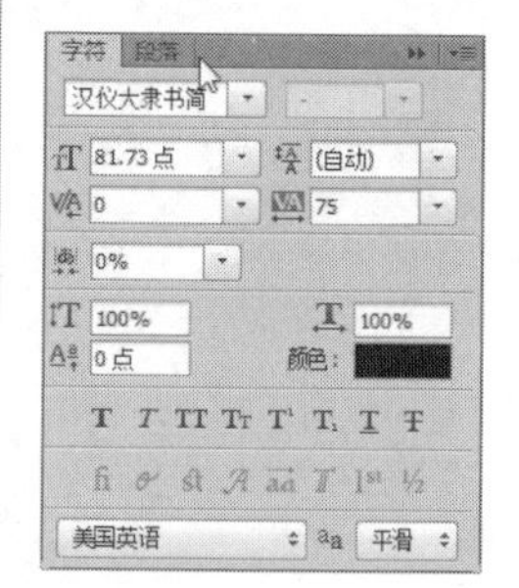

设置文字格式

Step 03 按下Ctrl+J组合键复制文本图层并更改文字内容，使用移动工具将文本移动到合适的位置，效果如下图所示。

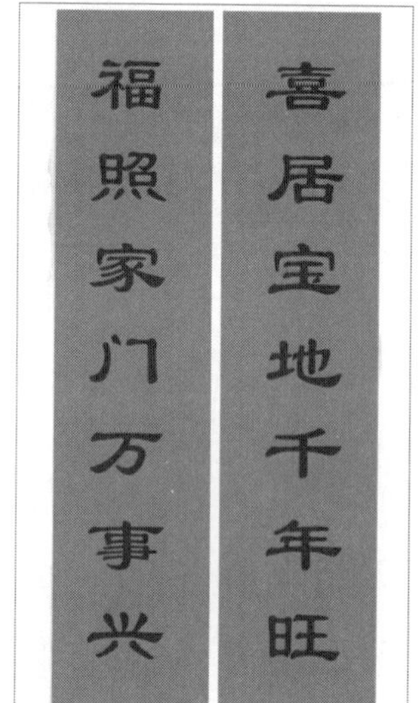

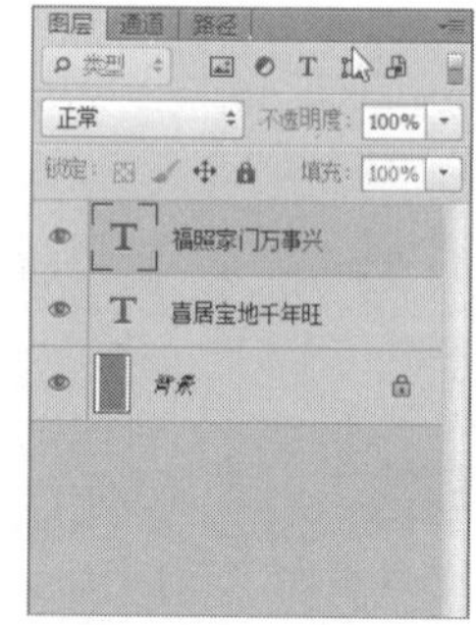

查看创建的对联效果

9.1.3 输入段落文字

在Photoshop中，段落文字就是创建在文字定界框内的文字。在定界框中输入段落文字时，系统提供自动换行和文字区域大小可调等功能。下面介绍创建段落文字的方法。

打开图像文件，选择工具箱中的直排文字工具，在文档窗口中图像的指定位置处拖动鼠标左键，创建一个段落文字定界框。

绘制定界框

在直排文字工具属性栏的字体下拉列表中选择准备应用的字体样式，在字号大小下拉列表中设置字号大小，然后在段落文字定界框中输入文字。

输入段落文字

输入段落文字后，按Ctrl+Enter组合键退出文字编辑状态，完成段落文字的创建操作。

查看段落文字的输入效果

> **提示：**
>
> 在Photoshop中使用文字工具创建直排文字或横排文字的过程中，如果需要移动已经创建的文字，用户可以选择工具箱中的移动工具，进行操作。

实战 在画面中输入段落文字

Step 01 打开“背景素材.jpg”素材图片后，按下Ctrl+Shift+N组合键，新建图层。选择工具箱中的文本工具，在文档中按住鼠标左键并拖动，绘制文本框，如下图所示。

绘制文本框

Step 02 然后在文本框中输入所需的文字，如下图所示。

输入文字

Step 03 然后在“字符”和“段落”面板中设置文本的字体、大小和行距，如下图所示。

设置文字格式

Step 04 使用移动工具将段落文本移动到合适的位置，效果如下图所示。

查看效果

9.1.4 输入文字型选区

在Photoshop中，用户可以使用工具箱中的横排文字蒙版工具和直排文字蒙版工具创建选区文字。下面介绍输入文字型选区的方法。

打开图像文件，选择工具箱中的横排文字蒙版工具，在工具属性栏中的字体下拉列表中选择准备应用的字体样式，在字号大小下拉列表中设置字号大小，然后在文档窗口中的指定位置单击，进入文字蒙板模式并输入文本。

输入文字

输入蒙版文字后，按Ctrl+Enter组合键退出文字编辑状态，完成选区文字的创建操作。

创建选区文字

9.2 文本的选择

文本选择是对文字进行编辑操作的基础，Photoshop中对文字的选择方式分为选择部分文本和选择全部文本两种。

9.2.1 选择部分文本

要选择部分文本，则只需要选择相应的文字工具，在需要选择的文本前或后单击并沿文字方向拖动鼠标，即可选择光标经过的文本，此时选中的文本呈反色显示。

输入文本插入点

选择部分文本

9.2.2 选择全部文本

选择全部文本就是将段落文本框中的全部文字选中，使其呈反色显示。用户可以在段落文本框中定位文本插入点后按下Ctrl+A组合键，即可选择全部文本。

输入段落文字

选择全部文本

9.3 文本格式的设置

在Photoshop中，创建文字后，用户可以对文字格式进行设置，比如修改文字的大小写、颜色、行距等。另外，还可以更改文字方向，以获得符合要求的文字样式。本节将重点对文本格式的设置操作进行讲解。

9.3.1 更改文本的方向

如果当前选择的文字是横排文字，执行“文字>取向>垂直”命令，可以将其改为直排文字，下面介绍更改文本方向的方法。

打开图像文件，在文档窗口中的指定位置单击并输入文字。

输入横排文字

输入文本后，选择文字图层，然后执行“文字>取向>垂直”命令。

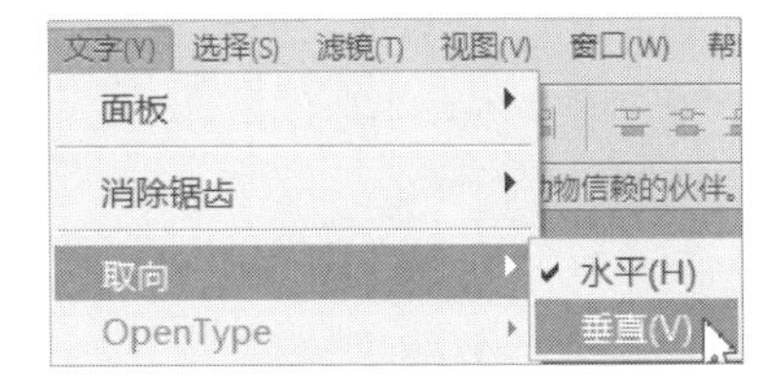

执行“垂直”命令

通过以上操作，即可更改文本的方向。

更改后的直排文字效果

9.3.2 更改文本的字体和大小

使用文字工具输入文字以后，在“图层”面板中双击文字图层，选中所有的文本，此时可以对文本的字体和大小进行调整。用户可以在属性栏中进行设置，也可以在“字符”面板中进行设置。

- **设置字体系列：**在文档中输入文字后，如果要更改字体的系列，可在文档中选择文本，然后在属性栏中单击“设置字体系列”下拉按钮，接着选择想要的字体选项即可。

设置字体样式

- **设置字体大小：**输入文字后，如果要更改字体的大小，用户可以直接在属性栏中的字号大小数值框中输入数值，也可以在下拉列表中选择预设的字体大小选项。

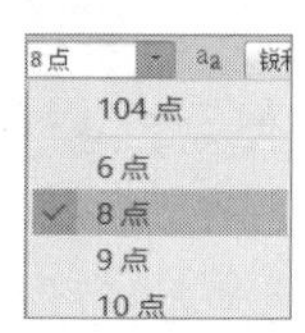

设置字体大小

9.3.3 设置字体的样式

字体样式是指字体的加粗、斜体等效果。下图是输入英文文本后，在属性栏中查看的9种字体样式。

Narrow	30 点
Narrow	Sample
Narrow Italic	*Sample*
Narrow Bold	**Sample**
Narrow Bold Italic	***Sample***
Regular	Sample
Italic	*Sample*
Bold	**Sample**
Bold Italic	***Sample***
Black	**Sample**

设置字体样式

9.3.4 设置文本的行距

文本的行距就是上一行文字基线与下一行文字基线之间的距离。选择需要调整的文字图层，然后在“字符”面板的“设置行距”数值框中输入行距数值或在其下拉列表中选择预设的行距选项，接着按Enter键即可。

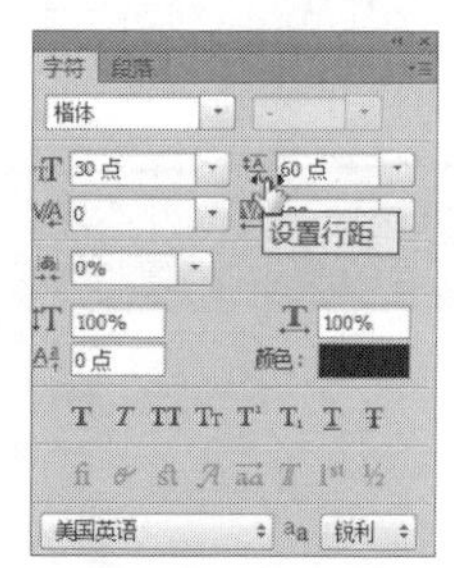

设置文本的行距

9.3.5 设置文本的缩放

在“字符”面板中可以对文本进行缩放，包括垂直缩放和水平缩放，这两个选项用于设置字符的高度和宽度。

垂直缩放

水平缩放

9.3.6 设置文本的颜色

输入文本时，文本的颜色默认为前景色。如果要修改文字颜色，可以先选择文本，然后在属性栏中单击颜色色块，在弹出的“拾色器（文本的颜色）”对话框中设置需要的颜色。

9.3.7 设置文本的效果

Photoshop的“字符”面板为用户提供了仿粗体、仿斜体、全部大写字母、小型大写字母、上标、下标、下划线和删除线8种文字样式，用户可以非常方便地设置不同的文本效果。

原文本效果

添加小型大写字母的效果

9.3.8 设置文本的对齐方式

在“段落”面板或文字工具属性栏中选择不同的对齐按钮，可以为文字执行相应的对齐操作。

由于文字排列方式不同，对齐方式也不同。当文字横排时，在“段落”面板中可以执行左对齐、居中对和右对齐操作；当文字竖排时，在“段落”面板中可以执行顶对齐、居中对齐和底对齐操作。文字竖排时，文本的对齐效果如下图所示。

顶对齐文本效果

居中对齐文本效果

底对齐文本效果

9.3.9 消除锯齿的方法

消除锯齿是指通过部分填充边缘像素来产生边缘平滑的文字效果。

在Photoshop中，消除锯齿的方式有5种，分别为“无”、“锐利”、“犀利”、“浑厚”和“平滑”。

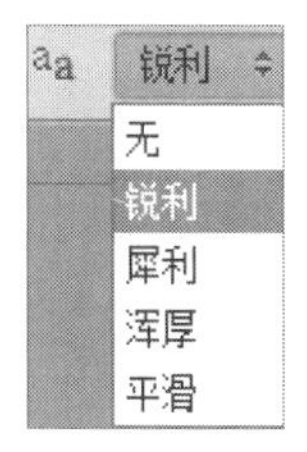

消除锯齿选项

- **无：**文字不应用消除锯齿。
- **锐利：**文字以最锐利的形式出现。
- **犀利：**文字显示为较犀利的效果。
- **浑厚：**文字显示为较粗的效果。
- **平滑：**文字显示为较平滑的效果。

无

锐利

犀利

浑厚

平滑

9.4 文本的编辑

在Photoshop中创建文字后，用户可以对创建的文字进行编辑操作。文本的编辑包括“文本拼写检查”、“查找和替换文本”、“栅格化文字图层”、“将文字转换为形状”、“将文本转换为路径”、“创建变形文字”、“沿路径绕排文字”和“创建异形轮廓段落文本”等，下面分别进行介绍。

9.4.1 文字拼写检查

如果要检查当前文本中的英文单词拼写是否有错误，可以选中文本，然后执行“编辑>拼写查询”命令，打开“拼写查询”对话框，Photoshop会提供修改建议。

输入文本

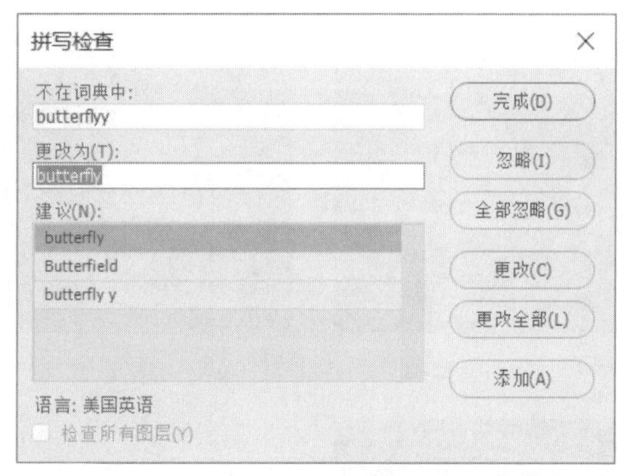

“拼写查询”对话框

在“拼写检查”对话框中，各参数的具体应用介绍如下。

- **不在词典中：** 显示错误的单词。
- **更改为/建议：** 在“建议”列表框中选择所需的单词，“更改为”文本框中会显示选中的单词。
- **忽略：** 单击该按钮，继续拼写检查而不更改文本。
- **全部忽略：** 单击该按钮，在剩余的拼写检查过程中忽略有疑问的符号。
- **更改：** 单击该按钮，可校正拼写错误的字符。
- **更改全部：** 单击该按钮，校正文档中出现的所有拼写错误。
- **添加：** 单击该按钮，可以将无法识别的正确单词存储在词典中，这样以后再次出现该单词时，就不会被检查为拼写错误。

9.4.2 查找和替换文本

执行“编辑>查找和替换文本”命令，打开“查找和替换文本”对话框，在该对话框中可以查找和替换指定的文字。

输入文本

“查找和替换文本”对话框

在“查找和替换文本”对话框中，各参数的具体应用介绍如下。

- **查找内容：** 在该文本框中输入要查找的内容。
- **更改为：** 在该文本框中输入要更改的内容。
- **查找下一个：** 单击该按钮，即可将查找到的内容更改为指定的文字内容。
- **更改全部：** 若要替换所有要查找的文本内容，可以单击该按钮。

- **更改/查找**：若只更改查找到的错误文本并继续查找，可以单击该按钮。
- **完成**：单击该按钮可以关闭“查找和替换文本”对话框，完成查找和替换文本的操作。
- **搜索所有图层**：勾选该复选框，可以搜索当前文档中的所有图层。
- **向前**：从文本中插入点向前搜索。如果取消勾选该复选框，不管文本中的插入点在任何位置，都可以搜索图层中的所有文本。
- **区分大小写**：勾选该复选框，可以搜索与“查找内容”文本框中的文本大小写完全匹配的一个或多个文字。
- **全字匹配**：勾选该复选框，可以忽略嵌入在更长字中的索搜文本。
- **忽略重音**：勾选该复选框，可以忽略重复的拼音。

实战 替换文档中的指定文本

Step 01 执行“文件>打开”命令，打开“可爱的猫.psd”素材文件，如下图所示。

打开素材

Step 02 执行“编辑>查找和替换文本”命令，在弹出的对话框中设置“查找内容”为“一只”、“更改为”为“可爱”，如下图所示。

查找和替换文本

查找内容(F): 一只

更改为(C): 可爱

☑搜索所有图层(S) ☐区分大小写(E)
☑向前(O) ☐全字匹配(W)
☑忽略重音(G)

完成(D)
查找下一个(I)
更改(H)
更改全部(A)
更改/查找(N)

设置替换文本

Step 03 单击“查找下一个”按钮，即可在图像编辑窗口找到“一只”文本，如下图所示。

查找文本

Step 04 单击“更改”按钮，单击“完成”按钮，即可完成文本替换，如下图所示。

查看效果

9.4.3 栅格化文字图层

在Photoshop中，文字图层不能直接应用滤镜或执行扭曲、透视等变换操作，若要对文本应用这些操作，需要将其栅格化，使文字变成像素图像。常用的栅格化文字图层方法以下两种。

方法1：在“图层”面板中选择文字图层，然后在图层名称上单击鼠标右键，在弹出的快捷菜单栏中选择“栅格化文字”命令，即可将文字图层转换为普通图层。

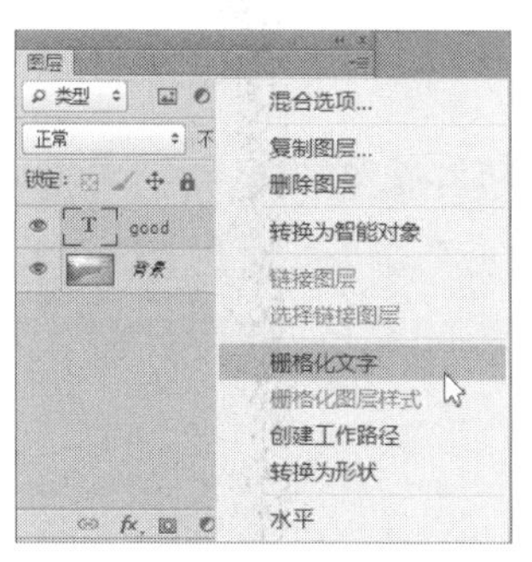

执行“栅格化文字”命令

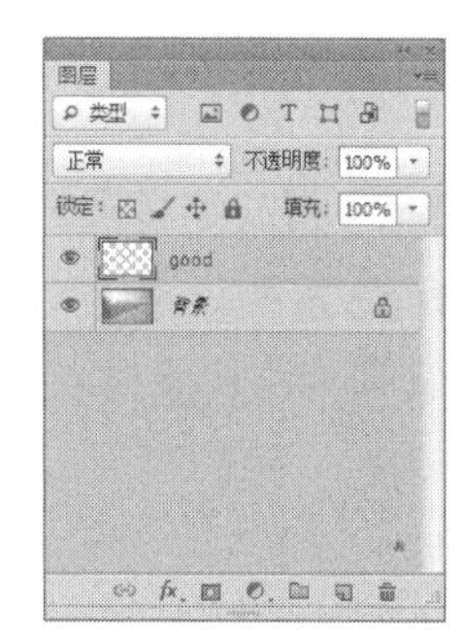

栅格化文字后的图层

方法2：选中文字图层，执行“图层>栅格化>文字”命令即可。

9.4.4 将文字转换为形状

选择文字图层，然后再图层名称上单击鼠标右键，在弹出的快捷菜单中选择“转换为形状”命令，可以将文字转换为形状图层。另外，执行“文字>转换为形状”命令，也可以将文字图层转换为形状图层，但不会保留文字图层。

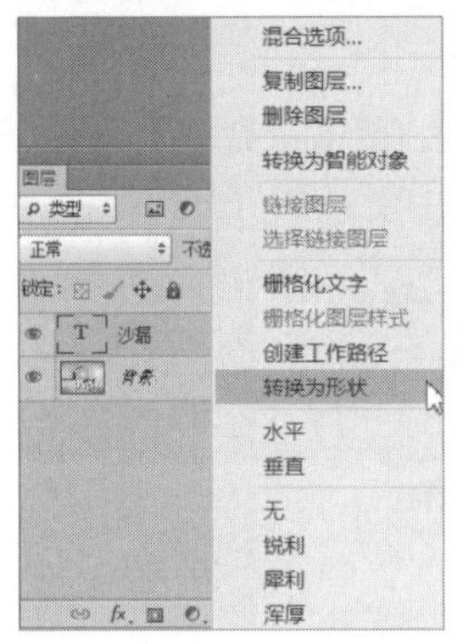

执行“转换为形状”命令

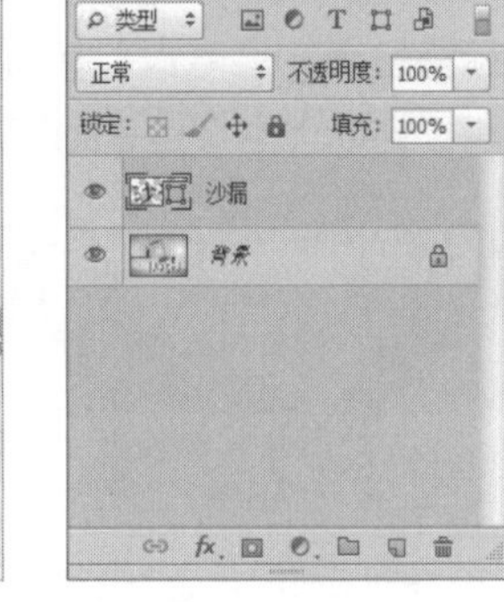

转换为形状后的图层

9.4.5 将文本转换为路径

在“图层”面板中选择文字图层，然后执行“文字>创建工作路径”命令，可以将文字的轮廓转换为工作路径。

执行“创建工作路径”命令

创建工作路径后的“路径”面板

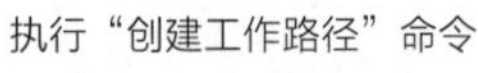

实战 将文字转换为路径并调整形状

Step 01 执行“文件>打开”命令，打开“将文本转换为路径素材.psd”素材文件，如下图所示。

打开素材文件

Step 02 右击文字图层，在快捷菜单中选择“创建工作路径”命令，使其转换为工作路径状态。选择工具箱中的直接选择工具，单击字母的边缘，将出现锚点，如下图所示。

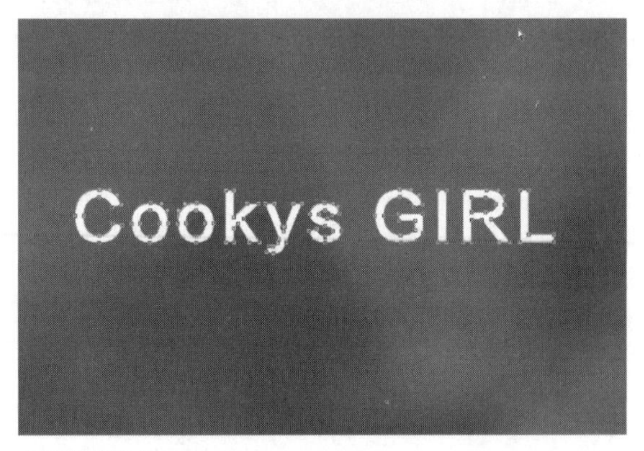

文字出现锚点

Step 03 按下Ctrl+Shift+N组合键，新建图层。单击Cookys GIRL图层面板中“指示图层可见性”按钮，将其隐藏，然后选择“图层1”图层，移动文字的锚点，调整文字边缘，如下图所示。

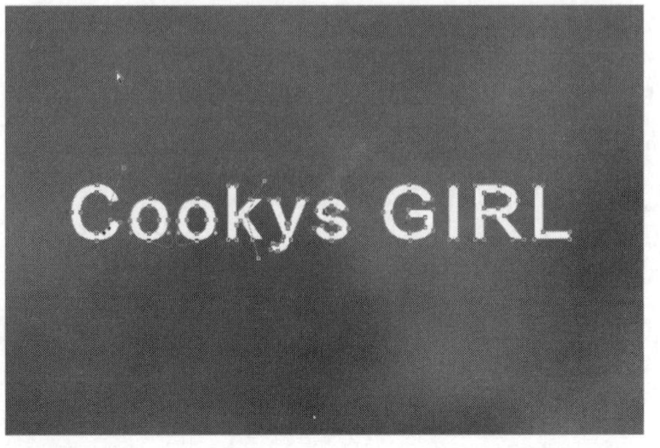

调整锚点

Step 04 调整后，按下Ctrl+Enter组合键，将路径作为选区，如下图所示。

将文字转换为选区

Step 05 设置前景色为橙色，按下Alt+Delete组合键填充颜色，按下Ctrl+D取消选区，如下图所示。

查看效果

9.4.6 创建变形文字

输入文字后，在文字工具的属性栏中单击“创建文字变形”按钮，打开“变形文字”对话框，在该对话框中可以选择变形文字的样式。

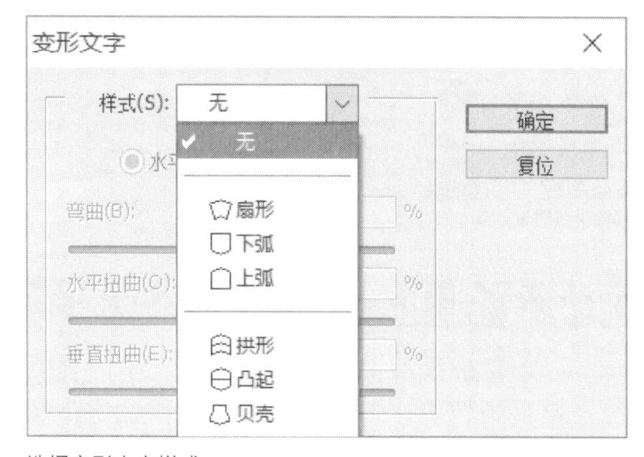

选择变形文字样式

创建变形文字后，可以调整其他相关参数来设置变形文字效果。下面以“鱼眼”样式为例来介绍变形文字的各项功能。

“鱼眼”变形文字效果

- **水平/垂直**：选择“水平”选项时，文本扭曲的方向为水平方向；选择“垂直”选项时，文本扭曲的方向为垂直方向。

水平方向

垂直方向

- **弯曲**：用于设置文本的弯曲程度。

弯曲度为-50%

弯曲度为100%

- **水平扭曲**：设置水平方向透视扭曲变形的程度。

水平扭曲度为-66%

水平扭曲度为66%

- **垂直扭曲**：用于设置垂直方向透视扭曲变形的程度。

垂直扭曲度为-60%

垂直扭曲度为60%

实战 变形文字的应用

Step 01 执行“文件>打开”命令，打开“变形文字素材.psd”素材文件，如下图所示。

打开素材文件

Step 02 执行“文字>变形文字”命令，打开“变形文字”对话框，单击“样式”下三角按钮，在列表中选择“贝壳”选项，单击“确定”按钮，如下图所示。

选择“贝壳”选项

Step 03 用户还可以根据需要，在“变形文字”对话框中设置“弯曲”、“水平扭曲”和“垂直扭曲”参数，效果如下图所示。

查看效果

9.4.7 沿路径绕排文字

路径绕排文字是指在路径上创建文字时，文字会沿着路径排列。当改变路径形状时，文字的排列方式也会随之发生改变。下面介绍沿路径绕排文字的方法。

打开图像文件后，在工具箱中选择钢笔工具，然后使用钢笔工具绘制一条路径。

绘制路径

绘制完路径后，选择横排文字工具，将鼠标指针移动到路径处并单击，进入文字编辑状态，输入文本后按下Ctrl+Enter组合键，即可完成沿路径绕排文字的创建操作。

沿路径绕排文字

9.4.8 创建异形轮廓段落文本

异形轮廓段落文本是指输入的文本内容以一个路径为轮廓，将文本置入轮廓中，使段落文字的整体外观形成图案文字的效果。

实战 创建心形段落文字

Step 01 执行“文件>打开”命令，打开“异形轮廓段落文字.jpg”图片素材，如下图所示。

打开素材文件

Step 02 新建图层，选择自定义形状工具，然后在其属性栏中选择“爱心”形状，如下图所示。

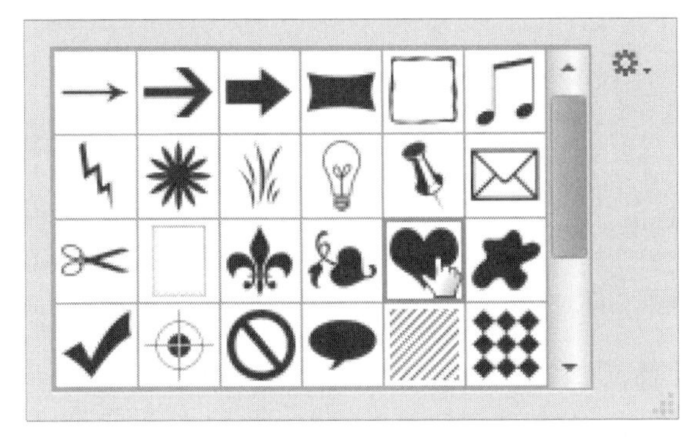

选择形状

Step 03 在画布上绘制爱心形状，如下图所示。

绘制爱心形状

Step 04 选择横排文字工具，将光标移动到爱心形状范围内，然后输入所需的文字，如下图所示。

输入文字

Step 05 在“路径”面板中取消对路径的选取，即可在图像窗口中隐藏路径，如下图所示。

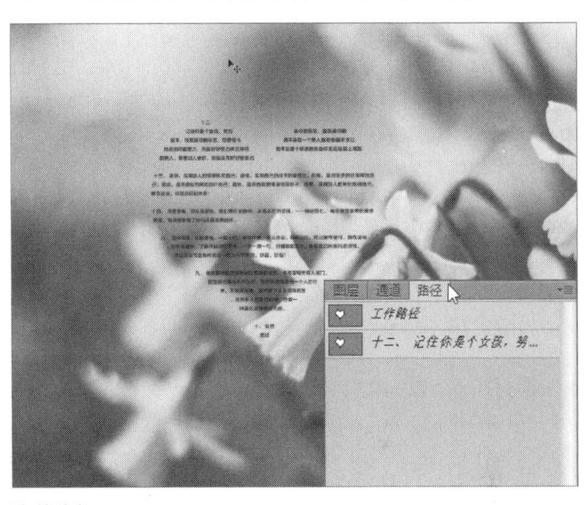

隐藏路径

Step 06 如需改变文字绕排的效果，则在“路径”面板中选择文字绕排的路径，然后选择工具箱中的直接选择工具，单击路径即可改变轮廓，如下图所示。

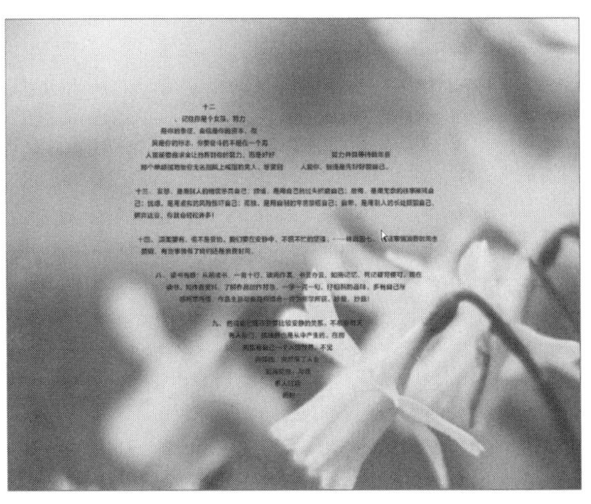

查看效果

水墨画文字

本章主要学习Photoshop文字应用的相关知识，如文本的输入、格式的设置以及文本的编辑等。下面通过创建水墨画文字的具体案例进一步巩固所学的知识，具体操作如下。

Step 01 按下Ctrl+O组合键，打开“清明节背景.jpg”素材图片，如下图所示。

打开素材图片

Step 02 选择工具箱中的直排文字工具，在图片左侧输入“清明节”文字，并设置文字的格式，如下图所示。

输入文字

Step 03 选择工具箱中的横排文字工具，在图片上输入关于清明节介绍的段落文字，注意文本的行距和字体大小，如下图所示。

输入段落文字

Step 04 选择工具箱中的直排文字工具，在图片上输入关于清明的诗句，注意行与行之间的距离，如下图所示。

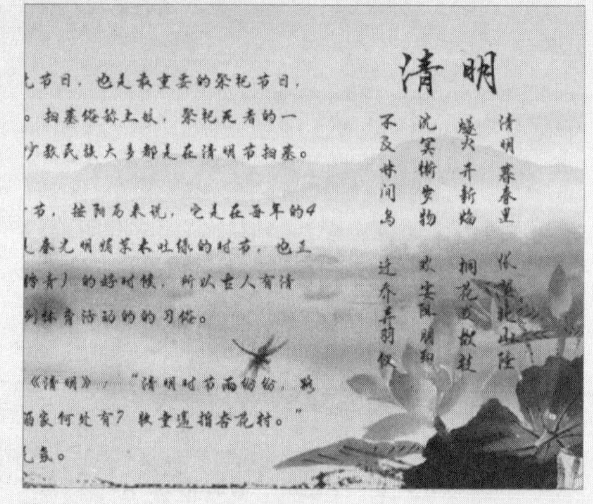

输入直排文字

Step 05 将边框素材置入画面中，并调整至合适大小，然后将图层混合模式改为“正片叠底”，效果如下图所示。

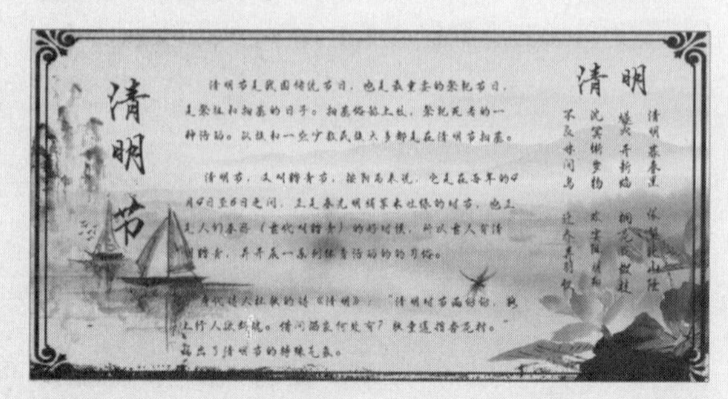

查看最终效果

Chapter 10

蒙版与通道的应用

通道和蒙版是Photoshop的核心技术。通道是保存颜色信息及选区信息的载体。在蒙版中对图像进行处理，可以快速还原图像，避免处理图像时丢失图像信息。通过本章的学习，读者能够掌握蒙版与通道的知识，为深入学习Photoshop CS6奠定良好的基础。

10.1 蒙版的分类

在Photoshop中，在“属性”面板的“蒙版”选项区域中可以调整浓度和羽化范围等，同时可以对图层蒙版、矢量蒙版和剪贴蒙版进行调整。

- **图层蒙版：** 使用图层蒙版可将图像进行合成，蒙版中的白色区域可遮盖下方图层中的内容，黑色区域可遮盖当前图层中的内容。

图层蒙版

- **矢量蒙版：** 是由路径工具创建的蒙版，该蒙版可以通过路径与矢量图形控制图层的显示区域。

矢量蒙版

- **剪贴蒙版：** 在Photoshop中，使用剪贴蒙版，用户可以通过一个图层来控制多个图层的显示区域。

剪贴蒙版

10.2 图层蒙版

图层蒙版常用来隐藏、合成图像等。另外，在创建调整图层、填充图层以及为智能对象添加智能滤镜时，Photoshop会自动为图层添加一个图层蒙版，我们可以在图层蒙板中对调色范围、填充范围及滤镜应用区域进行调整。

10.2.1 创建图层蒙版

蒙版中的白色区域的图像是可见的，黑色区域可以遮盖当前图层中的内容。

❶单击按钮创建图层蒙版

选择要添加图层蒙版的图层，然后在“面板”中单击“添加图层蒙版”按钮，可以为当前图层添加一个图层蒙版。

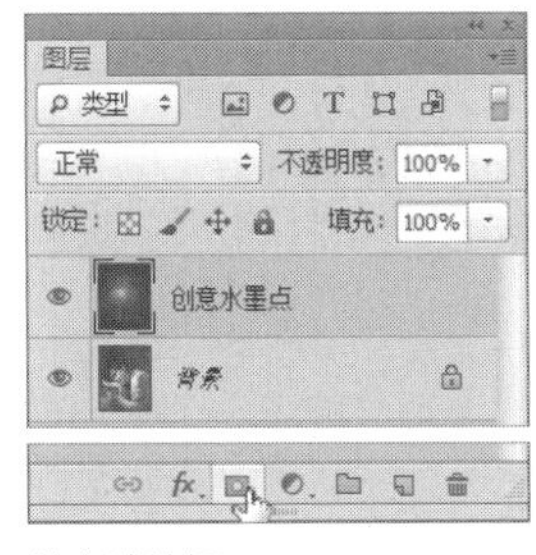

单击该按钮

创建图层蒙版

用户还可以执行“图层>图层蒙版”命令，在子菜单中选择相应的选项，来创建所需样式的图层蒙版。

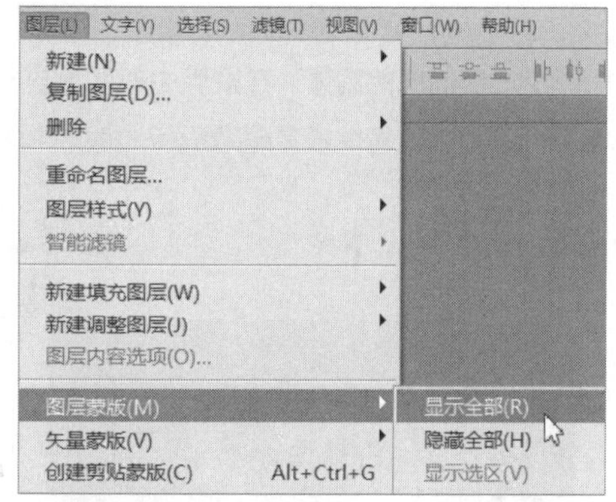

创建图层蒙版

❷通过选区创建图层蒙版

如果当前图像中存在选区，单击“图层”面板中的“添加图层面板”按钮，可以基于当前选区为图层添加图层蒙版，选区以外的图像将被蒙版隐藏。

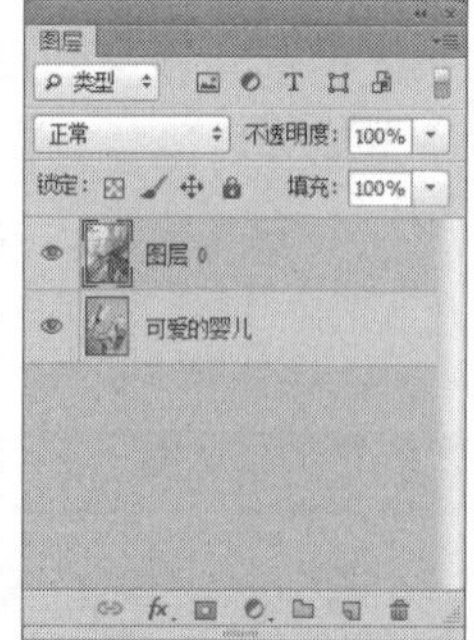

创建选区

将选区转换为图层蒙版

10.2.2 应用图层蒙版

在图层蒙版缩略图上单击鼠标右键，在弹出的菜单中选择“应用图层蒙版”命令，可以将蒙版应用在当前图层中。应用图层蒙版以后，蒙版效果将会应用到图像上，也就是说，蒙版中的黑色区域将被删除，白色区域将被保留下来，而灰色区域将呈透明效果。

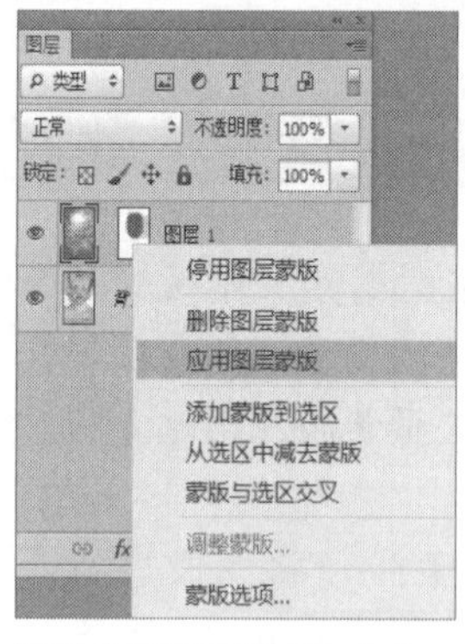

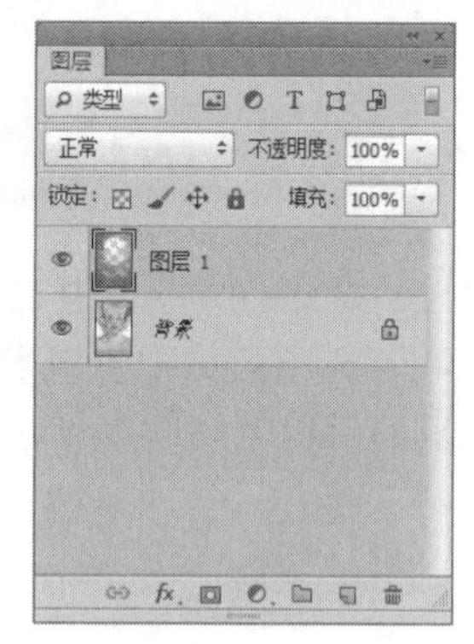

选择“应用图层蒙版”命令　　应用图层蒙的效果

10.2.3 剪贴图层蒙版

剪贴图层蒙版的方法很简单，选择该图层的蒙版缩览图，按住Alt键的同时将其拖动到另一个图层中，即可完成剪贴蒙版的操作。

原图像文件　　剪贴图层蒙版

10.2.4 停用图层蒙版

如果要停用图层蒙版，可以采用以下两种方法来完成。

❶命令法

执行“图层>图层蒙版>停用”命令，或在图层蒙板缩略图上单击鼠标右键，在弹出的快捷菜单中选择“停用图层蒙版”命令。

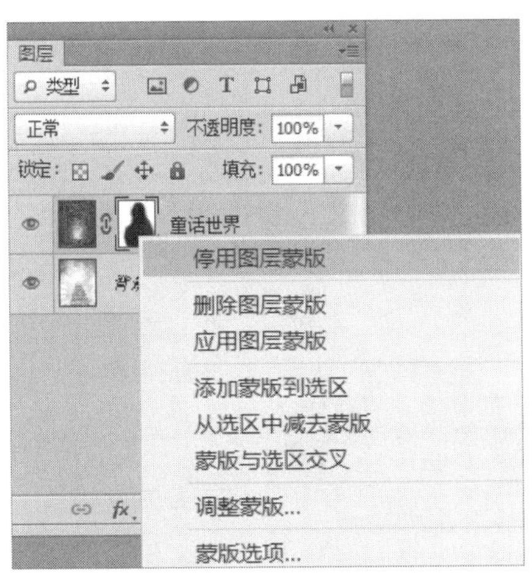

执行“停用图层蒙版”命令

停用图层蒙版后，在“图层”面板的蒙版缩略图中会出现一个红色的交叉号“×”标记，而在图像中使用蒙版遮盖的区域也会同时显示出来。

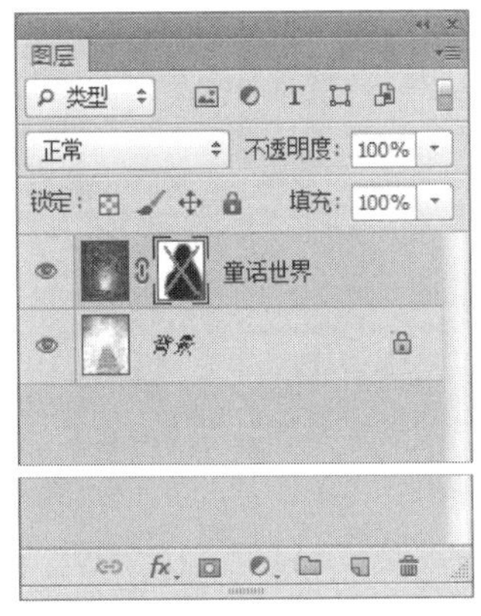

停用图层蒙版的效果

❷按钮法

选择图层蒙版，然后在“属性”面板下单击“停用/启用蒙版”按钮。

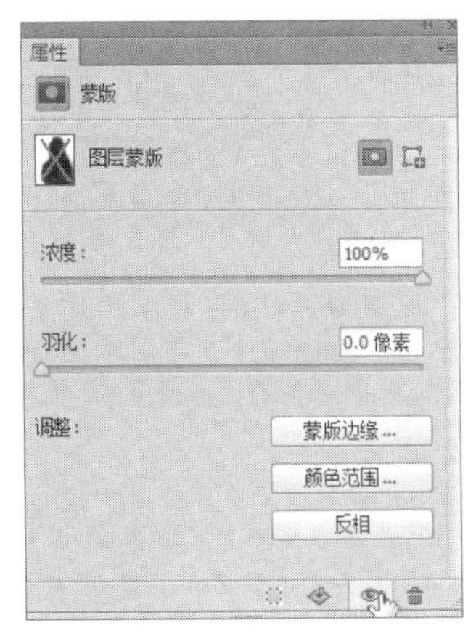

停用图层蒙版

10.2.5 删除图层蒙版

如果要删除图层蒙版，可以采用以下两种方法来完成。

❶菜单命令法

执行“图层>图层蒙版>删除”命令，或在蒙版缩略图上单击鼠标右键，然后在快捷菜单中选择“删除图层蒙版”命令。

❷按钮删除法

将蒙版缩略图拖曳到“图层”面板中的“删除图层”按钮上，然后在弹出的提示对话框中单击“删除”按钮。

实战 使用图层蒙版制作破碎的人像

Step 01 新建一个文档，将“美女.jpg”素材图片置入，适当调整大小和位置，如下图所示。

置入素材

Step 02 右击素材图像所在的图层，选择“栅格化图层”命令，按Ctrl+J组合键，将人像复制一层，并命名为“人像1”，如下图所示。

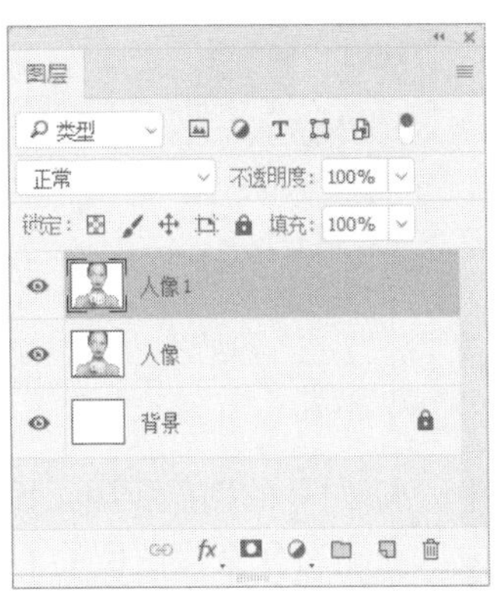

复制图层

Step 03 选择“人像”图层，执行“滤镜>液化”命令，使用向前变形工具，涂抹人像，单击“确定”按钮，如下图所示。

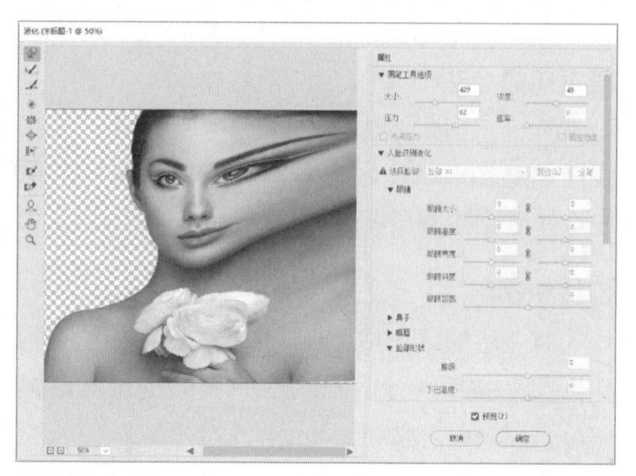

进行液化操作

Step 04 选中“人像”图层，执行“图层>图层蒙版>隐藏全部”命令，如下图所示。

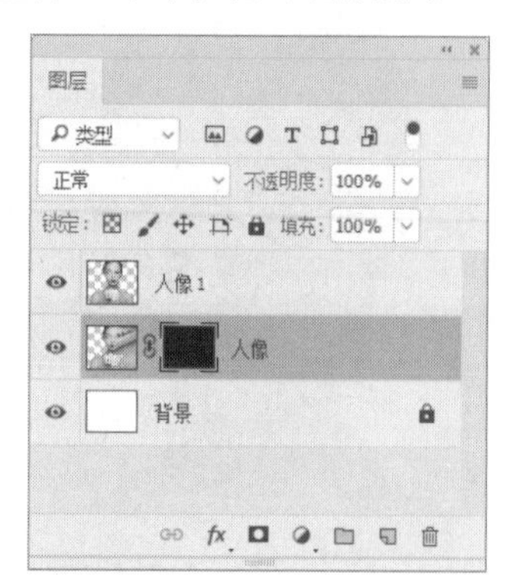

添加图层蒙版

Step 05 选中“人像1”图层，单击“图层”面板中“添加图层蒙版”按钮，如下图所示。

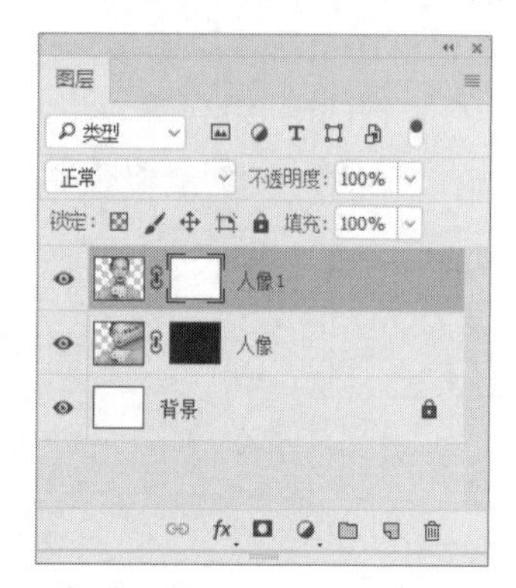

添加图层蒙版

Step 06 选中“人像1”的图层蒙版，设置前景色为黑色，使用画笔工具涂抹图像的右半部分，效果如下图所示。

涂抹图层蒙版

Step 07 选中“人像”的图层蒙版，设置前景色为白色，使用画笔工具对右侧进行涂抹，如下图所示。

使用画笔工具涂抹

Step 08 置入“裂痕.jpg”素材文件，适当调整大小和位置，设置图层的混合模式为“柔光”，如下图所示。

置入素材

Step 09 选择裂痕图层，调整色相饱和度以及曲线的相关参数，执行“图层>创建剪贴蒙版”命令，最终效果如下图所示。

查看效果

10.3 矢量蒙版

矢量蒙板是通过钢笔工具或形状工具创建出来的蒙版。与图层蒙版相同，矢量蒙版也是非破坏性的。

10.3.1 创建矢量蒙版

打开“宝宝.psd”图像文件，该文件中包含2个图层，“背景”图层和“宝宝”图层。下面就以这个图像文件来讲解创建矢量蒙版的方法。

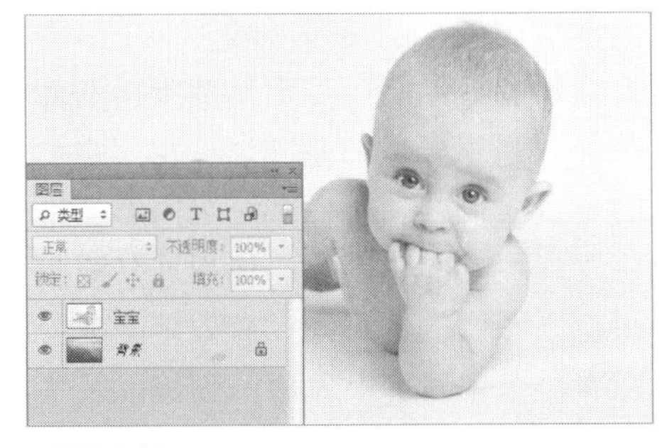

原图像文件

选择工具箱中的自定形状工具，在属性栏中选择“路径”绘图模式，在图像上绘制一个心形路径。

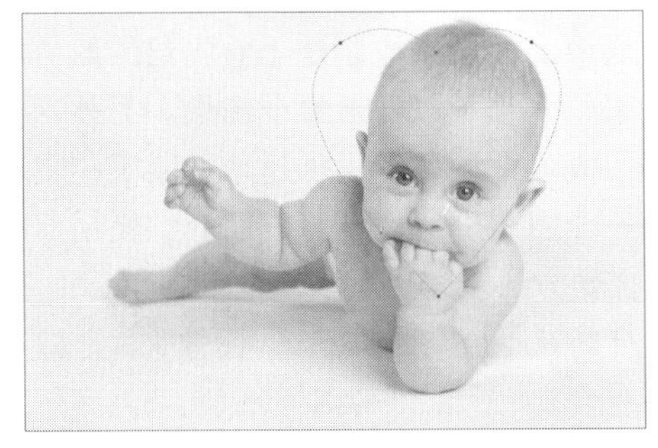

绘制路径

绘制完路径后，执行“图层>矢量蒙版>当前路径”命令，可以基于当前路径为图层创建一个矢量蒙版。

创建矢量蒙版

提示：

绘制出路径以后，按住Ctrl键在“图层”面板中单击“添加图层蒙版”按钮，也可以为图层添加矢量蒙版。

10.3.2 在矢量蒙版中添加形状

创建矢量蒙版以后，还可以继续使用钢笔工具、形状工具在矢量蒙版中绘制形状。首先在“图层”面板中选中矢量蒙版缩略图。然后在钢笔工具或形状工具的属性栏中单击“路径操作”按钮，然后在弹出的下拉菜单中选择“合并形状”选项。

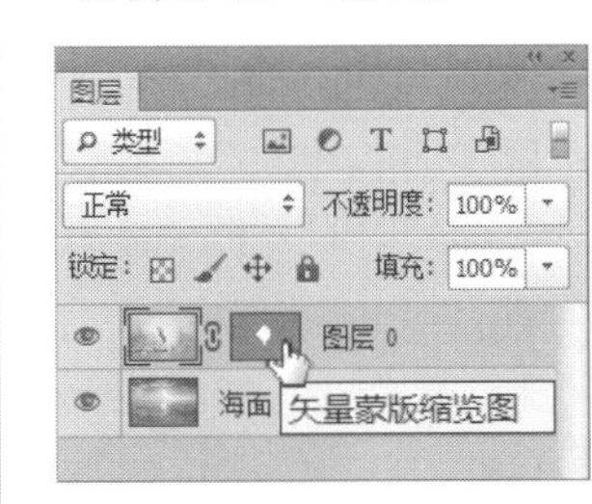

选择矢量蒙版

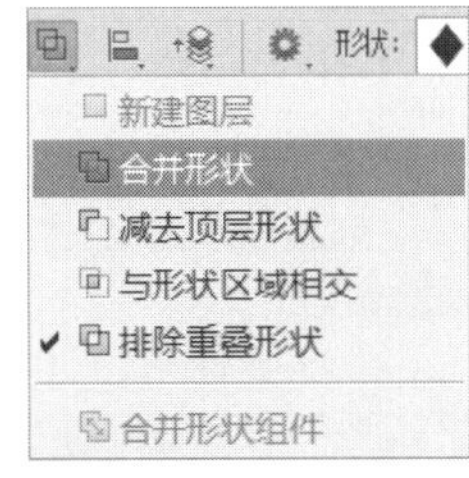

合并形状

接着绘制出路径，就可将其添加到形状中。

添加形状

10.3.3 将矢量蒙版转换为图层蒙版

如果需要将矢量蒙版转换为图层蒙版，可以在蒙版缩略图上单击鼠标右键，然后在弹出的菜单中选择“栅格化矢量蒙版”命令。栅格化矢量蒙版以后，蒙版就会转换为图层蒙版，不再有矢量形状存在。

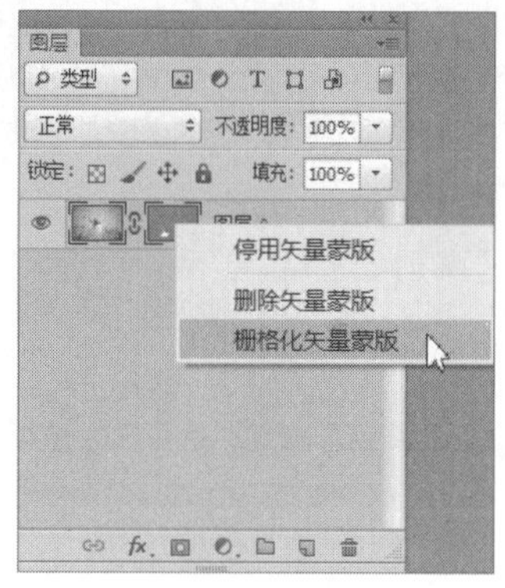

执行“栅格化矢量蒙版”命令

用户也可以选择图层，然后执行“图层>栅格化>矢量蒙版”命令，也可以将矢量蒙版转换为图层蒙版。

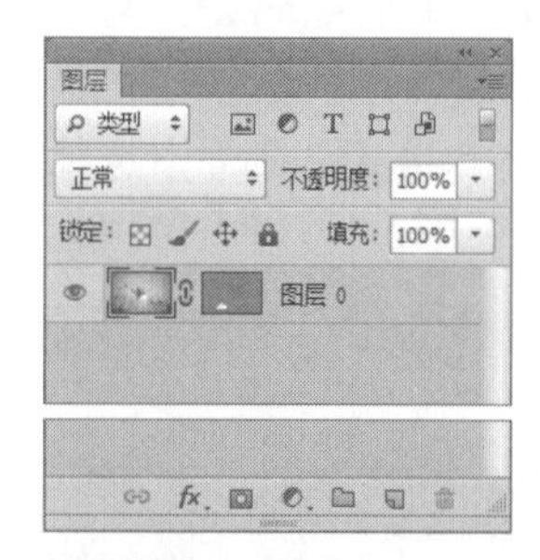

矢量蒙版

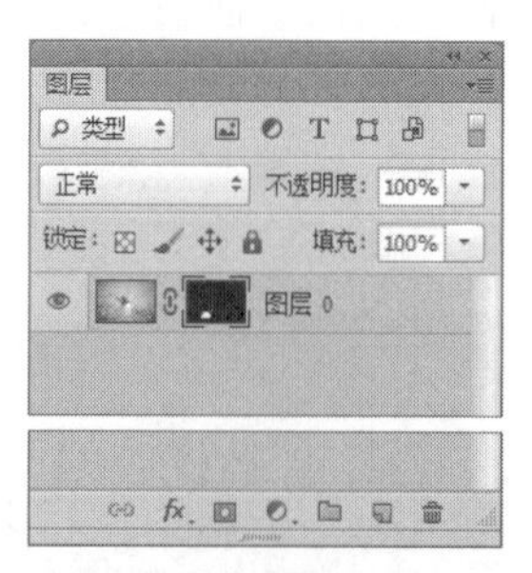

转换后的图层蒙版

10.3.4 删除矢量蒙版

如果要删除矢量蒙版，可以在蒙版缩略图上单击鼠标右键，然后在弹出的菜单中选择“删除矢量蒙版”命令。

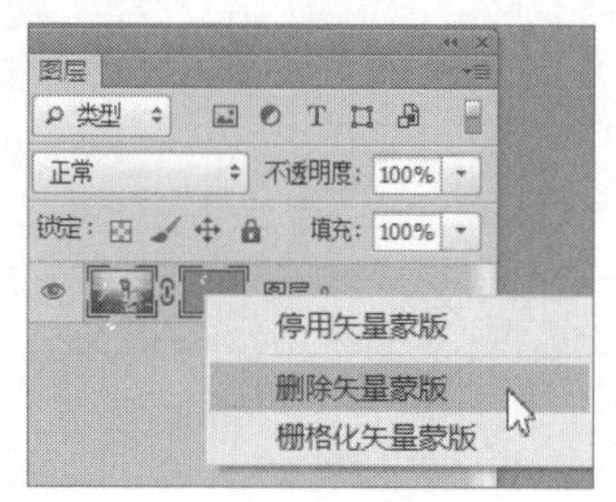

执行“删除矢量蒙版”命令

10.3.5 停用矢量蒙版

停用矢量蒙版与图层蒙版的操作方法相同。执行“图层>矢量蒙版>停用”命令，或在矢量蒙板缩略图上单击鼠标右键，然后在弹出的菜单中选择“停用矢量蒙版”命令，此时矢量蒙版的缩略图中会出现一个红色的“×”标记，而在图像中使用蒙版遮盖的区域也会同时显示出来。

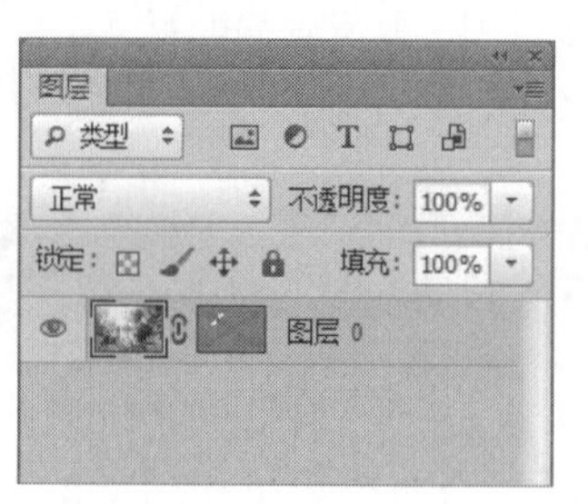

停用矢量蒙版

10.4 剪贴蒙版

和图层蒙版、矢量蒙版相比，剪贴蒙版较为特殊。剪贴蒙版是基于下方图层的图像形状来决定上面图层的显示区域，即下方图层作为上方图层的剪贴蒙版。剪贴蒙版由两部分组成，一部分是基层，即基础层，用于定义显示图像的范围或形状；另一部分为内容层，用于存放将要表现的图像内容。使用剪贴蒙版可以在不影响原图像的情况下，有效地完成剪贴制作。在本小节中对剪贴蒙版的创建以及释放操作进行详细地介绍，使读者真正理解剪贴蒙版的作用。

10.4.1 创建剪贴蒙版

剪贴图层蒙版技术非常重要，它可以用一个图层中的图像来控制处于它上层的图像的显示范围，并且可以针对多个图像。另外，可以为一个或多个调整图层创建剪贴蒙版，使其只针对一个图层进行调整。下面介绍使用剪贴蒙版的操作方法。

打开“平板与咖啡.psd”图像文件，这个文件中包含3个图层，“背景”图层、“黑底”图层和“咖啡”图层。

原图像文件

"图层"面板

❶菜单命令法

选择"咖啡"图层，然后执行"图层>创建剪贴蒙版"命令或按Alt+Ctrl+G组合键，可以将"咖啡"图层和"黑底"图层创建为一个剪贴蒙版组，创建剪贴蒙版以后，"咖啡"图层就只显示"黑底"图层的区域。

创建剪贴蒙版后的效果图

❷快捷菜单法

在"咖啡"图层上右击，然后在快捷菜单中选择"创建剪贴蒙版"命令，即可将"咖啡"和"黑底"图层创建为一个剪贴蒙版组。

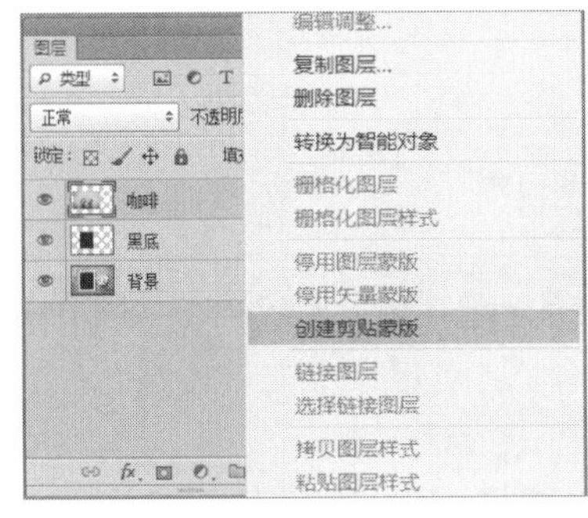

执行"创建剪贴蒙版"命令

❶快捷键法

先按住Alt键，然后将光标放在"咖啡"图层和"黑底"图层之间的分隔线上，待光标变成形状时单击，即可将"咖啡"图层和"黑底"图层创建一个剪贴蒙版组。

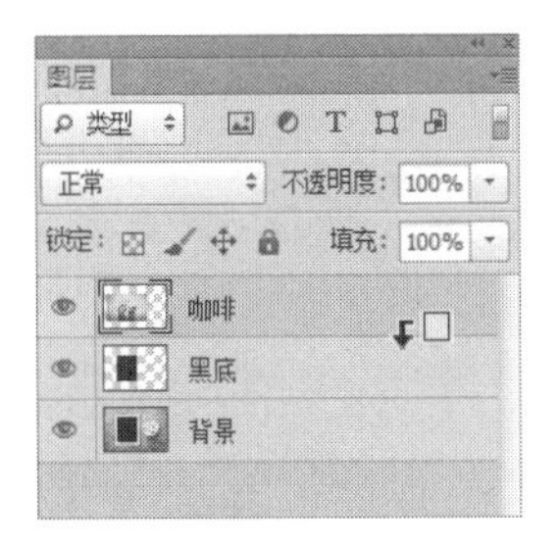

创建剪贴蒙版

10.4.2 释放剪贴蒙版

在Photoshop中，如果不需要使用剪贴蒙版，用户可以将其还原成普通图层。释放剪贴蒙版的方法很简单，选择图层前带有图标的图层，按下Ctrl+Alt+G组合键即可释放剪贴蒙版。

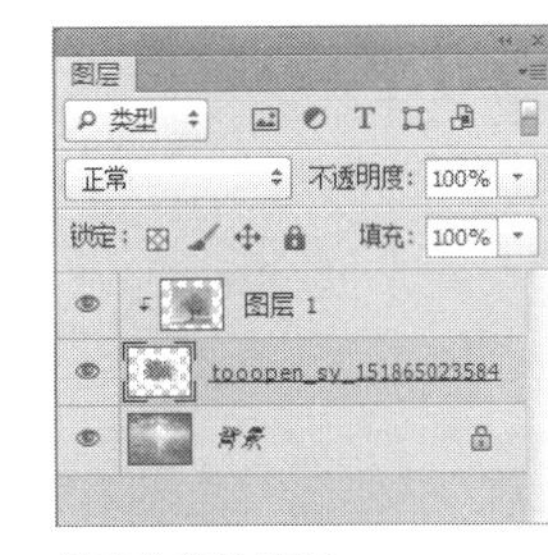

创建的剪贴蒙版

释放后的剪贴蒙版

10.4.3 设置剪贴蒙版混合模式

在Photoshop中，用户可以对创建的剪贴蒙版设置混合模式。当基底图层为正常模式时，所有的图层会按照各自的混合模式与下面的图层混合。当调整基底图层的混合模式时，整个剪贴蒙版中的图层都会使用此模式与下面的图层混合。调整内容图层时，仅对其自身产生作用，不会影响其他图层。

改变基底混合模式的效果

改变内容层混合模式的效果

实战 剪贴蒙版的应用

Step 01 打开Photoshop软件，新建文件并命名为“韵味有声”，具体参数如下图所示。

新建
名称(N): 韵味有声
文档类型: 自定
大小:
宽度(W): 2000 像素
高度(H): 1066 像素
分辨率(R): 300 像素/英寸
颜色模式: RGB 颜色 8 位
背景内容: 白色
高级
颜色配置文件: 不要对此文档进行色彩管理
像素长宽比: 方形像素
确定
取消
存储预设(S)...
删除预设(D)...
图像大小:
6.10M

新建文档

Step 02 选中“背景”图层并填充背景色为深蓝色，执行“滤镜>渲染>灯光效果”命令，调整柔化全光源，适当修饰背景效果如下图所示。

设置背景图层

Step 03 将“琵琶女.jpg”素材图片置入文档中，适当调整素材大小，并按下Ctrl+J组合键进行复制。选中“琵琶女”图层，使用快速选择工具，选出人物和琵琶以外的黑色部分。

选择背景部分

Step 04 右击选区，在快捷菜单中选择“羽化”命令，打开“羽化选区”对话框设置羽化半径为2像素，单击“确定”按钮，按下Delete键清除选中的黑色区域，如下图所示。

删除黑色背景

Step 05 选中“琵琶女副本”图层，使用钢笔工具勾画出部分琵琶的路径，按住Ctrl键同时单击 ◘ 按钮创建蒙版，如下图所示。

添加矢量蒙版

Step 06 置入“山水图.jpg”素材图片，将该图层位置于“琵琶女副本”图层上。选中“山水图”图层，按下Ctrl+Alt+G快捷键创建剪贴蒙版，如下图所示。

创建剪贴蒙版

Step 07 设置“山水图”图层的“不透明度”为70%，效果如下图所示。

设置不透明度

Step 08 选中“琵琶女副本”图层的蒙版缩略图并右击，在快捷菜单中选择“栅格化矢量蒙版”命令，当“蒙版”的灰色部分转变成黑色，表示已经将矢量蒙版转换为图层蒙版，如下图所示。

栅格化矢量蒙版

Step 09 使用画笔工具，调低画笔“不透明度”到合适数值，对“琵琶女副本”图层的蒙版进行涂抹，效果如下图所示。

涂抹人像

Step 10 选中“山水图”图层，再次降低图层的“不透明度”到合适数值，效果如下图所示。

再次设置不透明度

Step 11 选中“背景”图层，打开“图层样式”对话框，设置“斜面和浮雕”和“纹理”的相关参数，如下图所示。

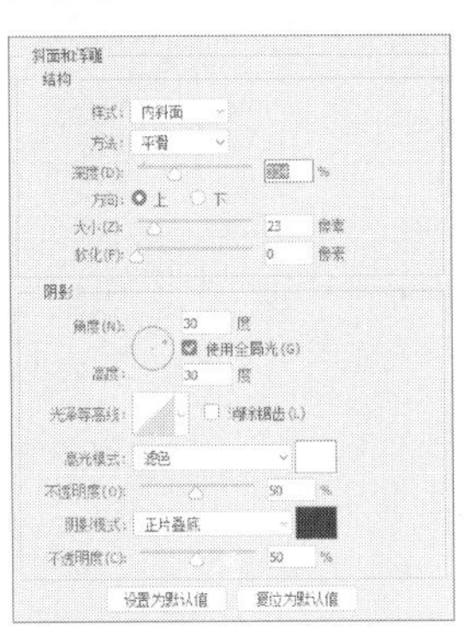

添加图层样式

Step 12 设置完成后，单击“确定”按钮，查看“背景”图层整体效果，如下图所示。

查看背景效果

Step 13 新建组并命名为“文字排版”，在组下新建图层并命名为“印章”。设置前景色为红色，选择画笔工具，设置合适的画笔大小和预设画笔工具，绘制出印章的红底，如下图所示。

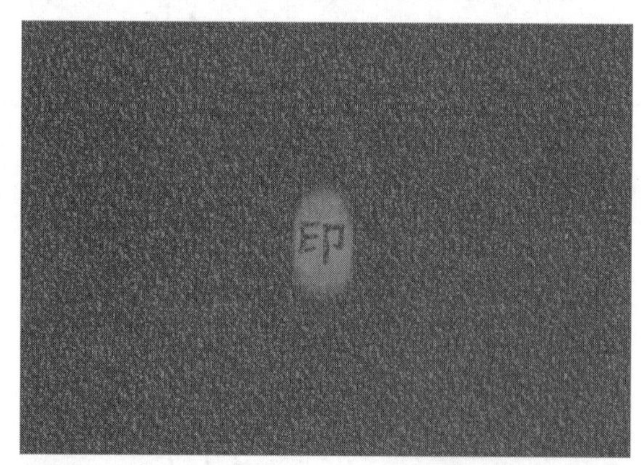

绘制印章的红底

Step 14 使用直排文字蒙版工具，输入“印”字。按下Delete键，在打开的对话框单击“确定”按钮，制作出“印”字，如下图所示。

制作文字

Step 15 使用横排文字工具，设置字体，输入“韵”字，并双击“韵”文字图层，打开“图层样式”对话框，设置“斜面和浮雕”、“内阴影”和“投影”的相关参数，如下图所示。

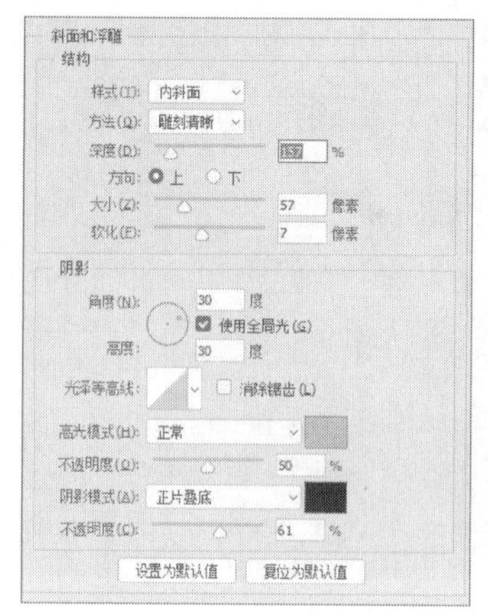

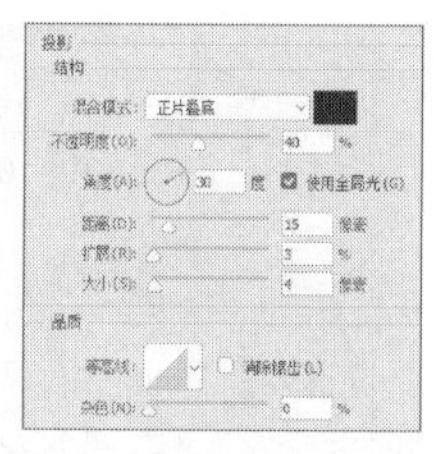

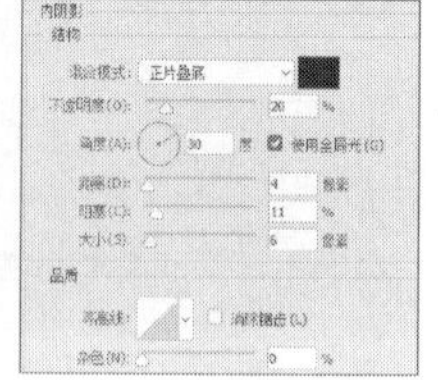

添加图层样式

Step 16 设置完成后，单击“确定”按钮，查看“韵”文字的最终效果，如下图所示。

查看文字效果

Step 17 使用文字工具输入其他文字，设置文字的字体、字号，并进行适当排版，最终效果如下图所示。

查看最终效果

10.5 通道的应用

通道是存储不同类型信息的灰度图像，一个图像最多可有56个通道，所有的新通道都具有与原图像相同的尺寸和像素数目。通道的作用包括选区存储、存储专色信息、表示不透明度和表示颜色信息等。

在Photoshop中，通道分为颜色通道、Alpha通道和专色通道3种类型，每种通道都有各自的用途。本节将重点介绍通道方面的知识。

10.5.1 创建Alpha通道

在Photoshop中，用户可以在“通道”面板中，创建新的Alpha通道，下面介绍创建Alpha通道的方法。

打开图像文件后，在“通道”面板中单击“创建新通道”按钮，即可创建Alpha通道。

单击“创建新通道”按钮

创建Alpha通道

10.5.2 重命名通道

要重命名Alpha通道或专色通道，可以在“通道”面板中，双击该通道的名称，名称为可编辑状态，输入新的名称，并按Enter键，即可完成重命名通道的操作。

双击通道的名称

重命名后的通道

提示：

默认的颜色通道的名称不能进行重命名的。

10.5.3 复制通道

下面介绍常用复制通道的方法。

❶扩展菜单法

在面板菜单中选择“复制通道”命令，即可将当前通道复制出一个副本。

执行“复制通道”命令

❷快捷菜单法

在通道上单击鼠标右键，然后在快捷菜单中选择“复制通道”命令即可。

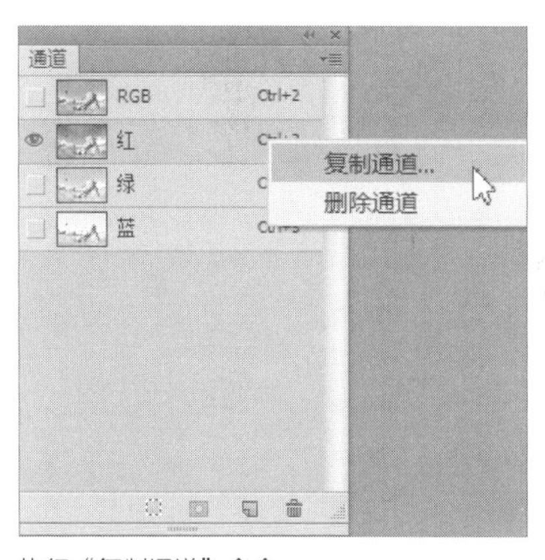

执行“复制通道”命令

❸按钮法

直接将通道拖曳到“创建新通道”按钮上，释放鼠标即可。

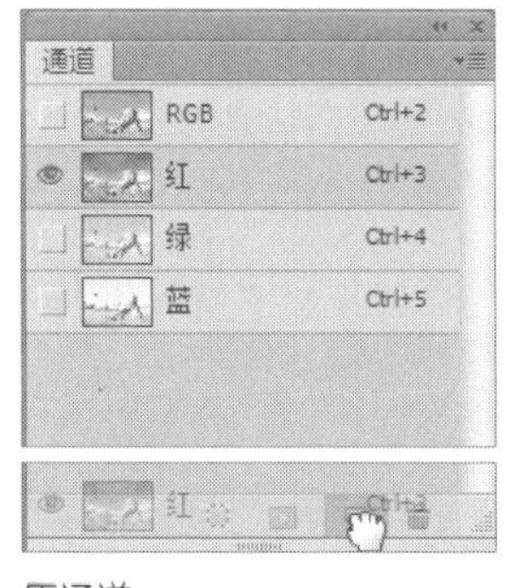

原通道

复制通道

10.5.4 删除通道

复杂的Alpha通道会占用很大的磁盘空间，因此在保存图像之前，可以删除无用的Alpha通道或专色通道。下面介绍常用的两种方法。

❶按钮删除通道法

将通道拖曳到“通道”面板下面的“删除当前通道”按钮上，释放鼠标左键。

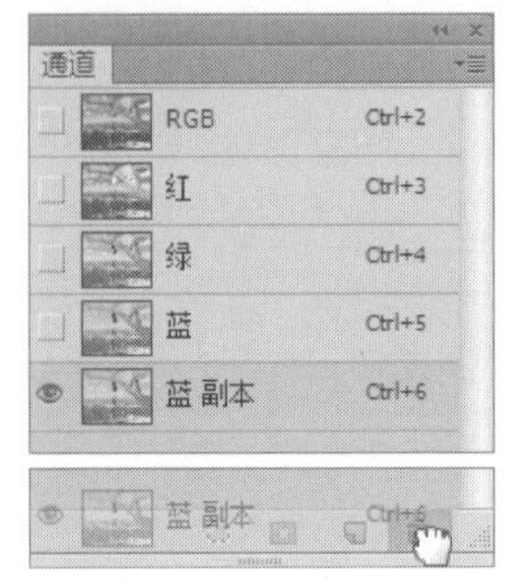

原通道

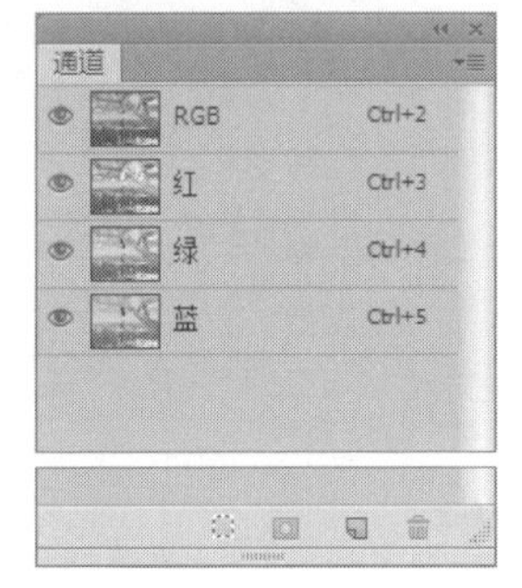

删除通道

❷快捷菜单删除通道法

在通道上单击鼠标右键，然后在快捷菜单中选择“删除通道”命令。

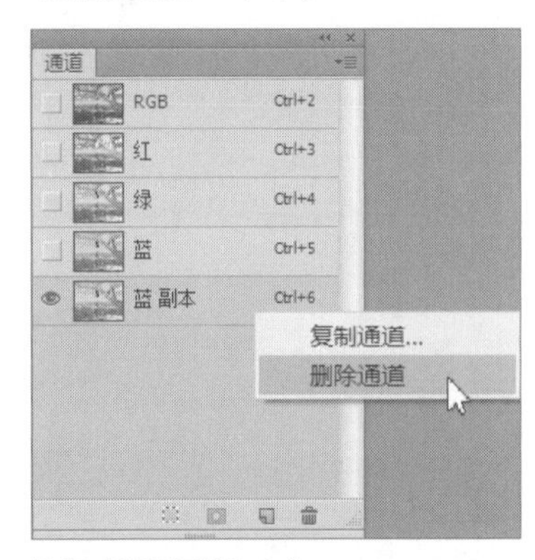

执行“删除通道”命令

10.5.5 Alpha通道和选区的相互转化

在Photoshop中可以将通道作为选区载入，以便对图像中相同的颜色取样进行调整。其操作方法是在“通道”面板中选择通道后单击“将通道作为选区载入”按钮，即可将当前的通道快速转换为选区。也可按下Ctrl键直接单击该通道的缩览图。

同样，也可以将选区快速转换为通道。其方法是在通道面板中选择通道，并将图像进行选区操作，然后在通道面板中单击“将选区存储为通道”按钮，即可将选区转换为通道。

载入选区

选择的通道

将选区转换为通道

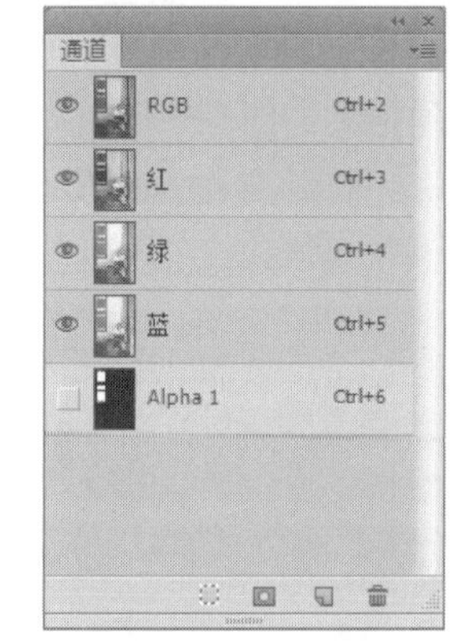

转换后的通道

10.5.6 通道的混合

通道选项与“通道”面板中的各个通道一一对应。RGB图像包含红（R）、绿（G）、蓝（B）3个颜色通道，它们混合生成RGB复合通道。复合通道中的图像也就是我们在窗口中看到的彩色图像。如果隐藏一个通道，就会从复合通道中排除此通道。

RGB混合通道

隐藏“红”通道

10.5.7 分离通道

在Photoshop中，打开一张RGB颜色模式的图像，并在“通道”面板中单击扩展按钮，在弹出的扩展菜单中选择“分离通道”命令，可以将红、绿、蓝3个通道单独分离成3张灰度图像（分离成3个文档，并关闭彩色图像），同时每个图像的灰度都与之前的通道灰度相同。

原图像文件

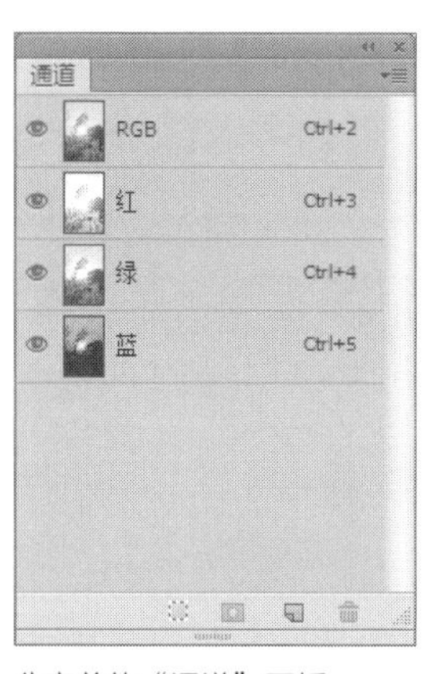

分离前的“通道”面板

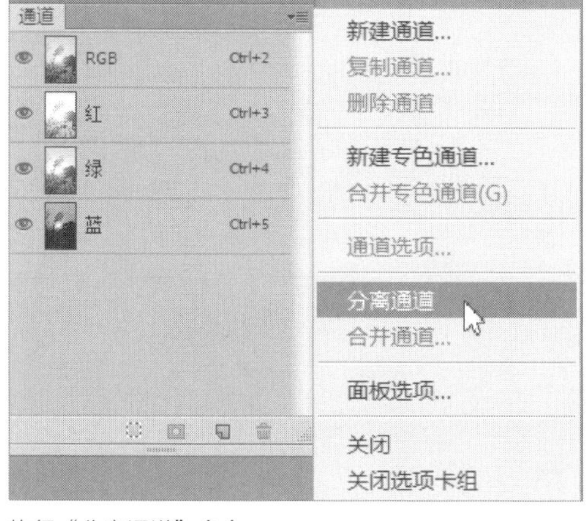

执行“分离通道”命令

分离出的红通道

分离出的绿通道

分离出的蓝通道

分离后的“通道”面板

10.5.8 合并通道

可以将多个灰度图像合并为一个图像的通道。要合并的图像必须具备以下3个特点。

第1点：图像必须为灰度模式，并且已经被拼合。

第2点：具有相同的像素尺寸。

第3点：处于被打开状态。

10.5.9 用通道调整颜色

通道调色是一种高级调色技术。我们可以对一张图像的单个通道应用各种调色命令，从而达到调整图像中单种色调的目的。下面介绍用“曲线”功能对通道进行调色的方法。

选择“红”通道，按Ctrl+M组合键打开“曲线”对话框，将曲线向上调节，可以增加图像中的红色数量；将曲线向下调节，则可以减少图像中的红色数量。

向上调节曲线的效果图

向下调节曲线的效果图

选择“绿”通道，按Ctrl+M组合键打开“曲线”对话框，将曲线向上调节，可以增加图像中的绿色数量；将曲线向下调节，则可以减少图像中的绿色数量。

向上调节曲线的效果图

向下调节曲线的效果图

选择“蓝”通道，按Ctrl+M组合键打开“曲线”对话框，将曲线向上调节，可以增加图像中的蓝色数量；将曲线向下调节，则可以减少图像中的蓝色数量。

向上调节曲线的效果图

向下调节曲线的效果图

制作人鱼之恋海报

本章主要学习的蒙版和通道的相关知识，本章内容也是Photoshop中比较难理解的，但是蒙版和通道是我们制作各种作品时最常用的功能。下面以人鱼之恋的案例来进一步巩固所学知识，读者可以根据自己的创意，利用所学知识制作作品。

Step 01 新建文件，置入“背景.jpg”素材图片，放在合适的位置，使用裁剪工具将图片适当裁剪，如下图所示。

置入素材

Step 02 选择套索工具，在画面中沿着水池边绘制选区，如下图所示。

绘制选区

Step 03 新建图层并命名为“蓝色水色”，设置前景色为#6fcdfd，按下Alt+Delete组合键填充图层，如下图所示。

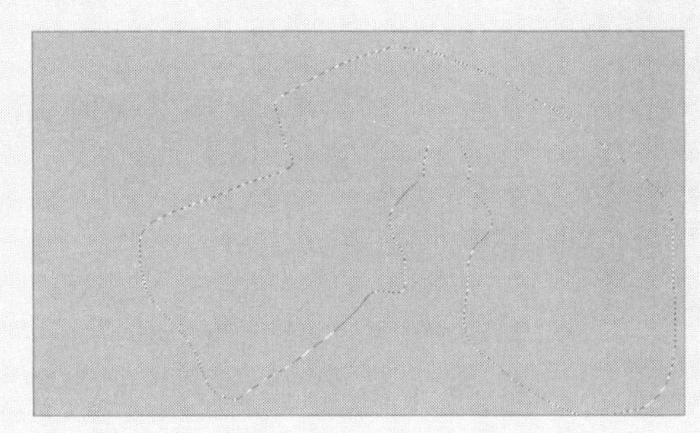

新建图层并填充颜色

Step 04 选中“蓝色水色”图层，单击“添加图层蒙版”按钮，将选区转换为蒙版，如下图所示。

添加图层蒙版

Step 05 调整“蓝色水色”图层的混合模式为“颜色减淡”，填充参数为79%，效果如下图所示。

设置图层的混合模式

Step 06 选中“蓝色水色”图层的蒙版，使用画笔工具，绘制出心形效果，如下图所示。

绘制心形

Step 07 依次降低画笔工具的不透明度，绘制出有层次感的心形效果，如下图所示。

继续绘制心形

Step 08 置入“人鱼.jpg”素材图片，使用快速选择工具，选出人鱼选区，如下图所示。

创建选区

Step 09 单击“添加图层蒙版”按钮，为“人鱼”图层创建图层蒙版，效果如下图所示。

添加图层蒙版

Step 10 按下Ctrl+T组合键，启用自由变换，将图片进行水平翻转并调整图片大小。添加“投影”图层样式，效果如下图所示。

变换图像

Step 11 选中“人鱼”图层的蒙版，使用画笔工具，对图片的头发等细节进行修改调整，如下图所示。

处理人物头发

Step 12 由于图片被多倍放大，有时不清楚图片是否被修改调整过渡。我们可以通过停用蒙版，核对图片的细节，如下图所示。

核实图片的细节

Step 13 核对无误后并右击，选择“应用图层蒙版”命令，或者直接单击图层蒙版上的红色叉号，再次启用蒙版，如下图所示。

启用图层蒙版

Step 14 选择“人鱼”图层，打开“属性”面板，创建“色相/饱和度”图层蒙版，设置相关参数，如下图所示。

设置色相/饱和度

Step 15 选中“色相/饱和度”图层，按下Alt+Ctrl+G组合键，创建剪贴蒙版，效果如下图所示。

创建剪贴蒙版

Step 16 设置完成后查看人鱼的效果，如下图所示。

查看人鱼的效果

Step 17 新建图层命名“光线修饰”，使用油漆桶工具填充白色，为“光线修饰”图层创建图层蒙版，使用画笔工具利用蒙版勾勒出轮廓，如下图所示。

勾勒轮廓

Step 18 选中“图层蒙版”，选择画笔工具，并逐级减少不透明度，对图片进行修改调整，效果如下图所示。

查看效果

Step 19 新建图层并命名为“水波”，设置前景色为蓝色，创建圆形选区，并填充前景色。执行“滤镜>扭曲>水波”命令，在弹出的对话框中设置水波的参数，效果如下图所示。

制作水波效果

Step 20 执行“编辑>变换>透视”命令，调整水波视觉效果。更改“水波”图层的混合模式为“颜色减淡”，“填充”为79%，效果如下图所示。

调整水波的混合模式

Step 21 为“水波”图层创建图层蒙版，选中“图层蒙版”，使用画笔工具修改调整，如下图所示。

查看水波效果

Step 22 新建图层并命名为“男人影子”，使用画笔工具绘出男人的影子，设置图层的不透明度和填充的值，效果如下图所示。

绘制人的影子

Step 23 选中“人鱼”图层的蒙版并右击，选择“应用图层蒙版”命令。执行栅格化图层样式操作，使用橡皮擦工具，对整体进行微调，效果如下图所示。

调整人鱼

Step 24 选中“色相/饱和度”图层，再次调整人鱼整体色彩，效果如下图所示。

再次调整色相饱和度

Step 25 选中“人鱼”图层，执行“滤镜>滤镜库>成角的线条”命令，设置相关参数，单击“确定”按钮，效果如下图所示。

添加“成角的线条”滤镜

Step 26 使用直排文字蒙版工具和画笔工具，在左上角输入相关文字，并设置字体格式，制作出印泥的效果，如下图所示。

制作印泥文字

Step 27 使用直排文字工具在印泥的左侧输入相关文字，设置文字格式，如下图所示。

输入文字

Step 28 至此，本案例制作完成，最终效果如下图所示。

查看最终效果

Chapter 11 滤镜的应用

在Photoshop中，滤镜是图片处理的“灵魂”，可以编辑当前可见图层或图像选区内的图像效果，将其制作成各种特效。滤镜的工作原理是利用对图像中像素的分析，按每种滤镜的特殊数学算法进行像素色素、亮度等参数的调节，从而完成原图像部分或全部像素属性参数的调节和控制。本章将详细介绍各种滤镜的应用操作，让读者能够轻松地制作出各种美妙奇幻的图像效果。

11.1 智能滤镜

智能滤镜是应用于智能对象的滤镜，将作为图层效果出现在“图层”面板中。因为这些滤镜不会真正改变图像中的任何像素，用户可以根据效果需要调整、移去或隐藏智能滤镜。

11.1.1 智能滤镜与普通滤镜

普通滤镜是通过修改像素实现特效的，对图像是一种破坏性的修改，一旦保存，将不能恢复原来的图像。

打开“汽车.jpg”图像文件。

原图像文件

执行“滤镜>风格化>风”命令后，图像的像素被修改了。如果执行保存并关闭操作，将无法恢复图像原来的效果。

应用普通滤镜后效果

智能滤镜是一种非破坏性的滤镜，它可以在不改变图像原始数据的情况下，将滤镜效果应用于智能对象上。为图像添加智能滤镜后的效果，如下图所示。

应用智能滤镜后效果

11.1.2 应用智能滤镜

应用智能滤镜后，在图层下方会出现智能滤镜图层，它的功能更像是一个图层组，对图像应用的所有滤镜都出现在智能滤镜层下方。

实战 为图像应用“动感模糊”智能滤镜

Step 01 打开“猫头鹰.jpg”图像文件，对应的“图层”面板如下图所示。

原图像文件

Step 02 执行“滤镜>转换为智能滤镜”命令，在打开的询问对话框中单击“确定”按钮，如下图所示。

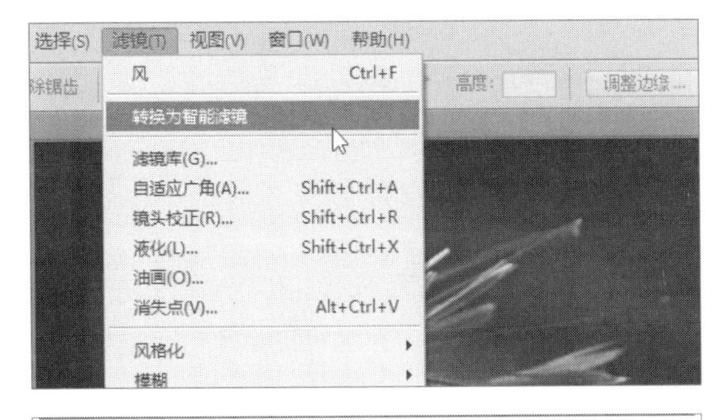

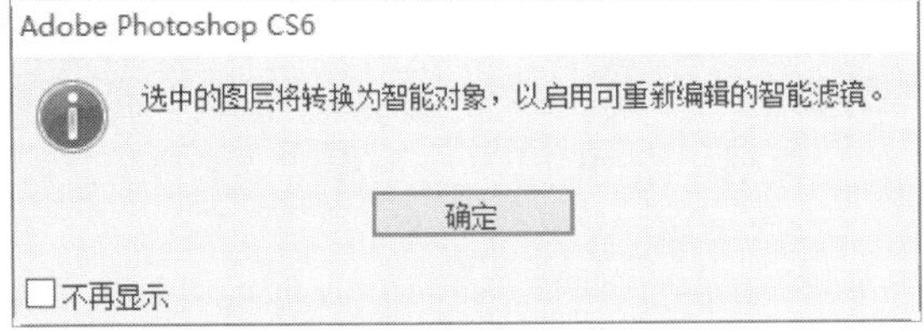

执行“转换为智能滤镜”操作

Step 03 此时图层属性变为智能对象缩览图，执行“滤镜>模糊>动感模糊”命令，如下图所示。

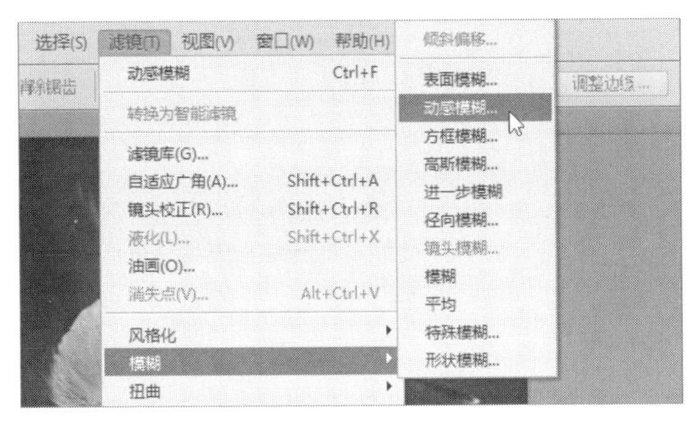

执行“动感模糊”命令

Step 04 在弹出的对话框中设置动感模糊参数后，单击“确定”按钮，效果如图所示。

查看应用智能滤镜的效果

11.1.3 显示与隐藏智能滤镜

为图层应用智能滤镜后，单击滤镜前的眼睛图标，该滤镜对图像的效果将被隐藏。

隐藏智能滤镜

再次单击该图标，智能滤镜效果将重新显示。

显示智能滤镜

11.1.4 重新排列智能滤镜

当对一个图层应用了多个智能滤镜后，用户可以在智能滤镜列表中上下拖动这些滤镜，重新排列它们的顺序，Photoshop会按照由下而上的顺序应用滤镜，因此，图像效果会发生改变。

实战 调整智能滤镜的顺序

Step 01 打开“水面上的美女.jpg”图像后，执行“滤镜>转换为智能滤镜”命令，在打开的询问对话框中单击“确定”按钮，转换为智能对象，如下图所示。

转换为智能对象

Step 02 执行“滤镜>扭曲>水波”命令，在打开的“水波”对话框中设置相关参数，如下图所示。

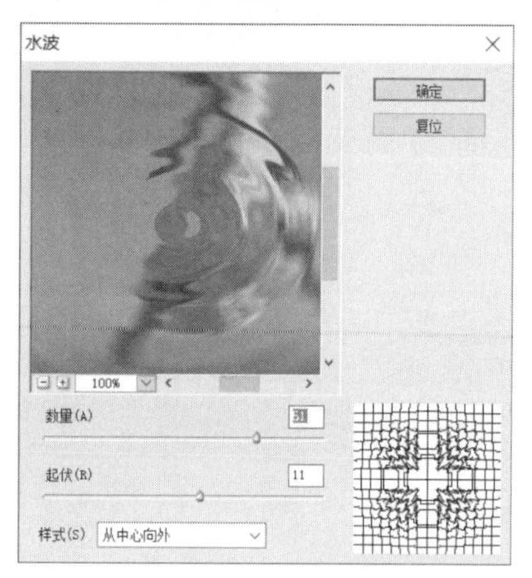

“水波”对话框

Step 03 执行“滤镜>模糊>径向模糊”命令，打开“径向模糊”对话框并调整相关参数，如下图所示。

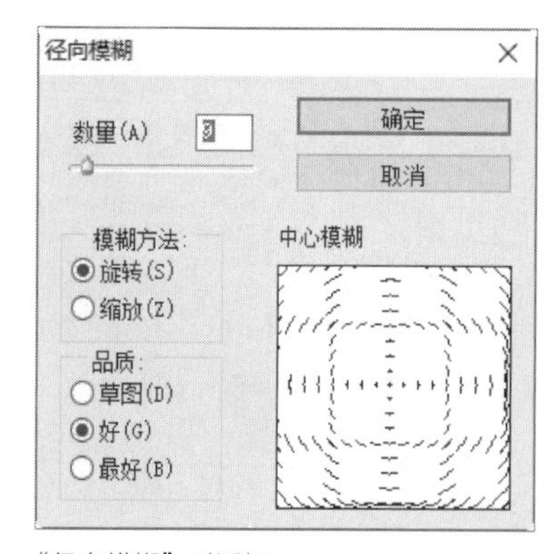

“径向模糊”对话框

Step 04 单击“确定”按钮，查看为图像应用“水波”和“径向模糊”滤镜后的效果，如下图所示。

查看为图像应用滤镜后的效果

Step 05 在“图层”面板中拖动“水波”滤镜到“径向模糊”滤镜的上面，图像的效果也随之发生了变化，如下图所示。

调整滤镜顺序后效果

11.1.5 停用智能滤镜

如果要停用单个智能滤镜，则单击滤镜前的 👁 图标，即可将该智能滤镜停用。

停用单个智能滤镜

如果要停用应用于智能对象的所有智能滤镜，可以选择智能对象图层，然后执行“图层>智能滤镜>停用智能滤镜”命令。

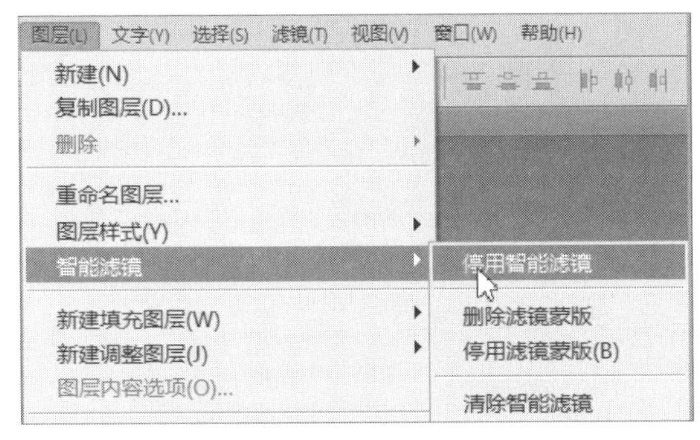

停用全部智能滤镜效果

11.1.6 删除智能滤镜

如果要删除单个智能滤镜，则选中该智能滤镜并拖动到“图层”面板底部的“删除图层”按钮上即可。

删除单个智能滤镜

如果要删除应用于智能对象的所有智能滤镜，则选择智能对象图层，然后执行“图层>智能滤镜>清除智能滤镜”命令。

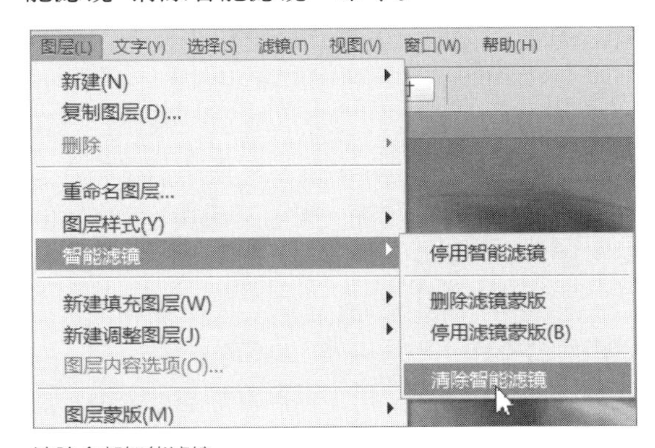

清除全部智能滤镜

11.2 特殊滤镜

在Photoshop软件中，特殊滤镜自成一体，不包含任何级联菜单命令，直接选择即可使用。Photoshop CS6版本中提供了“镜头矫正”、“液化”、“消失点”、“消失点”和“自适应广角”4种特殊滤镜，下面分别对这4种特殊滤镜的应用进行详细介绍。

11.2.1 “镜头校正”滤镜

“镜头校正”滤镜一般用于照片发生扭曲、歪斜等情况，或者在要删除图像周围多余的文字或区域时使用。执行“滤镜>镜头校正”命令，打开“镜头校正”对话框。

“镜头校正”对话框

下面将对“镜头校正”对话框中的工具栏进行介绍，具体如下。

- **移去扭曲工具**：向中心拖动或拖离中心以矫正失真。
- **拉直工具**：绘制一条线以将图像拉直到新的横轴或纵轴。
- **移动网格工具**：拖动以移动对齐网格。
- **抓手工具**：拖动以在窗口中引动图像。
- **缩放工具**：单击或拖过要扩展的区域。

实战 使用“镜头校正”滤镜校正图像

Step 01 打开“建筑.jpg”图像文件，执行“滤镜>镜头校正”命令，如下图所示。

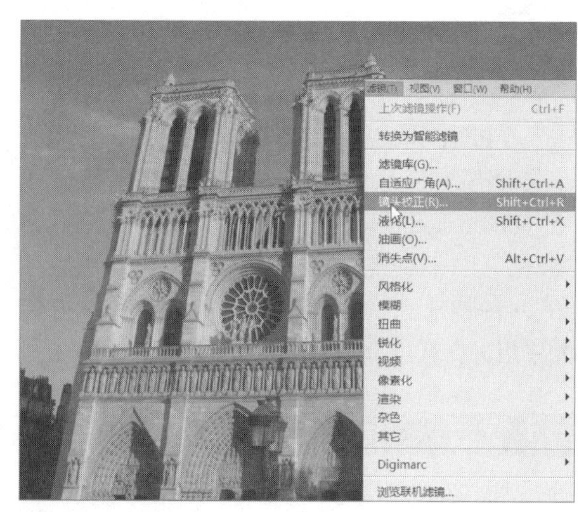

执行“镜头校正”命令

Step 02 打开“镜头校正”对话框，选择工具箱中的移去扭曲工具，调整建筑物整体扭曲度，如下图所示。

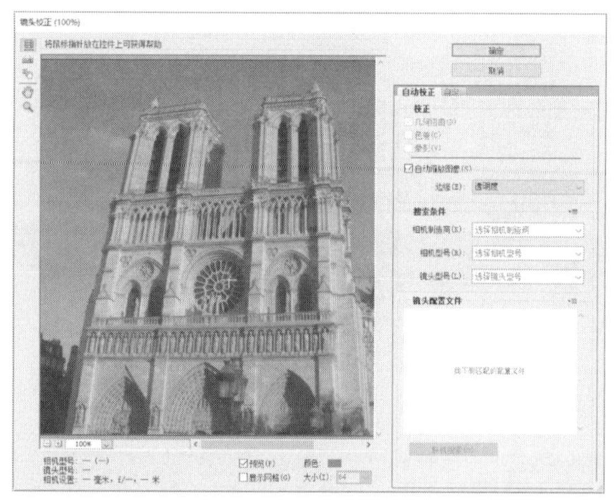

使用移去扭曲工具调整图像

Step 03 接着使用拉直工具，将建筑物水平拉直，如下图所示。

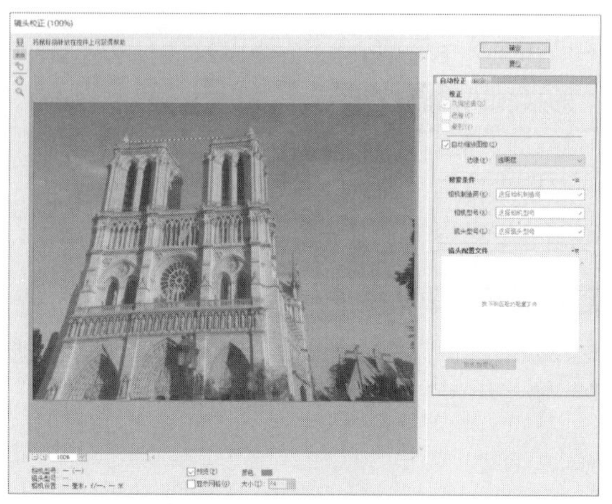

使用拉直工具调整图像

Step 04 然后选择对话框中的“自定”选项卡，对图像校正的具体参数进行设置，如下图所示。

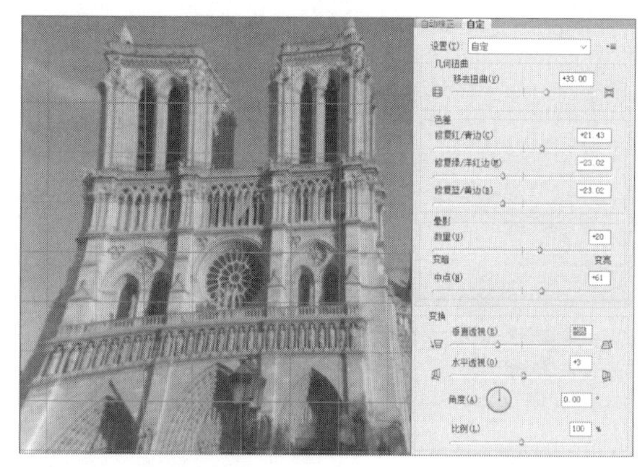

设置“自定”参数

Step 05 适当调整后，单击“确定”按钮，可以看到建筑物的倾斜角度有所改善，校正后的效果如下图所示。

查看校正后的效果

11.2.2 “液化”滤镜

“液化”滤镜的原理是使图像以液体形式进行流动变化，在适当的范围内用其他部分的像素图像替代原来的图像像素。

使用“液化”滤镜可以推、拉、旋转、反射、折叠和膨胀图像的任意区域，以帮助用户快速对图片人物进行瘦身、瘦脸等操作。该滤镜为我们在Photoshop中变形图像和创建特殊效果提供了强大的功能。执行“滤镜>液化”命令，将打开“液化”对话框。

下面对“液化”对话框工具栏中各工具的应用进行介绍。

- **向前变形工具**：用于在图像上拖曳像素，以产生变形效果。

- **重建工具**：用于对变形的图像进行完全或部分的恢复。
- **顺时针旋转扭曲工具**：用于来回拖曳时顺时针旋转像素。
- **褶皱工具**：用于来回拖曳时使像素靠近画笔区域的中心。
- **膨胀工具**：用于来回拖曳时使像素远离画笔区域的中心。
- **左推工具**：用于向左移动与鼠标拖动方向垂直的像素。
- **冻结蒙版工具**：此工具用于绘制不会被扭曲的区域。
- **解冻蒙版工具**：此工具用于使冻结的区域解冻。
- **抓手工具**：当图像无法完整显示时，可以使用此工具对其进行引动操作。
- **缩放工具**：用于放大或缩小图像。

"液化"对话框

实战 使用"液化"滤镜美化人像

Step 01 打开"人物.jpg"图像文件，执行"滤镜>液化"命令，打开"液化"对话框，勾选"高级模式"复选框，然后在"工具选项"选项区域中设置相关参数，如下图所示。

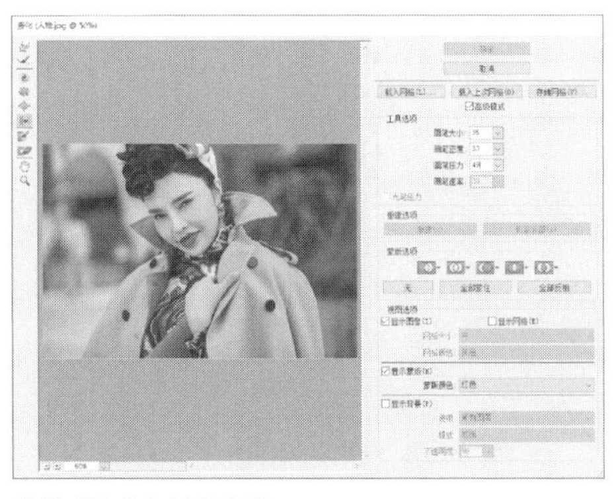

设置"液化"滤镜参数

Step 02 选择对话框左上角的缩放工具，在预览区单击，放大图像。然后选择向前变形工具，在人物的脸部和手部单击并向左拖动，修复下颚和手部，对人物进行瘦身，如下图所示。

对人物进行瘦身

Step 03 选择膨胀工具，对人物的眼睛部分进行放大，如下图所示。

液化人物眼睛

Step 04 然后使用褶皱工具在人物的嘴唇部分单击，完成后单击"确定"按钮，此时在图片中可以看到，经过"液化"滤镜的调整，人物更加纤细和美丽，如下图所示。

调整后的图像效果

11.2.3 “消失点”滤镜

使用“消失点”滤镜中的工具可以在创建的图像选区内执行克隆、喷绘、粘贴等操作，所做的操作会自动应用透视原理，按照透视的比例和角度计算自动适应对图像的修改，大大节约了用户精确设计和制作多面立体效果所需的时间。

“消失点”滤镜还可以在图像依附到三维图像上时，自动计算图像各个面的透视程度。使用“消失点”滤镜来修饰、添加或移去图像中的内容时，结果更加逼真。执行“滤镜>消失点”命令，打开“消失点”对话框。

“消失点”对话框

下面对“消失点”对话框工具栏中各工具的应用进行介绍。

- **编辑平面工具**：用于对创建的透视平面进行选择、编辑、移动和调整大小。存在两个平面时，按住Alt键拖动控制点可以改变两个平面的角度，此时属性栏中的“网格大小”和“角”两个选项会被激活，可以用来更改平面中的网格密度和角度。
- **创建平面工具**：用于在预览编辑区的图像中单击，创建平面的四个点，节点之间会自动连接成透视平面，在透视平面边缘处按住Ctrl键向外拖动时，会产生另一个与之配套的透视平面。
- **选框工具**：用于在平面内拖动创建选区。选择选框工具后，在对话框的属性栏中将会出现“羽化”、“不透明度”、“修复”和“移动模式”四个选项。
- **图章工具**：该工具与软件工具箱中的仿制图章工具用法相同，只是多出了修复透视区域效果。按住Alt键在平面内取样，松开键盘，移动鼠标到需要仿制的地方并按住鼠标左键拖动，即可复制图像，复制的图像会自动调整所在位置的透视效果。选择图章工具后，在对话框的属性栏中将出现“直径”、“硬度”、“不透明度”、“修复”和“对齐”五个选项。
- **画笔工具**：使用画笔工具可以在图像内绘制选定颜色的笔触，在创建的平面内绘制的笔触会自动调整透视效果。选择画笔工具后，在对话框的属性栏中将出现“直径”、“硬度”、“不透明度”、“修复”和“画笔颜色”五个选项。
- **变化工具**：使用变换工具不仅可以对选区复制的图像进行调整变换，还可以将拷贝到“消失点”对话框中的其他图像拖动到多维平面内，并可以对其进行移动和变换。选择变换工具后，在对话框的属性栏中将会出现“水平线转”、“垂直旋转”两个选项。
- **吸管工具**：用于在图像中采集颜色，选取的颜色可作为画笔的颜色。
- **缩放工具**：用于缩放预览区的视图，在预览区单击将会图像放大，按住Alt键单击鼠标左键，可以将图像缩小。
- **抓手工具**：当图像放大到超出预览框时，使用抓手工具可以移动图像察看局部。

实战 使用“消失点”滤镜制作贴图效果

Step 01 打开“床.jpg”图像文件，为保证原图层不被破坏，则按Ctrl+J组合键复制“背景”图层，得到“图层1”图层，如下图所示。

复制图层

Step 02 打开“素材.jpg”图像文件，按Ctrl+A组合键执行全选操作，然后按下Ctrl+C组合键执行复制操作，如下图所示。

复制图片

Step 03 在“床.jpg”图片的“图层1”图层上执行“滤镜>消失点”命令，如下图所示。

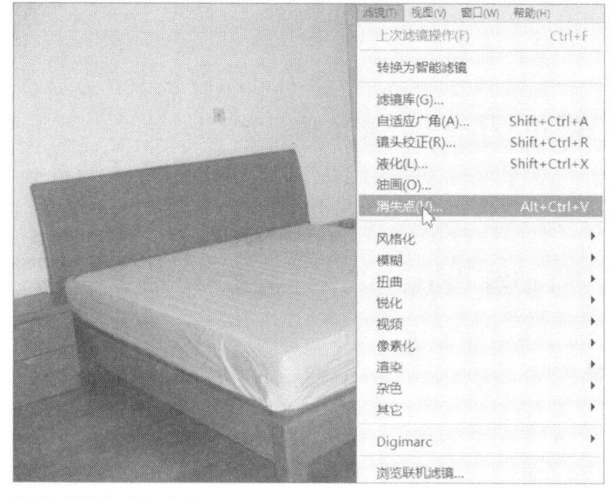

执行“消失点”命令

Step 04 打开“消失点”对话框，选择工具栏中的创建平面工具，拉出一个平面，如下图所示。

创建平面

Step 05 同样的方法，使用选择工具单击床垫的两边，待出现节点时，使用创建平面工具向下拖动平面，如下图所示。

创建床垫的全部平面

Step 06 创建好床垫平面后，按Ctrl+V组合键，粘贴之前复制的素材图片，如下图所示。

粘贴素材图片

Step 07 再按Ctrl+T组合键，出现自由变换框后，将图片旋转调整到适合的大小，图片会自动沿着平面框移动，如下图所示。

调整图像位置

Step 08 调整完图像位置后，单击“确定”按钮，可以看到床垫被新建平面中的图像覆盖，同时覆盖区自动应用了一定的透视效果，使替换效果在视觉上更统一，如下图所示。

查看最终效果

11.2.4 “自适应广角”滤镜

“自适应广角”滤镜是Photoshop CS6新增的一个拥有独立界面的特殊滤镜。使用自适应广角滤镜可以校正由于使用广角镜头而造成的镜头扭曲。该滤镜可以快速拉直在全景图或采用鱼眼镜头和广角镜头拍摄的照片中看起来弯曲的线条。

该滤镜可以检测相机和镜头型号，并使用镜头特性拉直图像。用户可添加多个约束，以指示图片不同部分中的直线，消除扭曲。执行“滤镜>自适应广角”命令，打开“自适应广角”对话框。

“自适应广角”对话框

下面对“自适应广角”对话框工具栏中各工具和参数的应用进行介绍。

- **约束工具**：选择该工具后，单击图像或拖动端点可添加或编辑约束。
- **多边形约束工具**：选择该工具后，单击图像或拖动端点可添加或编辑多边行约束。
- **移动工具**：选择该工具后，拖动可以在画布中移动内容。
- **抓手工具**：选择该工具后，拖动可以在窗口中移动图像。
- **缩放工具**：选择该工具后，单击或拖动可以放大图像。按住Alt键的同时，单击或拖动可以缩小图像。
- **校正类型**：单击该下拉按钮，在下拉列表中选择所需的选项，包括“鱼眼”、“透视”、“自动”和“完整球面”4个选项。

①鱼眼：该选项可以校正由鱼眼镜头引起的弯曲。

②透视：该选项可以校正由视角和相机倾斜角所引起的会聚线。

③完整球面：该选项可以校正360度全景图，但全景图的长宽比必须为2:1。

④自动：该选项可以自动检测合适的校正效果。

实战 使用“自适应广角”滤镜校正图像

Step 01 打开“室内.jpg”图像文件，为保证图像原图不被破坏，按Ctrl+J组合键复制图层，得到“图层1”图层，如下图所示。

复制图层

Step 02 在“室内.jpg”图片的“图层1”上执行“滤镜>自适应广角”命令，如下图所示。

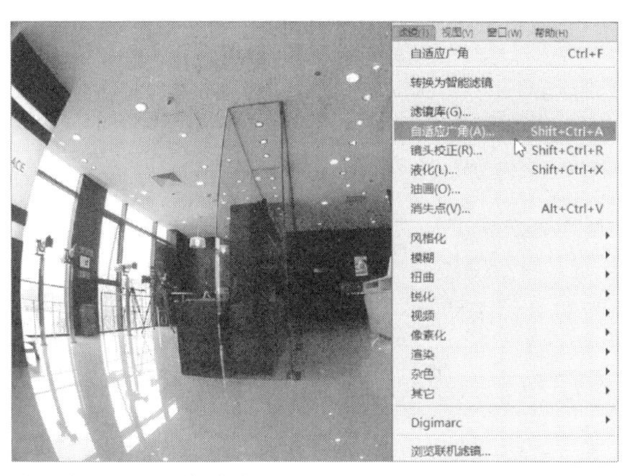

执行“自适应广角”命令

Step 03 打开“自适应广角”对话框，校正类型选择“鱼眼”，具体参数设置如下图所示。

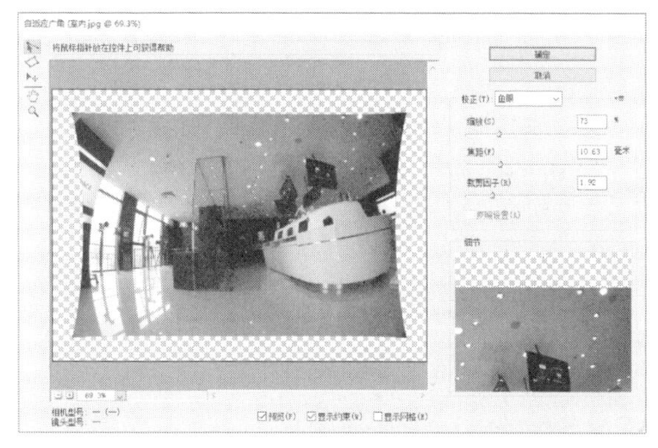
设置校正参数

Step 04 寻找曲线两段，使用约束工具拉出弧线，这个弧线可以立即自动变直，同时将图像用约束工具拉出三条线，适当缩放比例，预览到较为合适的图像效果后单击“确定”按钮，如下图所示。

约束图像

Step 05 此时在图像中可以看到，镜头扭曲有所改善，得到校正后的效果如下图所示。

最终效果

11.3 “风格化”滤镜组

“风格化”滤镜组中的滤镜主要是通过置换像素并且查找和提高图像中的对比度，产生一种绘画或印象派艺术效果。“风格化”滤镜组中包括 “等高线”、“风”、“浮雕效果”、“扩散”、“拼贴”、“凸出”、“查找边缘”和“曝光过度”8种滤镜。

11.3.1 “等高线”滤镜

“等高线”滤镜可以沿图像亮部区域和暗部区域的边界绘制颜色比较浅的线条效果。对图像执行“等高线”滤镜后，计算机会把当前文件图像以线条的形式显现。

实战 创建笔刷勾勒的轮廓图像效果

Step 01 打开“爱梦酒吧.jpg”图像文件，如下图所示。

原图像文件

Step 02 执行“滤镜>风格化>等高线”命令后，打开“高等线”对话框，设置等高线的相关参数，如下图所示。

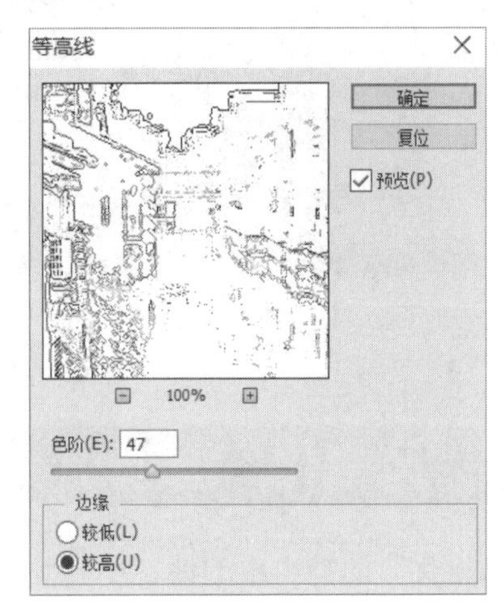

“等高线”对话框

Step 03 设置完成后单击“确定”按钮，可以看到图像的边缘看起来像用笔刷勾勒的轮廓效果，如下图所示。

应用“等高线”滤镜后的效果

11.3.2 “风”滤镜

“风”滤镜可以对图像的边缘进行位移创建出水平线，从而模拟风的动感效果，是制作纹理或为文字添加阴影效果时常用的滤镜工具。在“风”对话框中，用户可以根据需要设置风吹效果样式以及风的方向。

实战 为图像制作风吹的动感效果

Step 01 打开“玻璃球.jpg”图像文件，如下图所示。

原图像文件

Step 02 执行“滤镜>风格化>风”命令，在打开的“风”对话框中设置风吹的方法和方向，如下图所示。

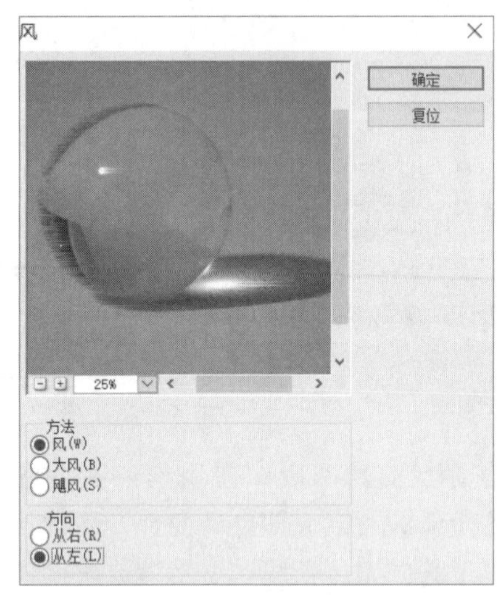

“风”对话框

Step 03 设置完成后单击“确定”按钮，可以看出该滤镜对图像的边缘进行了位移，创建出水平线来模拟风的动感效果，如下图所示。

应用“风”滤镜后的效果

11.3.3 “浮雕效果”滤镜

“浮雕效果”滤镜能够通过勾画图像的轮廓和降低周围色值来产生灰色的浮凸效果。为图像应用“浮雕效果”滤镜后，图像会自动变成深灰色，展现凸出的视觉效果。

实战 为图像制作凸出的视觉效果

Step 01 首先打开“啤酒.jpg”图像文件，如下图所示。

打开原图像文件

Step 02 执行“滤镜>风格化>浮雕效果”命令，在打开的“浮雕效果”对话框中设置浮雕效果的相关参数，如下图所示。

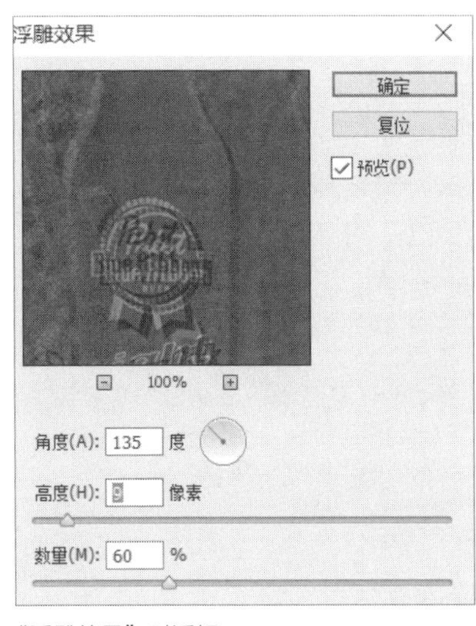

“浮雕效果”对话框

Step 03 然后单击“确定”按钮，查看为图像制作的凸出视觉效果，如下图所示。

应用“浮雕效果”滤镜的效果

11.3.4 “扩散”滤镜

“扩散”滤镜是通过随机移动像素或明暗互换，使处理后的图像看起来像是透过磨砂玻璃观察的模糊效果。

实战 为图像制作磨砂效果

Step 01 打开“水晶球.jpg”图像，如下图所示。

打开原图像文件

Step 02 执行“滤镜>风格化>扩散”命令，在打开的对话框中设置扩散参数，如下图所示。

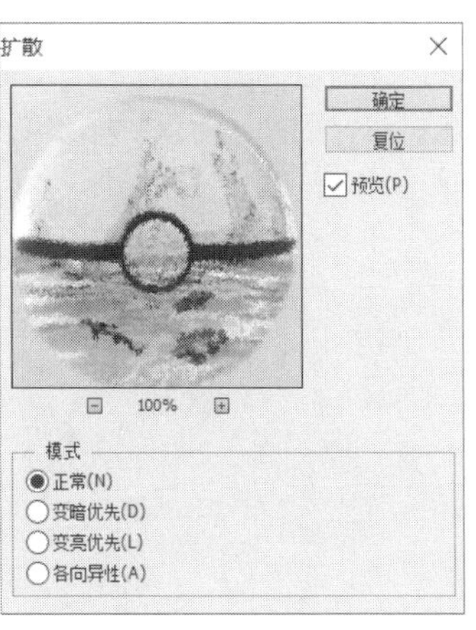

“扩散”对话框

Step 03 设置完成后单击“确定”按钮，此时图像看起来像是透过磨砂玻璃观察的模糊效果，如下图所示。

应用“扩散效果”滤镜的效果

11.3.5 “拼贴”滤镜

“拼贴”滤镜可以根据对话框中的参数设定值将图像分成小块，使图像看起来像是由许多画在瓷砖上的小图像拼合而成的。

实战 为图像制作拼贴效果

Step 01 打开“天安门.jpg”图像文件，如下图所示。

打开原图像文件

Step 02 执行“滤镜>风格化>拼贴”命令，在打开的“拼贴”对话框中设置拼贴参数，如下图所示。

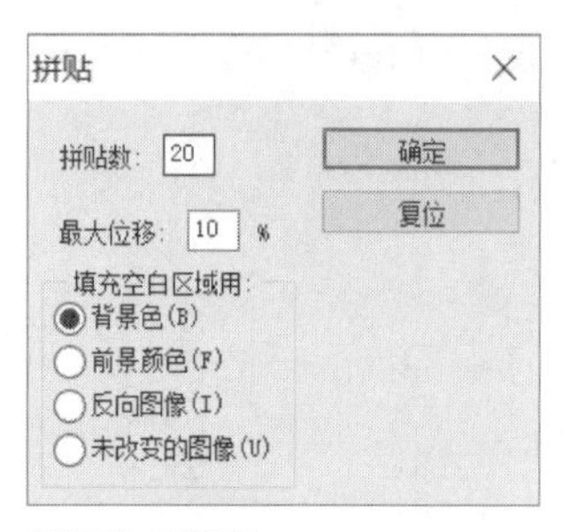

“拼贴”对话框

Step 03 设置完成后单击“确定”按钮，查看图像变成由许多小图像拼合的效果，如下图所示。

应用“拼贴效果”滤镜的效果

11.3.6 “凸出”滤镜

“凸出”滤镜可以根据设置的不同选项，为选区或整个图层上的图像制作一系列块状或金字塔的三维纹理效果。该滤镜常用于制作刺绣或编织工艺所用的一些图案效果。

实战 为图像制作块状拼贴纹理效果

Step 01 首先打开“薯条.jpg”图像文件，如下图所示。

打开原图像文件

Step 02 执行“滤镜>风格化>凸出”命令，在打开的“凸出”对话框中设置凸出的相关参数，如下图所示。

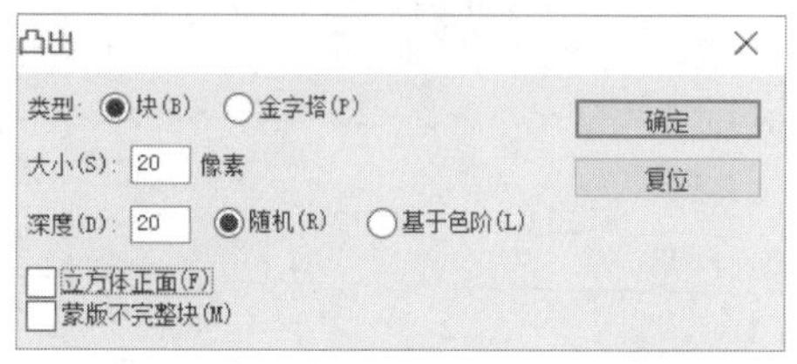

“凸出”对话框

Step 03 设置完成后单击“确定”按钮，可以看到图像已经变为由许多块状纹理拼成的效果，如下图所示。

应用“凸出”滤镜的效果

11.4 “画笔描边”滤镜组

“画笔描边”滤镜组中的滤镜可以模拟出不同画笔或油墨笔刷勾画图像的效果，使图像产生各种绘画效果。“画笔描边”滤镜组包括了“墨水轮廓”、“喷溅”、“喷色描边”、“强化的边缘”和“阴影线”等8种滤镜，全部收录在滤镜库中。

11.4.1 “成角的线条”滤镜

该滤镜可以产生斜笔画风格的图像，类似于使用画笔按某一角度在画布上用油画颜料涂抹画出的斜线，线条修长、笔触锋利，也被称为倾斜线条滤镜。

实战 制作油画颜料涂抹的图像效果

Step 01 打开“睡美人.jpg”图像文件，如下图所示。

打开原图像文件

Step 02 执行“滤镜>滤镜库”命令，打开“滤镜库”对话框，单击“画笔描边”折叠按钮，在打开的选项区域中选择“成角的线条”选项，然后设置相应的参数，如下图所示。

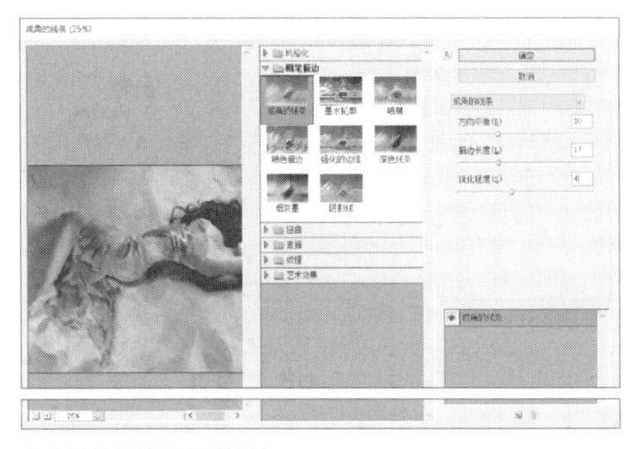

“成角的线条”对话框

Step 03 设置完成后单击“确定“按钮，查看设置图像由油画颜料涂抹而成的效果，如下图所示。

应用“成角的线条效果”滤镜的图像效果

11.4.2 “墨水轮廓”滤镜

“墨水轮廓”滤镜可在图像的颜色边界处模拟油墨绘制图像的轮廓，从而产生钢笔画风格。

实战 为图像设置淡彩画效果

Step 01 首先打开“水墨女子.jpg”图像文件，如下图所示。

原图像文件

Step 02 执行“滤镜>滤镜库”命令，打开“滤镜库”对话框，单击“画笔描边”折叠按钮，在打开的选项区域中选择“墨水轮廓”选项，然后设置相应的参数，如下图所示。

“墨水轮廓”对话框

Step 03 设置完成后单击“确定”按钮，可以看到图像呈现出一种类似绘制淡彩画的效果，如下图所示。

应用“墨水轮廓”滤镜的效果

11.4.3 “喷溅”滤镜

“喷溅”滤镜可以使图像产生一种按一定方向喷洒水花的效果，使画面看起来如雨水冲刷过一样。在“喷溅”滤镜参数设置对话框中，用户可根据需要设置喷溅的范围以及喷溅效果的轻重程度。

实战 为图像应用“喷溅”滤镜效果

Step 01 打开“美女.jpg”图像文件，如下图所示。

原图像文件

Step 02 执行“滤镜>滤镜库”命令，打开“滤镜库”对话框，单击“画笔描边”折叠按钮，在打开的选项区域中选择“喷溅”选项，然后设置相应的参数，如下图所示。

“喷溅”对话框

Step 03 设置完成后单击“确定”按钮，可以看到该图像呈现出被雨水冲刷过的效果，如下图所示。

应用“喷溅”滤镜的效果

11.4.4 “喷色描边”滤镜

“喷色描边”滤镜和“喷溅”滤镜效果相似，都可以产生如同在画面上喷洒水后或被雨水打湿的视觉效果。不同的是，“喷色描边”滤镜还能产生斜纹飞溅效果。

实战 为图像应用斜纹飞溅效果

Step 01 首先打开“洞庭湖.jpg”图像文件，如下图所示。

打开原图像文件

Step 02 执行“滤镜>滤镜库”命令，打开“滤镜库”对话框，单击“画笔描边”折叠按钮，在打开的选项区域中选择“喷色描边”选项，然后设置相应的参数，如下图所示。

“喷色描边”对话框

Step 03 设置完成后单击“确定”按钮，可以看到为图像应用斜纹飞溅的效果，如下图所示。

应用“喷色描边”滤镜的效果

11.4.5 “强化的边缘”滤镜

“强化的边缘”滤镜可以对图像的边缘进行强化处理。设置高的边缘亮度控制值时，强化效果类似白色粉笔；设置低的边缘亮度控制值时，强化效果类似黑色油墨。

实战 为图像应用黑色油墨效果

Step 01 首先打开“封面.jpg”图像文件，如下图所示。

原图像文件

Step 02 执行“滤镜>滤镜库”命令，打开“滤镜库”对话框，单击“画笔描边”折叠按钮，在打开的选项区域中选择“强化的边缘”选项，然后设置相应的参数，如下图所示。

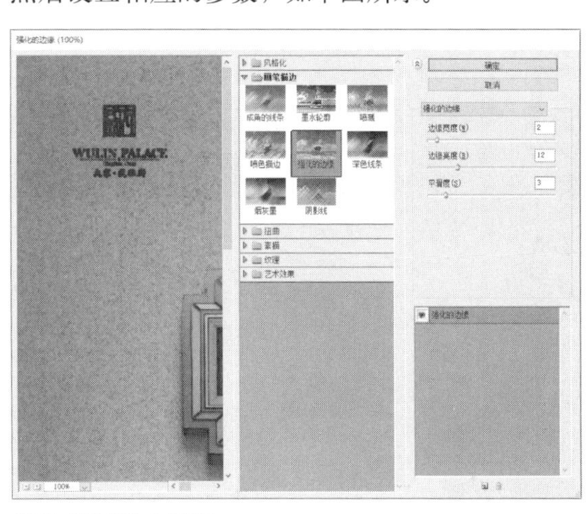

“强化的边缘”对话框

Step 03 设置“强化的边缘”滤镜的相关参数后，单击“确定”按钮，可以看到图像呈现出了黑色油墨的效果，如下图所示。

应用“强化的边缘”滤镜的效果

11.4.6 “阴影线”滤镜

“阴影线”滤镜可以产生具有十字交叉线网格风格的图像，如同在粗糙的画布上使用笔刷画出十字交叉线时所产生的效果，给人一种随意编织的感觉。

实战 为图像应用“阴影线”滤镜

Step 01 打开“客厅.jpg”图像文件，效果如下图所示。

原图像文件

Step 02 执行“滤镜>滤镜库>画笔描边>阴影线”命令后，设置阴影线的参数，如下图所示。

“阴影线”对话框

Step 03 参数设置完成后单击“确定”按钮，可以看到该图像呈现一种随意编织的效果，如下图所示。

应用“阴影线”滤镜的效果

11.5 “模糊”滤镜组

“模糊”滤镜组中的滤镜主要是通过消弱图像相邻像素间的对比度，使相邻像素平滑过渡，从而产生边缘柔和及模糊的效果。

“模糊”滤镜组中主要包含了“表面模糊”、“方框模糊”、“径向模糊”、“特殊模糊”、“动感模糊”和“高斯模糊”等14种滤镜。

11.5.1 “表面模糊”滤镜

“表面模糊”滤镜可以对图像边缘以内的区域进行模糊，在模糊图像时可保留图像边缘，用于创建特殊效果或去除杂点和颗粒，从而产生清晰边界的模糊效果。

实战 为图像设置表面模糊效果

Step 01 打开“草丛.jpg”图像文件，如下图所示。

原图像文件

Step 02 执行“滤镜>模糊>表面模糊”命令，在打开的对话框中设置表面模糊参数，如下图所示。

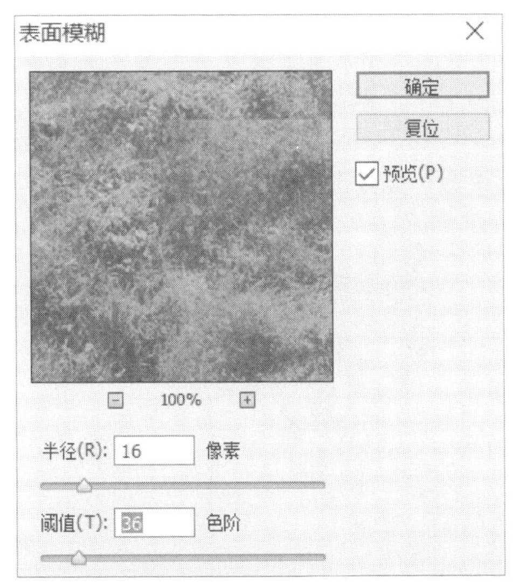

“表面模糊”对话框

Step 03 设置完成后单击“确定”按钮，可以看到图像虽然模糊，但有清晰的边界，如下图所示。

查看应用“表面模糊”滤镜的效果

11.5.2 “方框模糊”滤镜

“方框模糊”滤镜以邻近像素颜色的平均值为基准模糊图像，从而生成类似于方块状的特殊模糊效果。

实战 为图像设置方框模糊效果

Step 01 打开“柿子.jpg”图像文件，如下图所示。

原图像文件

Step 02 执行“滤镜>模糊>方框模糊”命令，在打开的对话框中设置方框模糊参数，如下图所示。

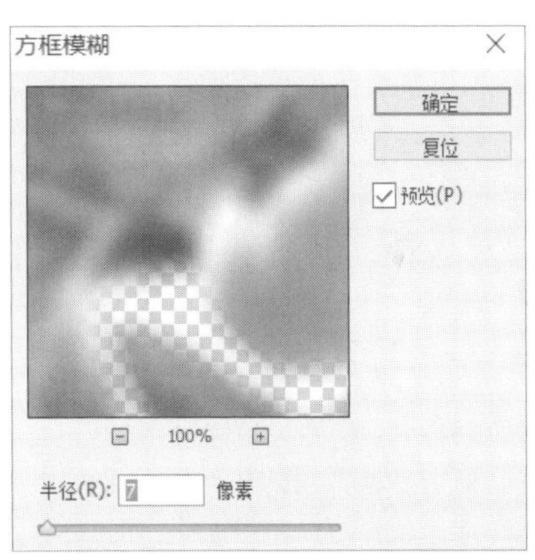

“方框模糊”对话框

Step 03 设置方框模糊的相关参数后，单击“确定”按钮，效果如下图所示。

查看应用“方框模糊”滤镜的效果

11.5.3 “径向模糊”滤镜

为图像应用“径向模糊”滤镜，可产生具有辐射性的模糊效果，常用来模拟相机前后移动或旋转产生的模糊效果。

实战 为图像设置旋转模糊效果

Step 01 打开“时钟.jpg”图像文件，如下图所示。

原图像文件

Step 02 执行“滤镜>模糊>径向模糊”命令，在打开的对话框中设置径向模糊参数，如下图所示。

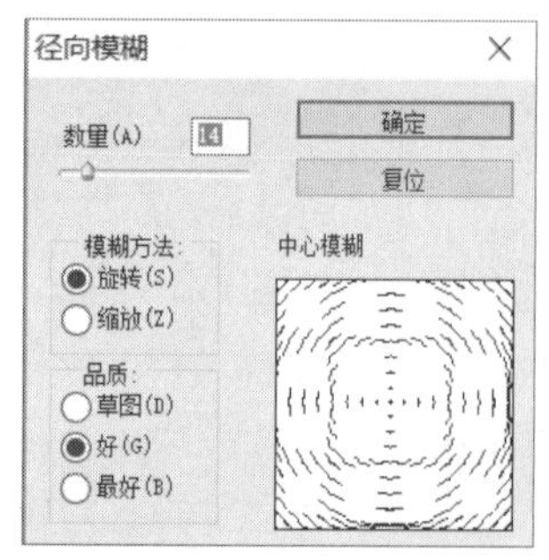

“方框模糊”对话框

Step 03 设置径向模糊的相关参数后，单击“确定”按钮，可以看出图像产生了旋转的模糊效果，如下图所示。

查看应用“径向模糊”滤镜的效果

11.5.4 “特殊模糊”滤镜

“特殊模糊”滤镜可以查找图像的边缘并对边界线以内的区域进行模糊处理。应用“特殊模糊”滤镜的好处是，在模糊图像的同时仍使图像具有清晰的边界，有助于去除图像色调中的颗粒、杂色，产生一种边界清晰而中心模糊的效果。

实战 为图像应用“特殊模糊”滤镜

Step 01 打开“球.jpg”图像文件，如下图所示。

原图像文件

Step 02 执行“滤镜>模糊>特殊模糊”命令，在打开的“特殊模糊”对话框中设置特殊模糊的相关参数，如下图所示。

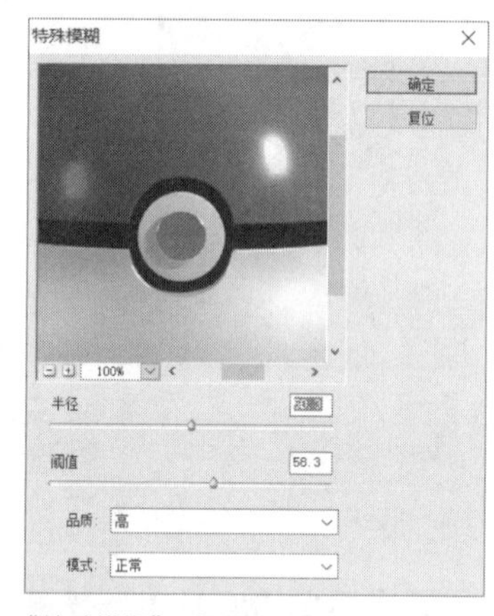

“特殊模糊”对话框

Step 03 然后单击“确定”按钮，可以看到模糊图像的同时仍具有清晰的边界，如下图所示。

查看应用“特殊模糊”滤镜的效果

11.5.5 “动感模糊”滤镜

“动感模糊”滤镜可以模仿拍摄运动物体的手法，通过使像素进行某一方向上的线性位移来产生运动模糊效果。“动感模糊”滤镜是把当前图像的像素向两侧拉伸，在“动感模糊”对话框中，用户可对角度以及拉伸的距离进行调整。

实战 设置图像的动感模糊效果

Step 01 打开“光效.jpg”图像文件后，执行“滤镜>模糊>动感模糊”命令，打开“动感模糊”对话框，设置动感模糊的相关参数，如下图所示。

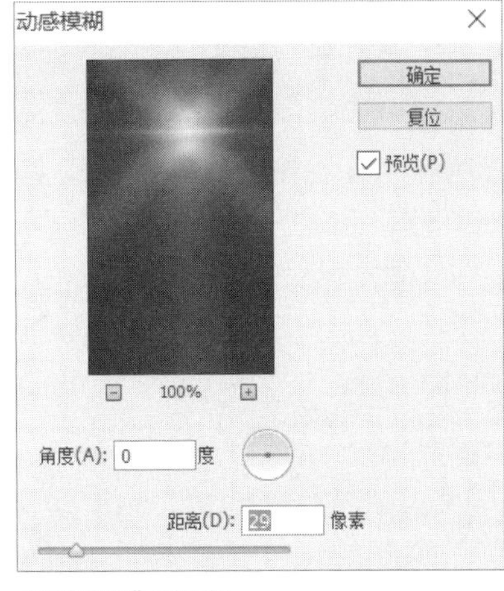

“动感模糊”对话框

Step 02 设置完动感模糊参数后，单击“确定”按钮，可以看到图像产生了运动效果，如下图所示。

原图像文件

应用“动感模糊”滤镜后的效果

11.5.6 “高斯模糊”滤镜

该滤镜可根据设置的半径值快速地模糊图像，从而使图像产生朦胧效果。使用“高斯模糊”滤镜，可以添加低频效果，从而产生一种朦胧的图像效果。

实战 设置图像的朦胧感

Step 01 打开“火焰美女.jpg”图像文件，如下图所示。

原图像文件

Step 02 执行“滤镜>模糊>高斯模糊”命令，在打开的“高斯模糊”对话框中设置高斯模糊的相关参数，如下图所示。

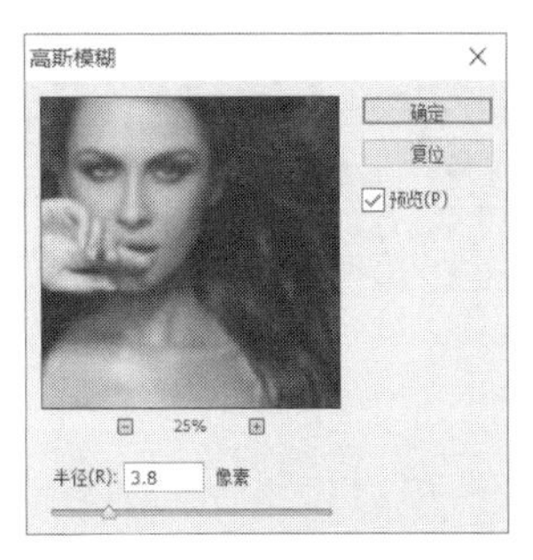

“高斯模糊”对话框

Step 03 然后单击“确定”按钮，可以看到图像呈现出一种朦胧的感觉，如下图所示。

查看应用“高斯模糊”滤镜的效果

11.6 “锐化”滤镜组

“锐化”滤镜组中的滤镜主要是通过增强图像相邻像素间的对比度，使图像轮廓分明、纹理清晰，从而减弱图像的模糊程度。

“锐化”滤镜组的效果与“模糊”滤镜组功能相反，该滤镜组主要提供了“USM锐化”、“锐化边缘”和“智能锐化”等5种滤镜。

11.6.1 “USM锐化”滤镜

“USM锐化”滤镜是通过锐化图像的轮廓，使图像的不同颜色之间生成明显的分界线，从而达到图像清晰化的目的。用户可以在“USM锐化”对话框中为图像设置锐化的程度。

实战 为图像应用“USM锐化”滤镜

Step 01 首先打开“广告.jpg”图像文件，如下图所示。

原图像文件

Step 02 执行“滤镜>锐化>USM锐化”命令，在打开的“USM锐化”对话框中设置USM锐化参数，如下图所示。

“USM锐化”对话框

Step 03 设置完成后单击“确定”按钮，可以看到图像更加清晰了，如下图所示。

查看应用“USM锐化”滤镜的效果

11.6.2 “智能锐化”滤镜

“智能锐化”滤镜可以为图像设置锐化算法或控制在阴影和高光区域中进行的锐化量，从而获得更好的边缘检测并减少锐化晕圈，是一种高级锐化方法。用户可以在“智能锐化”对话框中分别选择“基本”和“高级”单选按钮，扩充参数的设置范围。

实战 为图像应用“智能锐化”滤镜

Step 01 打开“女人.jpg”图像文件，如下图所示。

原图像文件

Step 02 执行“滤镜>锐化>智能锐化”命令，在打开的对话框中选择“高级”单选按钮，设置“锐化”的相关参数，如下图所示。

设置“锐化”参数

Step 03 切换到“阴影”选项卡，设置“阴影”的相关参数，如下图所示。

设置“阴影”参数

Step 04 切换到“高光”选项卡，设置“高光”的相关参数，如下图所示。

设置“高光”参数

Step 05 设置完USM锐化的参数后，单击“确定”按钮，可以看到图像明显地减少了锐化光晕圈，效果如下图所示。

查看应用“智能锐化”滤镜的效果

11.7 “扭曲”滤镜组

“扭曲”滤镜组中的滤镜主要用于对平面图像进行扭曲，使其产生扭曲、挤压和水波等变形效果。“扭曲”滤镜组中包括“波浪”、“波纹”、“玻璃”、“极坐标”、“挤压”和“切变”等13种滤镜。

11.7.1 “波浪”滤镜

为图像应用“波浪”滤镜时，可以通过在“波浪”对话框中设置波浪生成器的数量、波长高度、波幅大小和波浪类型等参数，为图像创建具有波浪的纹理效果。

实战 为图像设置波浪纹理效果

Step 01 首先打开“巧克力.jpg”图像文件，如下图所示。

原图像文件

Step 02 执行“滤镜>扭曲>波浪”命令，在打开的“波浪”对话框中设置相关参数，如下图所示。

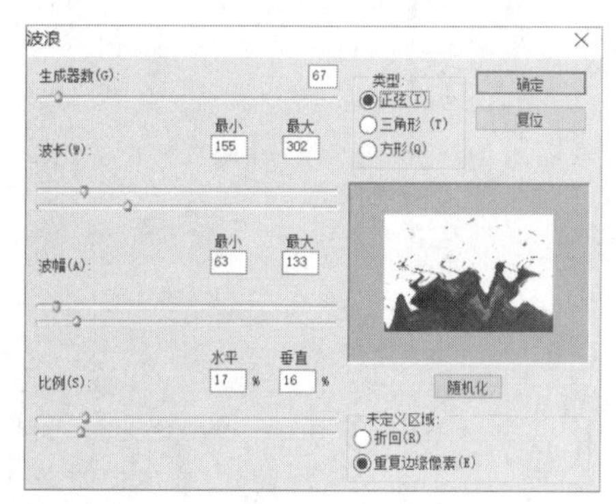

“波浪”对话框

Step 03 参数设置完成后，单击“确定”按钮，查看将图像设置为具有波浪纹理的效果，如下图所示。

查看应用“波浪”滤镜的效果

11.7.2 “波纹”滤镜

“波纹”滤镜与“波浪”滤镜的工作方式相同，但提供的参数设置选项较少，只能控制波纹的数量和波纹大小。“波纹”滤镜可以在选区上创建波状起伏的图案，就像水池表面的波纹一样。

实战 为图像设置波纹效果

Step 01 打开“赛车.jpg”图像文件，如下图所示。

原图像文件

Step 02 执行“滤镜>扭曲>波纹”命令，在打开的“波纹”对话框中设置波纹的相关参数，如下图所示。

“波纹”对话框

Step 03 设置完成后单击“确定”按钮，可以看到图像具有波纹效果，如下图所示。

查看应用“波纹”滤镜的效果

11.7.3 “玻璃”滤镜

“玻璃”滤镜可以制作细小的纹理，使图像呈现出透过不同类型玻璃查看的模拟效果。

实战 为图像应用“玻璃”滤镜

Step 01 打开“火焰.jpg”图像文件，如下图所示。

原图像文件

Step 02 执行“滤镜>滤镜库”命令，在打开的对话框中选择“扭曲>玻璃”选项后，设置“玻璃”滤镜的相关参数，如下图所示。

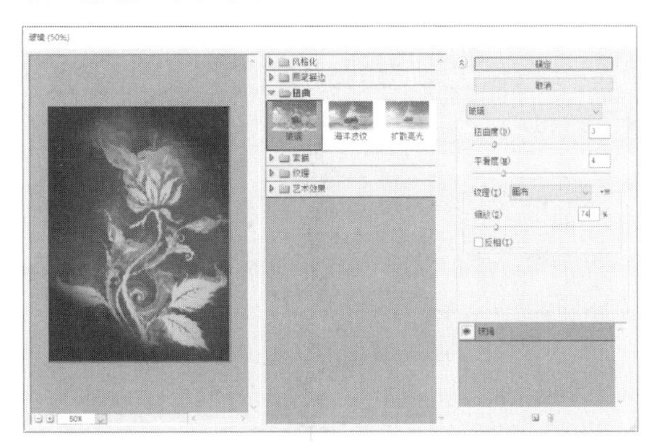

“玻璃”对话框

Step 03 然后单击“确定”按钮，查看为图像应用“玻璃”滤镜的效果，如下图所示。

查看应用“玻璃”滤镜的效果

11.7.4 “极坐标”滤镜

“极坐标”滤镜可以将图像从直角坐标系转化成极坐标系，或从极坐标系转化为直角坐标系，产生极端变形的效果。

实战 为图像应用“极坐标”滤镜

Step 01 打开“窗景.jpg”图像文件，如下图所示。

原图像文件

Step 02 执行“滤镜>扭曲>极坐标”命令后，设置极坐标的相关参数，如下图所示。

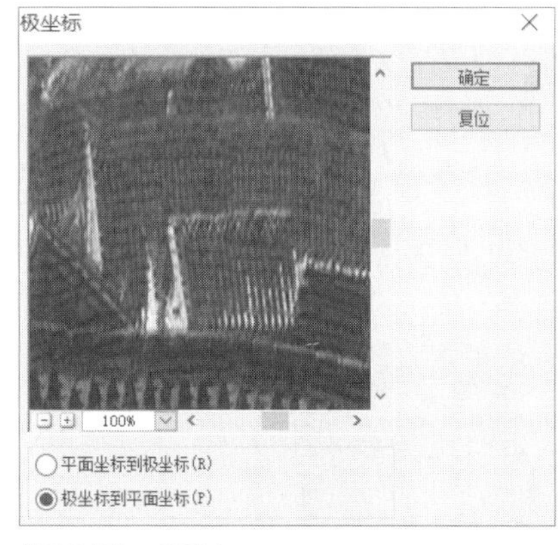

“极坐标”对话框

Step 03 然后单击“确定”按钮，查看设置“极坐标”滤镜的效果，如下图所示。

查看应用“极坐标”滤镜的效果

11.7.5 “挤压”滤镜

“挤压”滤镜可以将整个图像或选区内的图像向内或向外挤压。当用户在“挤压”对话框中设置“数量”为正值时，可以将选区向中心移动；设置“数量”为负值时，可以将选区向外移动。

实战 为图像应用“挤压”滤镜

Step 01 打开“鹿.jpg”图像文件，如下图所示。

原图像文件

Step 02 执行“滤镜>扭曲>挤压”命令，在打开的对话框中设置挤压的参数，如下图所示。

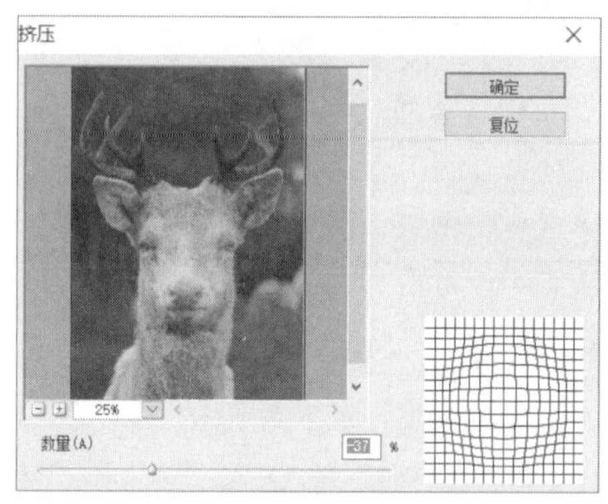

“挤压”对话框

Step 03 设置挤压参数后，单击“确定”按钮，可看到鹿的头部向外变大了，如下图所示。

查看应用“挤压”滤镜的效果

11.7.6 “切变”滤镜

“切变”滤镜能够根据用户在“切变”对话框中设置的垂直曲线，使图像发生扭曲变形。

实战 为图像应用“切变”滤镜

Step 01 打开“小狗.jpg”图像文件，如下图所示。

原图像文件

Step 02 执行“滤镜>扭曲>切变”命令，在打开的对话框中单击曲线，添加控制点后，拖动控制点扭曲图像，如下图所示。

“切变”对话框

Step 03 设置完切变参数后，单击“确定”按钮，可以看到图像发生了扭曲，如下图所示。

查看应用“切变”滤镜的效果

11.8 “素描”滤镜组

“素描”滤镜组中的滤镜可根据图像中高色调、半色调和低色调的分布情况，使用前景色和背景色按特定的运算方式添加填充纹理，使图像产生素描、速写及三维的艺术效果。

“素描”滤镜组中包括“半调图案”、“便条纸”、“水彩画纸”和“网状”等14种滤镜。下面分别对一些常见滤镜的具体应用进行介绍。

11.8.1 “半调图案”滤镜

“半调图案”滤镜可以在保持连续色调范围的同时，模拟半调网屏效果，使用前景色和背景色将图像以网格效果显示。

实战 为图像制作网点效果

Step 01 首先打开“小姐姐.jpg”图像文件，如下图所示。

原图像文件

Step 02 执行“滤镜>滤镜库”命令，在打开的对话框中选择“素描>半调图案”选项后，设置“半调图案”滤镜的相关参数，如下图所示。

“半调图案”对话框

Step 03 然后单击“确定”按钮，可以看到图像以网点的效果显示，如下图所示。

查看应用“半调图案”滤镜的效果

11.8.2 “便条纸”滤镜

“便条纸”滤镜可以简化图像，使图像以当前的前景色和背景色混合产生凹凸不平的草纸画效果，其中前景色作为凹陷部分，背景色作为凸出部分。

实战 为图像设置凹凸不平的草纸画效果

Step 01 首先打开“风景照.jpg”图像文件，如下图所示。

原图像文件

Step 02 执行“滤镜>滤镜库”命令，在打开的对话框中选择“素描>便条纸”选项后，设置“便条纸”滤镜的相关参数，如下图所示。

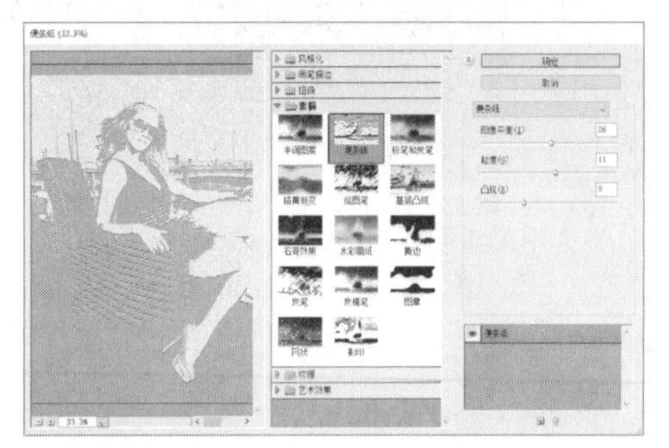

“便条纸”对话框

Step 03 然后单击“确定”按钮，可以看到图片产生了凹凸不平的草纸画效果，如下图所示。

查看应用“便条纸”滤镜的效果

11.8.3 “水彩画纸”滤镜

“水彩画纸”滤镜可以模拟在潮湿纤维上绘画的效果，使图像产生颜色溢出、混合渗透的效果。

实战 为图像应用“水彩画纸”滤镜

Step 01 打开“质感妆容.jpg”图像文件，如下图所示。

原图像文件

Step 02 执行“滤镜>滤镜库”命令，在打开的对话框中选择“素描>水彩画纸”选项后，设置“水彩画纸”滤镜的相关参数，如下图所示。

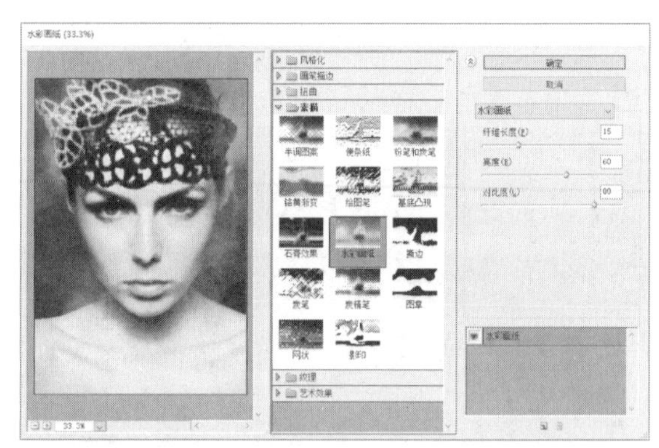

“水彩画纸”对话框

Step 03 设置完成后单击“确定”按钮，可以看到为图像应用“水彩画纸”滤镜的效果，如下图所示。

查看应用“水彩画纸”滤镜的效果

11.8.4 “网状”滤镜

“网状”滤镜使用前景色和背景色填充图像，可以在图像中产生一种网眼覆盖的效果。该滤镜同时可以模仿胶片感光乳剂的受控收缩和扭曲效果，使图像的暗色调区域好像被结块，高光区域好像被轻微颗粒化。

实战 为图像应用“网状”滤镜

Step 01 打开“插画.jpg”图像文件，如下图所示。

原图像文件

Step 02 执行“滤镜>滤镜库”命令，在打开的对话框中选择“素描>网状”选项后，设置“网状”滤镜的相关参数，如下图所示。

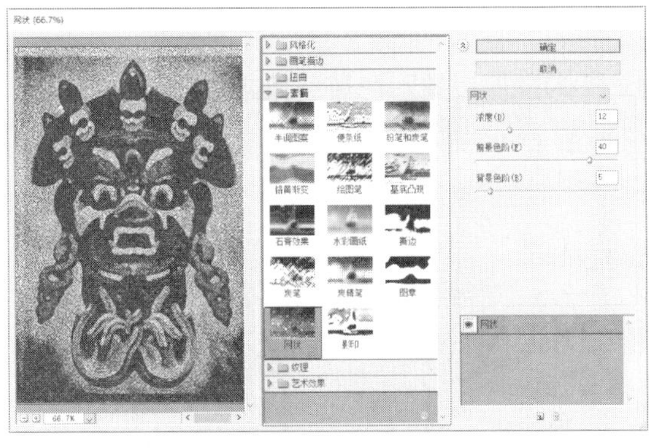

“网状”对话框

Step 03 设置完成后单击“确定”按钮，可以看到图片像被网眼覆盖一样，如下图所示。

查看应用“网状”滤镜的效果

11.9 “纹理”滤镜组

“纹理”滤镜组中的滤镜主要用于生成具有纹理效果的图案，使图案具有深度感和材质感。“纹理”滤镜组包括了“龟裂缝”、“颗粒”、“马赛克拼贴”、“拼缀图”、“染色玻璃”和“纹理化”等滤镜。下面将对一些常用的“纹理”滤镜的应用进行介绍。

11.9.1 “龟裂缝”滤镜

“龟裂缝”滤镜可以使图像产生龟裂纹理，从而制作出具有浮雕样式的立体图像效果。

实战 为图像制作高凸的石膏表面效果

Step 01 打开“鹦鹉.jpg”图像文件，如下图所示。

原图像文件

Step 02 执行“滤镜>滤镜库”命令，在打开的对话框中选择“纹理>龟裂缝”选项后，设置“龟裂缝”滤镜的相关参数，如下图所示。

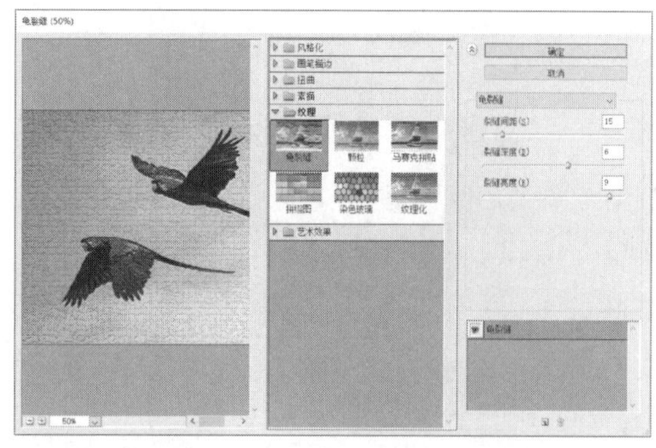

“龟裂缝”对话框

Step 03 设置完成后单击“确定”按钮，可以看到图像像绘制在一个高凸的石膏表面上，效果如下图所示。

查看应用“龟裂缝”滤镜的效果

11.9.2 “马赛克拼贴”滤镜

“马赛克拼贴”滤镜可以使图像产生类似马赛克拼成的效果。“马赛克拼贴”滤镜制作的是位置均匀分布但形状不规则的马赛克。

实战 为图像应用“马赛克拼贴”滤镜

Step 01 打开“福娃.jpg”图像文件，如下图所示。

原图像文件

Step 02 执行“滤镜>滤镜库”命令，在打开的对话框中选择“纹理>马赛克拼贴”选项后，设置“马赛克拼贴”滤镜的相关参数，如下图所示。

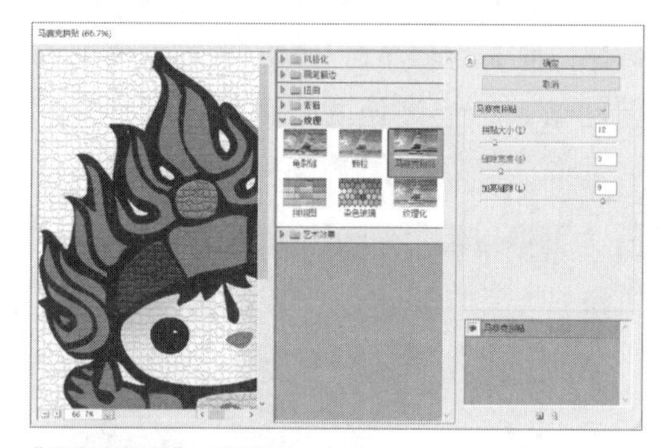

“马赛克拼贴”对话框

Step 03 设置完成后单击“确定”按钮，可以看到图像像是由小的马赛克拼贴构成，效果如下图所示。

查看应用“马赛克拼贴”滤镜的效果

11.9.3 “染色玻璃”滤镜

“染色玻璃”滤镜可以将图像分割成不规则的多边形色块，然后使用前景色勾画其轮廓，产生一种视觉上的彩色玻璃效果。

实战 为图像设置彩色玻璃效果

Step 01 打开“古楼.jpg”图像文件，如下图所示。

原图像文件

Step 02 执行“滤镜>滤镜库”命令，在打开的对话框中选择“纹理>染色玻璃”选项后，设置“染色玻璃”滤镜的相关参数，如下图所示。

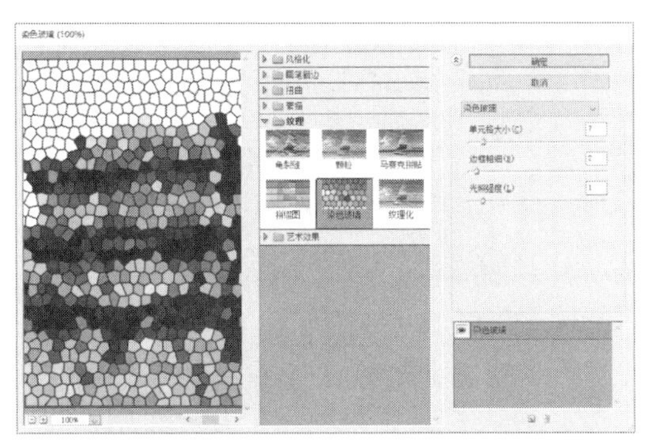

“染色玻璃”对话框

Step 03 设置完成后单击“确定”按钮，图像会产生一种视觉上的彩色玻璃效果，如下图所示。

查看应用“染色玻璃”滤镜的效果

11.10 “像素化”滤镜组

“像素化”滤镜组中的多数滤镜是通过将图像中相似颜色值像素转化成单元格的方法，使图像分块或平面化，从而将图像分解成肉眼可见的像素颗粒。“像素化”滤镜组提供了“彩块化”、“彩色半调”、“晶格化”和“马赛克”等滤镜。下面将对一些常见的“像素化”滤镜的应用进行介绍。

11.10.1 “彩块化”滤镜

“彩块化”滤镜可以使图像中的纯色或相似颜色凝结为彩色块，从而产生类似宝石刻画般的效果，该滤镜没有参数设置，画面效果不是很明显。

打开图像文件。

原图像文件

执行“滤镜>像素化>彩块化”命令后，查看效果。

查看应用“彩块化”滤镜的效果

11.10.2 “彩色半调”滤镜

“彩色半调”滤镜可以将图像中的每种颜色分离，将一幅连续色调的图像转换为半色调的图像，使图像看起来类似彩色报纸印刷效果或铜版化效果。

实战 为图像应用“彩色半调”滤镜

Step 01 打开“海报.jpg”图像文件，如下图所示。

原图像文件

Step 02 执行“滤镜>像素化>彩色半调”命令后，在打开的“色彩半调”对话框中设置相关参数，如下图所示。

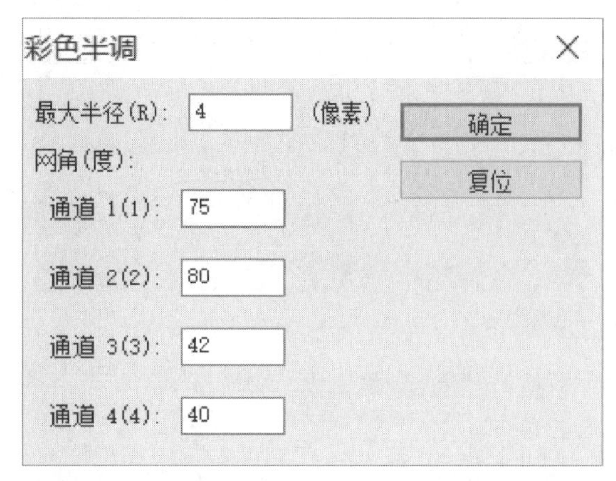

“彩色半调”对话框

Step 03 设置完成后单击“确定”按钮，此时图片如同报纸印刷效果，如下图所示。

查看应用“彩色半调”滤镜的效果

11.10.3 “晶格化”滤镜

“晶格化”滤镜可以将图像中颜色相近的像素集中到一个多边形网格中，从而把图像分割成许多个多边形的小色块，产生晶格化的效果。“晶格化”滤镜也被称为“水晶折射”滤镜。

打开素材图片，执行“滤镜>像素化>晶格化”命令，即可打开“晶格化”对话框，用户可根据需要设置单元格的大小，然后单击“确定”按钮，即可应用“晶格化”滤镜。

实战 为图像应用“晶格化”滤镜

Step 01 首先打开“小房子.jpg”图像文件，如下图所示。

原图像文件

Step 02 执行“滤镜>像素化>晶格化”命令后，在打开的“晶格化”对话框中设置晶格化的参数，如下图所示。

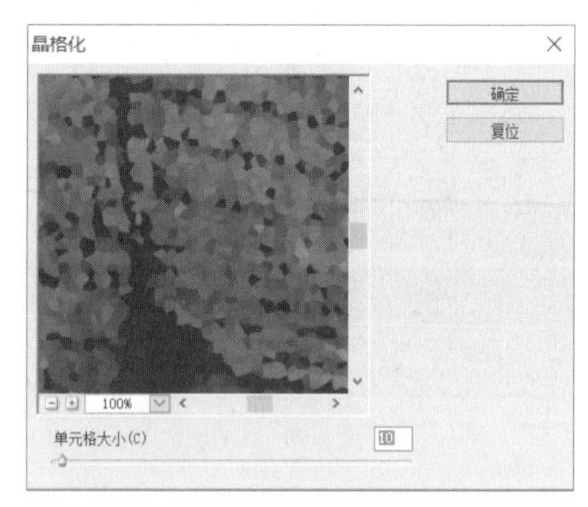

“晶格化”对话框

Step 03 设置完成后单击“确定”按钮，此时可以看到图像被分割成多个小色块，如下图所示。

查看应用“晶格化”滤镜的效果

11.10.4 “马赛克”滤镜

“马赛克”滤镜可将图像分解成许多规则的小方块，实现图像的网格化，每个网格中的像素均使用本网格内的平面颜色填充，从而产生类似马赛克般的效果。

实战 为图像应用“马赛克”滤镜

Step 01 打开“相片.jpg”图像文件，如下图所示。

原图像文件

Step 02 执行“滤镜>像素化>马赛克”命令后，在打开的“马赛克”对话框中设置相关参数，如下图所示。

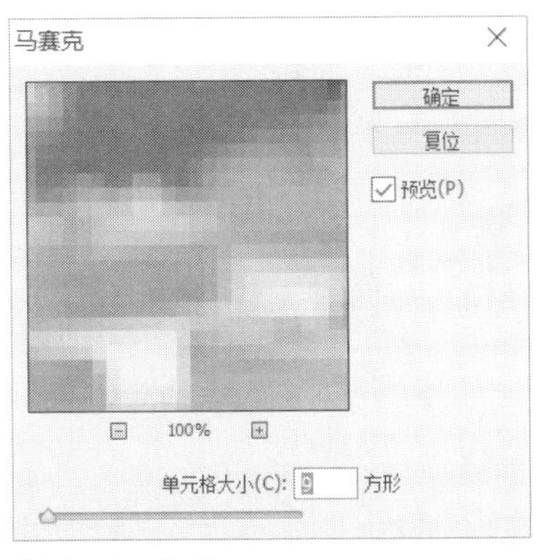

“马赛克”对话框

Step 03 设置完成后单击“确定”按钮，发现图像被分解成很多小方块，如下图所示。

查看应用“马赛克”滤镜的效果

11.11 “渲染”滤镜组

“渲染”滤镜组中的滤镜可以使图像产生不同程度的三维造型效果或光线照射效果，从而为图像添加特殊的光线，如云彩、镜头折光等。“渲染”滤镜组提供了“分层云彩”、“光照效果”、“镜头光晕”、“纤维”和“云彩”等滤镜。下面将对“渲染”滤镜组中一些常见滤镜的应用进行介绍。

11.11.1 “分层云彩”滤镜

“分层云彩”滤镜可以使用前景色和背景色对图像中的原有像素进行差异运算，产生图像与云彩背景混合并反白的效果。

打开图像文件。

原图像文件

执行“滤镜>渲染>分层云彩”命令后查看效果。

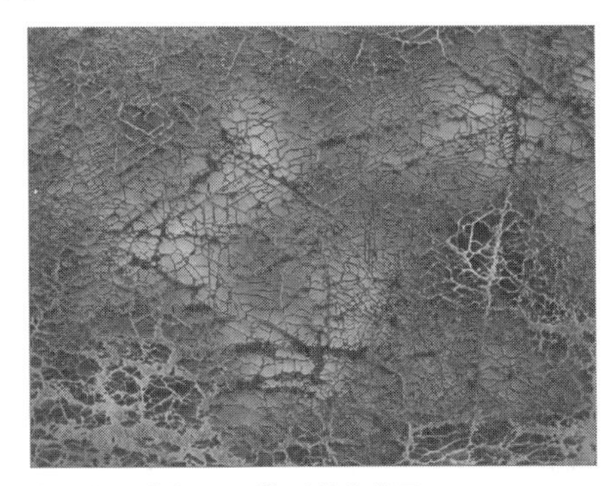

查看应用“分层云彩”滤镜的效果

11.11.2 “镜头光晕”滤镜

“镜头光晕”滤镜通过使用不同类型的镜头，为图像添加模拟镜头产生的眩光效果，是摄影技术中一种典型的光晕效果处理方法。

实战 为图像添加炫光效果

Step 01 打开“雪山.jpg”图像文件，如下图所示。

原图像文件

Step 02 执行“滤镜>渲染>镜头光晕”命令，在打开的“镜头光晕”对话框中设置镜头光晕的参数，如下图所示。

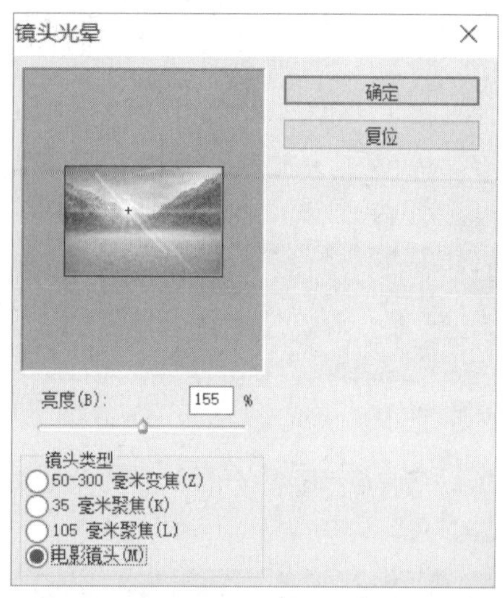

“镜头光晕”对话框

Step 03 设置完成后单击“确定”按钮，发现图像产生了眩光效果，如下图所示。

查看应用“镜头光晕”滤镜的效果

11.12 “艺术效果”滤镜组

“艺术效果”滤镜组就像一位融合各大家风格和技巧的大师，可以将图像变为绘画形式不拘一格的艺术作品。“艺术效果”滤镜组包括了“壁画”、“彩色铅笔”、“粗糙蜡笔”、“底纹效果”、“干画笔”、“海报边缘”、“海绵”、“绘画涂抹”、“胶片颗粒”、“木刻”和“调色刀”等滤镜。下面将对“艺术效果”滤镜组中一些常用滤镜进行介绍。

11.12.1 “粗糙蜡笔”滤镜

“粗糙蜡笔”滤镜可以使图像产生类似蜡笔在纹理背景上绘图的纹理浮雕效果。

实战 为图像设置类似蜡笔的浮雕效果

Step 01 打开“鱼类.jpg”图像文件，如下图所示。

原图像文件

Step 02 执行“滤镜>滤镜库”命令，在打开的对话框中选择“艺术效果>粗糙蜡笔”选项后，设置“粗糙蜡笔”滤镜的相关参数，如下图所示。

“粗糙蜡笔”对话框

Step 03 设置完成后单击“确定”按钮，可看到图像产生类似蜡笔的浮雕效果，如下图所示。

查看应用“粗糙蜡笔”滤镜的效果

11.12.2 “海报边缘”滤镜

“海报边缘”滤镜可按照设置的参数自动跟踪图像中颜色变化剧烈的区域，在边界上填入黑色阴影，大而宽的区域有简单的阴影，而细小的深色细节遍布图像，使图像产生海报效果。该滤镜可制作具有招贴画边缘效果的图像。

实战 制作具有海报效果的图像

Step 01 打开“亭子.jpg”图像文件，如下图所示。

原图像文件

Step 02 执行“滤镜>滤镜库”命令，在打开的对话框中选择“艺术效果>海报边缘”选项后，设置“海报边缘”滤镜的相关参数，如下图所示。

“海报边缘”对话框

Step 03 设置完成后单击“确定”按钮，可以看到图像具有海报效果，如下图所示。

查看应用“海报边缘”滤镜的效果

11.12.3 “木刻”滤镜

“木刻”滤镜可使图像产生好像由粗糙剪切的彩纸组成的效果，高对比度图像看起来像黑色剪影，而彩色图像看起来像由几层彩纸构成。

实战 为图像应用“木刻”滤镜

Step 01 打开“尘埃.jpg”图像文件，如下图所示。

原图像文件

Step 02 执行“滤镜>滤镜库”命令，在打开的对话框中选择“艺术效果>木刻”选项后，设置“木刻”滤镜的相关参数，如下图所示。

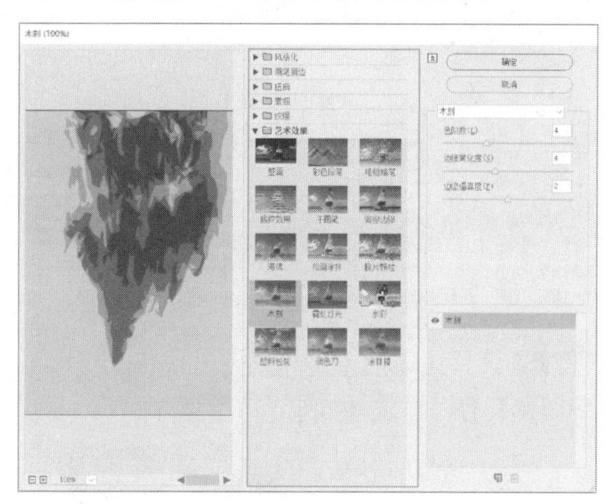

“木刻”对话框

Step 03 设置完成后单击“确定”按钮，可以看到图像像由几层彩纸构成，如下图所示。

查看应用“木刻”滤镜的效果

11.12.4 “调色刀”滤镜

“调色刀”滤镜可以使图像中相近的颜色相互融合，减少细节，从而产生写意效果。

实战 为图像设置写意效果

Step 01 打开“展柜.jpg”图像文件，效果如下图所示。

原图像文件

Step 02 执行“滤镜>滤镜库”命令，在打开的对话框中选择“艺术效果>调色刀”选项，设置“调色刀”滤镜的相关参数，如下图所示。

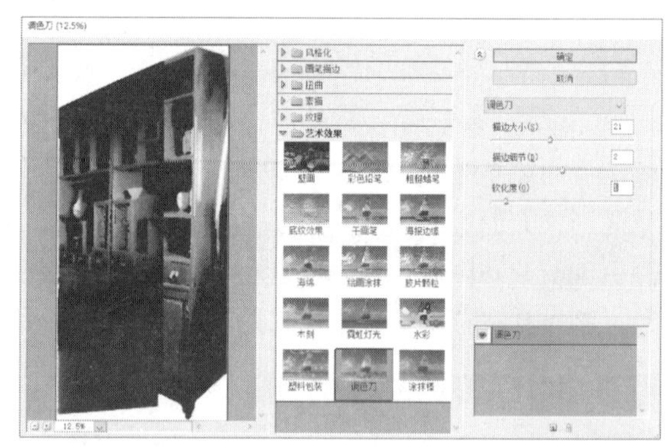

“调色刀”对话框

Step 03 设置完成后单击“确定”按钮，查看图像产生的写意效果，如下图所示。

查看应用“调色刀”滤镜的效果

11.13 "杂色"滤镜组

"杂色"滤镜组中的滤镜可以为图像添加一些随机产生的干扰颗粒，即噪点，同时还能为图像去斑。"杂色"滤镜组包括"蒙尘与划痕"、"添加杂色"和"中间值"等滤镜。下面分别对"杂色"滤镜组中常见滤镜的应用进行详细介绍。

11.13.1 "蒙尘与划痕"滤镜

"蒙尘与划痕"滤镜通过将图像中有缺陷的像素融入周围的像素，达到除尘和涂抹的效果，适用于处理扫描图像中的蒙尘和划痕。

实战 减少图像中的杂色

Step 01 打开"童话世界.jpg"图像文件，如下图所示。

原图像文件

Step 02 执行"滤镜>杂色>蒙尘与划痕"命令，在打开的"蒙尘与划痕"对话框中设置半径与阈值的参数，如下图所示。

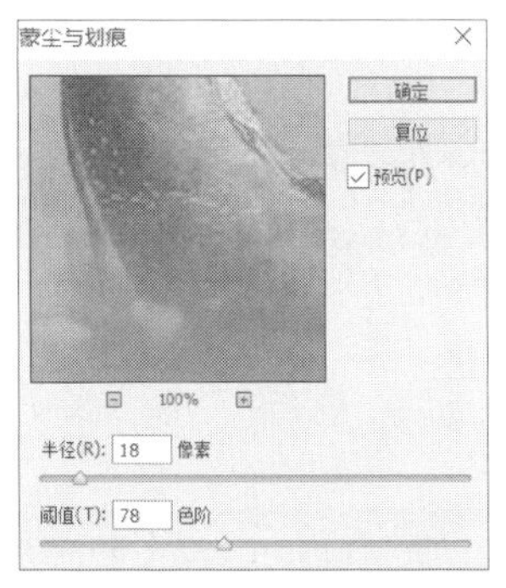

"蒙尘与划痕"对话框

Step 03 设置完成后单击"确定"按钮，可以看到图像的杂色明显减少了，如下图所示。

查看应用"蒙尘与划痕"滤镜的效果

11.13.2 "添加杂色"滤镜

"添加杂色"滤镜可以为图像添加一些细小的像素颗粒，使其混合到图像中同时产生色散效果，常用于添加杂点纹理效果。

实战 为图像添加杂点纹理效果

Step 01 打开"雨水.jpg"图像文件，如下图所示。

原图像文件

Step 02 新建"图层1"图层，填充颜色为#c0c5a7，执行"滤镜>杂色>添加杂色"命令，在打开的对话框中设置相关参数，如下图所示。

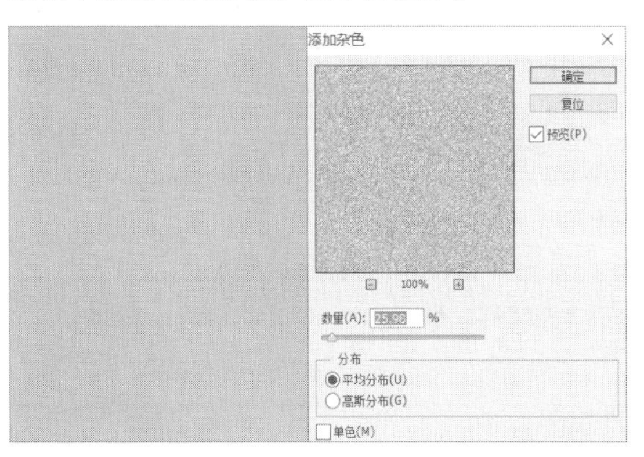

"添加杂色"参数设置

Step 03 继续执行“滤镜>模糊>动感模糊”命令，参数设置如下图所示。

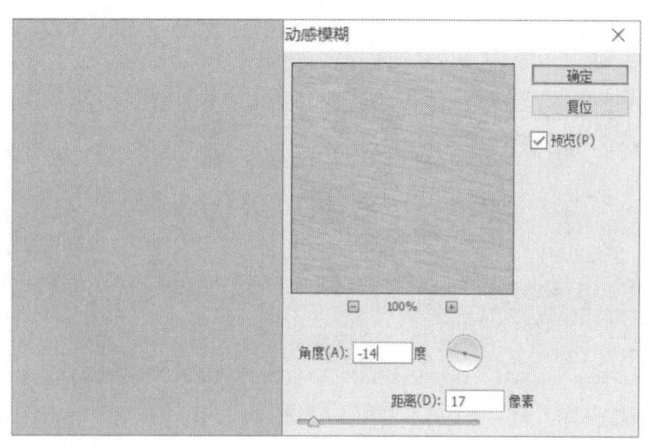

“动感模糊”参数设置

Step 04 设置“图层1”图层的混合模式为“滤色”、“不透明度”为36%，如下图所示。

设置图层的混合模式和不透明度

Step 05 设置完成后，查看图像添加杂点纹理的效果，如下图所示。

查看应用“添加杂点”滤镜的效果

11.13.3 “中间值”滤镜

“中间值”滤镜可采用杂点和其周围像素的折中颜色来平滑图像中的区域，也是一种用于去除杂点的滤镜，可减少图像中杂色的干扰。

打开图像文件后，执行“滤镜>杂色>中间值”命令，在打开的“中间值”对话框中设置中间值的参数。

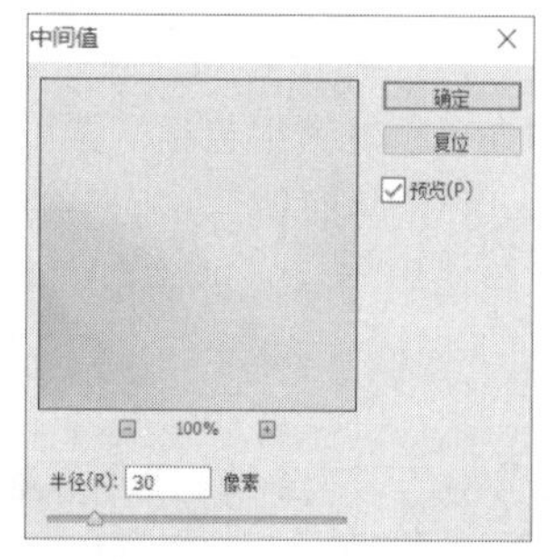

“中间值”对话框

设置完成后，查看对比效果，如下图所示。

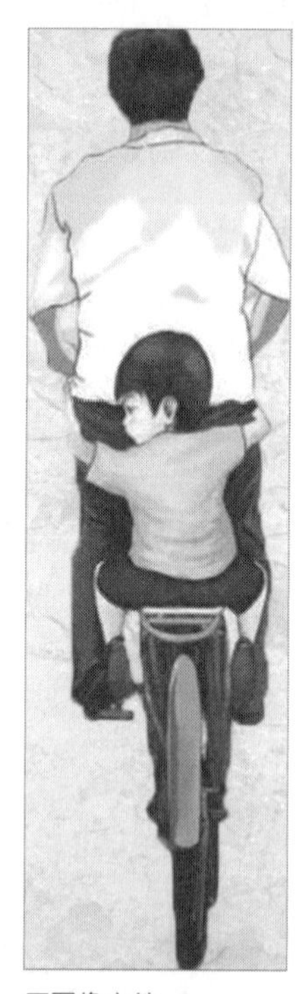

原图像文件

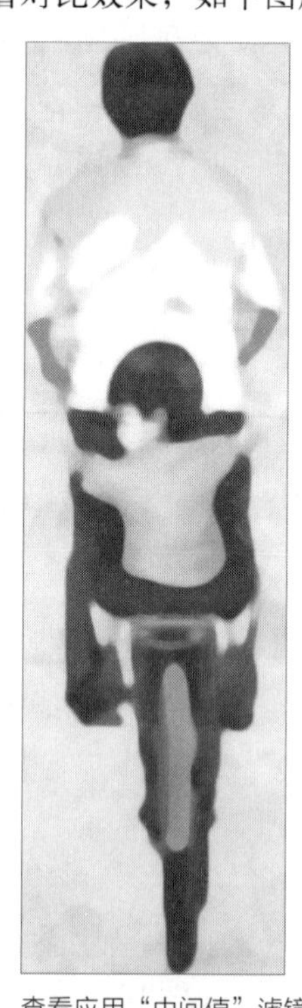

查看应用“中间值”滤镜的效果

11.14 “其他”滤镜组

“其他”滤镜组中的滤镜包括“高反差保留”、“位移”、“自动”、“最大值”和“最小值”等。

11.14.1 “高反差保留”滤镜

“高反差保留”滤镜可以在有强烈颜色转变发生的地方按指定的半径保留边缘细节，并且不显示图像的其余部分。

实战 为图像应用“高反差保留”滤镜

Step 01 打开“天鹤.jpg”图像文件，如下图所示。

原图像文件

Step 02 执行“滤镜>其他>高反差保留”命令后，设置高反差保留参数，如下图所示。

“高反差保留”对话框

Step 03 参数设置完成后，单击“确定”按钮，可以看到图片变成了黑白区域，如下图所示。

查看应用“高反差保留”滤镜的效果

11.14.2 “最小值”滤镜

“最小值”滤镜可以向外扩展图像中的黑色区域并收缩白色区域。

实战 为图形应用“最小值”滤镜

Step 01 打开“天空.jpg”图像文件，如下图所示。

原图像文件

Step 02 执行“滤镜>其他>最小值”命令，在打开的“最小值”对话框中设置“半径”值，如下图所示。

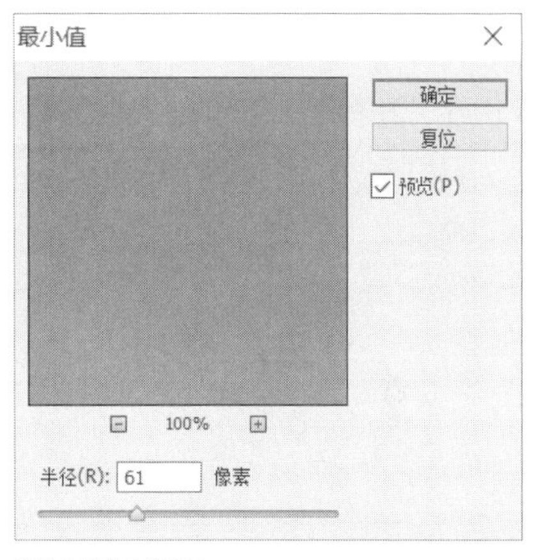

“最小值”对话框

Step 03 设置完成后单击“确定”按钮，可以看到图片中白色区域明显减少，如下图所示。

查看应用“最小值”滤镜的效果

制作水中倒影效果

本章详细介绍了Photoshop中滤镜的基础知识和应用，相信读者已经学会使用滤镜制作各种美妙奇幻效果的方法。下面将以为建筑物制作水中倒影的操作，进一步巩固滤镜方面的知识，下面介绍具体的操作方法。

Step 01 打开“城市.jpg”素材文件，保存文件名为“水中倒影效果.psd”，如下图所示。

打开城市素材

Step 02 执行“图像>画布大小”命令，打开“画布大小”对话框，设置相关参数，如下图所示。

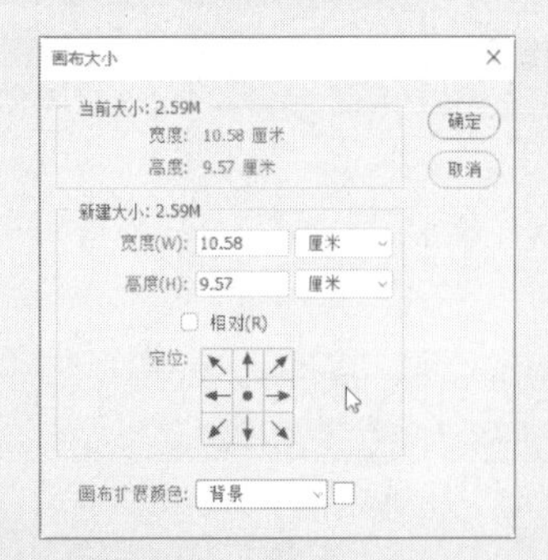

设置画布大小

Step 03 单击“确定”按钮后，查看设置的画布效果，如下图所示。

查看画布效果

Step 04 复制城市素材图层，命名为“倒影”图层。执行“编辑>变换>垂直翻转”命令后，将其移动到下图所示位置。

复制素材并翻转

Step 05 复制“倒影”图层，命名为“倒影1”图层，如下图所示。

复制图层

Step 06 对“倒影1”图层执行“滤镜>扭曲>波纹”命令，在打开的对话框进行相关参数设置，如下图所示。

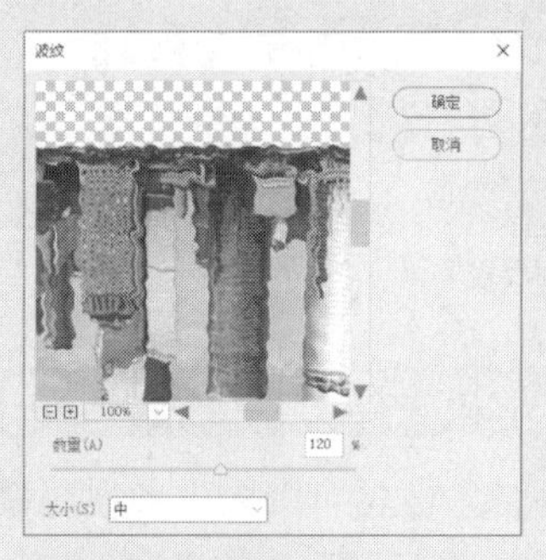

设置波纹滤镜参数

Step 07 然后执行“滤镜>模糊>动感模糊”命令，在打开的“动感模糊”对话框中进行相关参数设置，如下图所示。

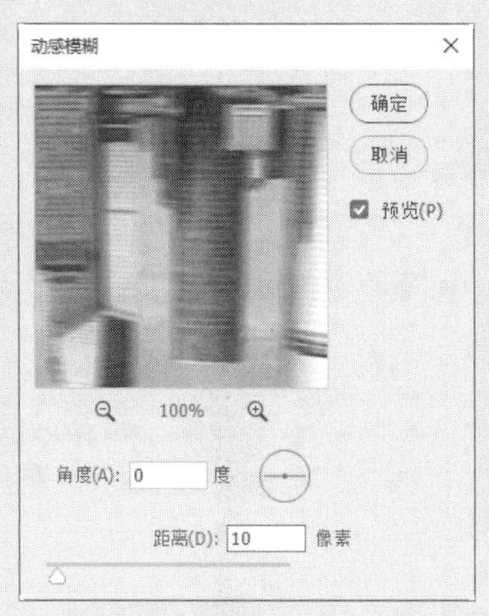

添加动感模糊滤镜效果

Step 08 单击“确定”按钮后查看设置效果，如下图所示。

查看效果

Step 09 新建“水纹”图层，选择钢笔工具，绘制下图所示的选区，并填充白色。

创建选区

Step 10 对白色选区图层执行“滤镜>杂色>添加杂色”命令，参数设置如下图所示。

“添加杂色”滤镜参数设置

Step 11 单击“确定”按钮后，执行“滤镜>模糊>动感模糊”命令，参数设置如下图所示。

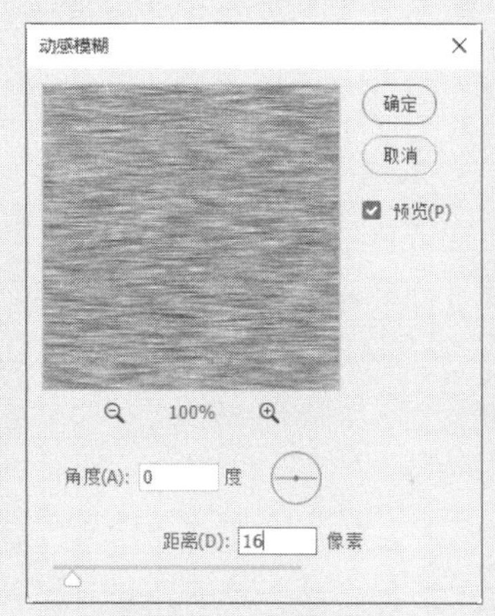

添加“动感模糊”滤镜

Step 12 单击“确定”按钮后，查看效果，如下图所示。

查看制作的水纹效果

Step 13 然后执行“编辑>变换>透视”命令，效果如下图所示。

对选区进行透视

Step 14 执行透视操作后按Enter键，然后执行“滤镜>模糊>动感模糊”命令，使水纹效果更柔和，参数设置如下图所示。

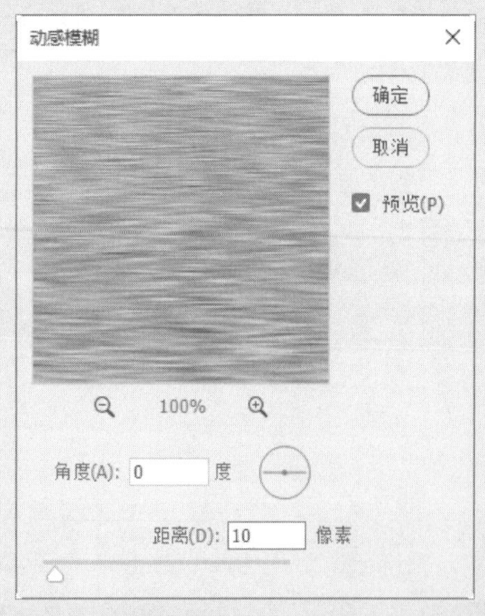

添加“动感模糊”滤镜

Step 15 设置“水纹”图层的混合模式为“柔光”、不透明度为70%，效果如下图所示。

设置图层混合模式

Step 16 复制“水纹”图层，设置图层混合模式为“正片叠底”、“不透明度”为50%，效果如下图所示。

复制图层并设置混合模式

Step 17 新建背景图层，填充颜色为#5394d1。接着对“倒影”图层添加图层蒙版，然后选择渐变工具，由下往上拉出渐变效果，如下图所示。

创建图层蒙版

Step 18 按照同样的操作方法，对“倒影1”图层添加图层蒙版，选择渐变工具，由下往上拉出渐变效果，最终效果如下图所示。

查看最终效果

Chapter 12 任务自动化与视频动画

动作和自动化命令是Photoshop用于减少重复操作、提高工作效率和操作精准度的重要功能，如“批处理”、“合成全景图”、“合并到HDRPro”命令等。另外，Photoshop还可以编辑视频的各个帧、图像序列文件、编辑视频和动画，并将编辑后的视频图层存储为PSD格式文件，使其能在Premiere Pro和After Effects等应用程序中进行播放。本章将讲解动作的创建、编辑和应用操作，同时还介绍最常用的自动化命令以及动画的制作。

12.1 动作的基础知识

动作是Photoshop中的一大特色功能，它是指在单个文件或一批文件上播放一系列的任务集合。它将执行过的操作、命令及参数记录下来，当需要再次执行相同操作或命令时可以快速调用，从而实现高效设计。

12.1.1 “动作”面板

运用动作对图像进行自动作用，是高效编辑图像的方法。使用“动作”功能，我们首先应对“动作”面板有一个全面的掌握。

“动作”面板可进行动作的创建、载入、录制和播放等操作。执行“窗口>动作”命令即可显示“动作”面板。

“动作”面板

- **“默认动作”组：**“动作”面板默认情况下仅“默认动作”组一个预设组。动作组呈现各“动作”过程的样子类似图层组对图层的呈现，是将各个动作记录下来并进行归类，以便自动播放时，步骤清晰便于用户调整、使用。
- **单个动作：**单击动作组前面的三角形图标▸即可展开该动作（组），在其中可看到该组中包含的具体操作。这其中每一个单个操作命令组成了单个动作组，我们通常称其为“某个”动作（组）。如在“默认动作”组中展开“投影（文字）”动作。

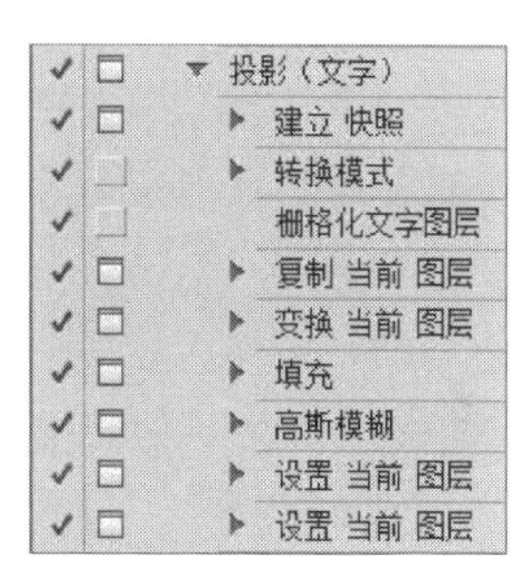

展开“投影（文字）”动作

- **操作命令：**单击“动作”前面的三角形图标▸即可展开该“动作”，在其中可以看到动作中所包含的具体的操作命令。这些具体的操作命令是录制动作时，系统根据用户的操作所作出的记录。一个动作可以没有操作记录，也可以有多个操作记录。
- **按钮组■ ● ▶：**从左至右依次为“停止播放/记录”、“开始记录”和“播放选定的动作”。这些按钮用于对动作进行相应的控制。
- **创建新组：**单击该按钮即可创建一个新的动作组，弹出“新建组”对话框，在其中即可设置新创建动作组的名称。
- **创建新动作：**单击该按钮即可弹出“新建动作”对话框，在对话框的“名称”文本框中输入新名称即可。

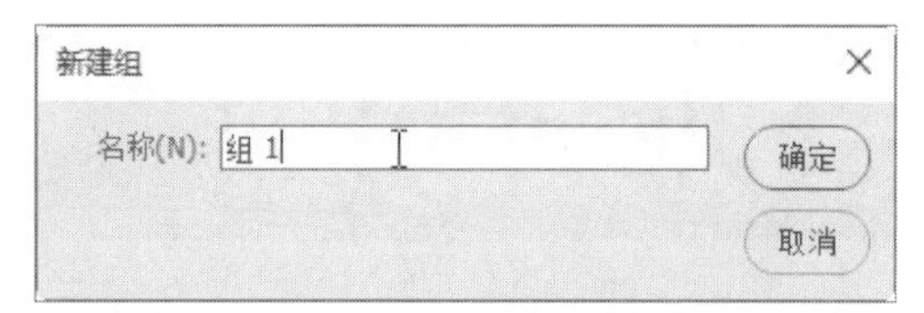

“新建组”对话框

- **删除**：单击该按钮会弹出提示对话框，单击“确定”按钮即可将选择的动作或动作组删除。

提示对话框

12.1.2 应用预设动作

将“动作”面板中已经录制好的默认动作应用于图像文件或相应的图层上，叫作应用预设动作。

其操作方法为在“图层”面板中选择需要应用预设动作的图层，在“动作”面板中选择已经预设好的“动作”，单击“播放选定的动作”按钮，即可运行该动作。

应用“木质画框”预设动作

实战 应用动作预设快速编辑图像

Step 01 打开“水中影.jpg”图像文件，执行“窗口>动作”命令，打开“动作”面板，如下图所示。

打开原图像及“动作”面板

Step 02 在“动作”面板中的“默认动作”组中选择“渐变映射”动作，并单击“播放选定的动作”按钮，如下图所示。

选择“渐变映射”预设动作

Step 03 Photoshop自动执行相应命令和操作，过程快捷迅速，可见适当应用预设动作，对工作效率的提高有显著效果，如下图所示。

应用“渐变映射”后的效果

12.1.3 创建动作

除了Photoshop软件自带的“默认动作”组中的动作，我们在实际编辑图像的时候，还可以将常用的操作，或一些原创性的操作和命令创建为新的动作，以便下次使用时能快速调用，达到提高工作效率的目的。

创建动作需要使用到“开始记录”按钮和“停止播放/记录”按钮。

单击“动作”面板底部的“创建新组”按钮，弹出“新建组”对话框，输入新组名称。

“新建组”对话框

单击“确定”按钮，即可建立一个新组。

新建组

单击“动作”面板底部的“创建新动作”按钮，或单击“动作”面板右上角的扩展按钮，在快捷菜单中执行“新建动作”命令。

在弹出的“新建动作”对话框中设置动作的相关参数。

“新建动作”对话框

- **组：** 在此下拉列表中列出了当前“动作”面板中所有动作组的名称，在此可以选择一个将要放置新动作的组名称。
- **功能键：** 为了更快捷地播放动作，可以在该下拉列表中选择一个功能键，从而在播放新动作时，直接按功能键即可。

设置“新建动作”对话框中的参数后。单击“记录”按钮，即可创建一个新动作，同时“开始记录”按钮自动被激活，显示为红色，表示进入动作的录制阶段。

“记录”按钮被激活

接下来，用户就可以执行需要录制在动作中的命令。也就是正常编辑图像，系统会记录用户此时编辑图像的操作过程。

当所有操作完毕后，或录制过程中需要终止录制时，单击“停止播放/记录”按钮，即可停止动作的记录状态。

在此情况下，停止录制动作前在当前图像文件中的操作都被记录在新动作中。

实战 创建“动作”为图像增加版权标志

Step 01 打开“湿地.jpg”图像文件，效果如下图所示。

打开原图像

Step 02 使用横排文字工具输入“禁止转载”文字。按住Ctrl键的同时单击文字图层，将文字转换成选区，如下图所示。

将文字转换为选区

Step 03 使用矩形选框工具右击文字，选择“建立工作路径”命令，在打开的对话框中设置容差为1像素，如下图所示。

将选区转换为路径并保持路径为显示状态

Step 04 执行“窗口>动作”命令以打开“动作”面板。单击“动作”面板底部的“创建新组”按钮，在弹出的对话框中输入名称为“添加版权标志”，单击“确定”按钮即可在“动作”面板中新建一个组，如下图所示。

新建“添加版权标志”组

Step 05 单击“动作”面板底部的“创建新动作”按钮，在弹出的“新建动作”对话框中输入新动作名称“添加版权标志”，如下图所示。

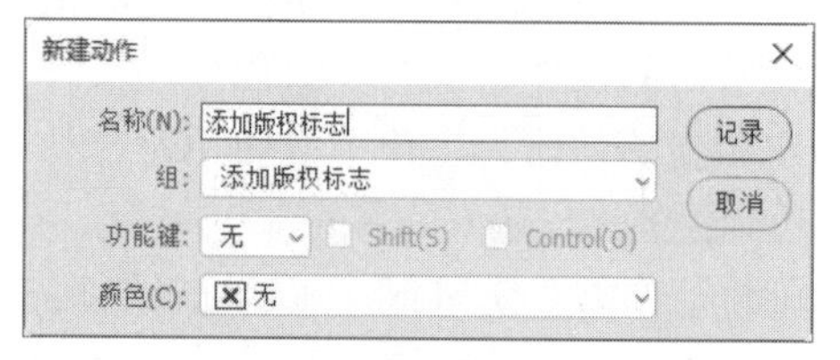

新建动作并命名为“添加版权标志”

Step 06 单击“开始记录”按钮开始录制动作，此时“开始记录”按钮已经变为红色，如下图所示。

单击“开始记录”按钮

Step 07 执行“图像>图像大小”命令，在弹出的对话框中取消勾选“重定图像像素”复选框，然后设置“分辨率”数值为72像素/英寸，如下图所示。

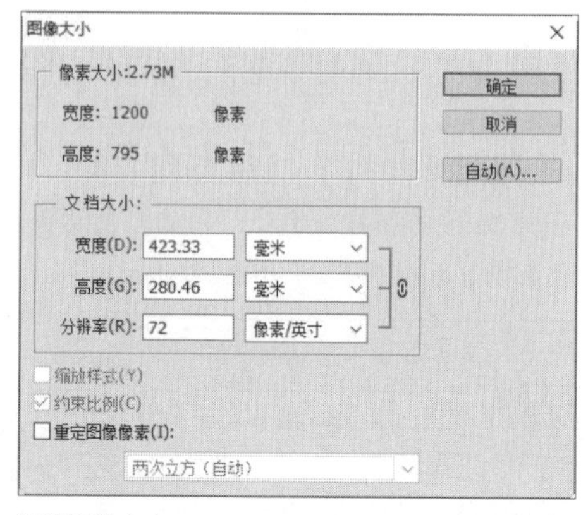

调整图像大小

Step 08 单击“确定”按钮退出对话框，此时“动作”面板将会记录刚刚进行的“图像大小”操作，如下图所示。

记录操作

> **提示：**
>
> 这里需要注意的是在“图像大小”对话框中需要为其指定统一的分辨率，否则当播放动作时，如果处理的图像分辨率大于（或小于）当前录制动作的图像分辨率，就会出现路径变大（或变小）的情况。如果当前使用的图像分辨率为72像素/英寸，则可先停止记录动作，将其改为其他数值后再继续录制动作。

Step 09 在当前显示的版权标志路径的情况下，单击“动作”面板右上角的下三角按钮，在弹出的菜单中执行“插入路径”命令，此时的“动作”面板变为下图所示的状态。

插入路径

Step 10 新建一个图层得到“图层1”，按下Ctrl+Enter组合键将当前路径转换为选区，按D键将“前景色”和“背景色”恢复为默认的黑、白色，按下Ctrl+Delce组合键填充选区，按Ctrl+D组合键取消选区，效果如下图所示。

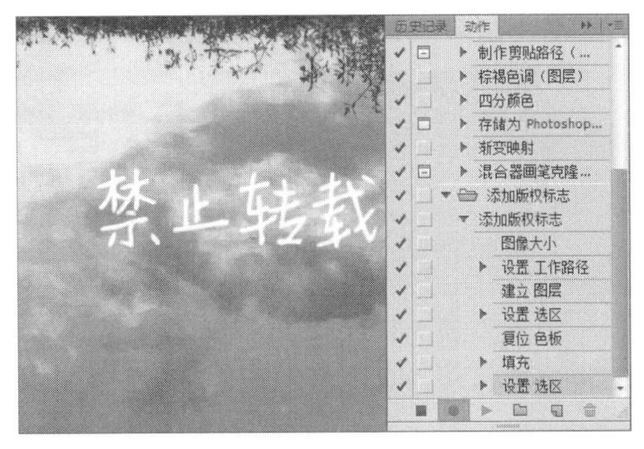

记录制作版权标志的操作动作

> **提示：**
>
> 为了使版权标志绝对位于图像的中心位置，需要使用对齐功能。由于Photoshop中无法记录该操作，所以只能通过执行“插入菜单项目”命令来完成。

Step 11 选择“图层1”和“背景”图层，单击“动作”面板右上角的扩展下三角按钮，在弹出的菜单中执行“插入菜单项目”命令，弹出“插入菜单项目”对话框，如下图所示。

“插入菜单项目”对话框

Step 12 保持“插入菜单项目”对话框不变，直接执行“图层>分布>垂直居中”命令，则“插入菜单项目”对话框将变为下图所示的状态，单击“确定”按钮退出对话框。

执行“垂直居中”命令

Step 13 按照上述方法再次执行“图层>分布>水平居中”命令，如下图所示。

执行“水平居中”命令

Step 14 “动作”面板显示对齐操作，如下图所示。

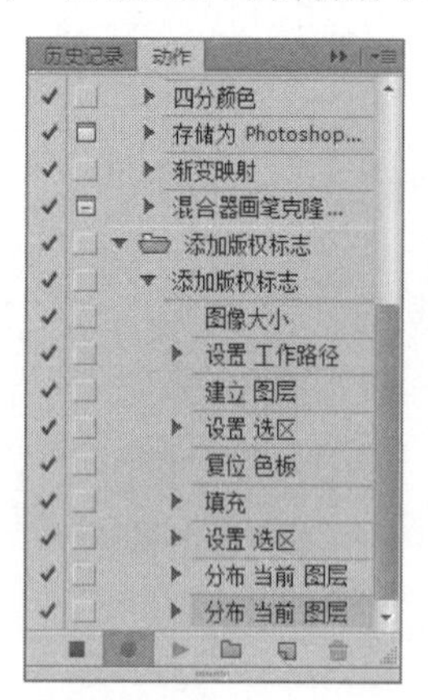

记录菜单项目

Step 15 选择“图层1”图层，并设置该图层的不透明度为30%，同时隐藏“禁止转载”文字图层，效果如下图所示。

设置图层

Step 16 按下Ctrl+Shift+E组合键执行合并可见图层操作，然后按Ctrl+W组合键或执行“文件>关闭”命令关闭并保存对当前图像的修改。单击“动作”面板底部的“停止播放/记录”按钮完成动作的录制，如下图所示。

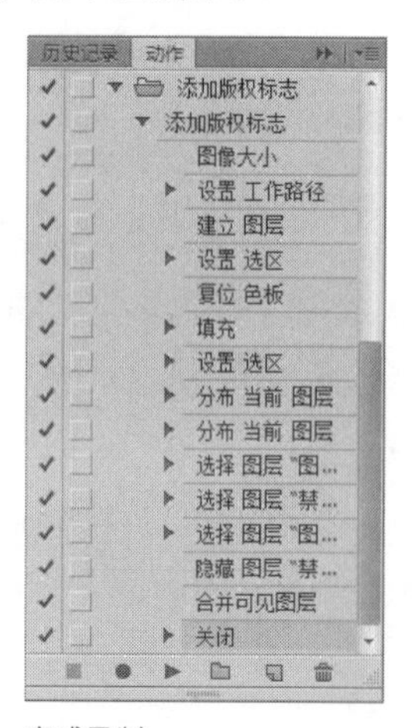

完成录制

12.1.4 创建动作组

除了默认动作组外，Photoshop 自带了多个动作组，每个动作组中包含了许多同类型的动作。在Photoshop的“动作”面板中单击扩展按钮，在弹出的扩展菜单中选择相应的动作选项，即可将其载入到“动作”面板中。

可添加的动作组包括“命令”、“画框”、“图像效果”“LAB-黑白技术”、“制作”、“流星”、“文字效果纹理”和“视频动作”。

在每个组中又包含具体的操作命令动作，当这些组被添加到“动作”面板中后，用户可以根据需要对组中具体的动作进行调整，方法为双击组中具体的动作，则会弹出此动作的对话框，进行更改即可。

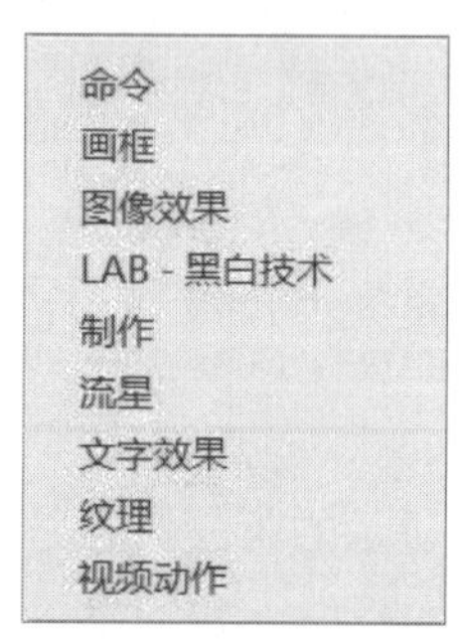

可载入的动作组

实战 添加并应用动作调整图像

Step 01 打开“苹果.jpg”图像文件，然后执行“窗口>动作”命令，打开“动作”面板，如下图所示。

打开原图像及“动作”面板

Step 02 单击“动作”面板中的扩展按钮，在弹出的扩展菜单中选择“图像效果”选项，可见该动作组和其中的所有具体动作全部显示在“动作”面板中，如下图所示。

添加动作组

Step 03 选择新创建的“图像效果”组中的“仿旧照片”动作，如下图所示。

选择“仿旧照片”动作

Step 04 单击“播放选定的动作”按钮▶，此时，Photoshop自动执行相应操作，图像的最终效果如下图所示。

查看最终效果

12.1.5 存储动作

存储动作就是将新建或调整后的动作进行保存，便于下次进行操作时快速调用。与下一节的载入动作刚好相反，载入动作是对存储为动作格式的文件进行调用的工具。

实战 将动作进行存储

Step 01 打开“果汁.jpg”图像文件，执行“窗口>动作”命令打开“动作”面板，如下图所示。

打开原图和“动作”面板

Step 02 在“动作”面板中单击“创建新组”按钮，在弹出的对话框中设置动作组的名称“加深暖色调”，如下图所示。

“新建组”对话框

Step 03 完成后单击“确定”按钮，完成新建组操作，如下图所示。

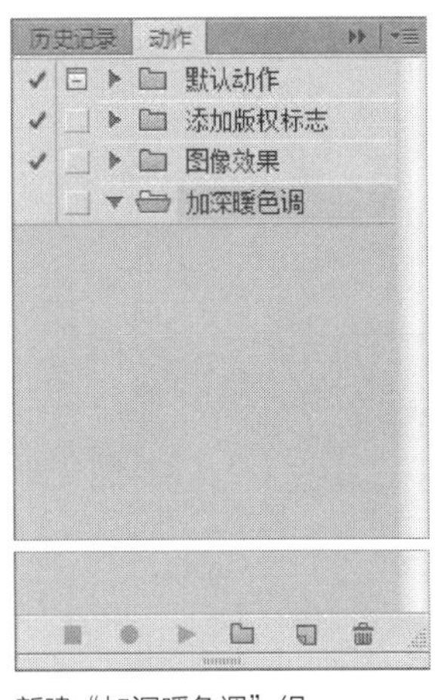

新建“加深暖色调”组

Step 04 单击“动作”面板下的“创建新动作”按钮，在弹出的对话框中输入动作名称为“加深食物暖色调”，并单击“确定”进入录制状态，如下图所示。

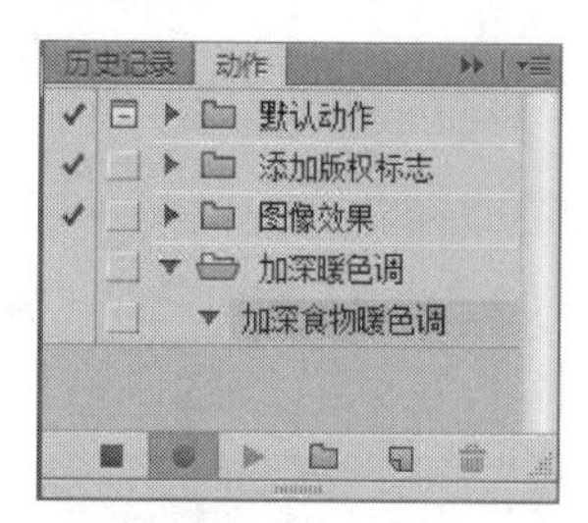

新建动作并开始录制

Step 05 按下Ctrl+U组合键，在弹出“色相/饱和度”对话框中设置合适参数后，单击“确定”按钮。此时，在“动作”面板中可以看到“加深食物暖色调”动作下的操作命令已经被记录下，如下图所示。

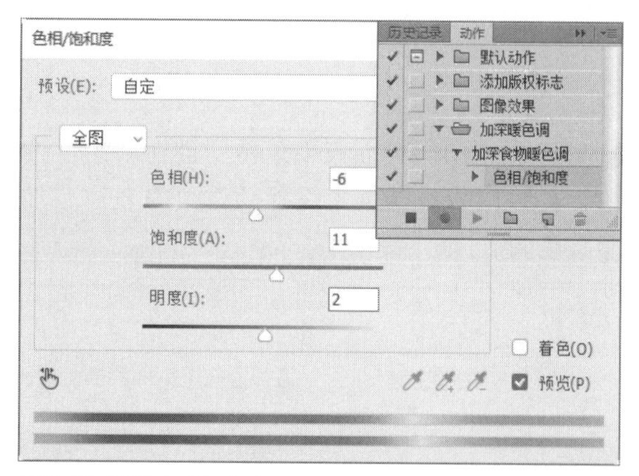

设置“色相/饱和度”参数

Step 06 此时图像效果如下图所示。下面我们将记录的“动作”储存起来。

调整“色相/饱和度”后的图像

Step 07 单击“动作”面板中的“停止播放/记录”按钮，退出动作的记录状态，如下图所示。

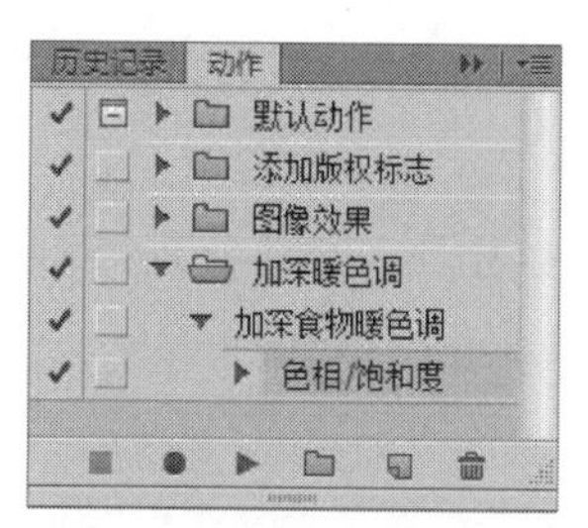

停止记录

Step 08 选择“加深暖色调”动作组，单击面板的扩展按钮，在弹出的菜单中选择“存储动作”命令，如下图所示。

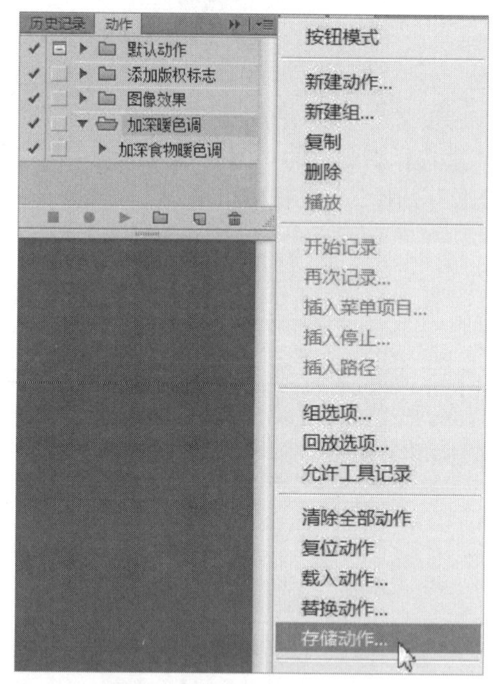

选择“存储动作”命令

Step 09 在弹出的对话框中单击“保存”按钮，此时“加深暖色调”动作组便被储存为ATN格式文件，如下图所示。

存储动作

12.1.6 载入动作

载入动作是指将已经存储或是下载的ATN格式的动作文件载入到"动作"面板中，以便对其进行应用。

下面我们通过实际操作来了解其使用方法。

在"动作"面板中单击扩展按钮，在弹出的菜单中选择"载入动作"命令。

选择"载入动作"命令

在弹出的"载入"对话框中选择想要载入的ATN格式的动作文件，单击"载入"按钮，即可将其载入到"动作"面板中。

载入ATN格式的动作文件

12.1.7 设置动作播放方式

通过设置"回放选项"命令，可以设置Photoshop中动作的回放效果以及是否为语音注释而暂停。

将动作以设定的速度播放，能够使用户更细致地查看每个操作命令执行的动作，从而帮助用户对播放的动作过程、效果进行核查、改动。

下面我们通过实际操作来介绍使用方法。

在"动作"面板中单击扩展按钮，在弹出的菜单中选择"回放选项"命令。弹出"回放选项"对话框。

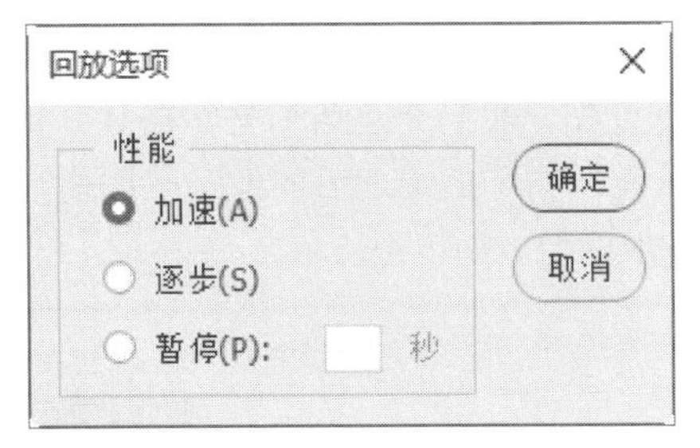

"回放选项"对话框

选择相应的单选按钮，设置播放方式后单击"确定"按钮即可。

再次执行播放动作时，则按设置的方式进行播放。

- **加速**：默认情况下选中该单选按钮。表示以没有间断的性能效果播放应用此选项的动作。
- **逐步**：选择该单选按钮，表示逐个完成每个命令并重绘图像后，再执行动作中的下一个命令或操作。
- **暂停**：选择该单选按钮可激活数值框，根据需要输入数值，系统会根据具体的数值执行动作中每个命令之间的暂停时间。

12.2 应用自动化命令

在Photoshop中，除了应用预设的动作提高编辑处理图像的效率外，自动化命令系列也能帮助用户快速地、成批量地编辑、处理图像。

自动化命令包括"批量处"、"创建快捷批处理"、"裁剪并修齐照片"、"合并到HDR Pro"等命令。下面对自动化命令进行详细介绍。

12.2.1 "批处理"命令

"批处理"命令能够成批量地对图像进行快速整合处理。"批处理"命令结合"动作"面板中已预设的动作命令，自动执行"动作"的步骤，为用户提供个性化且准确的帮助，很大程度上节省了工作时间，提高了工作效率。

简单地理解，"批处理"命令是将多步操作组合在一起作为一个批处理命令，将其快速应用于多张图像的同时对多张图像进行编辑处理操作。

实战 使用批处理调整多张图像的色调

Step 01 首先，我们新建两个文件夹并分别命名为“图像”和“批处理后图像”。“图像”文件夹中的原图像，如下图所示。

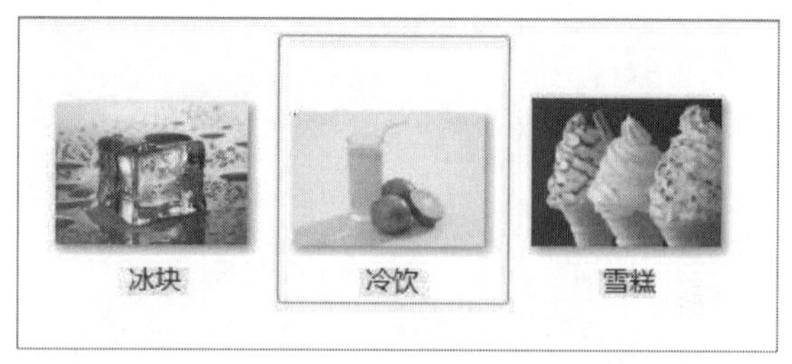

“图像”文件夹

> **提示：**
>
> “图像”文件夹用于放置需要批处理的图像文件，“批处理后图像”文件夹用于放置批处理后的图像文件。

Step 02 执行“文件>自动>批处理”命令,弹出“批处理”对话框，如下图所示。

“批处理”对话框

Step 03 首先，设置“播放”选项区域下的“组”和“动作”参数，如下图所示。

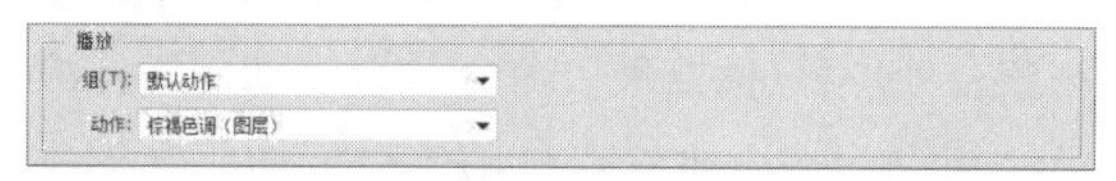

设置“播放”选项区域参数

Step 04 在“源”下拉列表中选择“文件夹”选项，然后单击“选择”按钮，在打开的对话框中找到存放原图像的“图像”文件夹，其他选项保持默认，如下图所示。

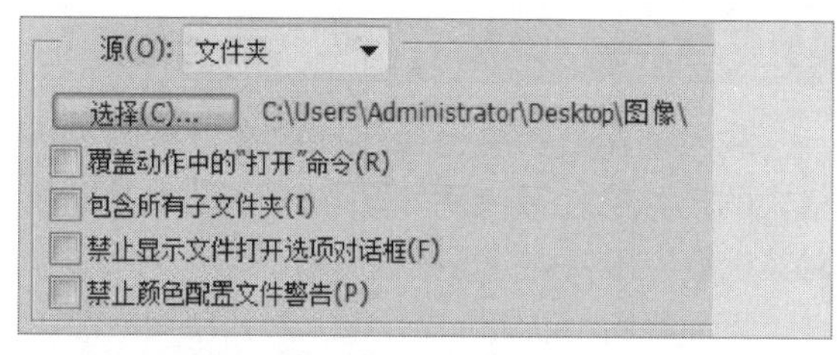

设置“源”选项区域的参数

Step 05 接着要设置“目标”相关参数。“目标”是我们存放使用“批处理”命令处理过的图像的位置。单击“目标”的下拉按钮，在其下拉列表中选择“文件夹”选项，可以看到此时的“文件命名”被激活，如下图所示。

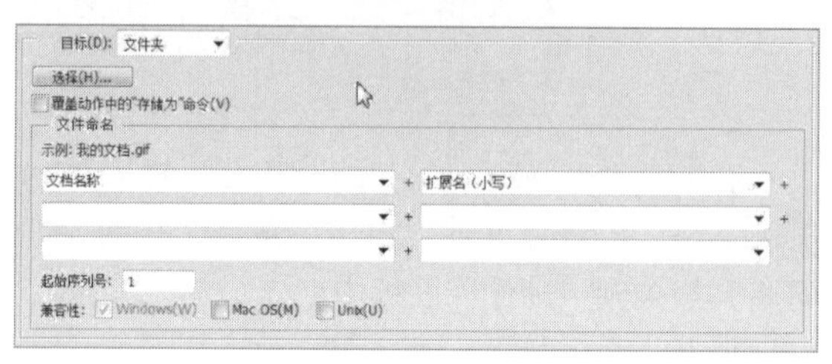

选择“文件夹”选项

Step 06 单击“目标”下的“选择”按钮，在打开的对话框中找到用于存放批处理后的图像文件的文件夹“批处理后图像”，其他值保持默认不变，如下图所示。

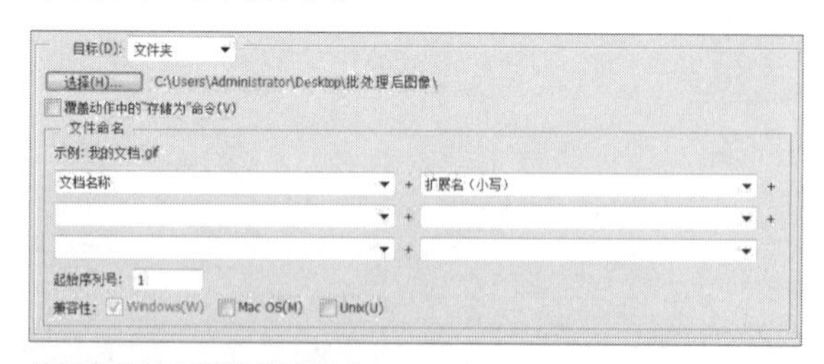

选择存放处理图像的文件夹

Step 07 最后单击“错误”下拉按钮，在下拉列表中选择“将错误记录到文件”选项，单击“存储为”按钮，如下图所示。

选择“将错误记录到文件”选项

Step 08 在弹出的对话框中找到“批处理后图像”文件夹并将文件命名为“错误”，这样在命令出错时可以查看详细报告，如下图所示。默认情况下，错误信息会被自动汇报成TXT格式的文本文档。

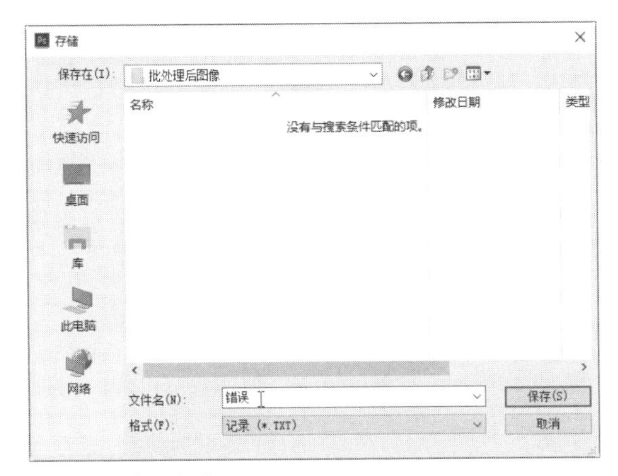

设置“错误”栏参数

Step 09 此时软件正在对图像进行处理，会相继弹出存储和询问对话框，分别单击“保存”按钮和“确定”按钮，如下图所示。

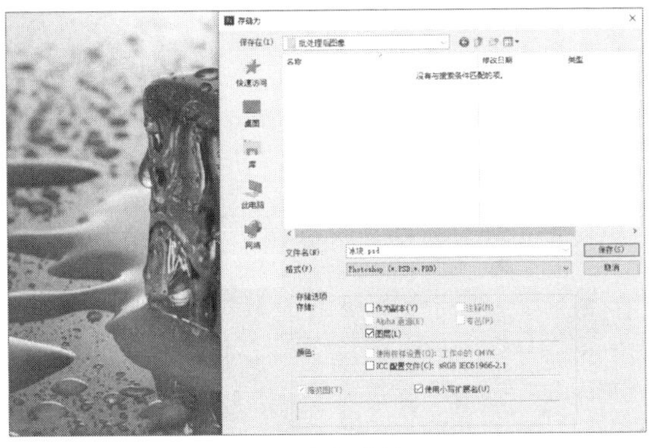

执行“批处理”命令会弹出询问框确认

Step 10 “批处理”命令执行完毕后，打开“批处理后图像”文件夹查看，可以看到处理后的图像效果，文件全部以PSD格式保存，并且“错误”文本反馈也同样储存在此文件夹中，如下图所示。

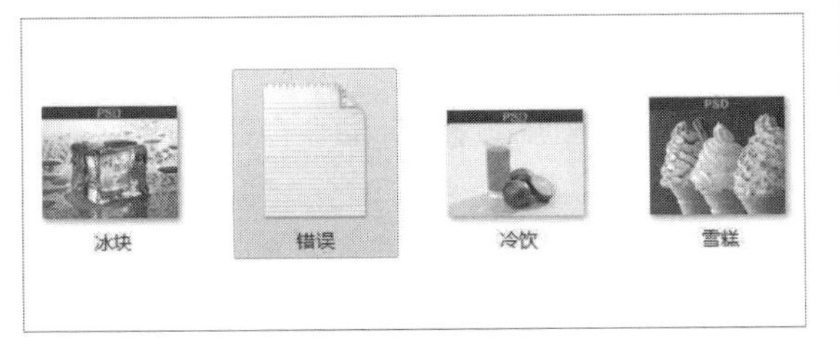

查看“批处理后图像”的文件夹

12.2.2 “创建快捷批处理”命令

使用“创建快捷批处理”命令可将动作先存储为单独的一个程序，并形成一个“快捷批处理”的快捷标志。当需要应用此“快捷批处理”命令时，只需将图像拖进其快捷标志中，Photoshop会自动启动并执行预设好的动作。

和“批处理”命令类似，其应用非常广泛，可同时对多个图像进行操作，如添加画框、添加水印等。

实战 使用“创建快捷批处理”命令处理图片

Step 01 执行“文件>自动>创建快捷批处理”命令，弹出“创建快捷批处理”对话框。单击“将快捷批处理存储为”选项区域中的“选择”按钮，在弹出的对话框中指定快捷批处理快捷图标的存储位置并命名为“创建快捷批处理”，如下图所示。

指定快捷批处理的存储位置

Step 02 在“播放”选项区域中“组”的下拉列表中选择“图像效果”选项，在“动作”下拉列表中选择“末状粉笔”选项，如下图所示。

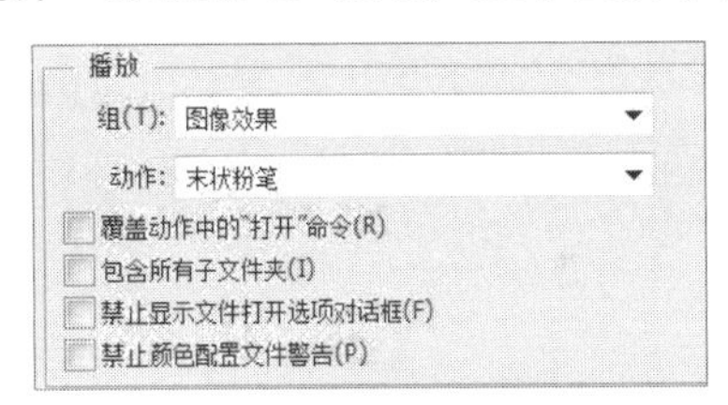

设置“播放”选项区域参数

Step 03 单击“目标”下拉按钮，在其下拉列表中选择“文件夹”选项，可以看到此时的“文件命名”选项区域被激活。单击“选择”按钮设置存储位置，如下图所示。

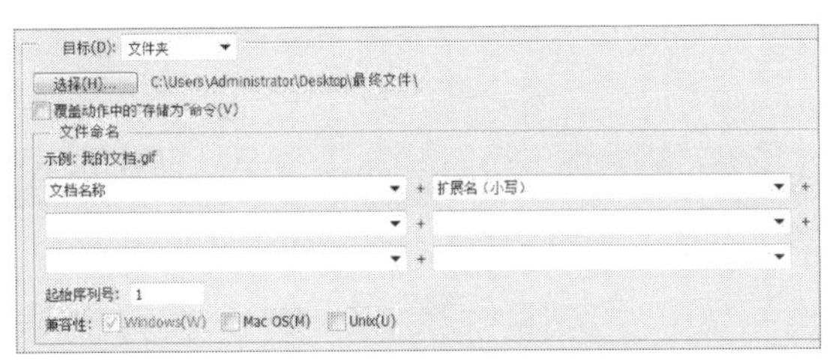

设置存储位置

Step 04 单击“错误”下拉按钮，在其下拉列表中选择“由于错误而停止”选项，当自动执行出现错误的时候，系统会停止动作，如下图所示。

设置“错误”选项区域参数

Step 05 设置完相关参数后，单击“确定”按钮。打开“最终文件”文件夹，可以看到下图所示的小图标，即快捷批处理的快捷图标。

快捷批处理的快捷图标

Step 06 打开“香蕉.jpg”图像文件，将其拖进快捷批处理的快捷图标中。可见Photoshop已经启动，并自动执行之前预设好的动作，然后将处理好的图像保存至“最终文件”文件夹中，处理后的图像效果如下图所示。

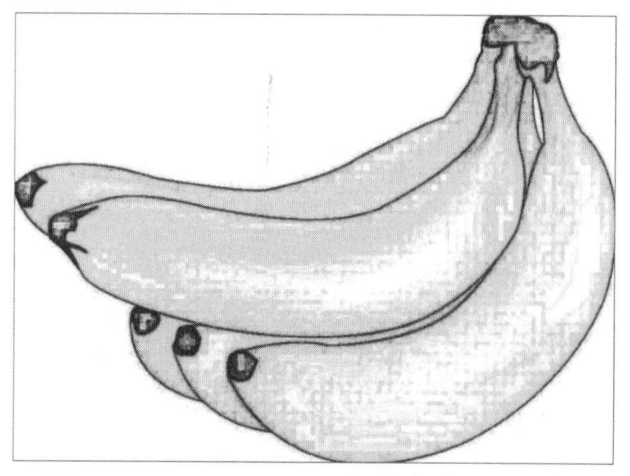

最终效果图

12.2.3 “裁剪并修齐照片”命令

使用“裁剪并修齐照片”命令，不仅可以将图像中不必要的部分最大限度地裁剪，还能自动矫正图像的倾斜等问题，多用于打印图像时对照片的分解。

实战 使用“裁剪并修齐照片”命令修正图片

Step 01 打开“照片拼合.jpg”图像文件，可看到该图像上有4张照片且排列不整齐，如下图所示。

原图像

Step 02 执行“文件>自动>裁剪并修齐照片”命令，软件将自动把同在一幅图像上的4张照片裁剪为单独的图像文件，且图像的倾斜问题也得到了修正。每个图像文件的文件名都以原图像副本加自然数序号的方式进行命名，如下图所示。

执行“裁剪并修齐照片”命令后的图像效果

12.2.4 “图像处理器”命令

“图像处理器”命令可快速对图像的文件格式进行转换，为用户免去简单且烦琐的操作，将宝贵的时间用到更加有意义的图像编辑中。

实战 使用“图像处理器”命令存储文件

Step 01 新建一个文件夹并命名为“图像处理器”，将需要转换图像格式的图像文件放置在其中，如下图所示。

将要转换格式的图片放入文件夹中

Step 02 执行“文件>脚本>图像处理器”命令，在弹出的对话框中单击“选择文件夹”按钮，在弹出的对话框中按路径选择刚才新建的“图像处理器”文件夹，单击“确定”按钮，如下图所示。

选择要转换的图片文件夹

Step 03 新建一个文件夹并命名为“图片处理器转换后”，用于存放使用“图片处理器”转换后的图片，如下图所示。

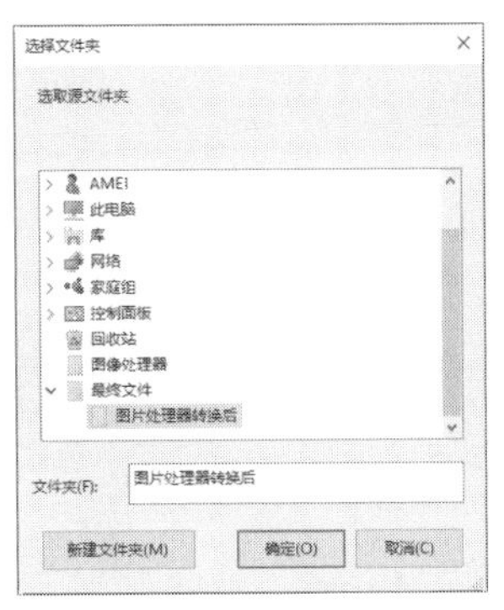

新建文件夹，用于存放转换后的图片

Step 04 返回“图像处理器”对话框，继续设置其他参数，如下图所示。

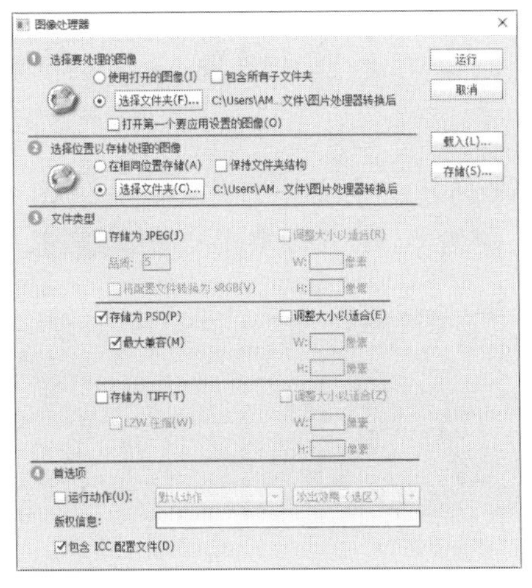

设置参数

Step 05 单击“运行”按钮系统自动运行，运行完毕后，单击储存最终图像的文件夹，可以看到原图像已经被储存在PSD的单独文件夹中，格式为PSD格式，如下图所示。

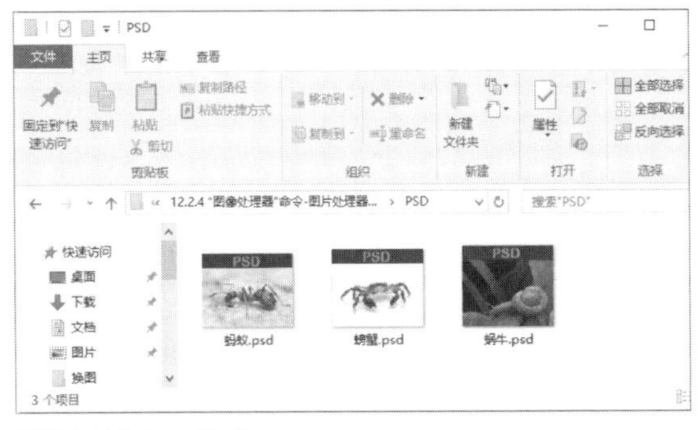

最终存储为PSD格式

12.2.5 “合并到HDR Pro”命令

“合并到HDR Pro”命令是一个增强型的功能，使用“合并到HDR Pro”命令可以创建写实或超现实的HDR图像。

“合并到HDR Pro”命令在其功能原理上借助了自动消除叠影以及对色调映像。它可以更好地调整控制图像，从而获得更好的效果，甚至可使单次曝光的照片获得HDR图像的外观。

实战 使用“合并到HDR Pro”命令处理图片

Step 01 执行“文件>自动>合并到HDR Pro”命令，打开“合并到HDR Pro”对话框。单击“浏览”按钮，选择“风车.jpg”、“薰衣草.jpg”图像文件，单击“确定”按钮。可以看到，要合并的图像已经出现在目录栏中，如下图所示。

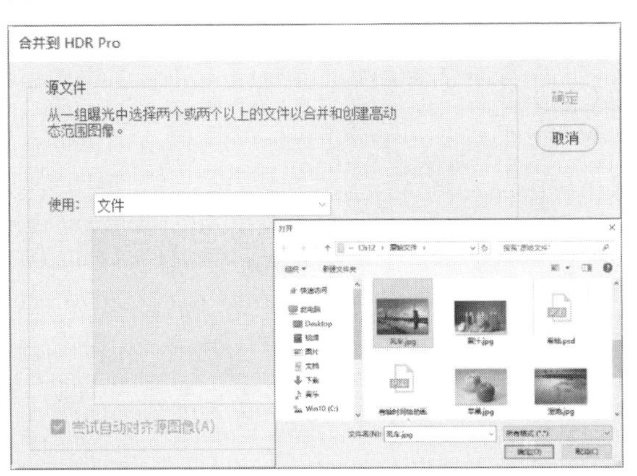

选择需要合并的图像

Step 02 保持“尝试自动对齐源图像”复选框为勾选状态，并单击“确定”按钮，如下图所示。

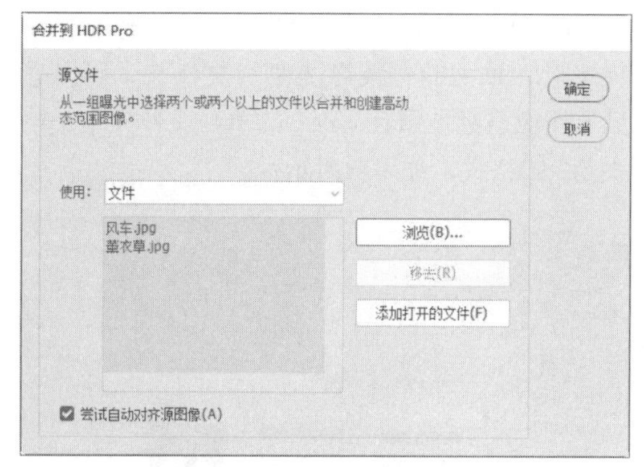

勾选“尝试自动对齐源图像”复选框

Step 03 此时可以看到，软件自动将选择的图像以不同的图层和名称载入到目前的PSD文档中，并自动对齐图层，如下图所示。

查看“图层”面板

Step 04 此时，会弹出“手动设置曝光值”对话框，在对话框单击 > 按钮以察看前后的图像，选中EV单选按钮，激活数值框，在其中设置合适数值后单击“确定”按钮，如下图所示。

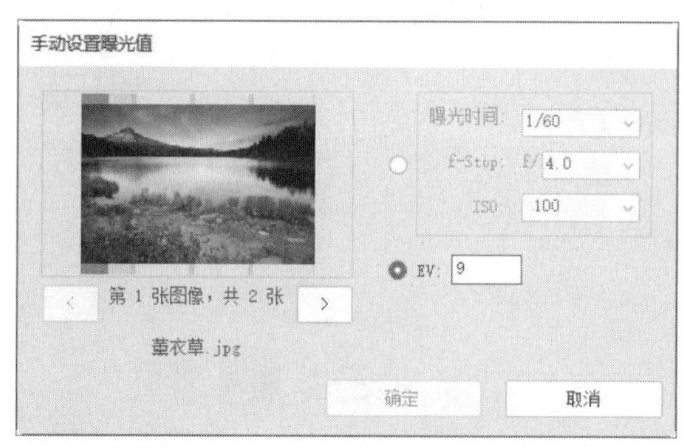

手动设置曝光值

Step 05 弹出“合并到HDR”对话框，在对话框中设置“边缘光”、“色调和细节”选项区域中参数，单击“确定”按钮，具体参数设置如下图所示。

调整数值到合适效果

Step 06 即可完成图像的合并，通过观察可以看出存在部分曝光多度的现象，且边界部分存在锐化过度的现象，如下图所示。

合并后的图像效果

Step 07 使用涂抹工具，在感觉突兀的地方进行涂抹制造云雾效果，如下图所示。

查看最终图像效果

12.2.6 使用Photomerge命令

全景图类似于使用广角镜头拍摄的大幅画面图像，这类图像往往呈现一种开阔、磅礴的感受。

在Photoshop中使用Photomerge命令能将用普通相机拍摄的多张具有相同角度的图像进行合成，从而得到同高端设备拍摄出的效果相同的全景图像。

实战 合成全景图

Step 01 将“拆分1.jpg”、“拆分2.jpg”、“拆分3.jpg”图像文件直接拖入Photoshop中，如下图所示。

打开拆分图像

Step 02 执行“文件>自动>Photomerge”命令，则弹出Photomerge 对话框，在对话框中单击“添加打开的文件”按钮，此时打开的图像被添加到文件列表框中，然后单击“确定”按钮，如下图所示。

添加打开的文件

Step 03 这时，系统会自动对图像进行合成，完成后得到以“未标题-全景图1”命名的PSD文件，我们将它的名字更改为“Photomerge命令合成全景图”，效果如下图所示。

合成全景图后的效果

12.3 动画制作

使用Photoshop可以编辑视频的各个帧、图像序列文件、编辑视频和动画。除了可以使用任意Photoshop工具在视频上进行编辑和绘制外，还可以对其使用滤镜、蒙版、变换等编辑。

在Photoshop中还可以将编辑后的视频图层存储为PSD格式文件，并且能在Premiere Pro和After Effects等应用程序中进行播放。下面对视频图层的创建、编辑等操作进行介绍。

12.3.1 创建视频图层

在Photoshop中，可以通过将视频文件添加为新图层或创建空白图层的方法来创建新的视频图层。

下面介绍将视频文件转换为视频图层的具体操作。

执行“文件>打开”命令，直接打开一个包含视频的文件，此时在“图层”面板中将显示对应的视频图层。

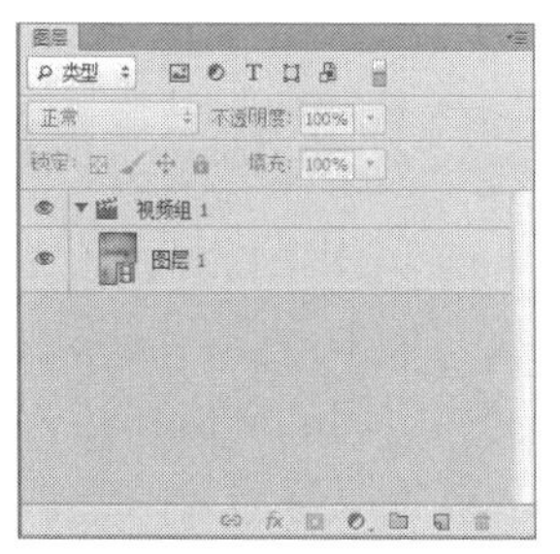

打开视频文件

执行“图层>视频图层>从文件新建视频图层”命令。

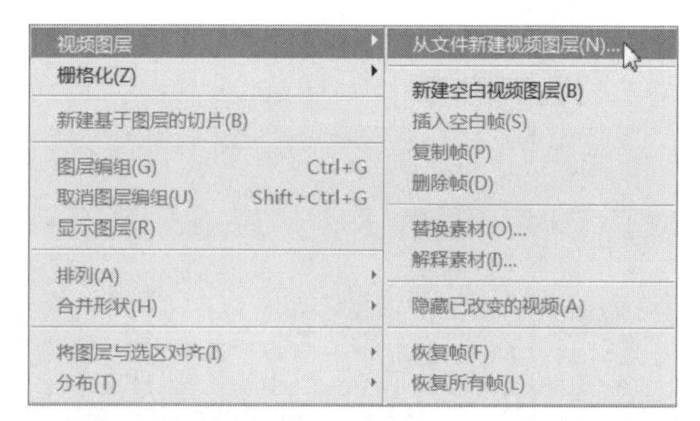

执行“从文件新建视频图层”命令

在弹出的对话框中选择视频文件，单击“打开”按钮，此时，在原始图层的基础上就添加了一个新的视频图层。

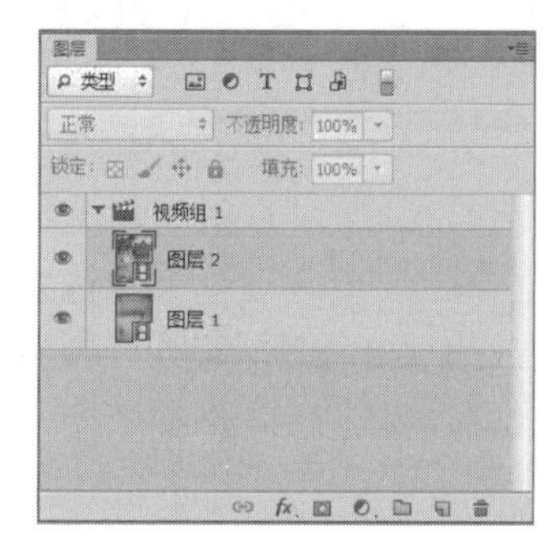

新建视频图层

若想添加空白视频图层，则执行“图层>视频图层>新建空白视频图层”命令即可。

执行“新建空白视频图层”命令

12.3.2 替换视频素材

Photoshop会试图保持源视频文件和视频图层之间的链接，如果由于某些原因导致视频图层和引用源文件之间的链接损坏，在“图层”面板中将出现黄色叹号形状的警告图标，此时将会中断文件与视频图层之间的链接。

通俗理解，就是当视频文件发生移动或被删除时，Photoshop将发出警告，并要求用户重新将视频替换为其系统可找到的文件。

打开相应的psd文件，系统自动弹出对话框提示找不到缺少的媒体，此时“图层”面板中，失去关联的图层出现黄色叹号形状的警告图标，如下图所示。

出现黄色叹号形状的警告图标

关闭系统自动弹出的对话框，执行“图层>视频图层>替换素材”命令，在弹出的对话框中将视频图层重新链接到源视频文件，也可选择其他的视频文件进行链接。完成后可以看到“图层”面板中的警告图标已经消失。

替换视频素材后效果

12.3.3 解释素材

如果要使用包含Alpha通道的视频或图像序列，则一定要使用“解释素材”命令来指定Photoshop如何解释已打开或导入的命令，视频Alpha通道和帧速率。选择要解释的视频图层后，执行“图层>视频图层>解释素材”命令，打开“解释素材”对话框，然后设置相关参数即可。

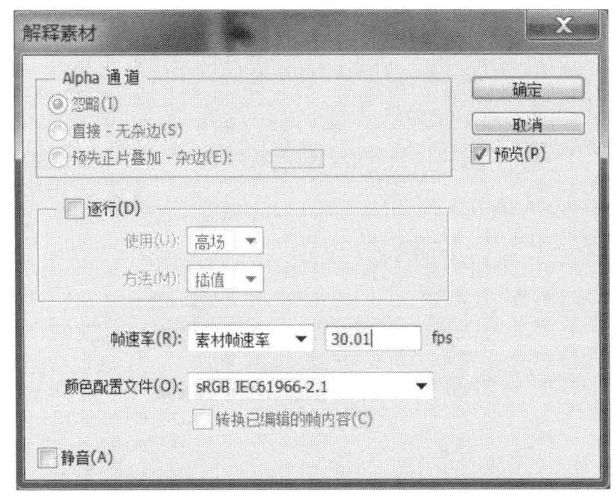

“解释素材”对话框

- **“Alpha通道”选项区域：**选择不同的单选按钮即可指定解释视频图层中Alpha通道的方式。需要注意的是，在素材包括Alpha通道时此选项区域中参数才可用。选择“预先正片叠加”单选按钮，即可对通道使用预选正片叠底所使用的杂边颜色。
- **帧速率：**在该下拉列表中可指定每秒播放的视频帧数。
- **颜色配置文件：**在该下拉列表中可选择一个配置文件对视频图层中的帧或图像进行色彩管理。

12.3.4 编辑视频图层

下面介绍在Photoshop中对各个视频帧进行相关编辑操作，包括创建动画、添加内容以及清除不必要的细节效果。

Photoshop 提供了多种方法用于指定图层在视频或动画中出现的时间，下面分别进行介绍。

❶调整出点和入点法

在“时间轴”面板中选择图层，将光标放置在图层持续时间栏的开头，当出现黑色双向箭头时单击并拖动，即可调整该图层时间栏的显示。不显示的区域呈透明显示，显示的区域呈紫色显示。定位出点的方式和定位入点的方式相同，不同的是要将光标移动到图层持续时间栏的结尾位置。

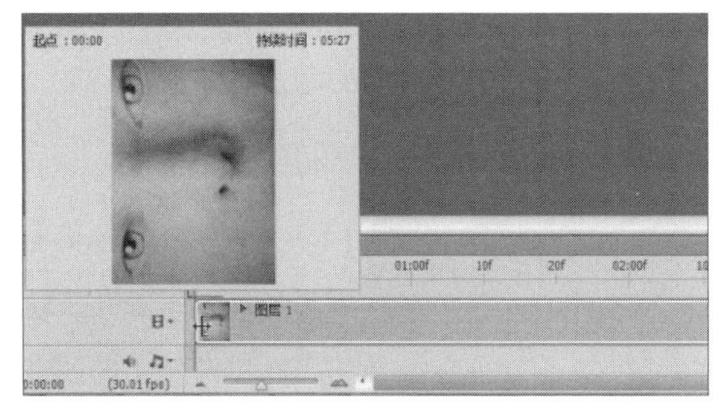
拖动时间点指定入点

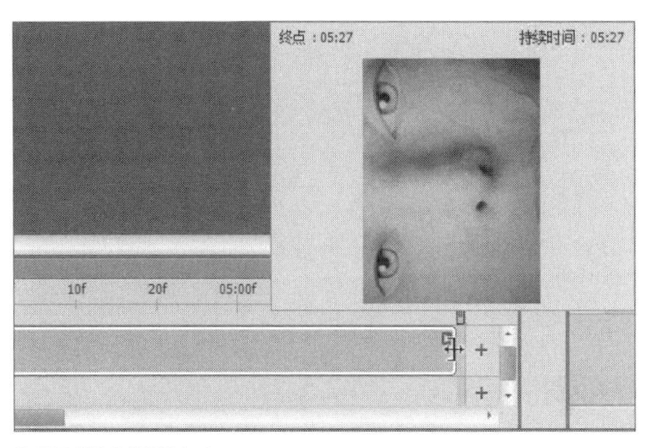

拖动时间点指定出点

❷拖动时间栏法

在“时间轴”面板中选择紫色时间栏单击并直接拖动，将其拖动到指定出现的时间轴部分即可。

❸指示器法

将当前时间指示器拖动到要作为新的入点或出点的帧上，并在“时间轴”面板中单击扩展按钮，在菜单中选择“移动和裁切>将开头移至播放头”命令即可。

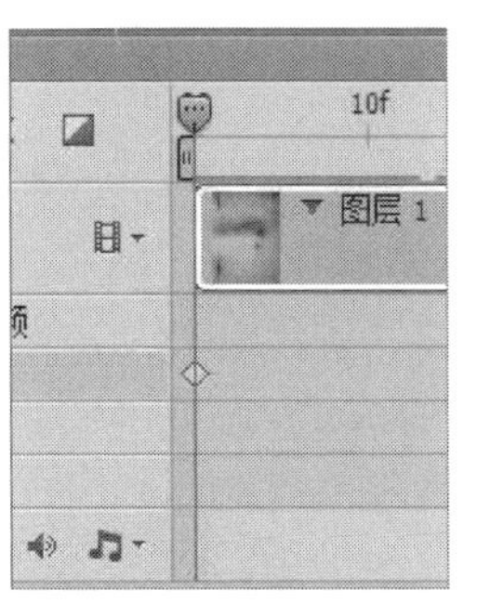

拖动时间指示器

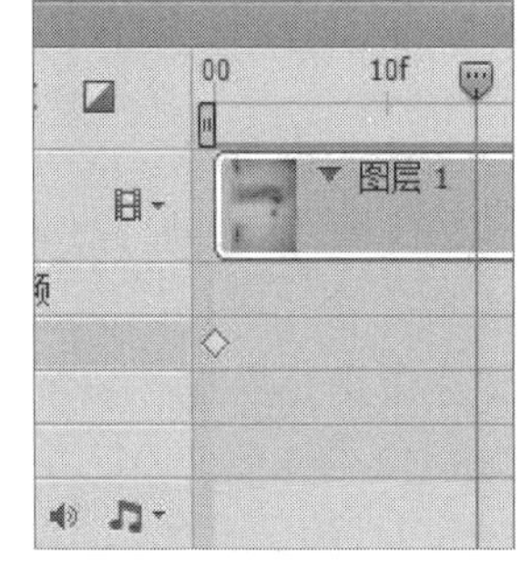

将图层开头裁切为当前时间

❹添加关键帧并设不透明度

在不同时间添加关键帧，通过设置“不透明度”的值显示或隐藏图像。当“不透明度”为100%时为显示，当“不透明度”为0%时为隐藏。

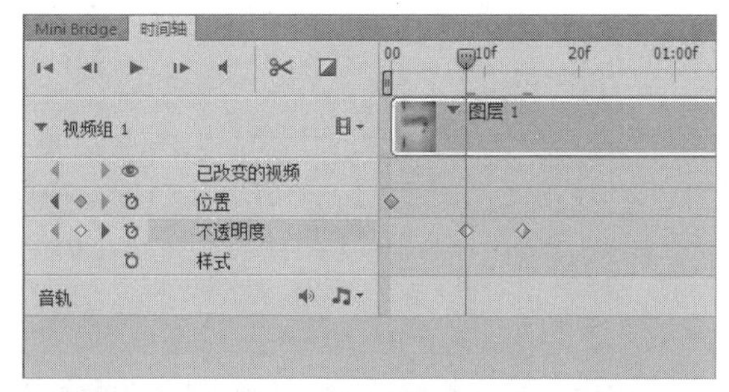

设置图层显示的关键帧、图像“不透明度”为100%

设置图层隐藏的关键帧，图像“不透明度”为0%

工作区域是指在“时间轴”面板中时间轴显示的区域。若需要调整工作区的大小，则将光标移动到工作区域开头或工作区域结尾处，当光标变为黑色双向箭头时单击并拖动即可。

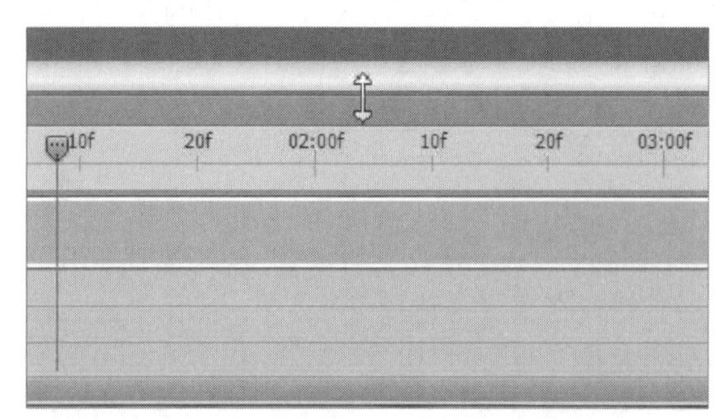

出现双向箭头时并拖动调整工作区大小

在“时间轴”面板中单击扩展按钮，在弹出的菜单中选择“工作区域>撤销工作区域”命令或“抽出工作区域”命令，对视频或动画图层上的部分内容进行删除。

值得注意的是，执行该操作的前提是对区域进行了大小调整，调整后选择相应的选项，即可删除选定图层中素材的某个部分，而将统一持续时间的间隙保留为已移去的部分。

拆分图层是指在指定帧处将视频图层拆分为各个新的视频图层。

拆分图层的方法是在“时间轴”面板中单击扩展按钮，在弹出的菜单中选择“在播放头处拆分”命令。拆分后，选定图层将被复制并显示在面板中原始视频图层的上方。原始图层从开头裁切当前时间，而复制得到的图层从结尾裁切当前时间。

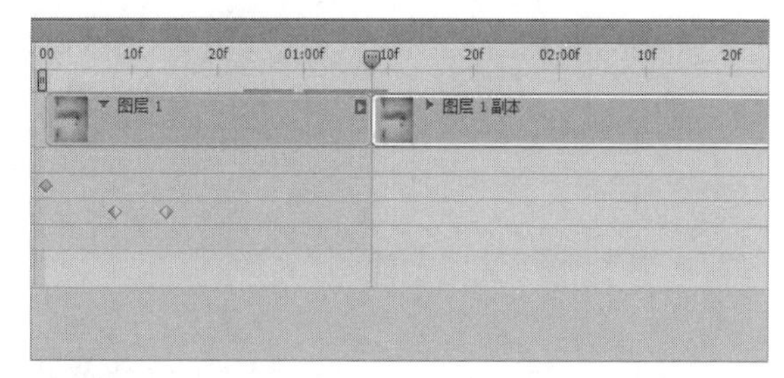

拆分图层

12.3.5 创建帧动画

帧动画主要通过是图层进行编辑配置的，说白了就是图层组成的动画效果。

实战 创建人物转身帧动画

Step 01 打开“树下孤影.psd”图像文件，单击“指示图层可见性”按钮，将“背景”图层外的所有图层隐藏，如下图所示。

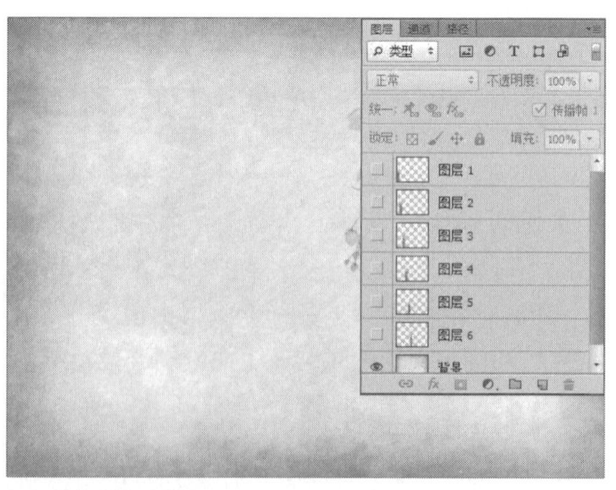

打开图像并隐藏图层

Step 02 执行“窗口>时间轴”命令，打开“时间轴”面板，显示一个动画帧，如下图所示。

“时间轴”面板

Step 03 单击“时间轴”面板的扩展按钮，在菜单中选择“新建帧”命令，如下图所示。

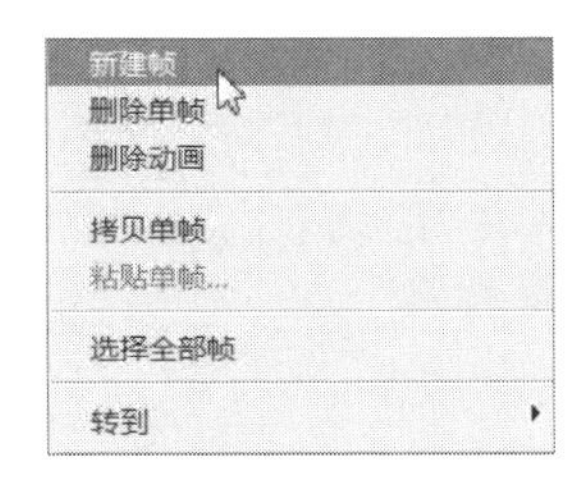

选择“新建帧”命令

Step 04 此时可以看到“时间轴”面板中多了一帧，如下图所示。

新增帧

Step 05 按照相同的方法，总共创建6个帧，结果如下图所示。

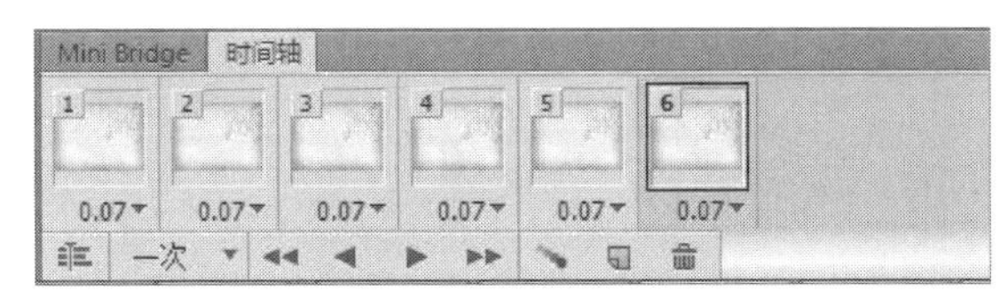

创建6个帧

Step 06 选中第1个帧，如下图所示。

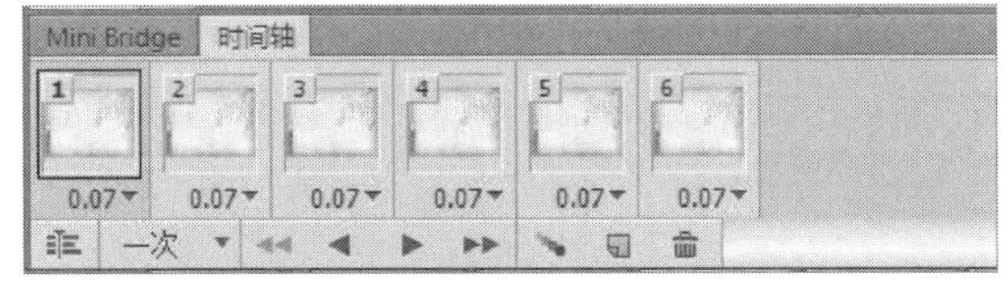

选择第1帧

Step 07 在“图层”面板中显示“图层1”，其他图层保持隐藏，如下图所示。

显示“图层1”图层

Step 08 选择第2个帧，显示“图层2”图层，并将“图层2”中图像移动到“图层1”的图像上，尽量重合，如下图所示。

显示“图层2”并调整图像

Step 09 隐藏“图层1”图层，效果如下图所示。

隐藏“图层1”图层

Step 10 按照相同的方法，设置第3个帧。需要注意的是，所有图层的重叠对齐，都以“图层1”为基准，重叠“图层1”，如下图所示。

调整“图层3”位置尽量重叠“图层1”

Step 11 第3个帧的效果如下图所示。

第3个帧的效果

Step 12 依此类推，按照同样的方法，将第4个帧到第6个帧设置好，最终设置如下图所示。

将所有帧设置好

Step 13 单击“时间轴”面板中的“播放”按钮▶，查看动画效果，可见每帧切换的速度太快，下面，我们来调整播放速度。单击“帧”下面的下拉按钮，在弹出的列表中选择0.5，同时将所有帧都更改为0.5，如下图所示。

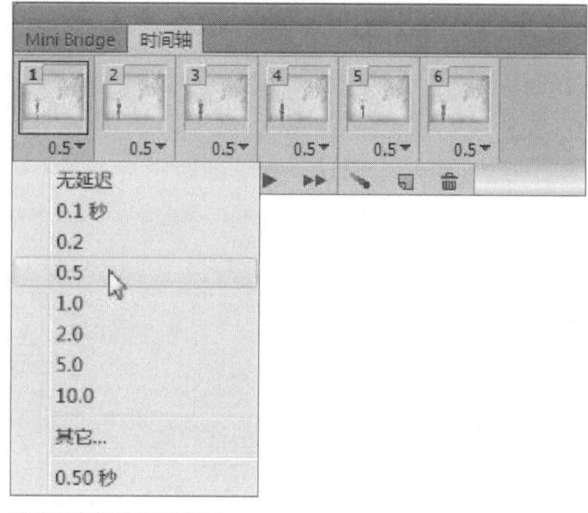

更改所有帧的播放速度

Step 14 再次单击“播放”按钮▶预览动画，发现目前的效果较好，至此帧动画的制作完成，如下图所示。

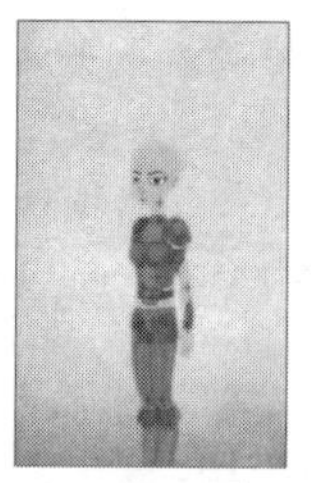

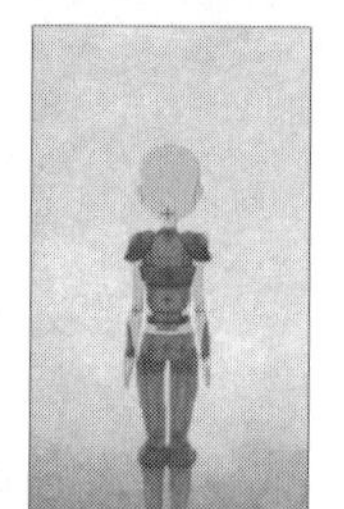

预览效果，完成动画制作

12.3.6 创建时间轴动画

时间轴动画中有个概念叫关键帧，在“时间轴”面板中通过在时间轴中添加关键帧设置各个图层在不同时间的变换，从而创建动画效果。

可以使用时间轴上自身控件来调整图层的帧持续时间，设置图层属性的关键帧并将视频的某一部分指定为工作区域。

实战 制作卷轴动画

Step 01 打开“卷轴时间轴动画.psd”图像文件，打开“时间轴”面板，单击“创建时间轴”按钮，效果如下图所示。

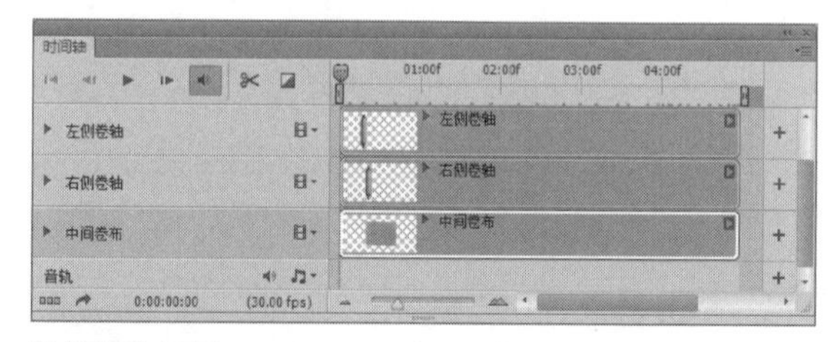

“时间轴”面板

Step 02 通过观察我们可以看到整个时间轴播放的时间为5秒，拖动时间调整器，将其调整为4秒，如下图所示。

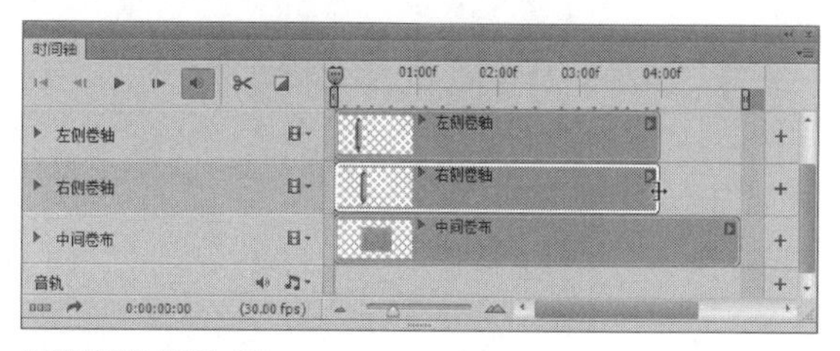

调整播放时间为4秒

Step 03 选择“左侧卷轴”图层，单击其左侧的下三角按钮，在“位置”选项，单击“启用关键帧动画”按钮，在开头创建关键帧，如下图所示。

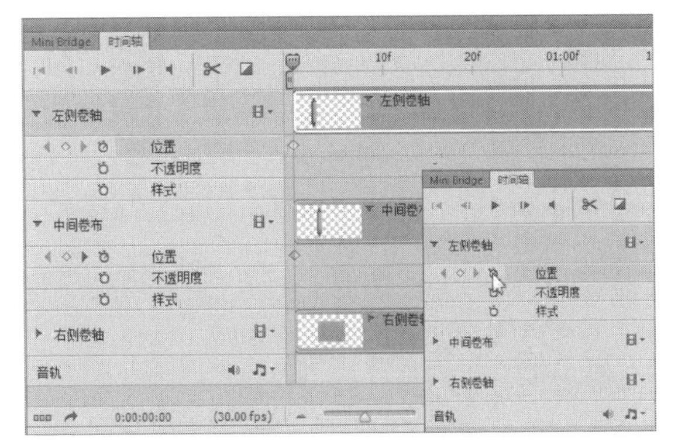

确定“左侧卷轴”的位置

Step 04 选择“右侧卷轴”图层，单击其左侧的下三角按钮，选择“位置”选项，在不同位置创建关键帧，如下图所示。

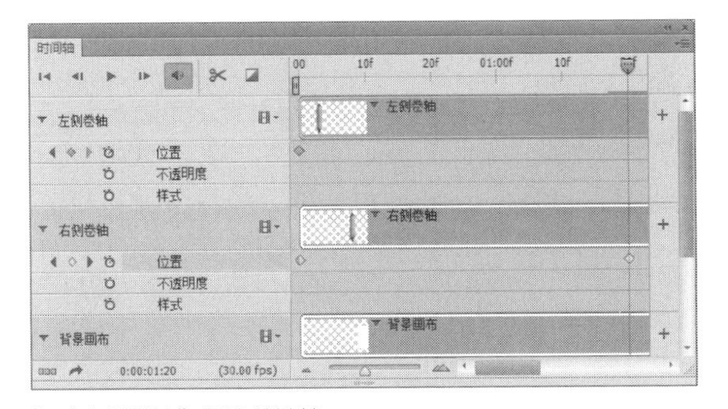

为“右侧卷轴”创建关键帧

Step 05 在2秒钟时确定右侧卷轴位置，效果如下图所示。

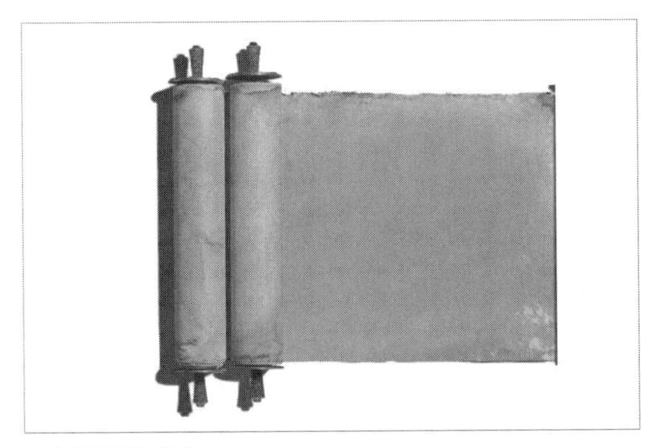

确定右侧卷轴的位置

Step 06 下面设置卷布的动画效果。新建图层，使用矩形选框工具为图像中卷布的部分创建选区，如下图所示。

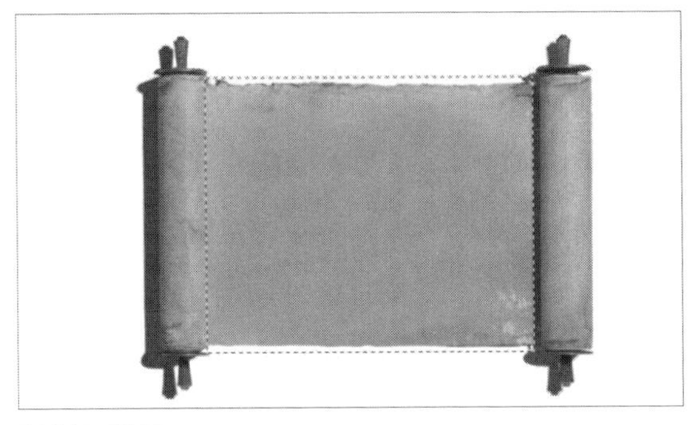

创建矩形选区

Step 07 右击选区，在弹出的菜单中选择“填充”命令，设置相关参数，填充选区为白色，如下图所示。

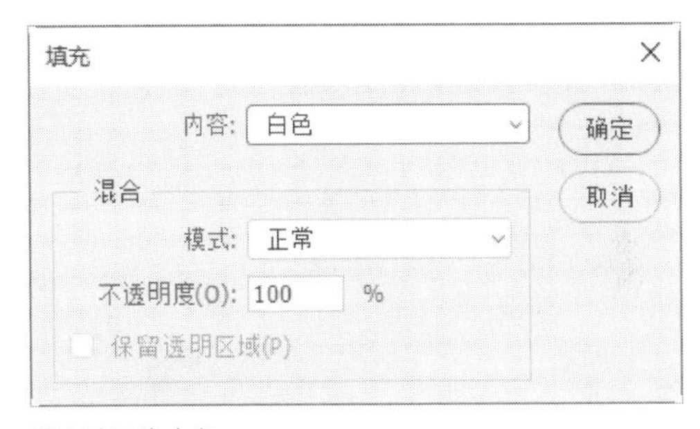

填充选区为白色

Step 08 选择“背景画布”图层，单击其左侧的下三角按钮，选择“位置”选项，拖动指示器，确定“背景画布”位置，如下图所示。

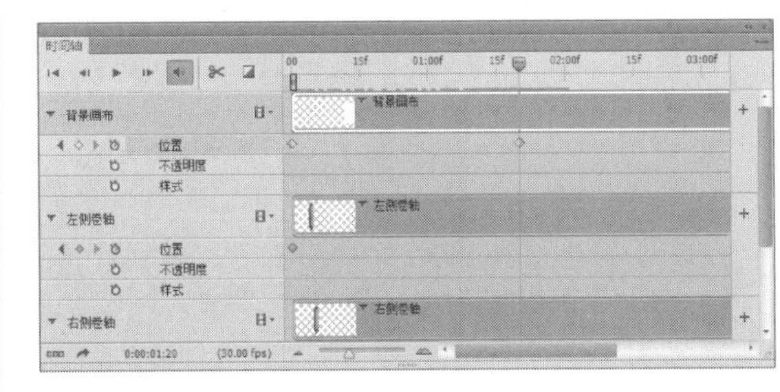

确定“背景画布”位置

Step 09 将“背景画布”图层的总时间调整为同其他图层一样的4秒钟，如下图所示。

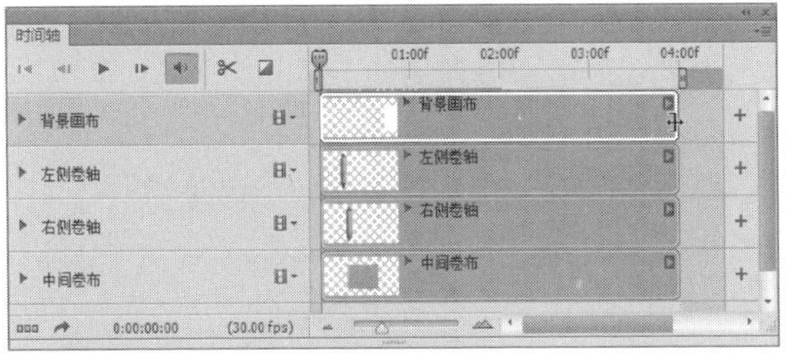

将“背景画布”的动画时间设置为4秒钟

Step 10 保持“背景画布”图层为选中，将指示器拖动到4秒钟并确定位置，如下图所示。

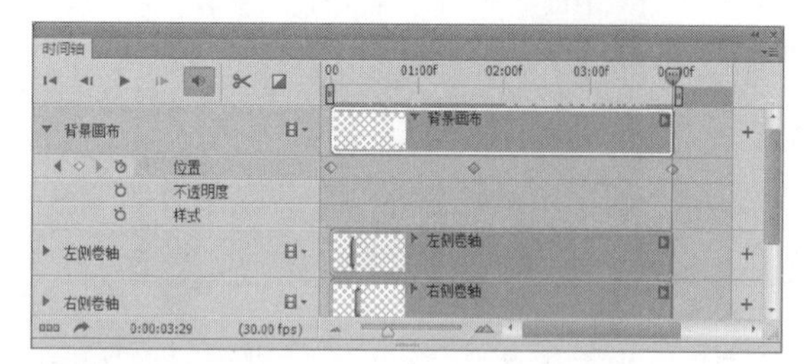

确定播放时间点

Step 11 同时移动背景画布，从而确定一个位置，如下图所示。

调整背景位置

Step 12 中间卷画面设置完成，将时间定位在结束点上，如下图所示。

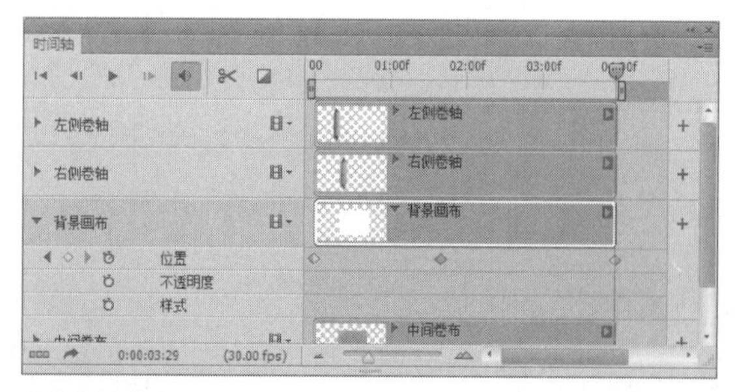

定位在结束点上

Step 13 查看此时中间画布的效果，如下图所示。

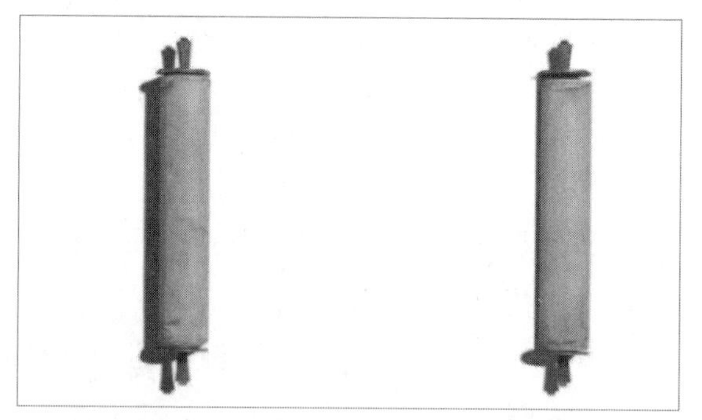

中间卷布的效果

Step 14 按照相同的方法，选中“右侧卷轴”图层，定位其时间，如下图所示。

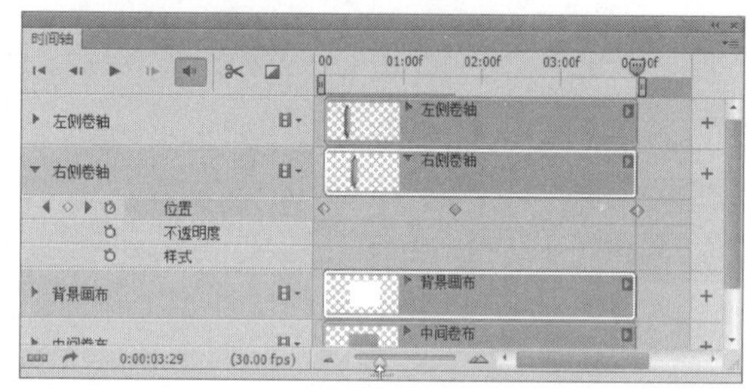

定位右侧卷轴

Step 15 至此，时间轴动画制作完毕，单击“时间轴”面板中“播放”按钮，查看动画效果，如下图所示。

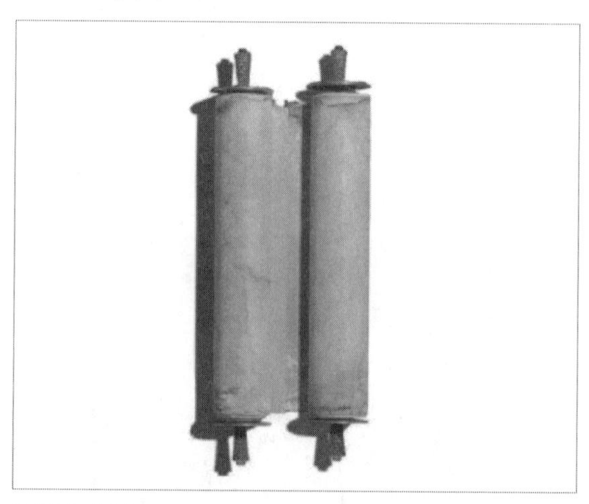

查看动画效果

制作卷帘动画

使用Photoshop的“动画”功能可以帮助我们完成一些简单的动画，使其可用性和可操作性更加广泛。本章主要学习了动作、自动化和动画的应用，本案例制作一个卷帘从左向右移动的动画，进一步巩固所学的知识。

Step 01 新建“卷帘.psd”文档，置入“打伞的女孩.jpg”素材，效果如下图所示。

置入素材

Step 02 新建“图层2”图层，使用矩形选框工具绘制和画布大小一样的选区，效果如下图所示。

创建矩形选区

Step 03 设置前景色为#92e8fb，按Alt+Delete组合键填充，效果如下图所示。

填充颜色

Step 04 为“图层2”添加“描边”图层样式，具体参数设置如下图所示。

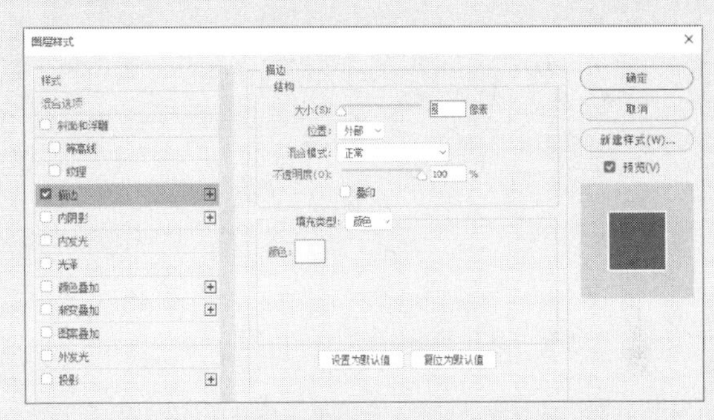

添加“描边”图层样式

Step 05 执行“窗口>时间轴”命令，在打开的面板中单击“创建视频时间轴”按钮，显示视频图层，如下图所示。

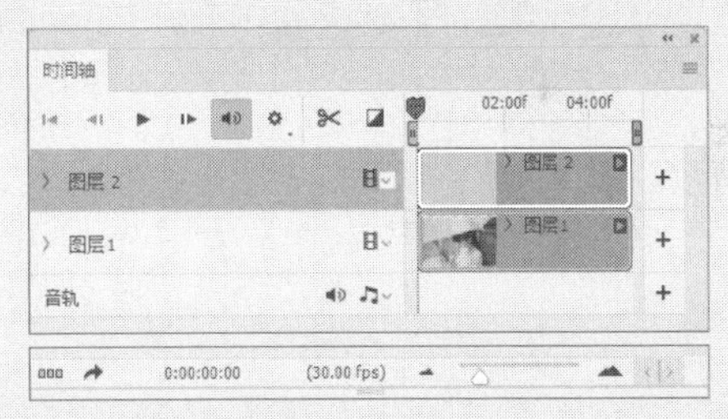

打开“时间轴”面板

Step 06 设置工作区域的开头时间点为00:00，结尾时间点为10:00，如下图所示。

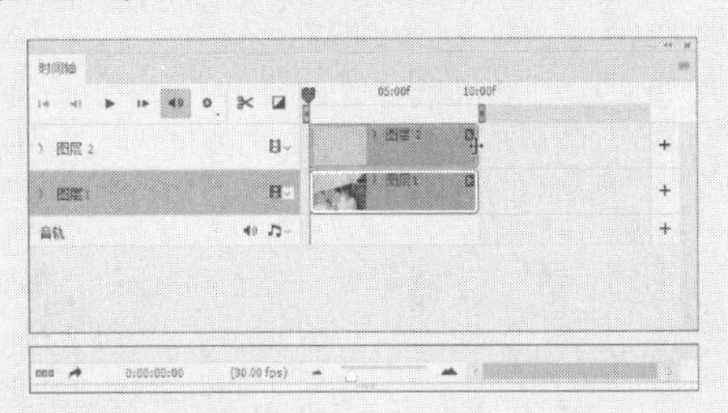

设置起始时间点

Step 07 单击“图层2”图层前下三角按钮，在展开的列表中选择“位置”选项，单击“启用关键帧动画”按钮添加关键帧，效果如下图所示。

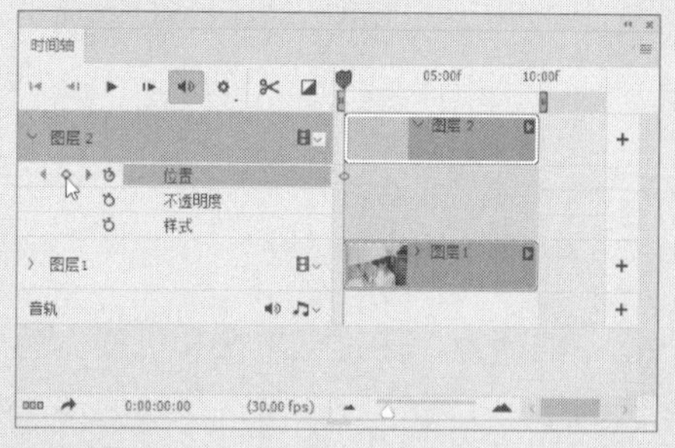

添加关键帧

Step 08 把时间指示器移动到04:00处，然后单击◇按钮，添加关键帧，效果如下图所示。

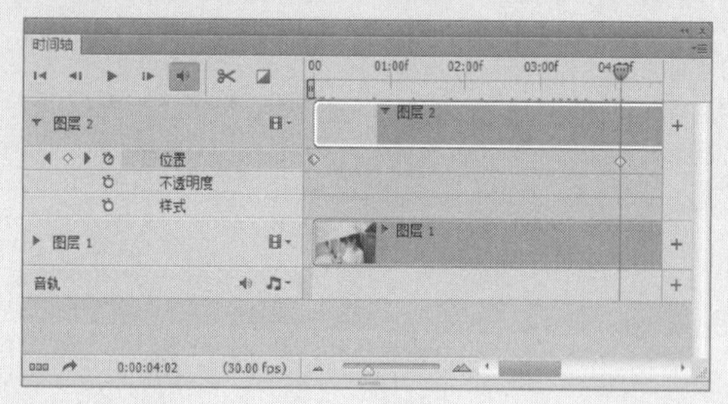

添加关键帧

Step 09 按照相同的方法分别在06:00和10:00处，添加关键帧，效果如下图所示。

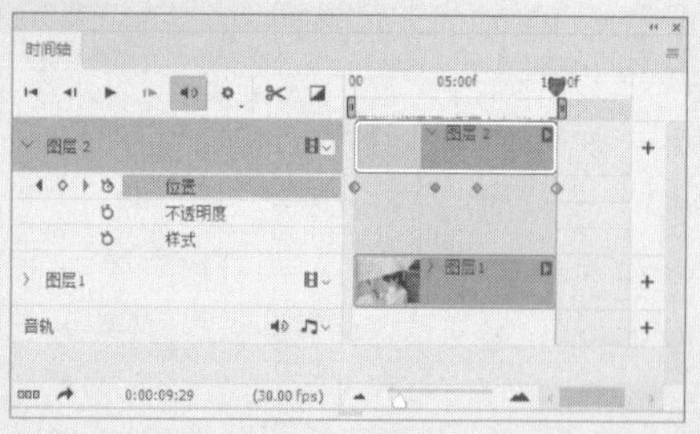

添加其他关键帧

Step 10 把时间指示器移动到00:00处，选择关键帧，然后把蓝色素材移动到左边完全看不到处，效果如下图所示。

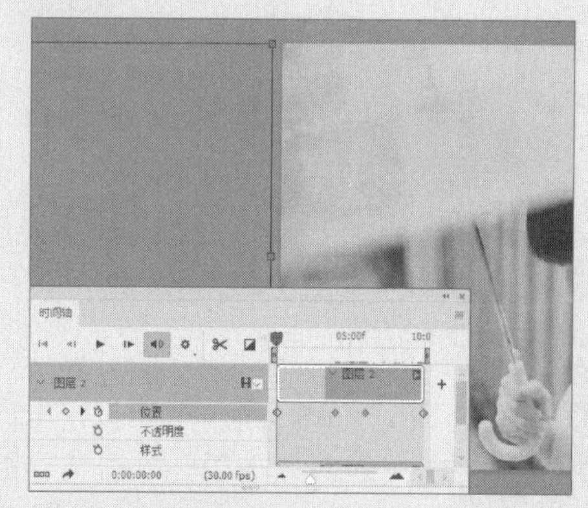

设置起始处矩形的位置

Step 11 把时间指示器移动到04:00处，选择04:00处关键帧，然后把蓝色素材移回到工作区，效果如下图所示。

设置4秒处矩形的位置

Step 12 将时间指示器移动到06:00处，选择06:00处关键帧，保持图层2蓝色素材不动，效果如下图所示。

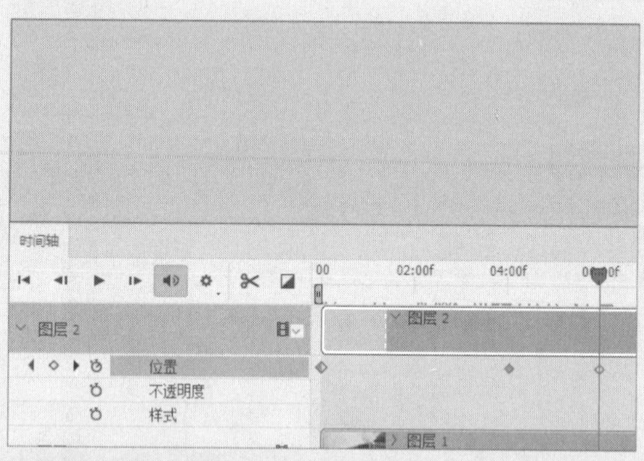

设置6秒处矩形的位置

Step 13 将时间指示器移动到10:00处，选择10:00处关键帧，把图层2蓝色素材向右移出工作区，效果如下图所示。

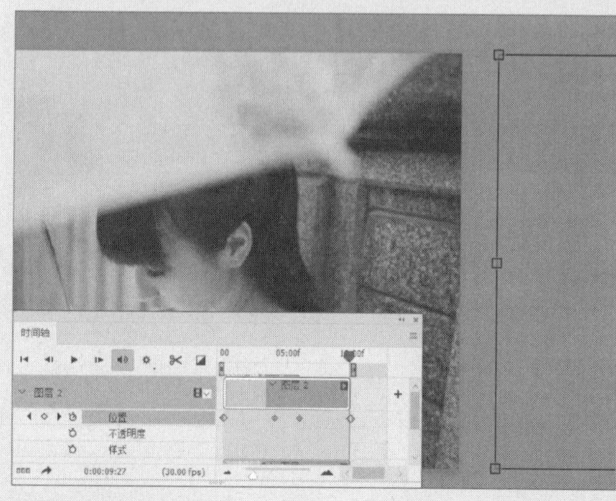

设置10秒处矩形的位置

Step 14 将时间指示器移动到00:00处，选择“不透明度”选项，单击 ◇ 符号，即可在00:00处添加关键帧，在“图层”面板中设置不透明度为100%，如下图所示。

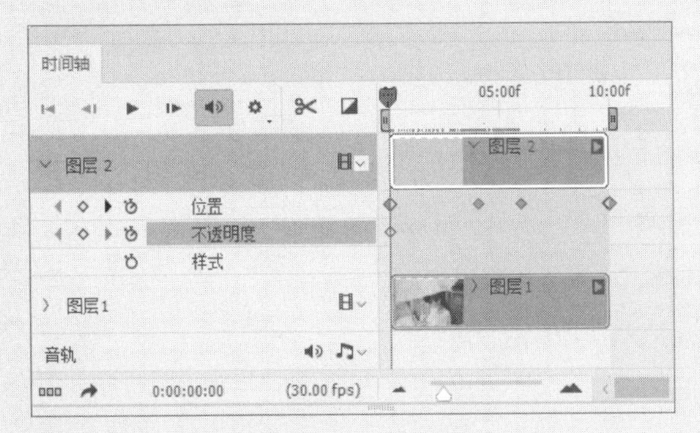

添加关键帧

Step 15 按照相同的方法设置04:00处的不透明度为50%，06:00处不透明度为50%，10:00处为100%，效果如下图所示。

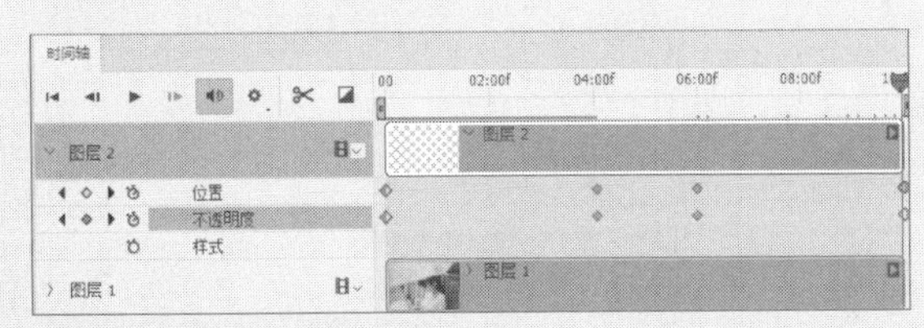
设置不同时间点的不透明度

Step 16 将时间定位在04:00处，新建文字图层，使用横排文字工具在左上角输入文字，并设置字体格式，如下图所示。

在4秒处输入文字

Step 17 设置文字工作区域的开头时间点为04:00，结尾时间点为10:00，选择“不透明度”选项，然后在04:00处添加关键帧，设置不透明度为20%，如下图所示。

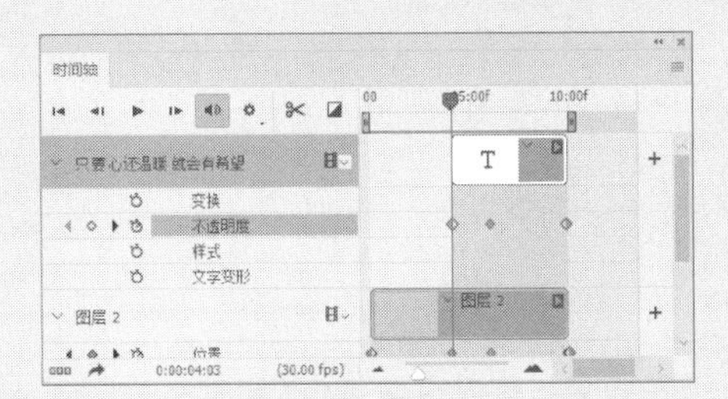
设置4秒处不透明度

Step 18 将时间指示器移动到6:00处，选择6:00处关键帧，设置不透明度为60%，10:00处设置不透明度为100%，如下图所示。

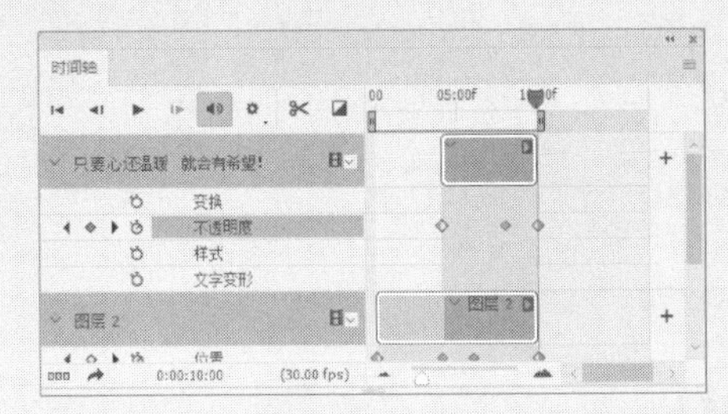
设置6秒和10秒不透明度

Step 19 执行“文件>导出>储存为Web所用格式”命令，在打开的对话框中选择gif格式，然后单击“存储”按钮，如下图所示。

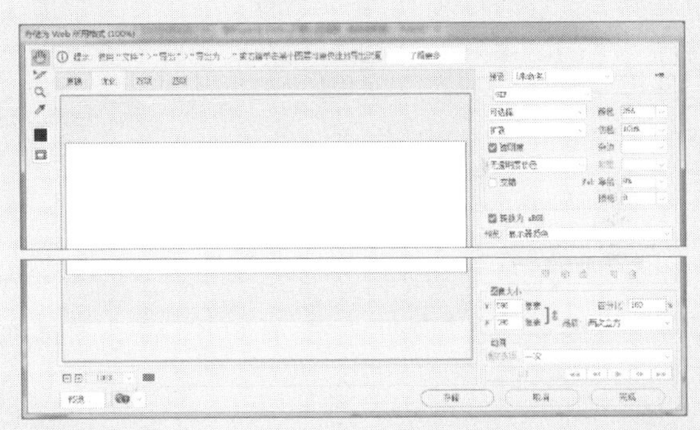
存储动画

Step 20 单击“时间轴”面板中“播放”按钮查看动画效果，如下图所示。

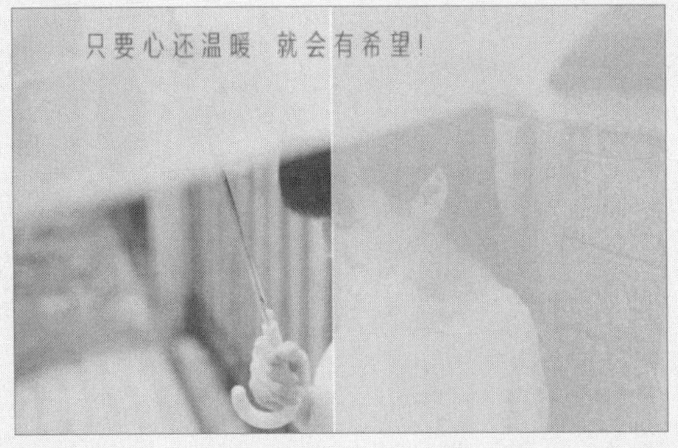

查看动画效果

Part 03

实战应用篇

经过设计入门篇和Photoshop功能展示篇两部分的学习，相信读者对Photoshop的各种功能和应用都能熟练掌握。实战应用篇将以具体案例的形式进一步巩固所学的知识。本篇主要介绍文字与Logo设计、户外广告设计、插画设计、图像创意合成以及手游界面设计等平面设计应用的操作方法和设计过程，读者可以通过这些案例的学习，发挥自己的想象力，设计出更加精美的平面作品。

Chapter 13 文字和Logo设计

使用Photoshop设计Logo和文字是比较常见的操作之一。本章将介绍两种不同Logo效果以及两种不同风格文字设计效果的制作过程。

13.1 梦幻文字的设计

本案例以cuty文字为主，用蓝紫色星空背景表现出梦幻的气息，并以卡通少女的图片来增加画面的可爱感。下面介绍具体设计方法。

Step 01 按下Ctrl+N组合键，打开“新建”对话框，对新建文档的参数进行设置后，单击“确定”按钮创建一个新文档，如下图所示。

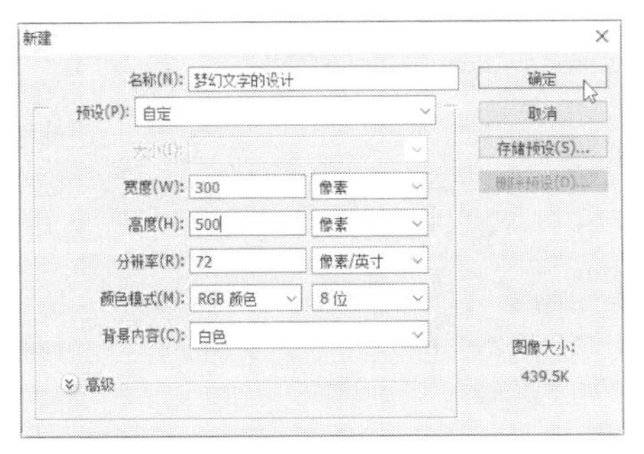

新建文档

Step 02 执行“文件>置入”命令，在打开的“置入”对话框中选择“梦幻背景.jpg”素材图片，单击“置入”按钮，调整置入的素材的大小，并移至合适的位置，效果如下图所示。

置入背景素材

Step 03 新建一个图层组，将其命名为c，在c组中新建“c表面1”图层，选择钢笔工具，绘制字母c的路径，按下Ctrl+Enter组合键，将路径转换为选区，填充颜色为白色，如下图所示。

绘制字母并填充颜色

Step 04 按下Ctrl+J组合键，复制“c表面1”图层，得到“c表面1副本”图层，双击该图层，在打开的“图层样式”对话框中设置“渐变叠加”图层样式，设置为从R26、G37、B140到R228、G224、B224线性渐变，单击“确定”按钮，如下图所示。

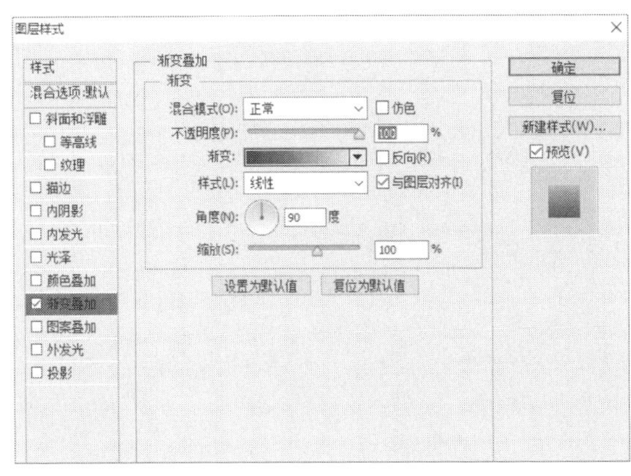

添加渐变叠加图层样式

Step 05 设置完成后，查看为文字添加渐变叠加后的效果，如下图所示。

查看效果

Step 06 按下Ctrl+J组合键，复制“c表面1”图层，得到“c表面1副本2”图层，移动该图层至“c表面1副本”图层上面。将“花纹.png”素材置入，将“花纹”图层移动到“c表面1副本2”图层上方，按住Ctrl+T组合键，缩放花纹至合适的大小，如下图所示。

置入花纹素材

Step 07 右击“花纹”图层，在快捷菜单中选择“创建剪贴蒙版”命令。按住Ctrl键同时选中“花纹”和“c表面1副本2”图层，右击在快捷菜单中选择“合并图层”命令，如下图所示。

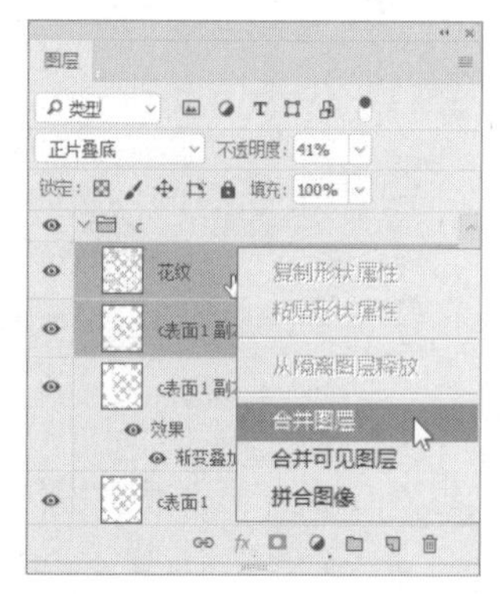

合并图层

Step 08 设置“花纹”图层混合模式为“正片叠加”、不透明度为60%，按下Ctrl+T组合键，对c组进行变形，效果如下图所示。

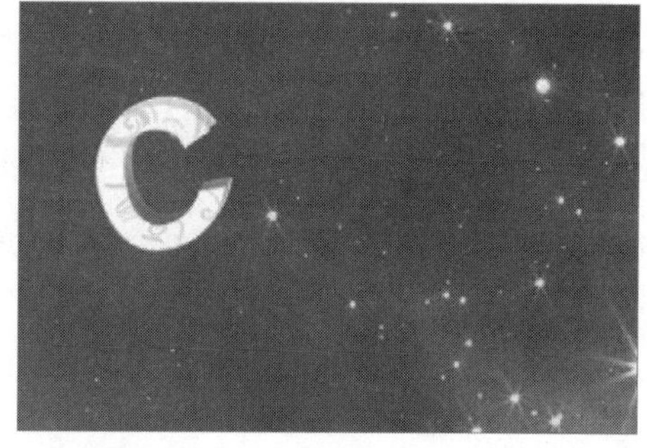

设置图层模式

Step 09 选中“c表面1副本2”图层，移动该图层至“c表面1副本1”图层下面，双击该图层，在打开的对话框中设置“渐变叠加”图层样式，渐变颜色设置为从R2、G11、B96到R161、G160、B164，效果如下图所示。

添加“渐变叠加”图层样式

Step 10 新建图层并命名为“侧面1”，使用钢笔工具绘制曲线路径，并将路径转换为选区，双击该图层，在打开的对话框中设置“渐变叠加”图层样式，渐变颜色设置为从R4、G13、B97到R78、G81、B113，如下图所示。

设置侧面

Step 11 新建“侧面2”图层，使用相同的方法，制作C文字上侧的效果，然后将侧面的两个图层移至“c表面1”图层下方，效果如下图所示。

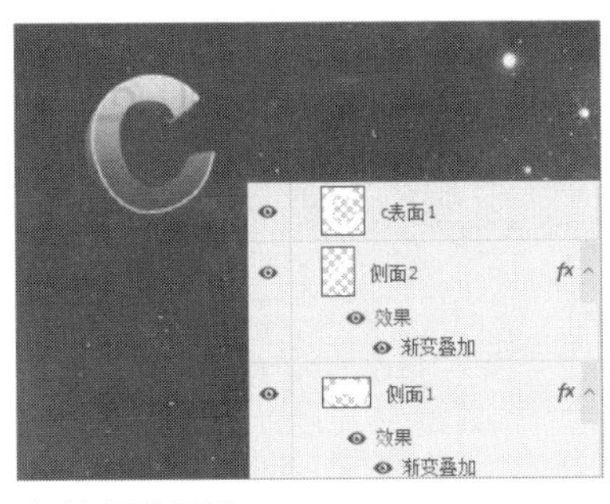

移动侧面的图层

Step 12 在“图层”面板中新建u、t、y图层组，采用绘制c相同的方法分别对其绘制，并适当调整文字的旋转方向，使其错落有致排列，文字的效果如下图所示。

设置其他文字

Step 13 置入“少女.png”素材图片，适当调整大小并放在文字的下方，然后将该图层移到“背景”图层上方。至此，梦幻文字设计完成，查看最终效果，如下图所示。

查看最终效果

13.2 糖果乐文字设计

本案例以鲜亮的颜色展现诱人的糖果色香味，下面介绍具体的操作方法。

Step 01 按下Ctrl+N组合键，打开“新建”对话框，对新建文档的参数进行设置后，单击“确定”按钮创建一个新文档，如下图所示。

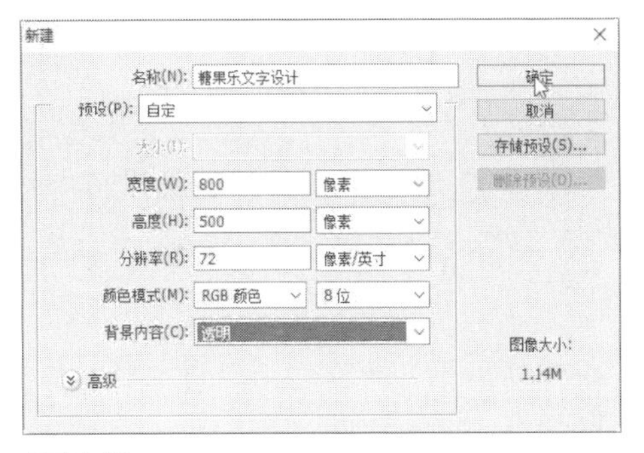

新建文档

Step 02 选择工具箱中的矩形工具，直接在画布上单击，在打开的“创建矩形”对话框中设置宽度为800px，高度为500px。选择移动工具，移动矩形至填满画布，效果如下图所示。

绘制矩形

Step 03 按下Ctrl+Shift+N组合键，新建图层，选择工具箱中的渐变工具，设置从#fcefb8到#edd865径向渐变，在画布中间按住鼠标左键向右拖动，效果如下图所示。

填充图层

Step 04 选择横排文字工具，输入“糖果乐”文本，设置文本大小为150px，字体为“汉仪超粗圆简”，效果如下图所示。

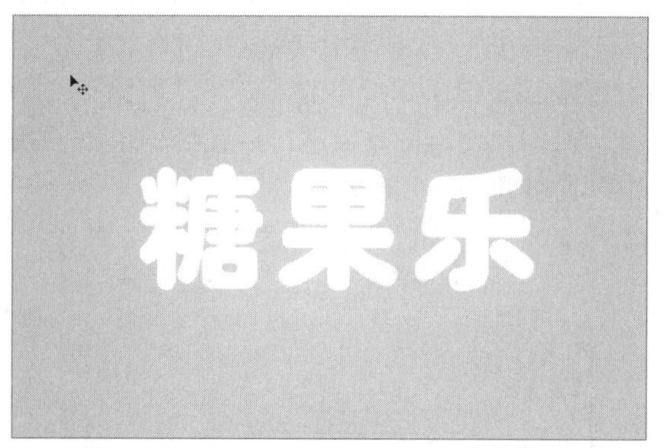

输入文字

Step 05 选中“果”字，在“字符”面板中设置基线偏移为“30点”，如下图所示。

设置“果”文字偏移

Step 06 按下Ctrl+J组合键，复制“糖果乐”图层，隐藏“糖果乐副本”图层，右击“糖果乐”图层，选择“栅格化文字”命令。然后按下Ctrl+T组合键，右击文字，选择“透视”命令，调整右上角控制点进行变形操作，如下图所示。

变形文字

Step 07 按下Ctrl+J组合键，复制“糖果乐”图层，得到“糖果乐副本2”图层，双击“糖果乐副本2”图层，为该图层添加“颜色叠加”图层样式，如下图所示。

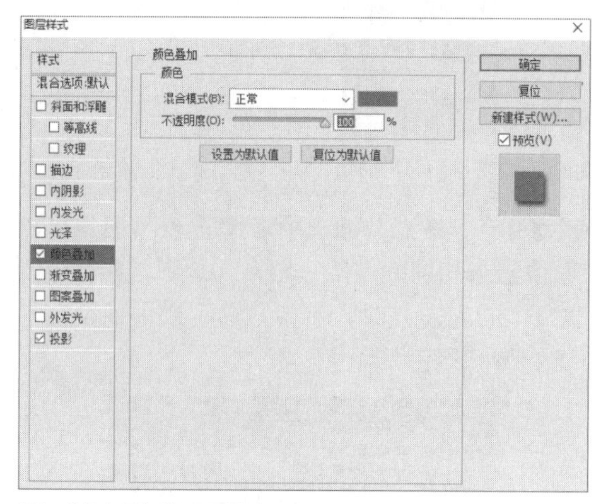

添加“颜色叠加”图层样式

Step 08 设置完成后，单击“确定”按钮查看效果，如下图所示。

查看添加图层样式后的效果

Step 09 双击“糖果乐”图层，在打开的“图层样式”对话框中设置“斜面和浮雕”和“渐变叠加”图层样式，如下图所示。

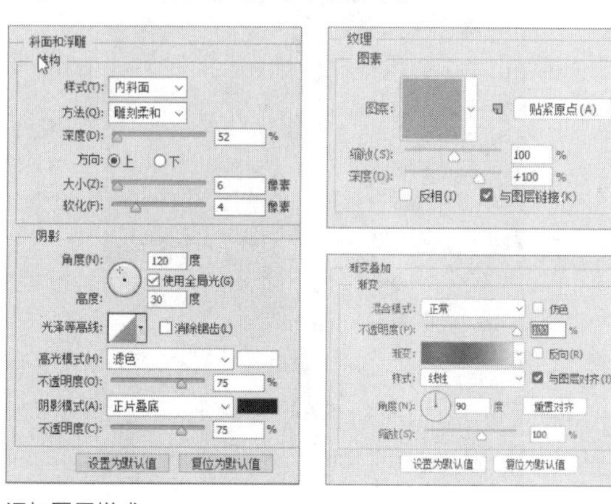

添加图层样式

Step 10 设置完成后，单击“确定”按钮，效果如下图所示。

查看效果

Step 11 按下Ctrl+Shift+N组合键，新建“图层2”图层，选择多边型套索工具，沿“糖果乐”图层中的“糖”字边与“糖果乐副本2”图层中“糖”字的边，建立选区，并为该图层设置“渐变叠加”图层样式，对“糖”字边缘进行填充，建立3D效果，如下图所示。

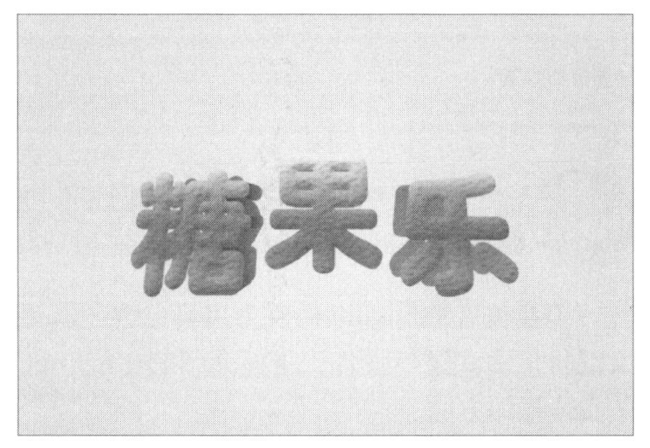

设置“糖”文字

Step 12 根据相同的方法设置“果”、“乐”字的3D效果，如下图所示。

绘制其他文字

Step 13 显示“糖果乐副本”图层，填充颜色为#61c4e4，双击“糖果乐副本”图层，在“图层样式”对话框中设置“描边”图层样式的“大小”的值为21，颜色为#61c4e4，效果如下图所示。

查看描边效果

Step 14 复制“糖果乐副本”图层，得到“糖果乐副本3”图层，双击“糖果乐副本3”图层，在“图层样式”对话框中设置 “描边”图层样式的“大小”为24px、颜色为#fcfefe，效果如下图所示。

新建图层并添加“描边”图层样式

Step 15 显示“糖果乐副本2”图层并右击，选择“栅格化图层”命令。然后双击该图层，为其添加“投影”图层样式，如下图所示。

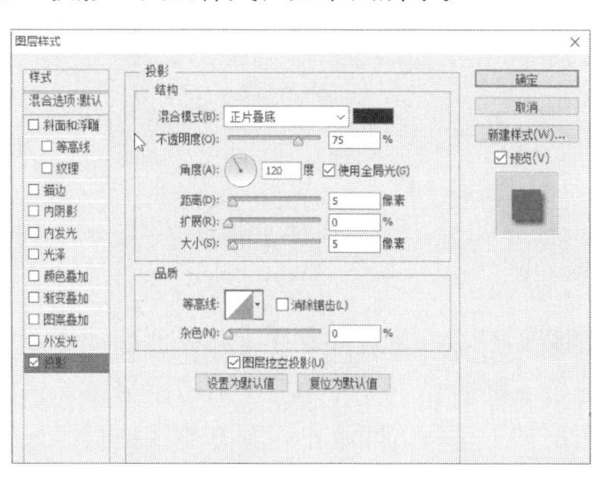

添加“投影”图层样式

Step 16 设置完成后，单击“确定”按钮查看效果，如下图所示。

查看效果

Step 17 按下Ctrl+Shift+N组合键，在“图层1”上方，新建“图层29”，使用钢笔工具沿图层“糖果乐副本3”边绘制出底的透视。并为其添加“渐变叠加”图层样式，如下图所示。

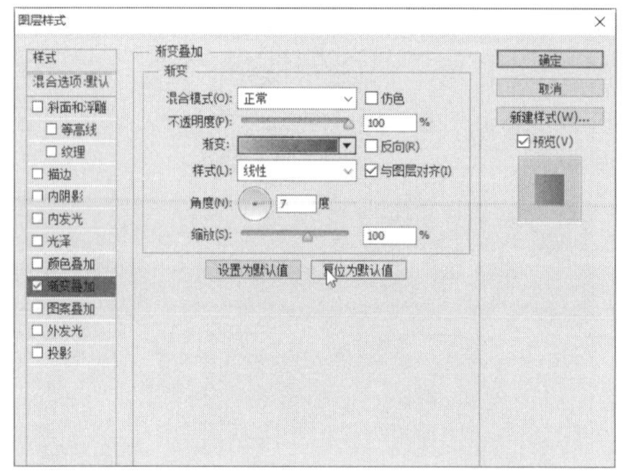

添加“渐变叠加”图层样式

Step 18 设置完成后，单击“确定”按钮查看效果，如下图所示。

查看效果

Step 19 置入1.png素材图片，将图片移动到图层“糖果乐副本3”下方，按下Ctrl+T组合键，调整“图层37”至合适的大小，并复制该图层，如下图所示。

置入素材

Step 20 继续将2.png和3.png素材图片，调整至合适大小，并放在合适的位置。至此，本案例制作完成，效果如下图所示。

查看最终效果

13.3 美食美客Logo设计

美食美客的Logo以橘色为主要色调，以图文混排的方式进行设计。下面介绍制作该Logo的具体操作方法。

Step 01 按Ctrl+N组合键，在“新建”对话框中设置文档参数，如下图所示。

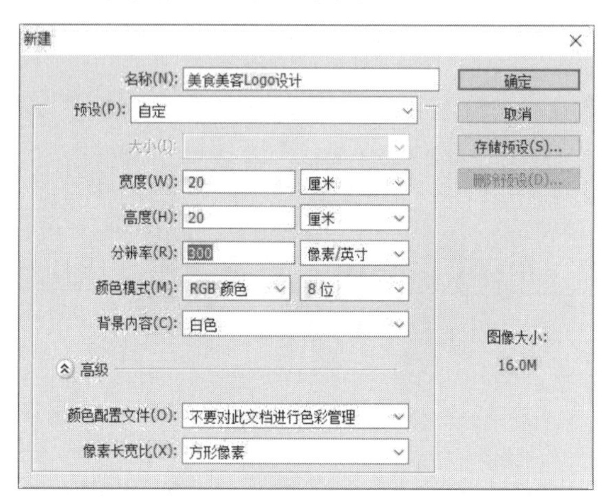

新建文档

Step 02 新建图层，设置前景色为#fe9400，按下Alt+Delete组合键填充颜色，效果如下图所示。

填充颜色

Step 03 新建图层，选择圆形选框工具，绘制一个圆形选区，如下图所示。

绘制圆形选区

Step 04 设置前景色为#fc6200，填充颜色后按下Ctrl+D组合键取消选区，如下图所示。

填充颜色

Step 05 按住Alt键，选中“圆形”图层，按住鼠标左键拖曳，光标会出现两个三角形的图标，复制圆形到右上角的位置，如下图所示。

复制圆形

Step 06 继续复制一些圆形，按Ctrl+T组合键进行自由变换，把部分圆形适当放大一些，使画面更充实，可以重叠在一起，效果如下图所示。

复制圆形并进行调整

Step 07 选中所有圆形的图层；把不透明度降低至50%，效果如下图所示。

设置不透明度

Step 08 新建图层，选择矩形选框工具，在画面的上方绘制细长的矩形选区，效果如下图所示。

绘制矩形选区

Step 09 单击属性栏中的“添加到选区”按钮，在绘制好的矩形区域其他三个边添加选区，效果如下图所示。

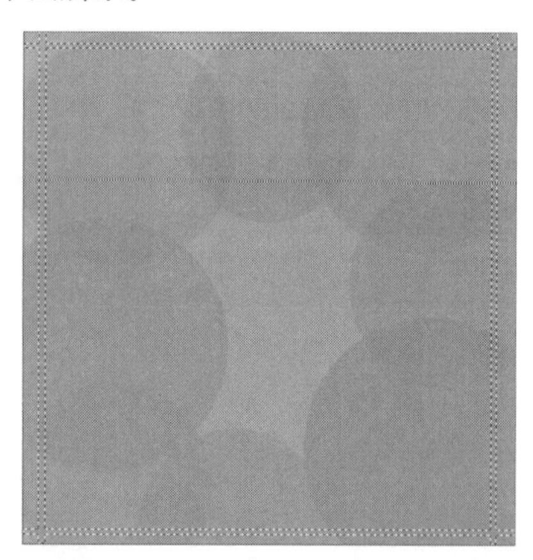

创建选区

Step 10 设置前景色为白色，按Alt+Delete组合键填充颜色，按Ctrl+D组合键取消选区，并把图层名称修改为“边框”，如下图所示。

填充颜色

Step 11 把“边框”图层的不透明度降低至60%。选择椭圆选框工具在画布中间绘制出一个正圆形选区，如下图所示。

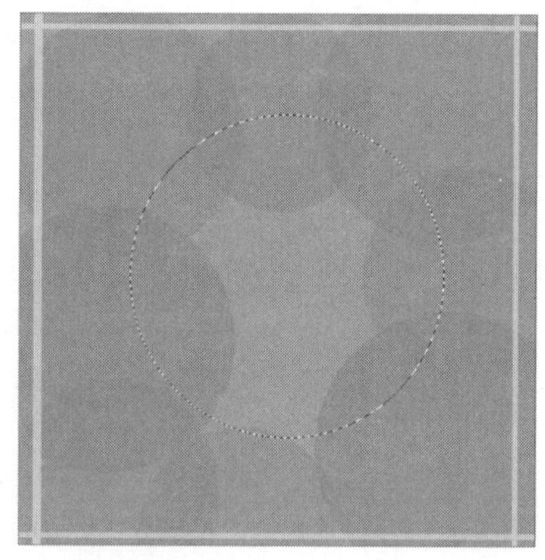

绘制圆形选区

Step 12 新建图层把绘制好的圆形填充白色，并为白色圆形添加“描边”图层样式，设置描边大小25像素、颜色为#7e4c04，单击“确定”按钮，如下图所示。

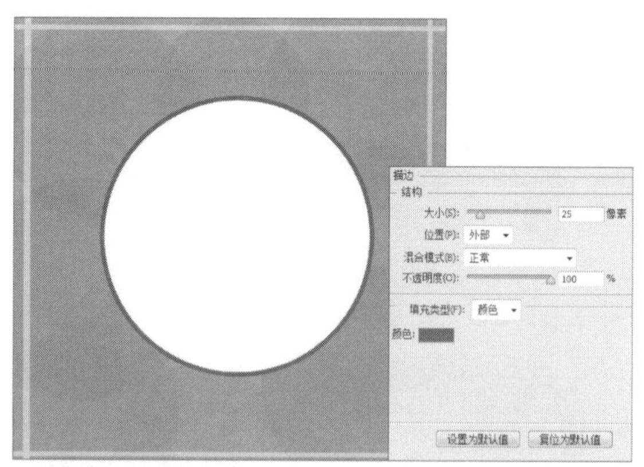

为圆形添加描边

Step 13 置入“蔬果.psd”素材图像，调整至合适大小，并放在白色圆形内，如下图所示。

置入素材

Step 14 为“蔬果”图层添加“描边”图层样式，设置描边大小为18像素、颜色为#089601，效果如下图所示。

添加“描边”图层样式

Step 15 选择横排文字工具，在圆形下方输入“美食美客”文字，设置大小为106点、字体为方正喵呜体，效果如下图所示。

输入文字

Step 16 在属性栏中单击“创建文字变形”按钮，设置样式为“扇形”、弯曲为-30%，如下图所示。

设置变形文字

Step 17 单击“确定”按钮，把文字向上移动，使文字在圆形下方更贴合，如下图所示。

移动文字

Step 18 为文字添加“投影”图层样式，设置投影的混合模式、不透明度和距离等参数，单击“确定”按钮，效果如下图所示。

设置投影参数

Step 19 置入“背景效果.jpg”素材，调整合适大小，并将该图层移至“背景”图层上方，效果如下图所示。

置入背景图片

Step 20 选择圆角矩形工具，设置半径为50像素，按Ctrl+Enter组合键把路径转换为选区，按Shift+Ctrl+I组合键进行反向，删除多余的边，如下图所示。

将图标修改为圆角矩形形状

Step 21 使用椭圆选框工具在图标下方绘制一个圆形的选区，并填充黑色，如下图所示。

绘制选区并填充黑色

Step 22 执行“滤镜>模糊>高斯模糊”命令，在“高斯模糊”对话框中设置“半径”值为30像素，如下图所示。

设置高斯模糊参数

Step 23 单击“确定”按钮，至此，本案例制作完成，查看最终效果，如下图所示。

查看最终效果

13.4 祥缘集团Logo设计

本案例以灰色为背景，突显黄色的Logo，该Logo整体以五角星形状为基础分别设置各个角。五个角看似分离，实则相互联系，寓意团结，这也是祥缘集团的理念。

本案例设计的Logo以文字和图案相结合，简洁大方，下面介绍具体的设计方法。

Step 01 打开Photoshop软件，然后按下Ctrl+N组合键，打开“新建”对话框，输入名称为“Logo设计”，文档大小为800×800像素，单击“确定”按钮，如下图所示。

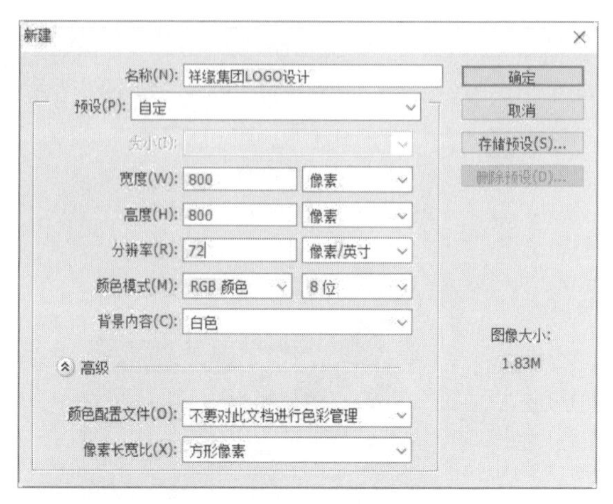

新建文档

Step 02 按Ctrl+R组合键，调出标尺，拖曳出两条相交的辅助线，确定中心点，如图所示。

创建辅助线

Step 03 然后选择椭圆工具，在属性栏中设置填充颜色为#cf9201，设置描边为无，如下图所示。

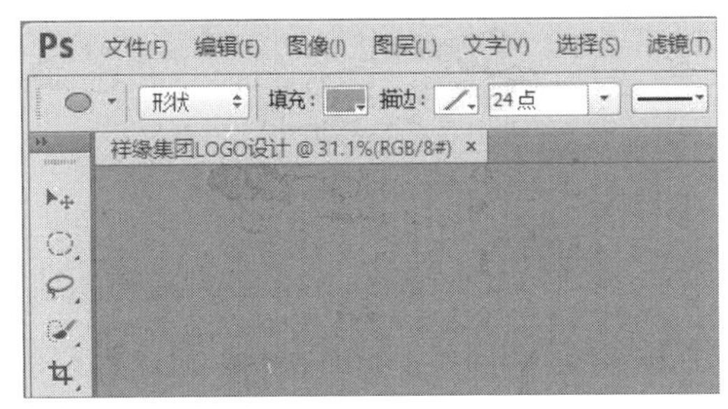

设置椭圆工具的属性

Step 04 绘制椭圆后，选择钢笔工具，按住Alt键不放，单击椭圆的一个端点，将其设置为尖头形状。然后按下Ctrl+T组合键，将椭圆中心点与辅助线的交点重合，如下图所示。

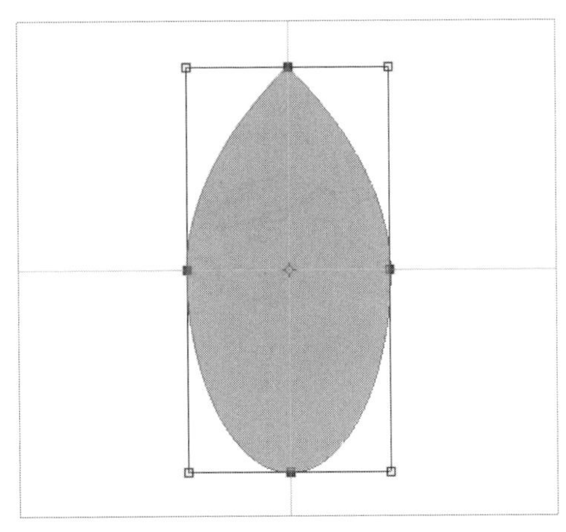

绘制并修改椭圆形状

Step 05 选择椭圆工具，然后按住Alt键，待光标显示为“-”符号时，再绘制一个椭圆，并对绘制的椭圆的角度进行调整，如下图所示。

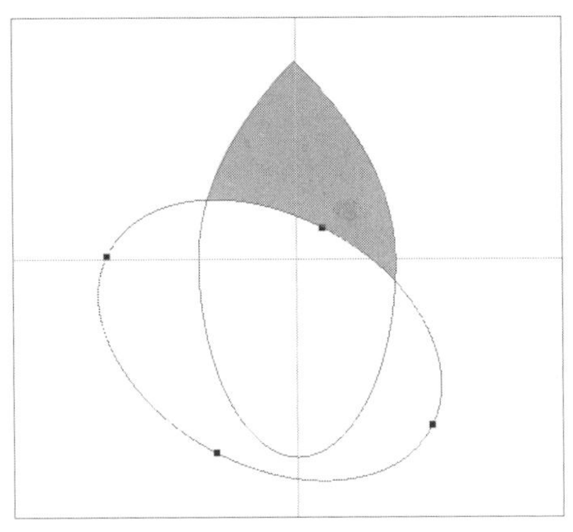

绘制并旋转椭圆形状

Step 06 然后使用路径选择工具，将图案全部选中，单击属性栏中的“路径操作”下三角按钮，选择“合并形状”选项，效果如下图所示。

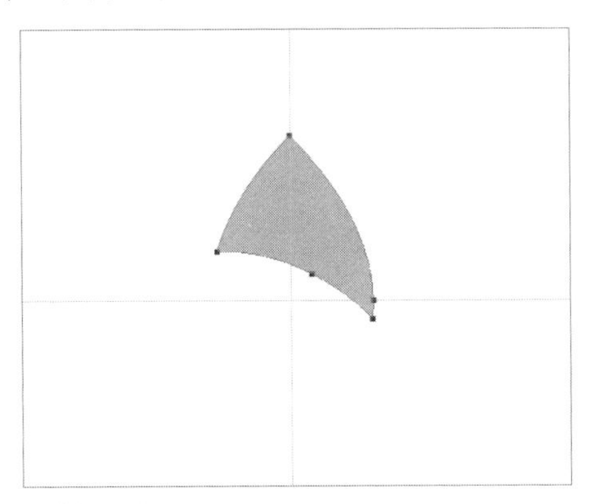

创建新图形

Step 07 在“图层”面板中选择“椭圆1”图层，选择渐变工具，双击渐变颜色条，在打开的对话框中设置从深黄到黄色的渐变，单击“确定”按钮，如下图所示。

设置渐变颜色

Step 08 在图形中由下向中间拖动，制作出渐变的效果，如下图所示。

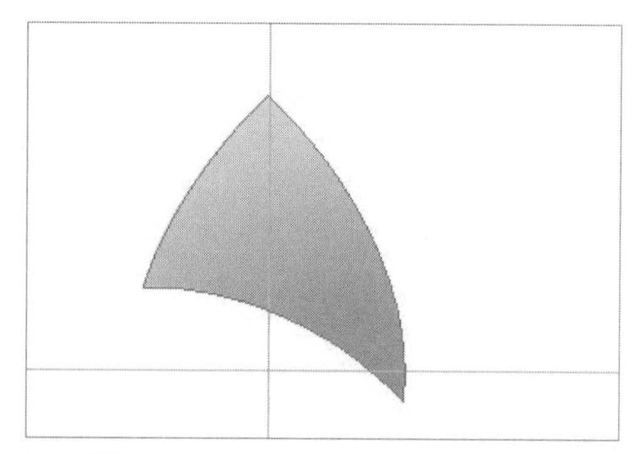

填充图形

Step 09 双击“椭圆1”图层，在打开的“图层样式”对话框中设置“斜面和浮雕”图层样式的相关参数，如下图所示。

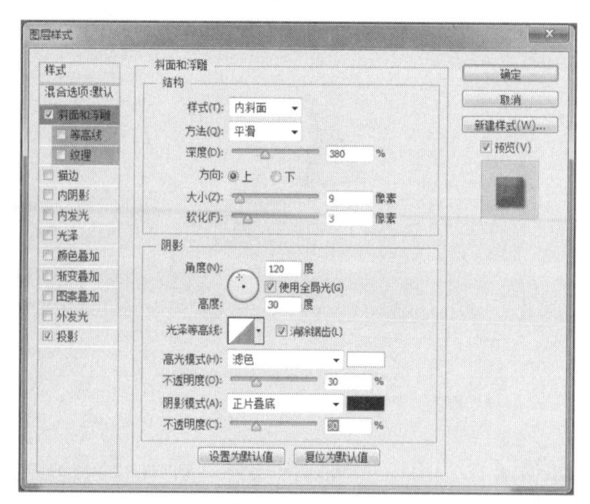

设置斜面和浮雕参数

Step 10 然后切换到“投影”选项面板，设置相关参数后，单击“确定”按钮，如下图所示。

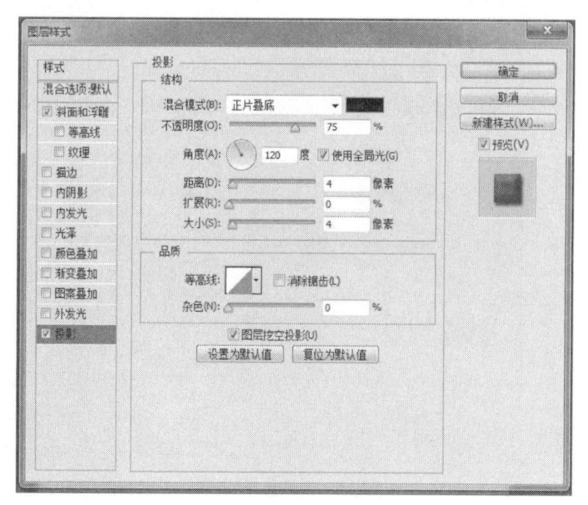

设置投影参数

Step 11 然后按下Ctrl+T组合键，进行自由变换操作，接着按下键盘上的向上方向键，沿着垂直辅助线向上移动，保证图案的中心点在辅助线上，如下图所示。

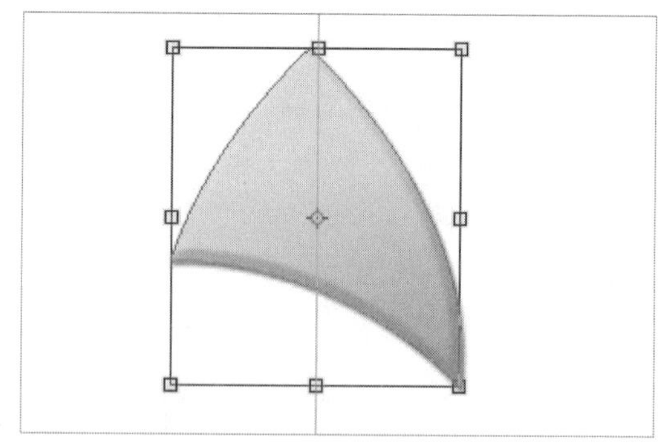

向上移动图形

Step 12 接着拖动图形的中心点，沿着垂直的辅助线向上移动至上控制线的中间控制点处，如下图所示。

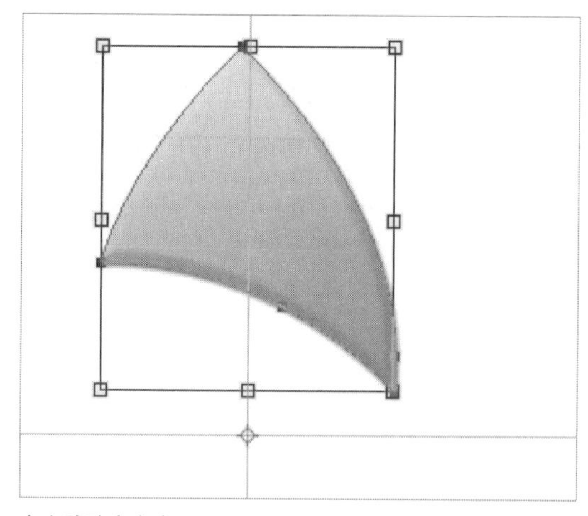

向上移动中心点

Step 13 在属性栏中设置旋转角度为75度，旋转后的效果如下图所示。

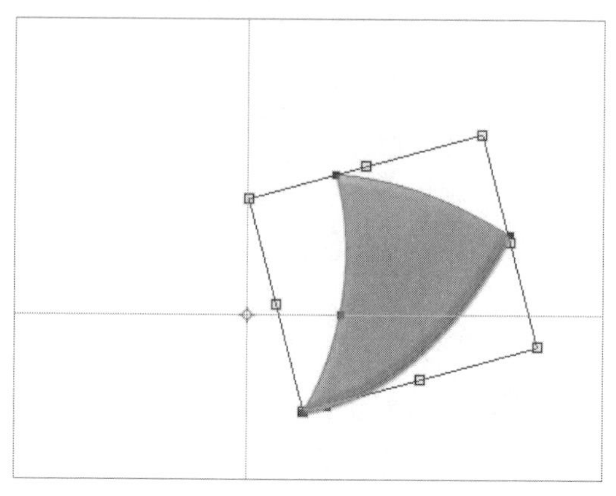

旋转图形

Step 14 接着按下Alt+Ctrl+Shift+T组合键，执行旋转并连续复制操作，然后调整中心点得到下图所示的图形。使用路径选择工具全选图形，按下Ctrl+T组合键，执行自由变换操作，调整Logo的大小。

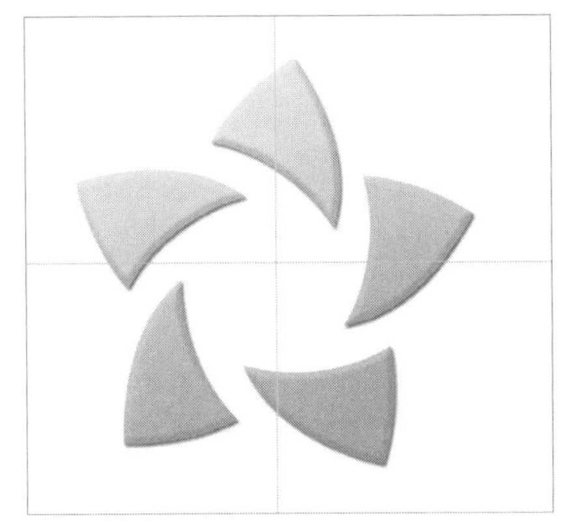

重复执行旋转图形

Step 15 然后输入公司的英文缩写XY，并对文本的字体字号进行设置，然后置入“黄金颗粒.jpg”素材，适当调整大小，如下图所示。

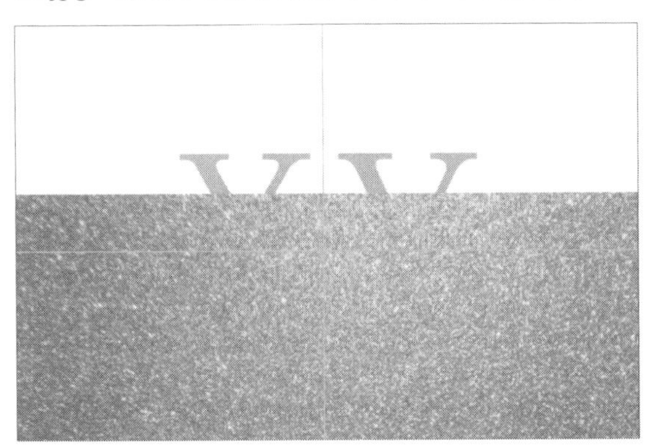

置入素材

Step 16 将黄金素材图片对应的图层拖至文字XY图层的上面，同时按下Ctrl+Alt+G组合键，创建剪贴蒙版，效果如下图所示。

创建剪贴蒙版

Step 17 接着在“图层”面板中选中XY文字图层，按下Ctrl+J组合键复制一份，将复制的图层移至母图层的下面。将复制的文本设置为深色，然后按下Ctrl+T组合键，执行变换操作，按下键盘上的方向键调整其位置，效果如下图所示。

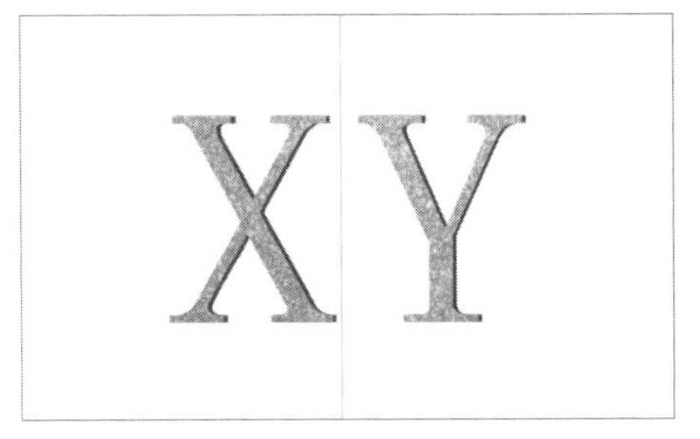

复制图层并自由变换

Step 18 选中文字有关的图层，按下Ctrl+G组合键进行成组，按下Ctrl+T组合键，调整文字的大小，然后将文字移至Logo图案的中间，如下图所示。

移动文字

Step 19 使用横排文字工具在Logo下方输入公司名称，并设置字体格式。为“背景”图层填充渐变颜色，最终效果如下图所示。

查看最终效果

Chapter 14 户外广告设计

户外广告是指在建筑物外表所设立的霓虹灯、广告牌、海报等，是面向所有的公众的效果展示，具有极强的宣传功能，要求广告能对所要表达的内容进行提炼，从而为公众带来极大的视觉效果。本章将介绍啤酒户外广告和家电商场招贴两种不同广告效果的制作过程。

14.1 啤酒户外广告

本案例运用多种素材，对素材进行抠取、羽化以及图层蒙版等操作，把沙漠和啤酒完美地融合在一起，设计出沙漠绿洲的啤酒效果。下面介绍具体设计方法。

Step 01 执行“文件>新建”命令，在弹出的对话框中设置名称为“沙漠啤酒”，新建空白文档，具体参数如下图所示。

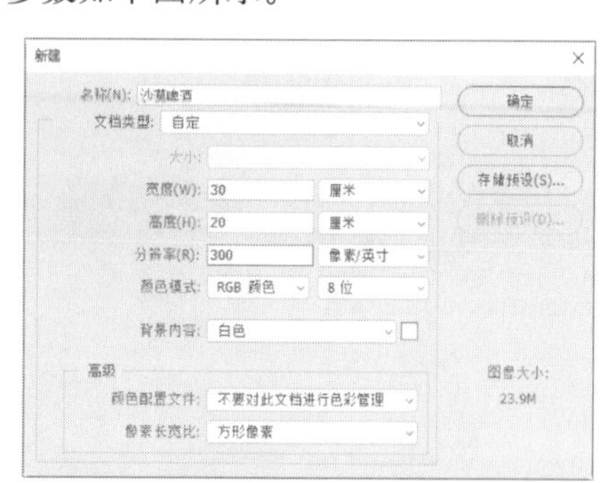

新建文档

Step 02 执行“文件>置入”命令，打开“沙漠一.jpg”素材文件，适当调整图片的大小和位置，如下图所示。

置入素材

Step 03 使用钢笔工具沿着天空绘制路径，按下Ctrl+Enter组合键，将路径转换成选区，按Delete键删除选区内容，效果如下图所示。

删除天空部分

Step 04 置入“远处沙丘.jpg”素材文件，调整至合适大小，并移至“沙漠一”图层下方，将不透明度调整至80%左右。

置入并调整素材

Step 05 置入“夜空.jpg”素材文件，适当调整图片的大小和位置，把该素材图层移至“沙漠一”图层下面，如下图所示。

置入夜空素材

Step 06 新建图层，填充颜色为#ffac63，设置该图层的混合模式为“颜色加深”、不透明度为60%，如下图所示。

新建图层并填充颜色

Step 07 选中“沙漠一”图层并添加“图层蒙版”，在图层蒙版上创建黑白渐变的效果，使得画面更加融合，如下图所示。

添加图层蒙版

Step 08 置入“山涧小溪.jpg”素材图像，适当调整其大小和位置，使用钢笔工具沿着小溪制出路径，按下Ctrl+Enter组合键，将路径转换成选区，如下图所示。

置入素材并绘制路径

Step 09 按Shift+F6组合，打开“羽化选区”对话框，设置半径为100像素，然后按Shift+Ctrl+I组合键进行反向选择，删除掉不要的部分，效果如下图所示。

删除多余的部分

Step 10 选中“山涧小溪”图层，按Ctrl+T组合键进行自由变换，把图像朝着左右拉开些，使得图像变地宽一些，如下图所示。

变换山涧小溪

Step 11 置入“青苔.jpg”素材图片，使用钢笔工具绘制出需要的路径，并将路径转换为选区。按Shift+F6组合键，在打开的对话框中设置羽化半径为20像素，效果如下图所示。

抠取青苔

Step 12 多复制“青苔”图层，分别调整大小并放在小溪的两边，效果如下图所示。

复制青苔图层

Step 13 置入“啤酒.jpg”素材图片，调整其大小，并将其旋转90度，使用钢笔工具沿着瓶身绘制路径并转换为选区，按Shift+Ctrl+I组合键进行反向选择，并删除背景，如下图所示。

置入并调整素材

Step 14 多复制“啤酒”图层，放置在不同的位置，为放在沙漠中的啤酒添加图层蒙版，使用画笔工具进行涂抹，制作出沙漠中生长出啤酒的效果，如下图所示。

复制啤酒图层

Step 15 新建图层，在第一个啤酒瓶的瓶口处绘制路径并转换为选区，设置羽化半径为20像素，然后填充白色，制作出流淌的效果，如下图所示。

制作流淌的效果

Step 16 置入“枯枝素材.psd”文件，使用钢笔工具绘制出需要的枯枝路径，将不需要的区域删除，并放在图像的左下方，适当调整啤酒瓶的位置，如下图所示。

置入枯枝素材

Step 17 置入“人物一.jpg”素材图片，适当调整大小并放在画面的右侧，使用钢笔工具沿着人物绘制路径，如下图所示。

置入人物素材

Step 18 将路径转换为选区，按Shift+Ctrl+I组合键反向选区，按Shift+F6组合键，在打开的对话框中设置羽化半径为2像素，并将该图层的混合模式改为“强光”，如下图所示。

抠取人物

Step 19 使用同样的方法对“人物二.jpg”素材进行抠取，并放在画面的右侧，效果如下图所示。

置入人物素材

Step 20 置入“驼队.png”素材，适当调整大小，并放在沙丘上，把“驼队”所在图层的不透明度降低至80%，如下图所示。

置入驼队素材

Step 21 置入“脚印.png”素材文件，调整大小并放在右侧人物的后方，设置“脚印”图层混合模式为“变亮”，并为该图层添加“斜面和浮雕”图层样式，效果如下图所示。

添中脚印效果

Step 22 把“脚印”图层的不透明度降低至50%，复制一份放置在左侧人物的后面，如下图所示。

为左侧人物添加脚印效果

Step 23 在右下角输入文字，并栅格化文字，使用3D模型工具，设置好角度后，单击“生成”按钮，制作出立体效果，如下图所示。

输入文字并制作立体效果

Step 24 新建图层，使用魔棒工具选中文字的表面，为新建的图层填充颜色为#007eff，为文字添加白色描边，效果如下图所示。

添加描边效果

Step 25 选中蓝色文字的图层，执行“滤镜>风格化>风”命令，打开“风”对话框，选中“大风”单选按钮，单击“确定”按钮，效果如下图所示。

添加“风”滤镜的效果

Step 26 选中文字3D效果的图层，按Ctrl+Enter组合键变换成选区，直接填充颜色#bf040b，效果如下图所示。

填充颜色

Step 27 选中一个埋在沙堆里面的“啤酒”图层，按Ctrl+T组合键并适当放大，然后将该图层放至文字的后面，如下图所示。

调整啤酒瓶的大小和位置

Step 28 至此，啤酒户外广告制作完成，效果如下图所示。

查看最终效果

Step 29 将效果保存，打开“户外牌.jpg”素材，将保存的图片置入并右击，在快捷菜单中选择“扭曲”命令，调整四个控制点使其与户外牌结合，按Enter键确认，效果如下图所示。

查看户外效果

14.2 家电商场招贴

本案例以家电促销为主题制作商场招贴广告，主要使用各种图像文件，通过自定义形状工具、图层样式和滤镜等功能的应用，制作出家电风暴的效果。下面介绍具体的操作方法。

Step 01 执行“文件>新建”命令，在弹出的对话框中设置各项参数，创建新文档，如下图所示。

新建文档

Step 02 选择渐变工具，单击属性栏中渐变颜色条，打开“渐变编辑器”对话框，设置渐变色值为C58、M0、Y13、K0到C81、M38、Y11、K0的渐变，如下图所示。

设置渐变颜色

Step 03 在“背景”图层，由下向上拖曳制作渐变的效果，如下图所示。

填充图层

Step 04 置入“白云.jpg”素材文件，调整其大小并放在画面的上方，如下图所示。

置入白云素材

Step 05 选择“白云”图层，然后单击“添加图层蒙板”按钮。选择渐变工具，打开“渐变编辑器”对话框，选择黑白模式的渐变，如下图所示。

设置渐变颜色

Step 06 进行渐变设置后，在创建的图层蒙版上拖曳，使白云和下面的背景图层更加融合，效果如下图所示。

创建渐变的图层蒙版

Step 07 设置“白云”图层的混合模式为“滤色”，效果如下图所示。

设置图层混合模式

Step 08 置入“悬浮岛.png”素材文件，调整素材的大小，并放在画面的中间，按Enter键确认，如下图所示。

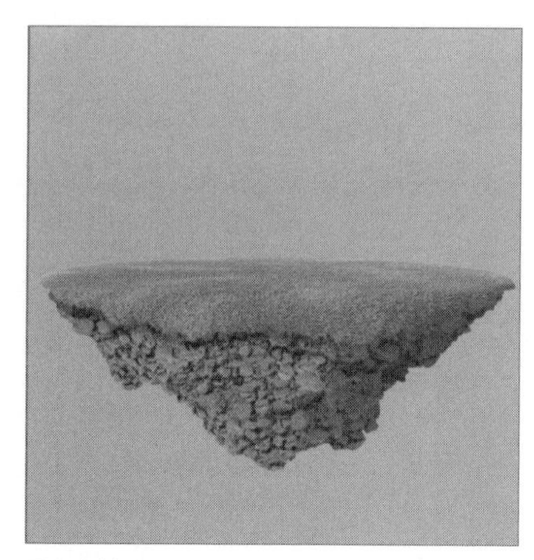

置入素材图片

Step 09 置入“家电.psd”素材文件，调整素材的大小，将其放在悬浮岛的上方，效果如下图所示。

置入家电素材

Step 10 打开“拾色器（前景色）”对话框，设置前景色的色值为C100、M100、Y46、K1，选择自定形状工具，绘制倒立的三角形形状，如下图所示。

绘制三角形

Step 11 双击三角形图层，打开“图层样式”对话框，勾选“渐变叠加”复选框，设置渐变色值为C82、M54、Y0、K0到C88、M68、Y0、K0的颜色渐变，效果如下图所示。

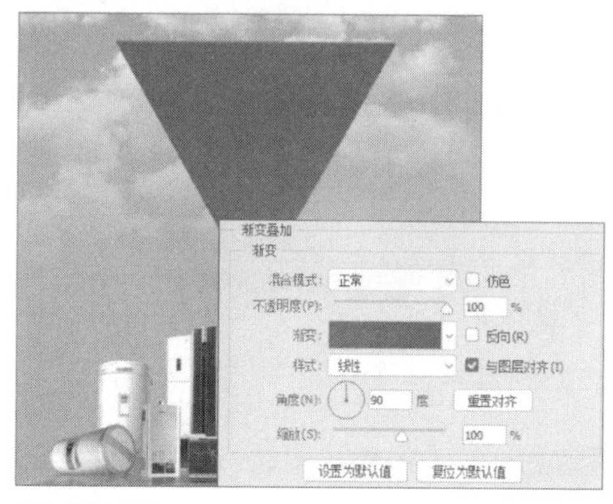

添加渐变叠加

Step 12 设置前景色色值为C62、M7、Y0、K0，再创建一个三角形形状，如下图所示。

绘制三角形

Step 13 设置前景色色值为C57、M4、Y0、K0，再创建一个三角形形状，然后为其添加“描边”图层样式，设置描边大小为31像素，颜色为C56、M0、Y27、K0，如下图所示。

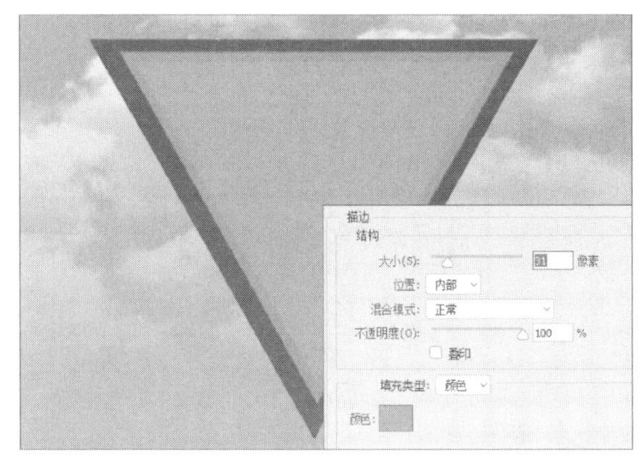

绘制三角形并设置描边

Step 14 选择矩形选框工具，设置模式为添加到选区，绘制一些横向的矩形选区，尽量绘制在三角形内，如下图所示。

绘制矩形选区

Step 15 新建图层并命名为“条形框”，绘制完条形框后，并填充颜色为C78、M49、Y0、K0，如下图所示。

填充矩形选区

Step 16 新建图层并命名为“蓝边”，选择钢笔工具绘制一个路径，按下Ctrl+Enter组合键，将路径转换成选区，设置前景色色值为C60、M0、Y12、K0，并填充选区，之后复制两份放在另外两个角，如下图所示。

绘制路径并填充

Step 17 新建图层，命名为“光照效果”，选择矩形选框工具在三角的左上角绘制矩形，并为矩形填充黑色，然后按下Ctrl+D组合键取消选区，如下图所示。

绘制矩形并填充黑色

Step 18 执行“滤镜>渲染>镜头光晕”命令，打开“镜头光晕”对话框，设置参数为127%，单击“确定”按钮，如下图所示。

设置镜头光晕

Step 19 设置完成后，在画面中查看添加镜头光晕滤镜的效果，如下图所示。

添加镜头光晕效果

Step 20 选择“光照效果”图层，更改图层混合模式为“滤色”，效果如下图所示。

设置混合模式后的效果

Step 21 选择“光照效果”图层，按下Ctrl+J组合键复制出四份，沿着三角形的边摆放在不同的位置，如下图所示。

复制“光照效果”图层

Step 22 再复制一个光照效果，按下Ctrl+T组合键，适当将其放大，并放置在三角形中间，效果如下图所示。

复制一份光照并放大

Step 23 打开“拾色器（前景色）”对话框，设置前景色的色值为C39、M0、Y3、K0。选择横排文字工具，输入文字，设置字体为方正大黑体、大小为111点，效果如下图所示。

输入文字

Step 24 为文字图层添加“投影”图层样式，设置投影色值为C88、M58、Y4、K0，距离为29像素，大小为5像素，效果如下图所示。

添加“投影”图层样式

Step 25 选择横排文字工具，输入文字，设置字体为汉仪菱心体简、大小为248点、颜色为白色，效果如下图所示。

输入文字

Step 26 选中输入的文字图层，为文字添加“外发光”图层样式，设置大小为63像素，等高线为环形-63，具体参数如下图所示。

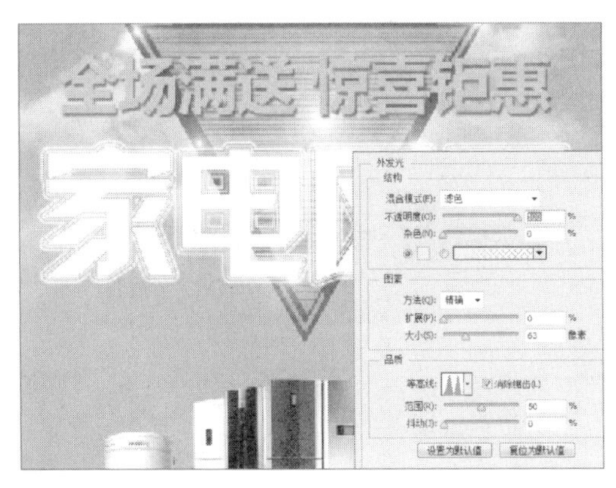

添加“外发光”图层样式

Step 27 复制“家电风暴”图层，并删除“外发光”图层样式。单击“添加图层蒙版”按钮，为文字添加图层蒙版，设置前景色为黑色，效果如下图所示。

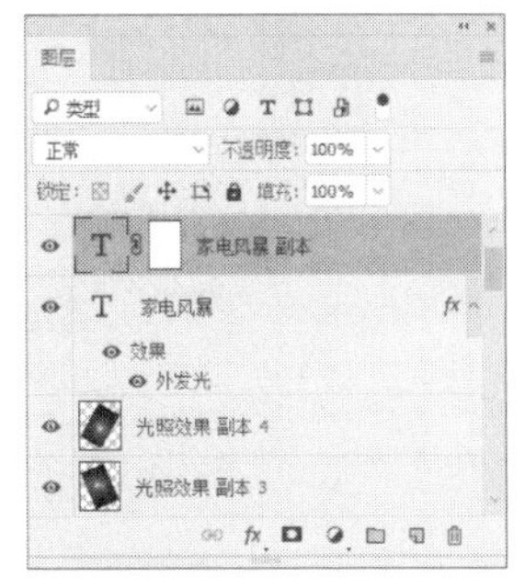

添加图层蒙版

Step 28 选择画笔工具，设置笔尖形状为星星55、大小为260像素、间距为88%、大小抖动为90%，如下图所示。

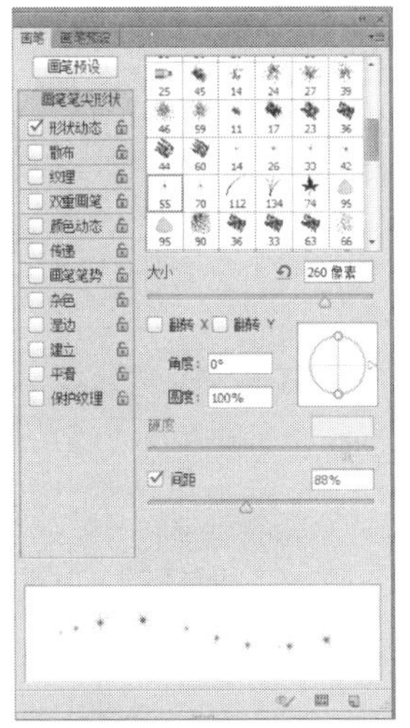

设置画笔工具

Step 29 在图层蒙版上进行拖曳，尽量按照文字的内空形状绘制，效果如下图所示。

查看文字效果

Step 30 置入“风暴.jpg”素材图片，适当调整素材的大小，将其放在画面的下方，然后将该图层移至悬浮岛图层的下方，效果如下图所示。

置入风暴素材

Step 31 为风暴图层添加图层蒙版，选择渐变工具，打开“渐变编辑器”对话框，选择黑白模式的渐变，如下图所示。

设置渐变颜色

Step 32 单击“确定”按钮，在图层蒙版上由下向下拖曳出渐变效果，如下图所示。

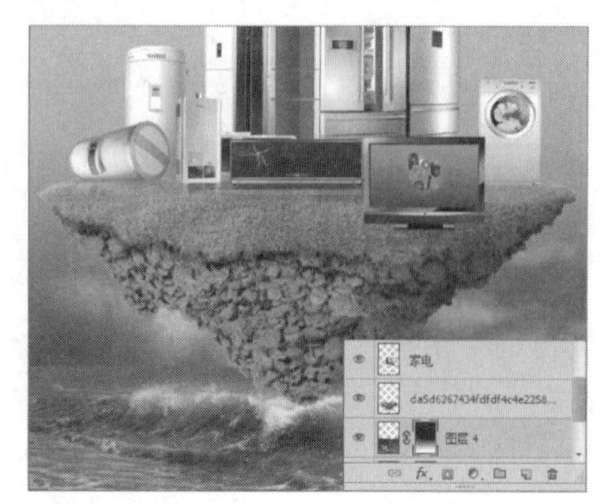

创建渐变的效果

Step 33 选中风暴图层，设置混合模式为“线性光”，如下图所示。

设置图层的混合模式

Step 34 至此，家电商场招贴广告制作完成，查看最终效果，如下图所示。

查看最终效果

Chapter

15 插画设计

插画是一种艺术形式，作为现代设计的一种重要视觉传达形式，可以展现事物直观的形象性、真实的生活感和美的感染力。本章将介绍星空下的女孩和踏春两个插画设计的具体操作方法。

15.1 星空下的女孩

本案例主要使用钢笔工具、铅笔工具、画笔工具以及油漆桶工具等，绘制出星空下和谐的景象，包括人、动物和植物。下面介绍具体设计方法。

Step 01 新建文档，选择渐变工具，打开“渐变编辑器”对话框，设置颜色从#063a60到#8bc1ef的渐变，单击“确定”按钮，在画面中由上往下拉出渐变效果，如下图所示。

创建渐变效果

Step 02 设置前景色的色号为#3786c9。使用套索工具在画面的下方绘制海浪形状的选区，并使用油漆桶工具填充前景色，效果如下图所示。

绘制海浪

Step 03 使用套索工具再绘制选区并填充颜色为#5299d5，使用画笔工具绘制出水波和水纹的形状，如下图所示。

绘制水波和浪花

Step 04 置入“树.png”素材文件，适当调整其大小，并放在画面的右侧，效果如下图所示。

置入树素材

Step 05 使用钢笔工具绘制出小孩头发，并使用渐变工具对头发颜色进行填充，效果如下图所示。

绘制人物的头发

Step 06 使用钢笔工具绘制小孩脸部，设置前景色为#ffe8c9，使用油漆桶工具对脸部填充前景色，效果如下图所示。

绘制人物的脸部

Step 07 按照同样的操作，绘制出人物的手脚和其它部位，人物的效果如下图所示。

绘制出人物形状

Step 08 选择画笔工具，打开“画笔预设选取器”面板，设置画笔的大小为10像素，如下图所示。

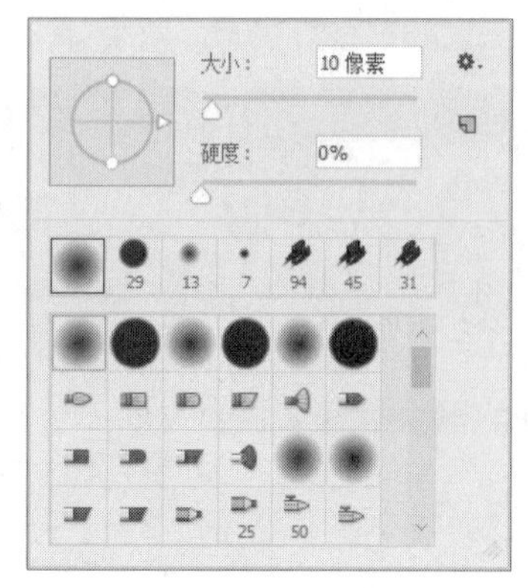

设置画笔工具的属性

Step 09 设置前景色为#fc9a82，使用画笔工具在人物的脸部绘制腮红，效果如下图所示。

绘制人物的腮红

Step 10 使用钢笔工具绘制鱼的路径，按Ctrl+Enter组合键转换为选区，并使用油漆桶工具填充黑色，效果如下图所示。

绘制鱼的形状

Step 11 使用吸管工具，吸取小孩脸上颜色，变换为前景色，再使用钢笔工具绘制出鱼的腹部选区，并使用油漆桶工具填充前景色，并按同样方法绘制出鱼眼部分，效果如下图所示。

完成鱼的绘制

Step 12 使用钢笔工具绘制出鱼跃出水面的水纹路径，将路径转换为选区，效果如下图所示。

绘制水纹

Step 13 设置前景色，执行“编辑>描边”命令，在打开的“描边”对话框中设置宽度为2像素，再执行“编辑>填充”命令，在打开的对话框中选择“背景色”对水纹进行填充，效果如下图所示。

为水纹选区设置描边并填充

Step 14 设置前景色为黄色，使用钢笔工具绘制出月亮选区，使用油漆桶工具，对月亮选区填充前景色，如下图所示。

绘制月亮并填充颜色

Step 15 执行“图像>调整>色相/饱和度”命令，调整月亮颜色的饱和度，效果如下图所示。

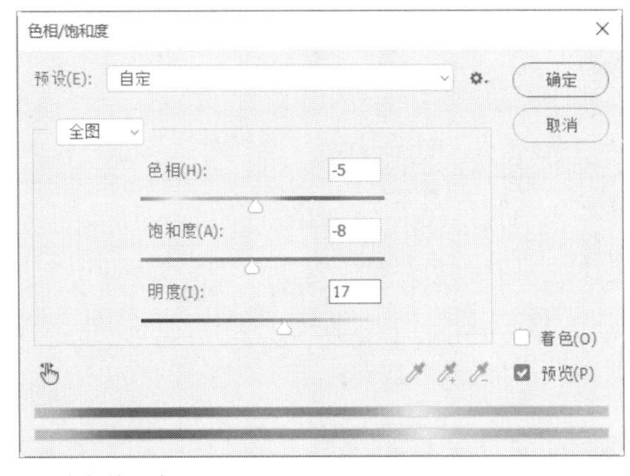

设置色相饱和度

Step 16 选择画笔工具，打开“画笔预设选取器”，设置相关参数，如下图所示。

设置画笔工具的属性

Step 17 打开“画笔”面板，设置“画笔笔尖形状”相关参数，如下图所示。

设置画笔笔尖形状

Step 18 再勾选“散布”复选框，在右侧选项区域中设置相关参数，如下图所示。

设置画笔的散布参数

Step 19 使用画笔工具在画面的上方绘制出闪烁的星星形状，效果如下图所示。

绘制星星

Step 20 按照同样的方法，使用画笔工具绘制出不同大小的闪烁的星星，设置不透明度为87%，效果如下图所示。

再绘制星星并设置不透明度

Step 21 置入“树叶.png”和“落叶.png”素材文件，按比例缩小，分别移动到合适的位置，如下图所示。

添加树叶素材

Step 22 选择月亮图层，打开“图层样式”对话框，添加“外发光”图层样式，如下图所示。

添加“外发光”图层样式

Step 23 设置前景色为棕色，选择铅笔工具，设置铅笔工具的相关参数，绘制出船杆形状，效果如下图所示。

绘制船杆

Step 24 使用钢笔工具、油漆桶工具、画笔工具绘制出船身的形状，并分别填充不同的颜色，效果如下图所示。

绘制船身形状

Step 25 使用相同的方法绘制船帆形状，并分别填充颜色，效果如下图所示。

绘制船帆

Step 26 使用钢笔工具，把船底水下部分绘制出选区，设置前景色为#d0e4fa，如下图所示。

绘制船底选区

Step 27 使用油漆桶工具对选区填充前景色，设置不透明度为13%，效果如下图所示。

为选区填充颜色

Step 28 使用钢笔工具绘制出白云形状，并填充颜色，如下图所示。

绘制白云形状

Step 29 设置白云图层的混合模式为“柔光”，不透明度为23%。至此，星空中的女孩插画制作完成，效果如下图所示。

查看最终效果

15.2 踏春

本案例使用很多鲜明的色彩，突出春暖花开、春意盎然的景象。在制作该案例时使用的是常规的选框工具、钢笔工具等。下面介绍具体的操作方法。

Step 01 执行“文件>新建”命令，在打开的对话框中设置宽度为30厘米，高度20厘米，分辨率为300像素/英寸，如下图所示。

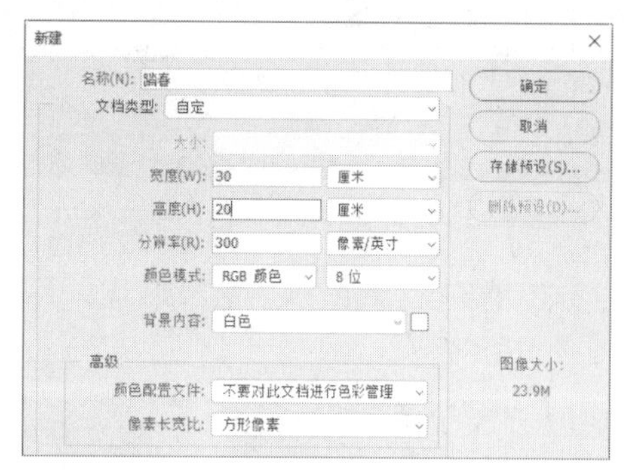

新建文档

Step 02 设置前景色为#74d0f5，按Alt+Delete组合键为图层填充颜色，如下图所示。

为图层填充颜色

Step 03 新建图层，选择椭圆选框工具，在画面中绘制出一个椭圆形选区，如下图所示。

绘制椭圆形选区

Step 04 设置前景色为#b1e3fa，按Alt+Delete组合键为椭圆选区填充颜色，按Ctrl+D组合键取消选区，如下图所示。

为选区填充颜色

Step 05 新建图层，选择椭圆选框工具，在画面的左下角绘制出一个椭圆形选区，效果如下图所示。

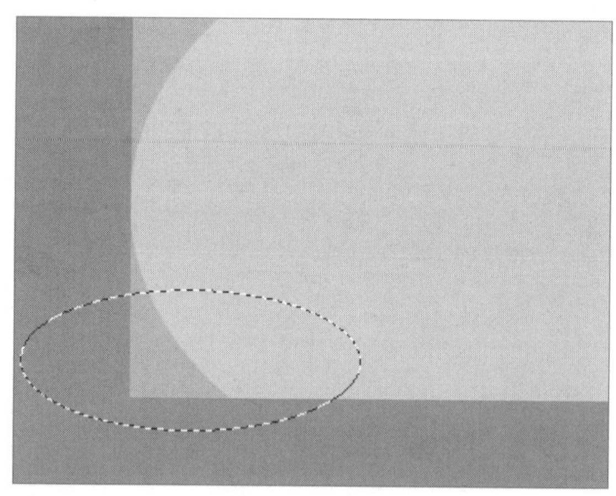

绘制椭圆形选区

Step 06 单击属性栏中的“添加到选区”按钮，在刚才绘制好的圆形基础上再绘制一个圆形选区，效果如下图所示。

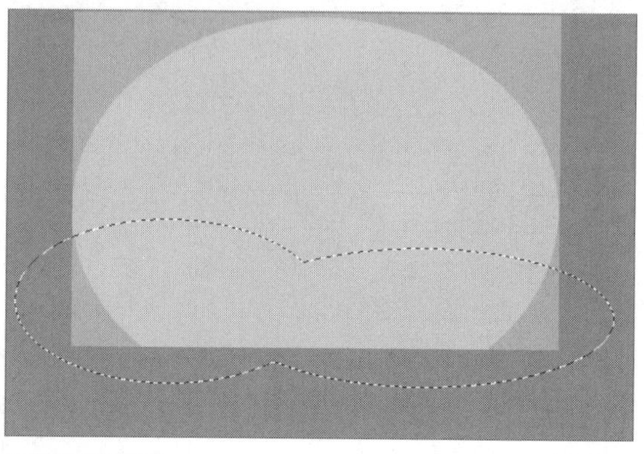

再绘制椭圆选区

Step 07 前景色设置为#98d20e，按Alt+Delete组合键为选区填充前景色，按Ctrl+D组合键取消选区，如下图所示。

为选区填充颜色

Step 08 新建图层，选择椭形选框工具，同样在属性栏中单击“添加到选区”按钮，在画面左右两侧绘制出两个椭圆形选区，并填充颜色#6bbf46，如下图所示。

绘制选区并填充颜色

Step 09 使用钢笔工具绘制一个三角形路径，如下图所示。然后按Ctrl+Enter组合键将路径转化为选区。

绘制三角形路径

Step 10 新建图层，命名为“山峰一”，为选区填充颜色为#00959b，按Ctrl+D组合键取消选区，把图层调整到绿色图层下面，效果如下图所示。

填充颜色并移动图层

Step 11 新建图层，继续使用钢笔工具绘制右边三角形路径，将路径转化为选区，如下图所示。

绘制三角形路径

Step 12 为选区填充颜色为#017f85，然后取消选区，把“山峰一右边”图层调整到绿色图层下面，效果如下图所示。

为选区填充颜色

Step 13 新建图层，继续使用钢笔工具在山峰的右侧绘制一个三角形路径，将路径转化为选区，如下图所示。

绘制三角形路径

Step 14 为选区填充颜色为#00d5d5，取消选区，把“山峰二”的图层调整到绿色图层下面，效果如下图所示。

填充选区

Step 15 使用钢笔工具绘制一个右边三角形路径，将路径转化为选区，如下图所示。

绘制右侧三角形选区

Step 16 为选区填充颜色为#00adad，取消选区，把“山峰二右边”的图层调整到绿色图层下面，效果如下图所示。

填充选区

Step 17 选中绘制的两座山，向左边移动一些，效果如下图所示。

移动图形

Step 18 新建图层，使用钢笔工具在山顶处绘制路径，将路径转化为选区，并填充白色，制作雪的效果，如下图所示。

绘制选区并填充颜色

Step 19 新建图层，使用同样的方法在另外一座山峰上用钢笔工具绘制出路径并转换成选区，填充白色，如下图所示。

绘制另一座山峰雪的效果

Step 20 执行菜单栏中“文件>置入”命令，在打开的对话框中将“桃花.png”素材图像置入到当前画布中，调整其大小并放在画面的右上角，如下图所示。

置入桃花素材

Step 21 置入“女孩.png”素材图像置入到当前画布中，把秋千绳索放置在桃枝下方，并适当调整大小，如下图所示。

置入女孩素材

Step 22 新建图层，使用钢笔工具绘制云朵路径，按住Ctrl+Enter组合键将路径转化为选区，如下图所示。

绘制云朵路径

Step 23 为选区填充白色，取消选区，效果如下图所示。

为选区填充颜色

Step 24 新建图层，使用钢笔工具绘制出另外一个白云的路径，如下图所示。然后将路径转换成选区，并填充白色，按Ctrl+D组合键取消选区，并把白云图层移至“桃花”图层下面。

绘制云朵路径

Step 25 新建图层，使用钢笔工具绘制出其他白云的路径，将路径转换成选区，并填充白色，按Ctrl+D组合键取消选区，适当调整白云图层的位置，效果如下图所示。

完成白云的绘制

Step 26 新建图层，选择工具箱中椭圆选框工具，在画面中绘制出一个椭圆形选区，并填充颜色为#6dbe46，按Ctrl+D组合键取消选区，如下图所示。

绘制椭圆形选区并填充颜色

Step 27 新建图层，选择矩形选框工具在椭圆形的下面绘制出树枝选区，并填充颜色为#d75d56，取消选区，效果如下图所示。

绘制树枝形状

Step 28 新建图层，继续选择矩形选框工具绘制其他树枝选区，并填充颜色为#d75d56，取消选区，效果如下图所示。

绘制其他树枝形状

Step 29 选择绘制好的树木图层，按Ctrl+E组合键合并所有树木的图层，并复制出一些，放在不同的位置，如下图所示。

合并树木图层并复制

Step 30 新建图层，选矩形选框工具，在画面的左上角绘制出矩形选区，如下图所示。

绘制矩形选区

Step 31 执行“编辑>描边”命令，在打开的对话框中设置描边大小为20像素，如下图所示。

描边矩形选区

Step 32 新建图层，使用矩形选框工具，在绘制好的矩形框内绘制出一个矩形选区，填充颜色为#ffd6d3，如下图所示。

绘制矩形选区并填充颜色

Step 33 使用横排文件工具，在粉色框内输入文字，颜色为#078e03，字体为方正稚艺繁体，大小为87点，如下图所示。

输入文字

Step 34 置入“花丛.png”素材图像，调整合适大小，放在画面的下方，效果如下图所示。

置入花丛素材

Step 35 选择女孩图层，打开“图层样式”对话框，勾选“投影”复选框，设置距离为23像素，单击“确定”按钮，如下图所示。

设置投影参数

Step 36 至此，踏春插画制作完成，查看最终效果，如下图所示。

查看最终效果

Chapter

16 创意蜗牛合成效果

在使用Photoshop制作创意合成图像时，用户可以根据个人的无限创意，将多张图片完美地结合在一起，从而创造出具有不同风格的合成图片效果。下面以蜗牛为主体制作轻松可爱的创意合成。

16.1 制作蜗牛主体

本节首先使用钢笔工具、图层样式和变形等功能对蜗牛进行适当处理，从而制作出主体效果。下面介绍具体的操作方法。

Step 01 打开Photoshop软件，按Ctrl+N组合键，在打开的对话框中新建“创意蜗牛.psd”文档。然后置入“背景.jpg”素材，适当调整其大小，效果如下图所示。

置入背景素材

Step 02 置入“小车.jpg”素材，使用钢笔工具沿着小车的车轮绘制路径，按Ctrl+Enter组合键转换为选区，如下图所示。

沿着车轮创建选区

Step 03 抠取选区内的内容，选择仿制图章工具，对扣出小车素材进行处理，将黄色支撑柱去掉，效果如下图所示。

抠取小车并处理

Step 04 再次置入“小车.jpg”素材，使用同样的方法使用钢笔工具抠取小车的坐垫，并移动到合适的位置，如下图所示。

抠取小车坐垫

Step 05 选择钢笔工具，绘制出车轮挡板路径并转换为选区，填充白色，如下图所示。

绘制挡板形状并填充颜色

Step 06 选择挡板所在的图层，打开“图层样式”对话框，设置“内阴影”图层样式的相关参数，如下图所示。

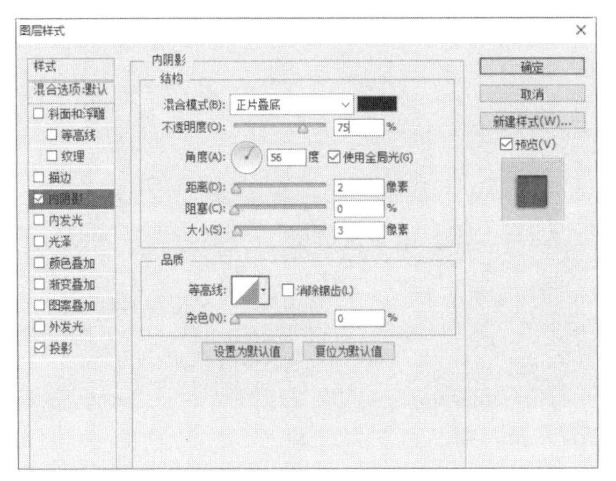

设置内阴影参数

Step 07 在“图层样式”对话框中勾选“投影”复选框，参数设置如下图所示。

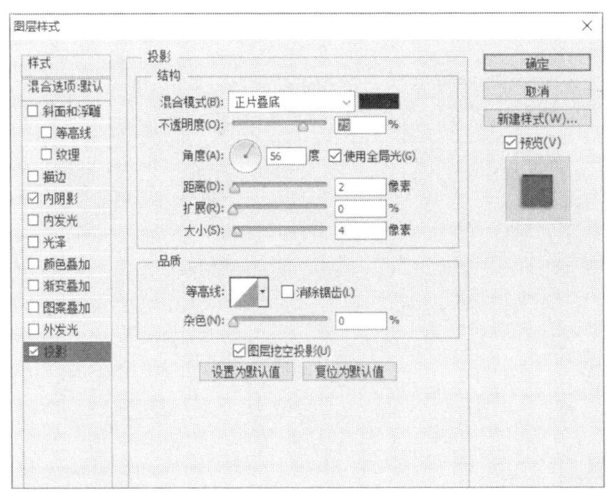

设置投影参数

Step 08 单击“确定”按钮后，查看设置图层样式后的挡板效果，如下图所示。

查看挡板的效果

Step 09 按同样的操作方法，绘制另一车轮挡板，并添加“内阴影”和“投影”图层样式，效果如下图所示。

绘制前挡板

Step 10 置入“排气管.png”素材，进行适当的缩放后，移动到后轮上，效果如下图所示。

置入排气管素材

Step 11 置入“蜗牛.png”素材，进行适当缩放后，移动到小车的上方，使蜗牛和小车结合，效果如下图所示。

置入蜗牛素材

Step 12 选择钢笔工具，绘制路径并转换为选区，抠取蜗牛壳的部分，如下图所示。

抠取蜗牛壳的部分

Step 13 执行“编辑>变换>变形”命令，适当调整选区，使蜗牛壳向后倾斜，效果如下图所示。

对选区进行变形

16.2 添加创意元素

主体制作完成后，下面再添加创意元素进行点缀。本节将使用钢笔工具、色相/饱和度等功能，下面介绍具体的操作方法。

Step 01 打开“门.jpg”素材，使用钢笔工具抠出门，如下图所示。

置入素材并抠取门

Step 02 执行“编辑>拷贝”命令后，返回到“创意蜗牛.psd”文档中，执行“编辑>粘贴”命令，并移动到合适的位置，如下图所示。

复制并粘贴选区

Step 03 选择门所在的图层，打开“图层样式”对话框，勾选“内阴影”复选框，设置混合模式为“正片叠底”、不透明度为75%、大小为2像素，如下图所示。

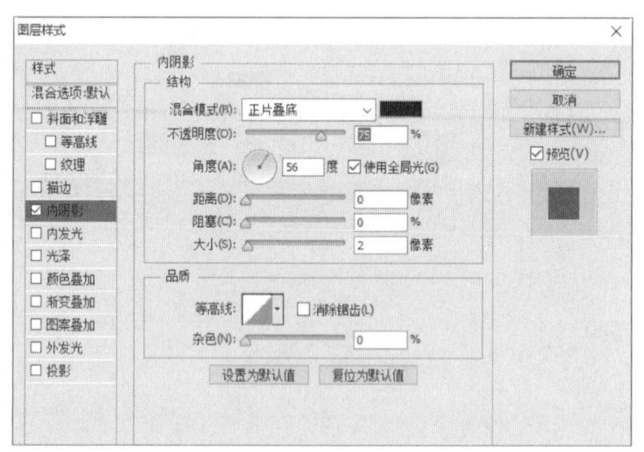

设置内阴影参数

Step 04 勾选“投影”复选框，设置投影的角度为56度、距离为2像素、大小为4像素、不透明度为75%，如下图所示。

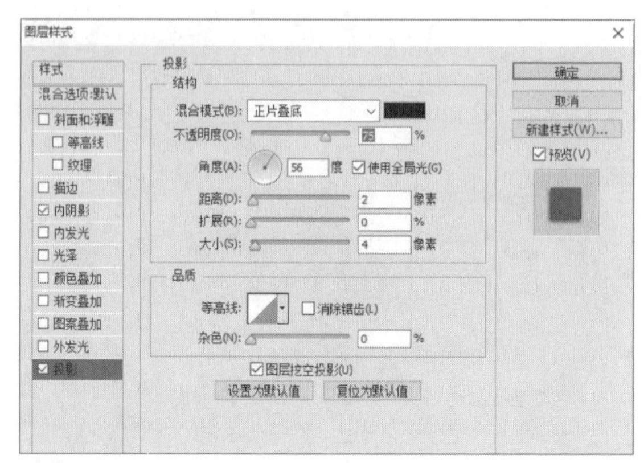

设置投影参数

Step 05 选择钢笔工具，绘制出窗口的路径并转换为选区，然后填充黑色，如下图所示。

绘制窗口形状

Step 06 为窗口素材图层添加“外发光”图层样式，设置混合模式为“滤色”、不透明度为75%、颜色为#f9f3b3，具体参数如下图所示。

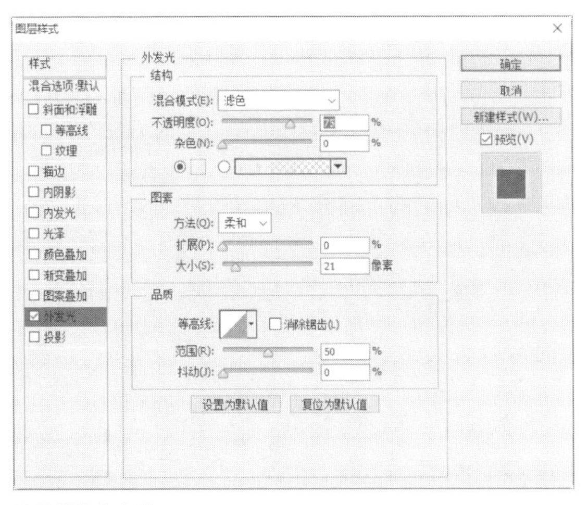

设置外发光参数

Step 07 单击“确定”按钮后，查看为窗户设置图层样式后的效果，如下图所示。

查看效果

Step 08 选择钢笔工具，绘制出窗口框架的形状，并填充白色，效果如下图所示。

绘制窗户框架

Step 09 按照同样的方法，绘制出另一边窗口框架的形状，并填充白色，效果如下图所示。

绘制另一个窗户框架

Step 10 选择钢笔工具，绘制出窗口玻璃的形状，并填充白色，然后设置不透明度为48%，效果如下图所示。

绘制窗户中的玻璃

Step 11 隐藏窗户的框架和玻璃图层，选择钢笔工具，绘制小窗口的形状，并填充黑色，用于增加窗口的厚度，使其看上去有立体感，效果如下图所示。

绘制小窗口的形状

Step 12 对小窗口所在图层添加“外发光”图层样式，具体参数设置如下图所示。

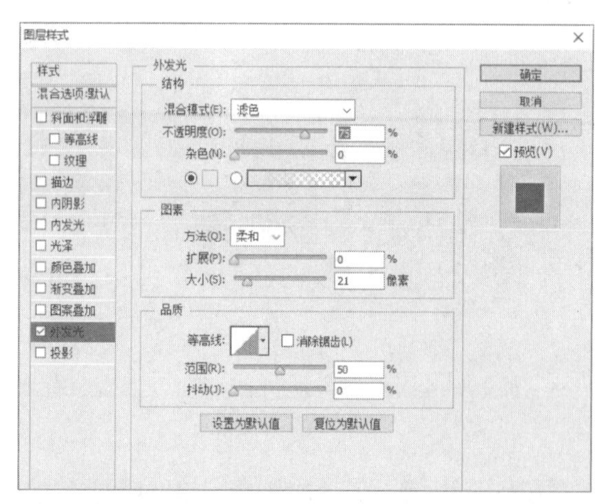

设置外发光参数

Step 13 单击“确定”按钮后，并显示隐藏的窗户框架和玻璃，查看窗户的整体效果，如下图所示。

查看窗户的效果

Step 14 置入“生日.jpg”素材，效果如下图所示。

置入素材

Step 15 选择矩形选框工具，框选出主体人物，执行“选择>反选”命令，按Delete键执行删除操作，效果如下图所示。

删除多余的部分

Step 16 选择“编辑>变换>缩放”命令后，将生日素材移动到窗户内，效果如下图所示。

调整素材图片

Step 17 选择小窗图层，单击“添加图层蒙版”按钮后，选择渐变工具，在“渐变编辑器”对话框中进行渐变参数设置，如下图所示。

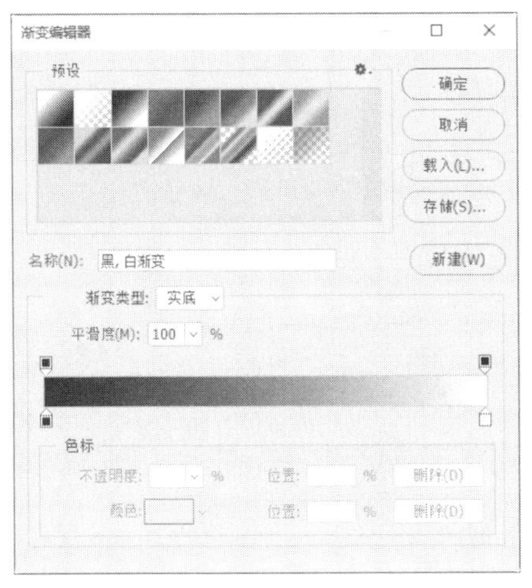

设置渐变颜色

Step 18 单击“确定”按钮后，选择图层蒙版，在画面中由中间往外拉出径向渐变的效果，如下图所示。

创建渐变蒙版

Step 19 置入“草地.png”素材文件，效果如下图所示。

置入草地素材

Step 20 执行“编辑>变换>缩放”命令后，将其移动到下图所示的位置。

缩放素材

Step 21 选择龟背所在图层后，执行“图像>调整>色相/饱和度”命令，打开“色相/饱和度”对话框，参数设置如下图所示。

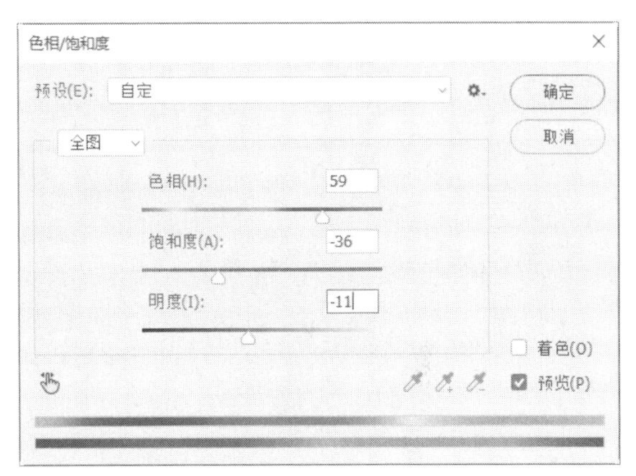

设置色相饱和度

Step 22 单击“确定”按钮后查看设置后的效果，如下图所示。

查看调整龟背的效果

Step 23 置入“小天使1.png”素材文件，适当调整其大小，将其移动蜗牛的上方，效果如下图所示。

置入天使素材

Step 24 置入“小天使2.png”素材文件，适当进行缩放后，将其移动到蜗牛壳的右上方位置，如下图所示。

置入另一个天使素材

Step 25 置入“小蜜蜂.png”素材文件，适当调整其大小，将其移动到蜗牛头部正前的位置，效果如下图所示。

置入蜜蜂素材

Step 26 选择蜗牛图层，执行“图像>调整>色相/饱和度”命令，在打开的对话框中设置相关参数，如下图所示。

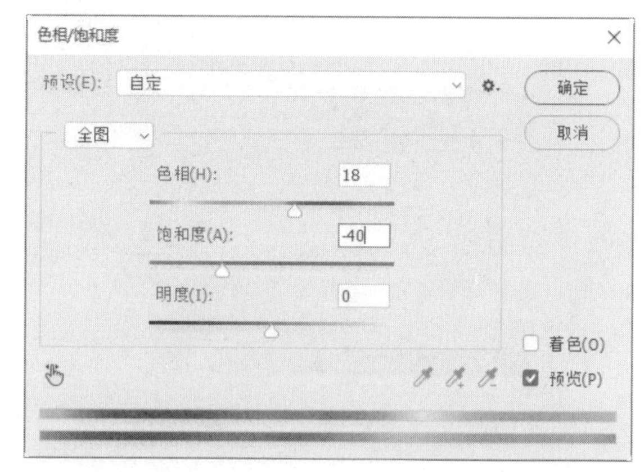

设置色相饱和度的参数

Step 27 单击“确定”按钮后查看蜗牛的颜色，使画面的整体颜色一致，如下图所示。

查看蜗牛效果

Step 28 至此，创意蜗牛制作完成，查看最终效果，如下图所示。

查看最终效果

Chapter 17 万圣节手游界面设计

万圣节是西方的传统节日，本章以万圣节为主题设计具有恐怖气氛的手机游戏界面。本案例主要使用关于万圣节类似的素材，通过Photoshop将素材合成，然后输入相关文字并对文字设置各种图层样式。下面介绍具体的操作方法。

17.1 图标设计

本节介绍游戏图标的设计，将使用圆角矩形工具、各种图层样式以及文字工具。下面介绍具体的操作方法。

Step 01 执行“文件>新建”命令，在弹出的“新建”对话框中设置名称为“图标设计”，具体参数设置如下图所示。

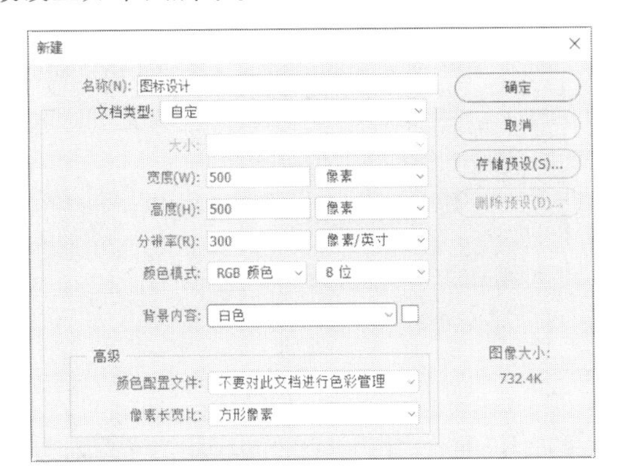

创建新文档

Step 02 新建图层，填充黑色，选择工具箱中圆角矩形工具，在画面中绘制圆角矩形，并填充颜色，色号为#af0000，如下图所示。

绘制圆角矩形并填充颜色

Step 03 双击该图层，打开“图层样式”对话框，勾选“描边”复选框，设置相关参数，效果如下图所示。

添加“描边”图层样式

Step 04 勾选“斜面和浮雕”复选框，设置样式为“内斜面”、深度为307%、大小为5像素等参数，效果如下图所示。

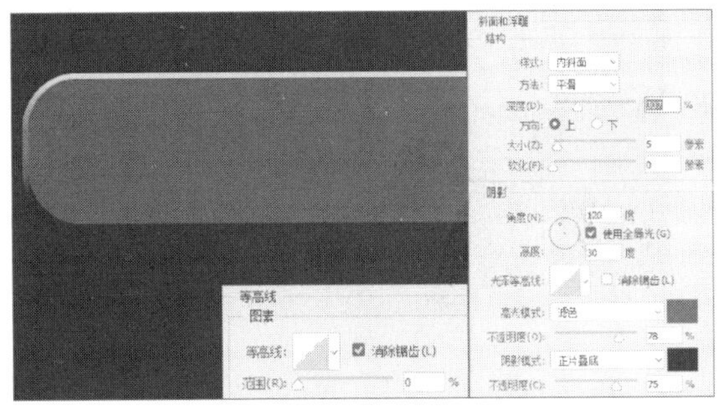

添加“斜面和浮雕”图层样式

Step 05 勾选“内发光”复选框，设置混合模式为“滤色”、不透明度为75%、颜色为#f4f2bb、再设置“图素”和“品质”的相关参数，如下图所示。

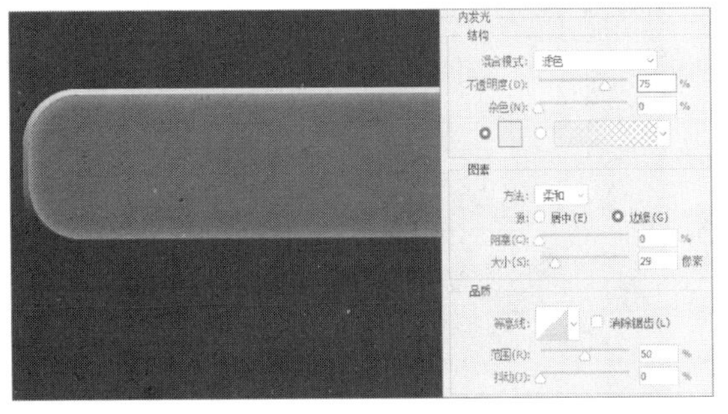

添加“内发光”图层样式

Step 06 勾选“外发光”复选框，设置混合模式为“滤色”、不透明度为75%、颜色为#f4f2bb、再设置“图素”和“品质”的相关参数，如下图所示。

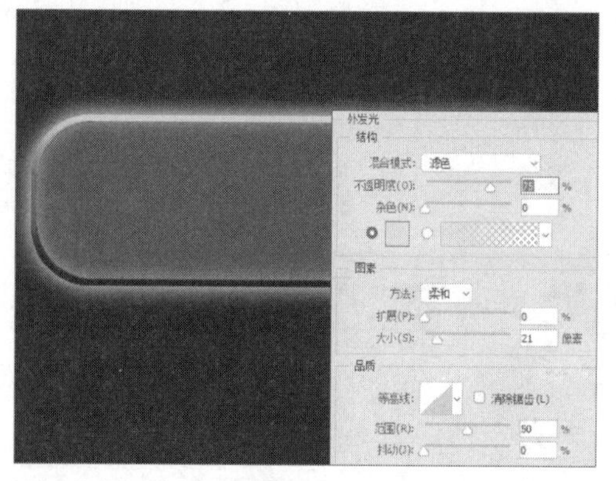

添加“外发光”图层样式

Step 07 使用横排文字工具在绘制的图标上输入“开始游戏”文字，设置大小为24点、字体为方正综艺简体、颜色为#fce970，如下图所示。

输入文字

Step 08 选择文字图层，打开“图层样式”对话框，勾选“描边”复选框，设置大小为3像素、颜色为黑色，如下图所示。

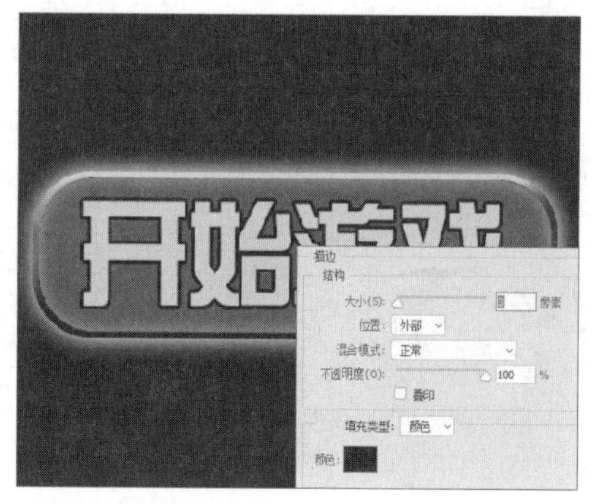

添加“描边”图层样式

Step 09 勾选“斜面和浮雕”复选框，设置样式为“外斜面”、方法为“平滑”、大小为5像素、阴影角度120度、高度30度，效果如下图所示。

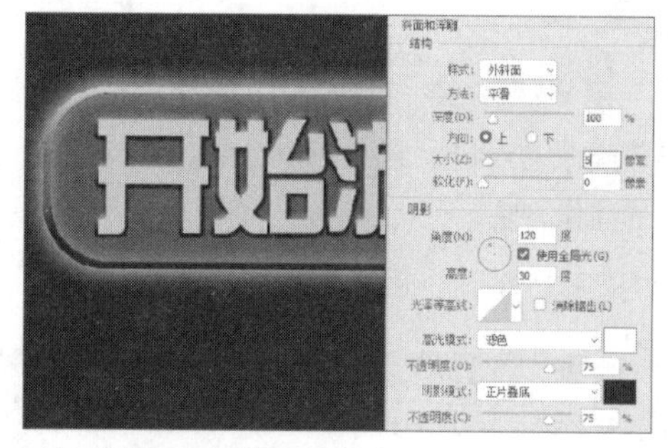

添加“斜面和浮雕”图层样式

Step 10 勾选“渐变叠加”复选框，设置颜色从#fce970到#ffffff到#fce970之间的渐变，至此，手游的图标设计完成，效果如下图所示。

添加“渐变叠加”图层样式

17.2 云层的制作

主要使用画笔工具制作出云层，然后进行替换颜色，制作出乌云的效果，从而为万圣节手游界面制作阴沉的效果。下面介绍具体的操作方法。

Step 01 执行“文件>新建”命令，在弹出的对话框中设置各项参数，创建新文档，如下图所示。

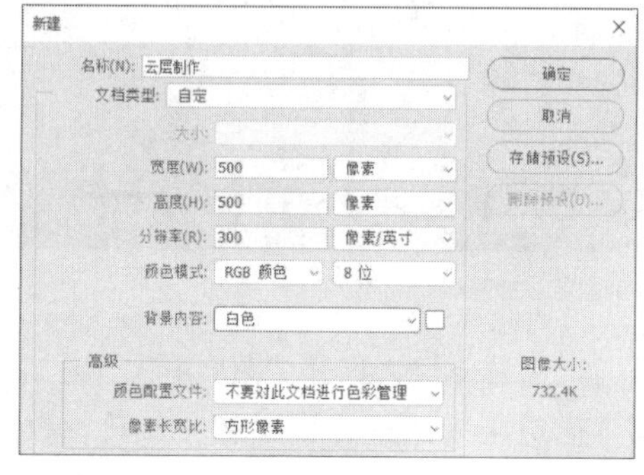

创建新文档

Step 02 新建图层，打开“渐变编辑器”对话框，设置颜色为#81C1E9到#2785DA的线性渐变，在画面中由下到上拖曳出渐变效果，如下图所示。

设置渐变背景

Step 03 按F5功能键打开“画笔”面板，设置画笔笔尖形状，笔尖类型为柔角45，直径为100Px，间距为25%，如下图所示。

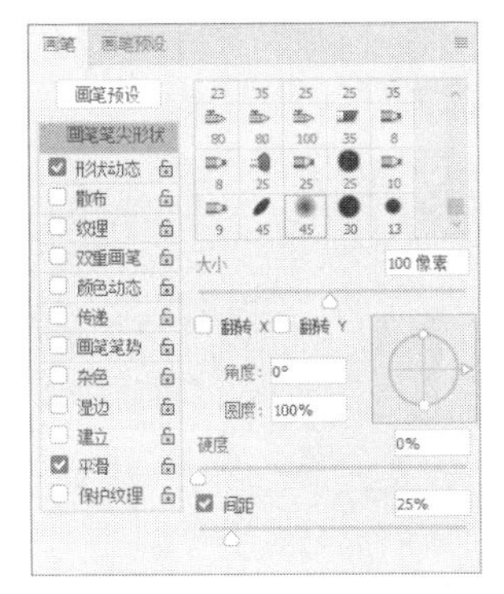

设置画笔笔尖形状

Step 04 勾选“形状动态”复选框，设置大小抖动为100%、最小直径为20%、角度抖动为20%。设置散布的两轴为120%、数量为5、数量抖动为100%，如下图所示。

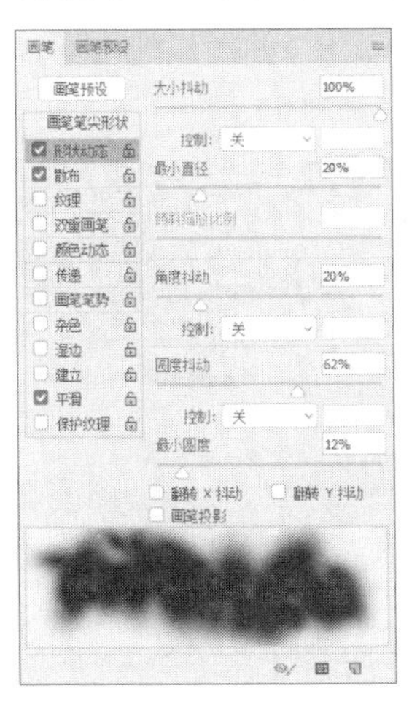

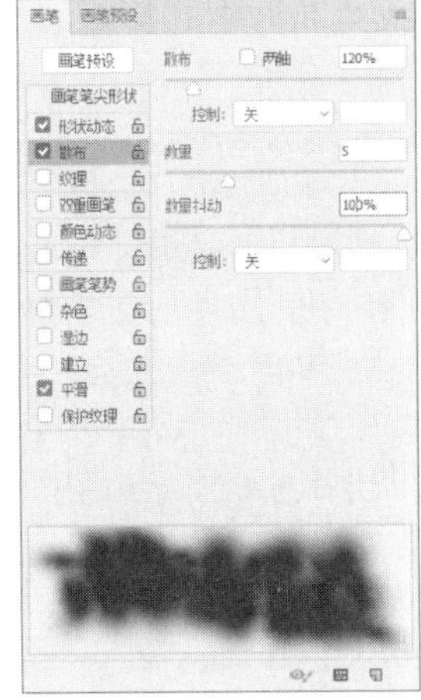

设置形状动态和散布的相关参数

Step 05 然后分别勾选“纹理”和“传递”复选框，并设置相关参数，如下图所示。

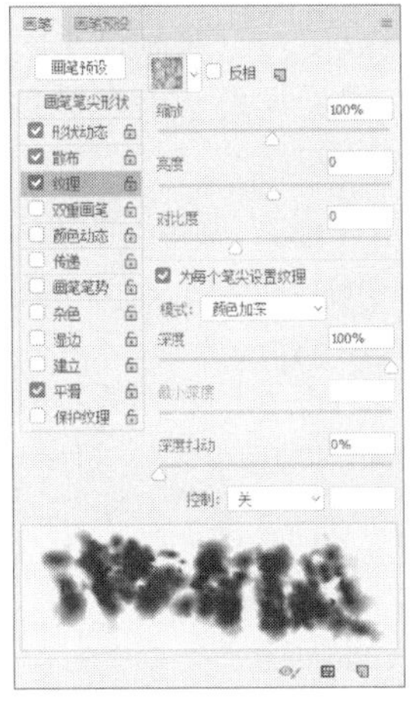

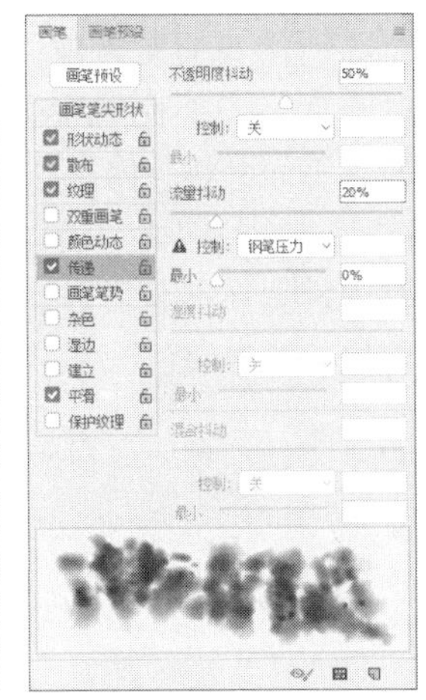

设置纹理和传递的相关参数

Step 06 新建图层，设置前景色为白色，然后使用画笔工具绘制出云朵，大小根据需要而定，效果如下图所示。

使用画笔工具绘制云层

Step 07 执行“图像>调整>替换颜色”命令，在打开的对话框中设置替换结果为黑色，适当调整各参数，效果如下图所示。

查看云层的效果

17.3 制作手游界面

所需要的元素制作完成后，下面制作手游的界面，主要使用蒙版、图层样式、渐变等功能。下面介绍具体操作方法。

Step 01 执行“文件>新建”命令，在弹出的对话框中设置名称为“万圣节手游页面”，颜色模式为“CMYK颜色”，如下图所示。

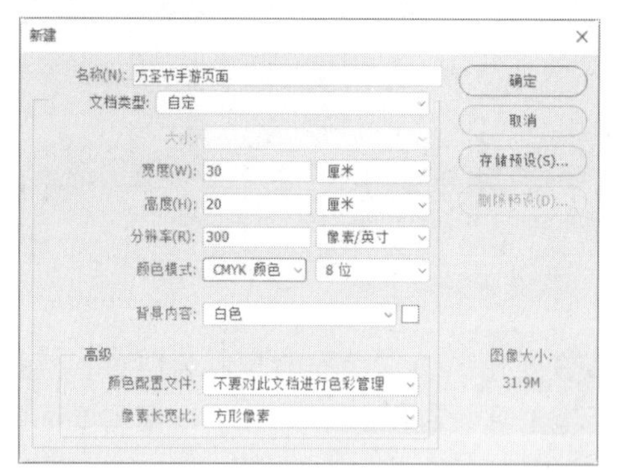

新建文档

Step 02 置入“树林.jpg”素材文件，调整其大小，并隐藏“背景”图层，然后为树林图层添加图层蒙版，如下图所示。

置入素材并添加图层蒙版

Step 03 设置渐变为前景色至透明渐变，然后进行拖曳直到满意为止，效果如下图所示。

添加渐变图层蒙版

Step 04 将绘制的云层的图层拖入到该文档中，适当调整大小，并放在画面的上方，效果如下图所示。

插入云层元素

Step 05 显示“背景”图层，选中树林图层，执行“图像>调整>照片滤镜”命令，打开“照片滤镜”对话框，设置颜色为# 2882cf、浓度为78%，使树林变暗，如下图所示。

设置照片滤镜的参数

Step 06 新建图层，设置颜色从#0b0d27至#00ffea的渐变，填充该图层，然后设置图层的混合模式为“正片叠底”，并放置在树林图层的上面，如下图所示。

设置渐变图层

Step 07 根据相同的方法再添加一个渐变的图层，颜色从#0b0d27到#0554a6的渐变，之后将该图层的混合模式更改为“正片叠加”，效果如下图所示。

添加渐变图层

Step 08 使用文字工具，输入“万圣妖约”文字，设置文字的字体和颜色，然后把文字放在画面的中间位置，并栅格化文字，如下图所示。

输入文字

Step 09 新建图层，使用钢笔工具对文字进行一个简单的变形，使其更加贴近主题，效果如下图所示。

变形文字

Step 10 导入“金色纹理.jpg”素材，把素材放大使其覆盖文字，按下A+Shift+G组合键创建剪贴蒙版，如下图所示。

创建剪贴蒙版

Step 11 选择文字图层，打开“图层样式”对话框，勾选“外发光”复选框，设置混合模式为“滤色”、不透明度为75%、颜色为红色，效果如下图所示。

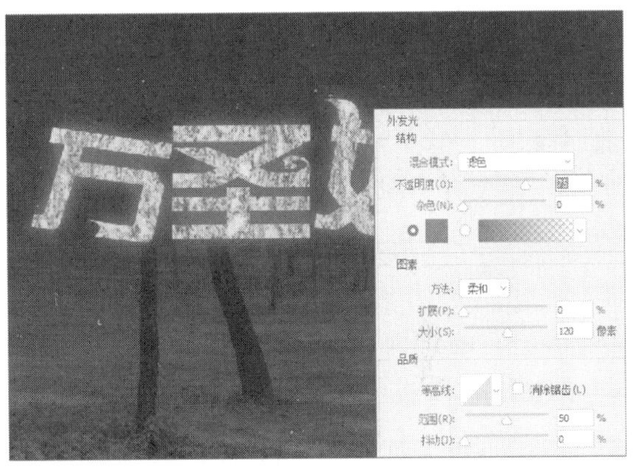

添加“外发光”图层样式

Step 12 勾选“斜面和浮雕”复选框，设置样式为“外斜面”、大小为5像素、阴影高度为30度、模式为“正片叠底”，效果如下图所示。

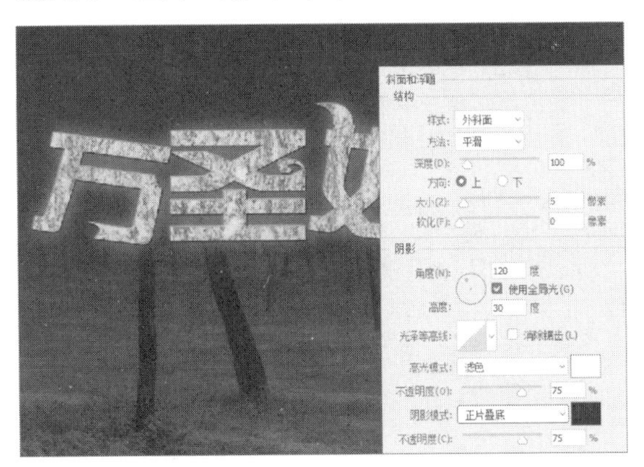

添加“斜面和浮雕”图层样式

Step 13 勾选“内阴影”复选框，设置混合模式为“正片叠底”、不透明度为75%、距离为24像素、大小为5像素，效果如下图所示。

添加“内阴影”图层样式

Step 14 新建图层，使用钢笔工具绘制出城堡的路径，如下图所示。

绘制城堡路径

Step 15 将城堡填充黑色，然后打开“图层样式”对话框，勾选“外发光”复选框，设置相关参数，效果如下图所示。

为城堡添加“外发光”图层样式

Step 16 新建图层，在城堡上使用钢笔绘制一些门和窗户的形状，之后对窗户填充颜色为#0b0d27，如下图所示。

绘制门窗

Step 17 选中门窗图层，打开“图层样式”对话框，勾选“外发光”复选框，设置混合模式为“滤色”、不透明度为75%、颜色为#f4f2bb，如下图所示。

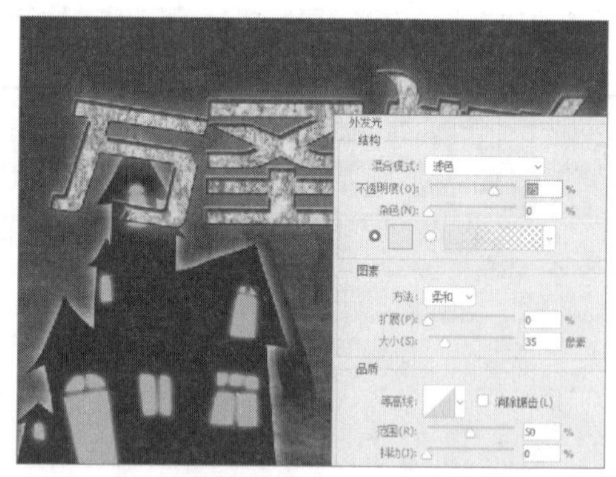

添加“外发光”图层样式

Step 18 置入“南瓜.jpg”素材文件，适当调整其大小，将其放在画面的下方，将白色背景删除。使用钢笔工具在南瓜上绘制出恐怖的笑脸并删除选区部分，效果如下图所示。

制作南瓜灯

Step 19 选中南瓜所在的图层，添加“投影”图层样式，设置混合模式为“正片叠底”、不透明度为75%、距离为15像素、大小为5像素，效果如下图所示。

添加“投影”图层样式

Step 20 在南瓜图层下面新建图层，使用钢笔工具绘制路径并转换为选区，然后填充颜色为#fff600，如下图所示。

查看南瓜效果

Step 21 将南瓜和黄色图层复制两份，并移至画面的右下角，适当调整大小和图层的顺序，效果如下图所示。

复制并调整图层

Step 22 置入“枯树.jpg”素材图片，调整好大小后，使用魔棒工具把多余的白色删除，如下图所示。

置入枯树素材

Step 23 可见置入的枯树效果不明显，选中该图添加“外发光”图层样式，设置相关参数，效果如下图所示。

添加“外发光”图层样式

Step 24 置入“月亮.jpg”素材图片，适当调整其大小，使用椭圆选框工具把月亮选中，按Ctrl+Shift+I组合键进行反向选择并删除背景，效果如下图所示。

置入并抠取素材

Step 25 调整月亮到合适的大小，将该图层放在文字图层的下方，为月亮图层添加“外发光”图层样式，效果如下图所示。

设置月亮素材

Step 26 将制作好的图标拖曳至文档中，调整到合适的大小，放在树的图层上方，效果如下图所示。

拖入图标

Step 27 新建图层，使用钢笔工具在画面下方绘制出来的是草的形状，按Ctrl+Enter组合键将路径变换成选区，如下图所示。

绘制草的路径

Step 28 为选区填充黑色，并添加“斜面和浮雕”图层样式，效果如下图所示。

添加“斜面和浮雕”图层样式

Step 29 按Crrl+J组合键，复制一份并调整大小和位置，然后对画面进行适当调整，如下图所示。

复制并调整图层

Step 30 新建图层，使用钢笔工具绘制出女巫的大概轮廓，然后填充黑色，如下图所示。

绘制女巫形状

Step 31 将女巫图层移至文字的下面，设置图层的混合模式为“叠加”，使其融入到月亮中，仿佛在月亮旁飞翔，效果如下图所示。

设置女巫图层的混合模式

Step 32 新建图层，选择椭圆选框工具，在左上角绘制椭圆选区，设置羽化半径为100像素，填充颜色为#003cff，如下图所示。

绘制椭圆选区并填充颜色

Step 33 可见颜色与整体画面不符合，设置图层的不透明度为50%，效果如下图所示。

设置图层的不透明度

Step 34 至此，万圣节手游界面制作完成，查看最终效果，然后将其保存，如下图所示。

查看最终效果

Step 35 按Ctrl+N组合键，新建文档，命名为“效果图”，置入“效果背景.jpg”素材图片，调整至合适大小，如下图所示。

新建文档并置入素材

Step 36 将万圣节手游界面置入，合并所有图层，按Ctrl+T组合键，并执行“扭曲”命令，将其与手机屏幕重合，如下图所示。

查看效果